# Heinrich von Kleist als Mensch und Dichter

Nach neuen Quellenforschungen

von

S. Rahmer

Mit 2 Porträts und 1 Textabbildung.

Berlin
Druck und Verlag von Georg Reimer
1909

# Inhalt.

# Vorwort.

Als ich an das Kleist-Problem herantrat, stellte ich mir zunächst die Aufgabe, das Bild des Dichters von den Schlacken zu befreien, die ihm anhafteten. Die literarisch-historische Forschung hatte in immer ausgesprochenerem Maße der Lebensbeschreibung Kleists einen pathologischen Zuschnitt gegeben, sie hatte seiner Eigenart nicht beikommen, das Rätsel seines Lebens nicht anders lösen können, als dadurch, daß sie aus dem Sänger und Helden einen erblich Belasteten, einen psychisch Degenerierten, einen geistig Gestörten machte. Ich trat dieser Anschauung entgegen, indem ich vom theoretischen Standpunkt auf den Widersinn hinwies, der darin liegt, das dichterische Kunstwerk als den Ausfluß der Persönlichkeit immer höher zu bewerten, dem Bilde des Dichters aber fortdauernd neue pathologische Züge beizufügen. Von der Anschauung geleitet, daß der geistig-sittliche Kern der Dichtung und des Dichters identisch ist, daß die progressive Entwicklung des Dichters das Resultat einer ansteigenden Entwicklung und wachsenden Charakterfestigung des Menschen ist, ging ich an die Kritik der bisher benutzten Quellen und glaubte den Nachweis erbringen zu können, daß das bisher benutzte Forschungsmaterial, legendenhaft und tendenziös entstellt, vor einer strengen Kritik nicht bestehen könne. Das war die Aufgabe, die ich mir in meinem ersten Buche „Das Kleist-Problem" gestellt hatte, das, im wesentlichen negativ gehalten, den Beweis zu erbringen sucht, daß die Fundamente der Kleist-Biographie unzulänglich sind, daß die Forschung ein an Widersprüchen reiches Zerrbild entworfen hat, und daß der Mensch und Dichter Kleist ein bis dahin unverstandenes und unerklärtes Problem geblieben ist. Neues Material als Ergebnis meiner Forschungen hatte ich meiner Darstellung nur soweit beigefügt, als es mir notwendig erschien, das Unzulängliche und Irrtümliche der üblichen Auffassung klarzulegen.

Um das Gebäude, das ich eingerissen, von neuem auf einem gesicherten Fundamente aufzubauen, habe ich in langjähriger Forschung nach neuem Quellenmaterial gesucht. Soweit ich solches schon vor der Veröffentlichung meines Kleist-Problems besaß und durch weitere Forschungen gefunden habe, stelle ich es in dem vorliegenden zweiten Kleist-Buche zusammen. Der erste Weg, den ich für die Zwecke meiner Forschung einschlug, ist der natürlich gegebene, ich wendete mich an das Archiv der Kleist-Familie selbst, in dem aller Voraussicht nach wertvolles Material niedergelegt sein muß. Das Ergebnis war leider ein negatives; selbst auf spezielle, bestimmt formulierte Fragen, für welche die Chronik der Familie Anhaltspunkte bot, erhielt ich abschlägigen Bescheid. Ich mußte andere Wege einschlagen. Der nächste, welcher sich bot, ist schon von Treitschke gewiesen. Das gewöhnliche Mittel, schreibt er, über Wert und Bedeutung eines Künstlers ins Klare zu kommen, die Untersuchung seines Verhältnisses zu den Mitstrebenden, wird durch Kleists vereinsamte Stellung von vornherein abgeschnitten. Nachdem sich die Voraussetzung dieses Satzes durch meine Forschungen als unzutreffend erwiesen, nachdem wir zu der Überzeugung gekommen, daß Kleist nicht ein vereinsamtes, abgeschlossenes, weltabgeschiedenes Leben führte, sondern im Gegenteil, daß er in der Zeitgeschichte eine maßgebende Rolle spielte und durch unzählige Fäden mit dem Leben zusammenhing, konnte ich hier den Hebel ansetzen. Ich suchte durch das Studium der Zeitgenossen und aller der Kreise, die Kleist im Leben nahegestanden, die Auffassung über ihn selbst zu klären und zu ergänzen und habe durch die Benutzung von Familienarchiven, sowie der Familientradition, durch eine umfangreiche Korrespondenz mit

Überlebenden, durch Einblicke in die Memoirenliteratur neue Gesichtspunkte gewonnen. Soweit Kleists Bestrebungen und seine Schicksale in das öffentliche Leben eingriffen, habe ich auch in den staatlichen Archiven des In- und Auslandes manche Aufklärung gefunden. Schließlich suchte ich noch durch die Benutzung der zeitgenössischen Literatur und besonders der periodischen Zeitschriften unser Wissen zu bereichern. Da ich im Text die benutzte Literatur angebe, am Schlusse des Buches auch die Archive anführe, an die ich mich mit und ohne Erfolg gewendet habe, so ist damit der Weg gezeichnet, den ich im einzelnen gegangen bin.

Mein Buch will Bausteine herbeitragen zu einer Kleist-Biographie der Zukunft und zu einem vertieften Verständnis von Kleists Werken, es will die Wege zeichnen, auf denen die Kleist-Forschung mit Aussicht auf Erfolg weiterarbeiten kann, es will aber auch mancher irrtümlichen Auffassung und falscher Deutung entgegentreten, die mein Kleist-Problem hervorgerufen hat. Meine dort geäußerten Anschauungen sind vielfach mißdeutet worden. Der Standpunkt, den ich vertrat, ist mit wenigen Worten der folgende: Kleists Werke lassen den genial veranlagten, wohl organisierten Geist, den Menschen von hoher sittlicher Potenz in steigender Entwicklung erkennen; sein Leben, soweit wir es überblicken können, zeigt keine Handlungsweise, die auf seelische und geistige Erkrankung hinweist. Was war der Erfolg meiner Ausführungen? Gewiß hat man, meinen Standpunkt billigend, das Andenken Kleists aus den Ketten geistiger Umnachtung befreit, aber im allgemeinen sind wir nicht weiter gekommen als Zolling und andere, die, wo ihr eigenes Verständnis nicht ausreichte und ihre Psychologie sie im Stich ließ, in einem besonderen Falle die Handlungsweise des Menschen, die Eigenart des Dichters geistesgestört nannten. Man will heut Kleist nicht mehr verrückt nennen, aber man kommt doch immer noch nicht aus ohne psychiatrische Symptome und ist sich nicht klar darüber, daß die einzelnen Symptome die Diagnose der geistigen Umnachtung ausmachen. Mein Buch beabsichtigt, hier größere Klarheit zu schaffen.

Das Ergebnis meiner Forschungen entspricht nicht meinen Erwartungen. Wer die übergroßen Schwierigkeiten kennt, die sich der Forschung auf diesem Gebiete entgegenstellen, wird auch über ein bescheidnes Ergebnis Befriedigung empfinden. Meine Forschungen sind nicht abgeschlossen. Wenn ich sie dennoch vorzeitig abbreche und mit lückenhaften Ergebnissen an die Öffentlichkeit trete, so bestimmen mich Gründe mannigfacher Art.

Zunächst haben mich verschiedene Kleist-Forscher ersucht, die Resultate meiner Forschung nicht länger vorzuenthalten. Sie hoffen aus ihnen Anregung für ihre eigenen Arbeiten zu gewinnen. In der Tat glaube ich, daß meine Ergebnisse manche Aufklärung und manche Anknüpfungspunkte bieten.

Sodann leitet mich bei der verfrühten Veröffentlichung ein persönliches Interesse. Manches wertvolle und in mühsamer Arbeit gewonnene Resultat ist mir hinterrücks aus den Händen gewunden worden. Hierzu rechne ich vor allem die drei an Pfuel gerichteten Briefe Kleists, die für dieses Buch bestimmt waren, und die in dem Briefband der neuen Kleist-Ausgabe bereits Aufnahme gefunden haben. Ich habe dieses in der wissenschaftlichen Welt einzigartige Verfahren geistiger Entwendung gekennzeichnet in einem Aufsatze der Zeitschrift „Deutschland" (1907 Februar). In der langen Zwischenzeit ist von der angeklagten Seite eine Entgegnung nicht erfolgt. Sie hat sich mit ihrer Vogel-Strauß-Politik selbst gerichtet.

In letzter Reihe bestimmte mich zu einer vorzeitigen Publikation der Umstand, daß ich im Verfolg meiner Arbeit immer mehr zu der Überzeugung kam, daß die Kraft des einzelnen nicht ausreicht, um die unabsehbare Menge von Fragen und Untersuchungen, die sich aufdrängen, zu erledigen. Es bedarf gemeinsamer, wohlorganisierter Arbeit der verschiedensten Kräfte, wenn der Bau eines Kleist-Gebäudes aufgeführt werden soll: zahlreicher, opferwilliger, arbeitsfreudiger

Kräfte unter gemeinsamer Leitung an den verschiedensten Punkten des In- und Auslandes. Nur so kann auf die Dauer etwas erreicht werden, nur so läßt sich, schon durch die Autorität einer gemeinsamen Vereinigung manches retten, das sicherlich in vielen Archiven noch vermutet werden kann. Wer immer wieder auf seine Anfragen die betrübende Antwort erhält, daß an dieser oder jener Stelle nachweisbar ein reiches Kleist-Material bis vor wenigen Jahren vorhanden war, das jetzt vernichtet oder im Auslande verschwunden ist, kommt zur Einsicht, daß unendlich viel gesündigt wurde. Wir sind nicht am Ende, wie man immer zu hören bekommt, sondern am Anfange der Kleist-Forschung. Wir können ein Kleist-Denkmal entbehren und können auskommen ohne ein Kleist-Archiv, dessen Grundlage übrigens in dem Bestande der von der Presse ungerecht angegriffenen Königlichen Bibliothek gegeben ist — was uns nottut ist eine Organisation wissenschaftlicher Arbeiter, die konsequent das Ziel verfolgt, das Bild unseres größten dramatischen Genies in ein helles Licht zu setzen. Ich wünschte, daß mein Appell nicht ungehört verhallt, daß bei vielen etwas von dem wahrhaft nationalen Pflichtgefühl rege würde, das aus Hebbels Worten spricht, die er in sein Tagebuch einträgt: Da eben eine neue Ausgabe der Werke Heinrichs von Kleist erscheint, so will ich zu allernächst durch eine Kritik derselben die Ehrenschuld jedes Deutschen gegen dieses außerordentliche, zu Tode gemarterte Genie für meine Person abtragen.

Berlin, November 1908.

Der Verfasser.

I. Teil.

# Heinrich v. Kleist und seine Zeitgenossen.

„Gott wird die Pfeile mir, die treffen, reichen!"
(Prinz. III. 5.)

## I. Kapitel.

# Ernst von Pfuel und andere Freunde Kleists aus der Potsdamer Militärzeit.

Wenn wir die Beziehungen Kleists zu seinen Zeitgenossen und den zahlreichen Freunden, die ihm im Leben sehr nahe gestanden, einer kritischen Prüfung unterziehen, so machen wir sehr bald die befremdende Erfahrung, daß sie wohl alle seinen Wert und seine hohen Eigenschaften im Leben und nach dem Tode öffentlich anerkannten, daß sie aber sein poetisches Erbe sehr schlecht behüteten, und daß sie vor allem auch die Nachwelt nur sehr mangelhaft mit brauchbarem biographischen Material über ihren Freund bedacht haben. Friedrich Christoph Dahlmann war der einzige, der an Julian Schmidt einen zusammenhängenden Bericht über die Tage gab, welche er mit Kleist zusammenverlebt, ein Bericht, der wenigstens eine Episode im Leben des Dichters in ein helles Licht stellt. Aber auch dieser einzige sachgemäße Bericht, den Freundeshand geliefert, entstammt sicher mehr fremden Einflüssen, als einem liebevollen Gedenken; denn auch Dahlmann hat wenig Pietät an den Tag gelegt, als er eine große Anzahl Gedichte aus der Hinterlassenschaft Kleists der Nachwelt vorenthielt, die erst lange nach seinem Tode durch einen Zufall und nur lückenhaft an das Licht kamen. Und nun gar die anderen. Einzelne verleugnen Kleist gänzlich, andere erwähnen wohl seiner, aber ihre Schriften, Briefe oder Autobiographien bringen nur spärliche Andeutungen oder lückenhafte Berichte, wenig geeignet, unsere Kenntnis von Kleists Persönlichkeit zu erweitern und zu vertiefen. Am eigenartigsten trieb es Ernst von Pfuel, der, als ältester, intimster, und durch zahlreiche Bande mit Kleist verknüpfter Freund, der natürliche Anwalt und Wächter seines Andenkens, dieses nicht bloß auf das ärgste vernachlässigt, sondern durch leichtsinnig-unkontrolierbare Angaben verzerrt und entstellt hat. Was er anderen über seinen Freund mitzuteilen wußte, das beschränkt sich auf ganz wenige anekdotenhafte Züge. Der an sich belanglose Zwischenfall von den reichlich fließenden Tränen bei dem Tode der Penthesilea ist die wichtigste Mitteilung, die er Adolf Wilbrandt aus dem Leben seines berühmten Freundes machte. Alle, die sich an ihn um Auskunft über Kleist wendeten, bekamen immer wieder diese eine Anekdote aufgetischt. Varnhagen hat sie zweimal in verschiedener Fassung niedergeschrieben und seiner Mappe beigefügt, in der er offenbar Material für eine Kleistarbeit oder -Biographie sammelte. Dann findet sie sich in der bekannten Form bei Wilbrandt, und schließlich gibt sie ganz unabhängig mit offensichtlichen Entstellungen Franz Wallner wieder in einem Aufsatze: „Vom alten Pfuel. Charakterzüge aus dem Leben eines alten Veteranen". Der Aufsatz bringt aus dem Munde Pfuels Beiträge zu Kleist und Pfuel und findet sich in der „Gartenlaube", Jahrg. 67, Nr. 1; er gehört, wie so viele andere, zu den Kleistbeiträgen, die am Wege liegen blieben.

Wir beklagen nicht bloß, daß Pfuels Mund verschlossen blieb, sondern noch viel mehr, daß er durch leichtsinnige und subjektiv gefärbte Anschauungen viele falsche Auffassungen und Irrtümer in die Kleistliteratur hineingetragen hat. Der eigenartigen Persönlichkeit, der empfindsamen Dichternatur seines Freundes hat er niemals das nötige Verständnis entgegengebracht; nach Kleists unglückseligem Ende war er der erste und einzige, der den letzten Schritt seines Freundes nicht aus dem Zwange äußerer Verhältnisse, sondern auf innere, seelische, triebartige Kräfte zurückführte. Das lehrt uns der Brief Brentanos [1]) über Kleists Ende, der Pfuels Ansichten wiedergibt, und darüber belehren uns ähnliche Äußerungen anderer Freunde, die sich auf Pfuel berufen, und auf die wir später zurückkommen werden. Es ist kein bloßer Zufall, daß die Biographie Wilbrandts, die ihr Material vornehmlich den Mitteilungen des Staatsministers a. D. General v. Pfuel verdankt, den Höhepunkt jener Auffassung bedeutet, welche Kleists Eigenart auf eine krankhafte Organisation zurückführt. Nach einem an Abenteuern und allen möglichen Wechselfällen reichen Leben hatten sich zudem im vorgerücktem Alter die Tatsachen in Pfuels Erinnerung verwischt, sein Gedächtnis täuschte ihn, und was Wilbrandt aus seinem Munde erfuhr, ist zum großen Teil nachweisbar unrichtig. Ich habe schon an anderer Stelle [2]) Pfuels Berichterstattung als fehlerhaft und unzuverlässig nachgewiesen; nichtsdestoweniger halten auch die neueren Biographien alle die Legenden fest, welche aus dieser Quelle stammen. Wollen wir eine zutreffende Einsicht in Kleists Charakter gewinnen, wollen wir seine Eigenart verstehen lernen, so müssen wir uns vor allen Dingen freimachen von den falschen Vorstellungen, die Pfuel in die Kleistforschung hineingetragen hat und müssen als oberste Aufgabe betrachten, das Verhältnis der beiden Freunde zueinander auf Grund zuverlässigen Materials klarzustellen.

Die angedeutete Aufgabe stößt auf große Schwierigkeiten. Eine Biographie Pfuels, die uns als Unterlage dienen könnte, fehlt uns; die biographische Skizze von Wippermann auf Grund handschriftlicher Urkunden und Familiennachrichten in der Allgemeinen Deutschen Biographie (Leipzig 1887) bringt nur wenig Material für die Lebensperiode, die für uns von Interesse ist und ist auch in ihren Angaben für diese

---

[1]) E. Kayka „Kleist und die Romantik". Forschungen zur neueren Literaturgeschichte XXXI. Berlin 1906.

[2]) Euphorion IX. 4 und Kleist-Problem.

Zeit nicht zuverlässig. Auch die nicht gerade zahlreichen anderweitigen Beiträge zum Leben Pfuels beziehen sich meist auf die Zeit nach dem Tode Kleists, in der er mehr in den Mittelpunkt des öffentlichen Interesses trat. Das Material für die folgende Darstellung bieten im wesentlichen handschriftliche Urkunden aus dem Archiv der Familie v. Pfuel, das mir der gegenwärtige Archivverwalter in entgegenkommender Weise überlassen hat. Das Material ist zu Lebzeiten Ernsts zusammengetragen und vor allem auch kritisch gesichtet; da fast zu allem, was vorhanden ist, von kritischer Hand Randglossen gemacht sind, so bin ich in der Lage, nur das zu benutzen und für die folgenden Ausführungen zu verwerten, was von strenger und sicherer Kritik gutgeheißen ist. Ich verweise darauf, daß ich aus dem Material des Archivs bereits eine Arbeit über das Verhältnis Pfuels zu Goethe veröffentlicht habe, deren Fortsetzung [1]) einem Funde in der Berliner Königl. Bibliothek entstammt, und daß dem Pfuel-Archiv auch drei Briefe Kleists an seinen Jugendfreund entnommen sind, deren Veröffentlichung an dieser Stelle ich mir vorbehalten, und die dann wie bereits erwähnt [2]) ohne mein Wissen in die Sammlung Kleistscher Briefe aufgenommen worden sind. Das Archivmaterial konnte ich ergänzen durch einige Notizen, die dem Bestande unserer Königlichen Bibliothek entnommen sind.

Ernst Heinrich Adolf v. Pfuel [3]), geboren den 3. November 1779 zu Jahnsfelde bei Müncheberg im Kreise Lebus des preußischen Regierungsbezirks Frankfurt a. O., entstammte wie Kleist einer sehr alten Familie der Mark Brandenburg,

---

[1]) Sonntagsbeilage zur „Vossischen Zeitung“ 1904 Nr. 15 u. 1905 Nr. 3.

[2]) Näheres siehe in „Deutschland“ Februar 1907 „Heinrich v. Kleist in seinen Briefen“.

[3]) Der Name tritt, namentlich in der älteren Literatur, in allen möglichen Enstellungen auf. Pfuel selbst hatte eine Zeitlang seinen Namen, weil er nicht richtig geschrieben und ausgesprochen wurde, geändert. Bei Goethe (Tagebücher) finden sich die verschiedensten Schreibweisen, und auch in wissenschaftlichen Werken, wie bei Ranke, ist der Name falsch angeführt.

welche im Lande Lebus und Barnim angesessen ist. Das alte Wohnhaus in Jahnsfelde, an der Heerstraße gelegen, auf welcher nach Fontanes Schilderung seit dem 30jährigen Kriege fast ständig Truppen ihren Weg nahmen, ist jetzt einem Neubau gewichen; es trug (Zettelnotiz Varnhagens vom April 1854) die Inschrift:

Glück herein, Unglück heraus!
Dies ist der Pfuele ritterlich Haus seit 400 Jahren; Gott wolle bewahren in Glück und Gefahren Geschlecht und Haus.

Ernst v. Pfuel, wie Kleist einer uralten dem Kriegshandwerk ergebenen Familie entstammend, in der unmittelbaren Nachbarschaft von dessen Vaterstadt geboren, zeigt auch sonst eine sonderbare Ähnlichkeit in den ersten Lebensschicksalen, in seiner frühesten Entwicklung und Ausbildung mit Kleist. Auch er war früh verwaist, fast in demselben Lebensalter wie sein späterer Freund. Sein Vater Ernst Ludwig v. Pfuel, Erbherr auf Jahnsfelde, hatte in den schlesischen Kriegen mit Auszeichnung gefochten; seine Mutter Johanna Sophie, geb. Krantz, war die Tochter eines Regimentschirurgen. Die Eltern hatten den Heiratskonsens nicht erhalten, und deshalb nahm der Vater schon im Jahre 1779 den Abschied als Oberstleutnant und lebte seitdem ständig auf seinem Gute. Von Friedrich d. Gr. ward er 1784 zum Hofmarschall des damaligen Prinzen von Preußen und später von diesem, als König Friedrich Wilhelm II., zum Generalmajor der Kavallerie und Chef der zweiten Abteilung des Oberkriegskollegs ernannt. Als Ernst v. Pfuel vier Jahre alt war, starb seine Mutter und sechs Jahre später folgte ihr der Vater nach. Schon bei Lebzeiten des Vaters war Ernst zusammen mit seinem zwei Jahre jüngeren Bruder Friedrich, da sein Vater dienstlich vielfach in Potsdam abwesend sich nicht genügend um die Erziehung seiner Söhne bekümmern konnte, nach Berlin zum Hofrat Beuchel in Pension gegeben worden, von wo sie die

Realschule besuchten. Nach des Vaters Tode übernahm Kriminalrat Scheede, dann Justizrat Grattenauer, später auf Bitten der Knaben Herr von Briest auf Nennhausen die Vormundschaft. Karoline von Briest war eine Kusine Pfuels, und seit der frühesten Kindheit datieren die nahen Beziehungen beider, die bestehen blieben, als Karoline nach ihrer Scheidung Friedrich de la Motte Fouqué heiratete und einen als Schriftstellerin sehr bekannten Namen erwarb. Pfuel war auch später ein häufiger Gast in Nennhausen bei dem neuen Gutsherrn Fouqué und stand bis in sein höheres Alter in einer sehr regen Korrespondenz mit Karoline v. Fouqué. Dem Briefwechsel der beiden sind die obenerwähnten Arbeiten über Pfuel und Goethe und ihren Verkehr in Teplitz entnommen, und diese Korrespondenz ist die wichtigste Quelle auch für die folgenden Kleist-Beiträge.

Als Pfuel und sein Bruder die Reife für Sekunda erhalten hatten, wurden sie 1792 in das Kadettenkorps in Berlin aufgenommen. Schon fünf Monate später erfolgte Ernst v. Pfuels Aufnahme in die von Friedrich d. Gr. gegründete, ausgezeichnete Militärbildungsanstalt, die école militaire. In jedem Jahre wurden von den Kadetten die Befähigsten ausgewählt, welche zu der höheren Ausbildung in der école geeignet schienen. Indes wird man in der Annahme nicht fehlgehen, daß bei der rühmlichen Aufnahme Pfuels, der wohl kaum noch Gelegenheit hatte, sich unter den Kadetten besonders hervorzutun, andere Momente, Empfehlungen und Beziehungen in Betracht kommen. In einer im Manuskript vorhandenen Pfuel-Biographie des Generals v. Borcke wird die Vermutung ausgesprochen, daß die Aufnahme in die école durch Vermittlung des unter dem Namen Zopfschulze in weiten Kreisen bekannten, seinem verstorbenen Vater und dem Feldmarschall v. Möllendorf befreundeten Pastors Schulze in Gielsdorf bei Straußberg erfolgte. Die Vermutung ist zweifellos unrichtig, denn seit 1791 schwebte der bekannte Prozeß gegen Schulze, der sehr lange Zeit das

Kammergericht beschäftigte und zu Konflikten mit dem Könige führte; sein Einfluß wäre dem jungen Pfuel sicher nicht von Nutzen gewesen. Wir werden nach anderen Empfehlungen suchen müssen, und wir werden nicht fehlgehen, wenn wir die Aufnahme Pfuels in die höhere Militärbildungsanstalt auf nahe Beziehungen der beiden Familien Pfuel und Kleist zurückführen, die ihrerseits wieder annehmen lassen, daß die intime Freundschaft Kleists zu Ernst v. Pfuel bis in die früheste Kindheit zurückgeht. Es ist ebenso auffallend, daß Pfuel in die école aufgenommen wurde, wie es auffallend ist, daß Kleist und später auch Pfuel dem vornehmsten, direkt der Aufsicht des Königs unterstellten Regimente in Potsdam einverleibt wurde, einem Regiment, dessen großer Aufwand in gar keinem Verhältnis stand zu den bescheidenen Mitteln, über welche die beiden märkischen Adeligen verfügten. Die Erklärung ergibt sich ohne weiteres daraus, daß damals sowohl in Berlin wie bei dem Potsdamer Regiment zwei Mitglieder der Familie Kleist in hervorragender Stellung und von maßgebendem Einflusse waren.

In Berlin lebte der Major Otto v. Kleist (geb. 1750), dessen Frau, eine geborene Schmidt aus einer reichen Bürgerfamilie stammte. Unter vielen Schwierigkeiten hatte er erst nach dem Tode Friedrich d. Gr. unter seinem Nachfolger den Heiratskonsens erhalten, lebte auf sehr großem Fuße und machte ein Haus aus, in dem neben den Vertretern des Militärstandes alles verkehrte, was zur geistigen Elite Berlins gehörte. Dieser Kleist hat dem jungen Pfuel während seiner Lehrjahre helfend und ratend zur Seite gestanden, er hat ihn von der Ausführung unreifer Entschlüsse zurückgehalten, und wie manche Briefe aus früher Zeit beweisen, bestand zwischen beiden ein eigentümlich intimes, kameradschaftliches Verhältnis. Die Beziehung zu dem Potsdamer Regiment wiederum wurde vermittelt durch Christian v. Kleist (geb. 1764), einem Vetter des Dichters, der mit dem Erbprinzen und späteren König in

Dessau erzogen war, dann aus der Ritterakademie in Brandenburg als Fahnenjunker in das Infanterieregiment Nr. 18 nach Potsdam kam und hier eine rasche Karriere machte. Wir sehen also, es waren genügend Einflüsse und Beziehungen vorhanden, um sowohl dem jungen Kleist als Pfuel die militärische Laufbahn zu ebnen.

Die Ausbildung in der école dauerte regelmäßig fünf Jahre, der Unterricht wurde in französischer Sprache erteilt. Pfuel erzählte in späteren Jahren, daß besonders die Vorträge des Predigers Ancillon und des Majors Rode, letztere über die Kriegswissenschaft, sein Interesse in Anspruch nahmen. Im März 1797 kam Pfuel als Fähnrich in das Regiment Nr. 18 nach Potsdam, dessen Chef der König war, und welches in weiten Kreisen als die Wiege preußischer Taktik galt; wenige Tage früher war Heinrich v. Kleist zum Sekondlieutenant avanciert. In den kleinen Verhältnissen der Residenzstadt und in dem engen Einerlei des Garnisondienstes verleben die beiden Freunde in intimer Gemeinsamkeit zwei Jahre. Die äußeren Lebensverhältnisse Pfuels und sicherlich ebenso die Kleists waren alles weniger als günstige. Schon im zweiten Dienstjahre in einem Briefe vom 6. Oktober 1798 an seinen Vormund klagt Pfuel: „Sie werden mir zugeben, daß man mit nur 6 Taler Gehalt nicht einen ganzen Monat auskommen kann. Ich bitte Sie dringend, mir eine monatliche Zulage von 5 Talern zahlen zu lassen, denn selbst mein Regimentskommandeur Oberstleutnant v. Ploetz gibt zu, daß es ohne einen solchen unmöglich ist zu existieren.“ Auch als Pfuel später seinen Abschied nimmt, und ebenso wie Kleist diesen Entschluß in einem Promemoria begründet, steht unter den angeführten Gründen das Mißverhältnis zwischen seinen Einkünften und der luxuriösen Lebensweise in der Garnison obenan. Die gleichen Fatalitäten werden bei Kleist vorgelegen haben, wenngleich er, der sich über Geldangelegenheiten stets leicht hinwegzusetzen pflegte, deren keine Erwähnung tut.

Der kleinliche in engen Formen erstarrte Gamaschendienst konnte den Freunden, zu denen sich, wie wir wissen, besonders Rühle und Schlotheim gesellten, nicht genügen, sie suchten anderweitige Ablenkung und geistige Befriedigung. Von Pfuel speziell wird vielfach berichtet, daß schon hier in Potsdam seine Vorliebe für gymnastische Übungen und körperliche Ausbildung sich lebhaft bemerkbar machte. Er schwamm vortrefflich und arrangierte schon damals große Schwimmübungen; auch gab er den Kameraden Unterricht im Klettern, Turnen und allen den körperlichen Übungen und Geschicklichkeiten, welche erst später im größeren Umfange in die militärische Ausbildung eingeführt werden sollten. Dabei wurden, wie wir aus Kleists Lebensbeschreibung wissen, die Wissenschaften sehr eifrig gepflegt. Jene Epoche vor Jena bedeutete im gewissen Sinne für die militärische Ausbildung und die Kriegswissenschaft ein Übergangsstadium. Der Zwiespalt, ob die alte Taktik mit ihren starren Formen, aus denen längst der belebende Geist des großen Königs gewichen war, beibehalten werden müsse, wie die Epigonen des siebenjährigen Krieges forderten, oder ob in Hinblick auf die neuesten Kriegsereignisse zeitgemäße Änderungen einzuführen seien, waren, wie der Major v. Fouqué in der Biographie des Generals v. Rüchel erzählt, so schroff geworden, daß alle tonangebenden Persönlichkeiten mitfortgerissen und so in Leidenschaft geraten waren, daß die ruhigen und klaren Köpfe, deren es doch auch damals dort eine Menge gab, geringschätzig behandelt, als „gelehrte Offiziere" wegwerfend bezeichnet, die Resultate ihrer Studien gar nicht zur öffentlichen Kenntnis und Anwendung bringen konnten. Wenn Kleist, Pfuel und fast auch Rühle, der nur durch einen Zufall davon abgehalten wurde, ihre militärische Laufbahn aufgaben, so waren diese mißlichen Verhältnisse nicht zum wenigsten daran schuld. Pfuel hatte noch in späteren Jahren unter dem Rufe eines „gelehrten Offiziers" zu leiden. Er selbst erzählt, wie Blücher, den Gelehrsamkeit nicht gerade drückte, seine Antipathie gegen die „gelehrten Offiziere" zum Ausdruck brachte und sich vor Lützen in bitteren, auf Pfuel gemünzten Stichreden erging „über die gelehrten Soldaten; er möge diese Sorte nicht leiden und mache keinen Hehl daraus". Wenn sich Pfuel in späteren Jahren den Ruf eines durch besondere Bildung und geistige Interessen ausgezeichneten Kriegsmannes erwarb (vgl. Varnhagens Denkwürdigkeiten IV. Bd.: Der Salon der Frau v. Varnhagen), so verdankt er es vornehmlich dem Umgang mit Kleist in frühem Jünglingsalter. Kleist war in dem Kreise der Kameraden der anregende, der hier schon seinen pädagogischen Neigungen die Zügel schießen ließ. Später noch, als Kleist nach der kurzen Studienzeit in Frankfurt eine Anstellung in Berlin gefunden hatte, während seine ehemaligen Kameraden noch zu Potsdam in Garnison standen, pflegten diese an freien Nachmittagen den weiten Weg durch den märkischen Sand zurückzulegen, lediglich zu dem Zwecke, um sich in Berlin von Kleist in die Geheimnisse der Kantischen Philosophie einweihen zu lassen. Die regelmäßigen Vorlesungen mögen Kleist auf den Gedanken gebracht haben, wie es ja auch Humboldt und andere taten, in Paris in gleicher Weise für die Verbreitung der Lehren des Königsberger Philosophen zu wirken.

Neben der körperlichen Ausbildung und der Pflege der Wissenschaften war es die Musik, welche den Kreis der Freunde befestigte und veredelte. Tieck erwähnt in seiner biographischen Skizze, daß Kleist früh zur Musik ein schönes Talent entwickelte und verschiedene Instrumente spielte; Buelow fügt hinzu, daß er in Potsdam als Leutnant in einer von Offizieren zusammengesetzten Musikkapelle die Klarinette spielte. Aus der Biographie Rühles [1]) können wir diese Angaben dahin ergänzen, daß sich die befreundeten Offiziere zu einem Quartett zusammenfanden, dem außer Kleist und Rühle noch Schlotheim und Gleißenberg

[1]) „Generalleutnant Rühle von Lilienstern. Ein biographisches Denkmal" im Beiheft zum Militär-Wochenblatt 10. Dezember 1847. Der anonym erschienene Aufsatz ist auf Königlichen Befehl verfaßt vom Major im Generalstabe Gerwien (Zettelnotiz bei Varnhagen).

angehörten. Es wird hervorgehoben, daß die Leistungen des Quartetts ganz ausgezeichnete waren, und daß „sie noch heute (1847) den Zuhöhrern lebendig im Gedächtnis sind". Mit seinen Quartettgenossen unternahm Kleist den in einem Briefe aus dem Jahre 1800 erwähnten Ausflug in den Harz. Ohne einen Kreuzer mitzunehmen, spielten die Kameraden auf ihrer Wanderung in Dörfern und Städten und lebten nur vom Ertrage ihrer Kunst. Der Erfolg war, wie berichtet wird, glänzend; man kehrte von der genialen Reise neu erfrischt und geistig belebt wieder heim. Auch Pfuel bestätigt die große Virtuosität Kleists. Nach einer Äußerung, die uns Brentano übermittelt [1]), war Kleist einer der größten Virtuosen auf der Flöte und dem Klarinett.

Wir können alledem entnehmen, daß Kleist während seiner Potsdamer Offizierszeit in einem Kreise von Freunden lebte, die er selbst „hochachtungswürdig" nennt, in dem neben Sport und Gymnastik wissenschaftliche Studien eifrig betrieben wurden, und auch künstlerische Bestrebungen zu ihrem Rechte kamen. Den geselligen Mittelpunkt dieses geistig angeregten Kreises junger Männer bildete das Haus des vorher erwähnten damaligen Stabskapitäns, Christian v. Kleist, dem seine Frau Maria v. Kleist, geb. Gualtieri vorstand. Aus dieser Lebensperiode Kleists haben wir dafür keine direkten Zeugnisse, aber mit welchem Interesse Maria v. Kleist das Geschick Pfuels verfolgte, darüber belehren uns die Briefe Kleists an Pfuel, und einige Briefstellen, die ich weiter unten wiedergebe (siehe S. 18 ff), lassen keinen Zweifel, daß Christian und Maria v. Kleist die intimsten Vertrauten Kleists, Pfuels und der anderen Freunde waren.

Im Jahre 1799 nahm Kleist seinen Abschied. Da die Daten über die militärische Laufbahn Kleists bis in die neuesten Biographien nicht durchaus richtig angegeben sind, so lasse ich zunächst die Angaben bezüglich der Dienstlaufbahn Kleists folgen,

---

[1]) Kayka l. c.

die den Matrikeln und Regimentsakten in der Geh. Kriegs-Kanzlei des Kriegsministeriums entnommen sind:

Heinrich Bernd Wilhelm von Kleist ist im Alter von 16 Jahren[1]), 1792 1. Juni als Gefreiter-Korporal in das 3. Bataillon des Regiments Garde Nr. 15b eingestellt, 1795 14. Mai zum Portepeefähnrich, 1797 7. März zum Sekondlieutenant befördert und hat 1799 4. April den nachgesuchten Abschied bewilligt erhalten.

Sobald Kleist dem Kreise der Freunde entzogen war, scheint es auch diese in Potsdam nicht mehr gehalten zu haben. Schon wenige Monate nach der Abreise Kleists schreibt Pfuel an seinen Vormund, daß er den Dienst quittieren und studieren wolle. Ich gebe die Hauptpunkte des Schreibens wieder, da es auch den Entschluß Kleists rechtfertigt:

„Die Liebe zu den Wissenschaften ist mir zwar geblieben, jedoch meine dürftigen Umstände und die wenige Gelegenheit, welche man hier in Potsdam hat, etwas zu lernen, verhindert es, mich hier ferner auszubilden! — Ich wünschte dringend eine andere Laufbahn einzuschlagen, denn wenn ich mir einen Schatz nützlicher Kenntnisse erworben hätte, würde ich wohl im auswärtigen Departement eine Anstellung finden, oder wenn das mißlingt, in anderen Diensten, wo Krieg ist, Verwendung finden. Der preußisch militärische Schneckengang benimmt mir alle Hoffnungen, mich emporzuschwingen! er zeigt mir in 25 Jahren das höchste Glück, die Kompagnie ..... Wenn Sie aber meine

[1]) Wenn man Kleists Geburtstag auf den 18. Oktober 1777 verlegt, so richtet man sich nach der Eintragung im Garnison-Kirchenbuch. Kleist selbst bezeichnet zweimal den 10. Oktober als Geburtstag. Das einemal in der bekannten Briefstelle an Wilhelmine (10./11. Okt. 1800), dann in dem Buche von Haymann: Dresdens theils neuerlich verstorbene theils jetzt lebende Schriftsteller und Künstler, wissenschaftlich classifizirt nebst einem dreifachen Register. Dresden. Walthersche Hofbuchhandlung 1809. Die hier angegebenen, sehr korrekten Daten über Kleist, stammen offenbar von ihm, sind also autobiographisch. Es heißt da (S. 459): „Heinrich von Kleist, ehemaliger k. preußischer Lieutenant, nachmaliger Assessor der Kammer zu Königsberg, geb. zu Frankfurt a. d. O. am 10. Oktober

Wünsche nicht billigen, so werde ich mich fügen müssen, und dann sollen meine Bücher mich trösten."

Dem unruhigen und lebhaften Geiste Pfuels genügte auf die Dauer nicht das Einerlei des kleinen Dienstes, der hier in seiner ganzen Ausdehnung betrieben wurde. Etwa ein Jahr nach Kleists Abschied trägt er sich mit dem Gedanken, nach Amerika auszuwandern, um dort sein Glück zu suchen. Nur dem Einflusse und den eifrigen Bemühungen des oben erwähnten Otto v. Kleist in Berlin, der seit 1797 Direktor an der école militaire war, gelang es, ihn davon abzubringen und ihn zunächst noch in der Potsdamer Garnison festzuhalten. Für diejenigen, die Kleist durchaus einen krankhaft gesteigerten Wandertrieb andichten wollen, sei darauf hingewiesen, daß seine nächsten Freunde sich in jungen Jahren mit viel kühneren Reiseprojekten trugen. Pfuel zieht es nach Amerika, und Rühle trug sich lange Zeit mit der Absicht, nach Ostindien auszuwandern. 1803 kam Pfuel um einen längeren Urlaub ein, um in Paris seine Studien fortzusetzen, er wurde nicht bewilligt; er bat um seinen Abschied, der ihm zunächst verweigert wurde, und den er erst nach längerer Zeit (am 18. Juni 1803) und nur durch Vermittlung seines Bataillonskommandeurs erhielt.

Ein viertel Jahr, nachdem er seinen Abschied genommen, tritt Pfuel gemeinsam mit Kleist die bekannte große Reise an, indem er für den Freund den letzten Rest seines Vermögens

---

1777, privatisirt seit 1807 zu Dresden." Da hier das Geburtsjahr richtig von Haymann-Kleist angegeben ist, so ist der Irrtum von Tieck doppelt verwunderlich. Es ist leicht möglich, daß die falsche Angabe in den sonst so zuverlässigen Akten der Kriegskanzlei den Irrtum bei Tieck veranlaßt hat. Denn nach diesen Angaben (vergl. oben) müßte Kleist 1776 geboren sein. Von den Werken Kleists sind bei Haymann angeführt (das Buch ist Dezember 1808 abgeschlossen): Die Familie Schroffenstein, ein Schauspiel in 5 Aufzügen. Amphitryon nach Molière, herausg. von A. Müller. Peuthesilea, ein Trauerspiel. Tübingen bei Cotta 1808. Verschiedene Aufsätze in dem von ihm und A. Müller herausgegebenen Kunstjournale Phöbus. Jeronimo und Josephe, eine Erzählung im Morgenblatt, Tübingen bei Cotta.

opfert. Verpflichtungen aus früherer Zeit — wir werden an die Dienste denken müssen, die des Dichters Verwandte ihm geleistet — sollen Pfuel nach einer mündlichen Tradition in seiner Familie zu diesem Freundschaftsdienst veranlaßt haben. Nach der Pfuel-Biographie von Wippermann (allg. D. Biogr.) nahmen die Freunde, meist zu Fuß, den folgenden Weg: sie weilten längere Zeit in Bern und am Thuner See, besuchten Mailand und Venedig, Genf und Lyon und mieteten dann eine gemeinsame Wohnung in Paris, wo sie Vorlesungen bei Cuvier u. a. hörten. Meine Erwartung, im Pfuel-Archiv eine Aufklärung über die Einzelheiten der Reise zu finden, hat sich nicht erfüllt. Es ist kein Brief aus jener Zeit von Pfuel vorhanden, hingegen aber Briefe von Caroline Fouqué, von dem Oberst Otto v. Kleist und von Pfuel in Gielsdorf. Diesen Briefen kann man entnehmen, daß Pfuel nicht, wie er versprochen hatte, seine Reise zu Studienzwecken benutzte, sondern daß er nur von Amüsements, von Abenteuern und Sehenswürdigkeiten zu berichten wußte. Die Briefe der Verwandten enthalten viele Vorwürfe über Pfuels Leichtsinn. Verwundert fragen alle Briefschreiber, weswegen er ihnen nichts von ernsthafter Beschäftigung, von Fortschritten in der Wissenschaft usw. mitteilte. Kleists wird dabei nicht Erwähnung getan, nur in dem letzten Briefe Pfuels in Gielsdorf vom 3. Dezember 1803 heißt es:

„Du willst studieren — das ist schön; aber was? und wozu? Seit einigen Tagen hat man hier die Nachricht, daß Dein Reisegefährte Kleist sich bei der Landungs-Armee engagiert habe, und man will behaupten, daß Du ihm gefolgt seiest. Ist das wahr? Wie steht das zum Studium?"

Wenn zunächst Wilbrandt und nach ihm andere Kleistbiographen den Zweck der gemeinsamen Reise so darstellen, als ob Pfuel, der die Selbstverwüstung des Freundes nicht mit ansehen konnte, den Freund ablenken, ihn in die richtigen Wege leiten, ihn als Mitkämpfer gegen seinen innerlichen Feind unterstützen wollte, so entspricht diese Darstellung entschieden nicht den Tatsachen. Unwahrscheinlich klingt es, daß der um zwei

Jahre jüngere Freund, der gewöhnt war, zu Kleist als seinen Lehrer aufzublicken, sich mit der Absicht getragen haben soll, diesen zu leiten und seelisch zu beeinflussen; dazu fehlte ihm schon die wichtigste Vorbedingung: das Verständnis für den Seelenzustand des Freundes, das er nie besessen hat. Wandertrieb und Abenteuerlust steckte in Pfuel. Fouqué, der ihn sehr genau kannte, schreibt, als ihn Varnhagen 1810 um Empfehlung eines Militärschriftstellers bittet, daß Pfuel sehr geeignet hierfür sei, daß er aber nicht „Sitzfleisch zum Schreiben genug hat". Damals, als er dem Zwange des Potsdamer Garnisonlebens entgangen war, mag diese Wanderlust mit doppelter Gewalt sich bei ihm geltend gemacht haben, und es ist verständlich, daß er für Kleist, der sich damals in der schwersten Krisis seiner Entwickelung befand, in seiner Lust nach Vergnügen und Abwechslung ein schlechter Gesellschafter war, und daß es schließlich zwischen beiden zu einer Katastrophe kommen mußte.

In seiner verzweifelten Gemütsverfassung soll Kleist während der Reise seinem Freunde angetragen haben, mit ihm zu sterben, und wie von einer fixen Idee gepackt soll er immer wieder auf den gemeinsamen Tod zurückgekommen sein. Wilbrandt berichtet hierüber als erster (1863) und führt Pfuel selbst als Zeugen an. Pfuel im vorgerückten Alter ist kein einwandfreier Zeuge; die übrigen Angaben Wilbrandts, für die er Pfuel als Gewährsmann anführt, sind zum größten Teil nachweisbar unrichtig, und ich kann nicht, wie Erich Schmidt diese Mitteilung Pfuels „durchaus glaubwürdig" finden. Wie ich des öfteren hervorgehoben und noch zu beweisen Gelegenheit haben werde, sind die Angaben des alternden Pfuel nur mit großer Reserve aufzunehmen. In den zahlreichen direkten und indirekten Äußerungen Pfuels unmittelbar nach dem Tode Kleists, die ich beibringe, findet sich diese fixe Idee, die zu erwähnen gewiß hier die passendste Gelegenheit war, mit keinem Worte angedeutet, und ebensowenig bietet das übrige Pfuelmaterial irgendwelche Anhaltspunkte. Die ganze Behauptung steht auf viel zu schwachem Boden, als daß es gerechtfertigt wäre, von ihr aus Schlüsse zu ziehen auf eine Monomanie, die sich durch das ganze Leben Kleists hindurchzieht.

Pfuel war von der Reise noch vor Kleist in die Heimat zurückgekehrt; auf Drängen seines väterlichen Freundes Otto v. Kleist hatte er seinen Pariser Aufenthalt kurz abgebrochen; die Erhebung einer kleinen Erbschaft machte seine Anwesenheit in der Heimat erforderlich. Daß er nach seinem Regiment in Potsdam zurückkehrte, wie Wilbrandt und nach ihm andere berichten, ist unrichtig.

Wie sich die Beziehungen der beiden Freunde in der Heimat wieder anbahnten, und wie sie sich im einzelnen während der ersten Hälfte des Jahres 1805 gestalteten, darüber sind wir heut genau unterrichtet durch drei lange und inhaltsreiche Briefe Kleists an seinen Freund aus dieser Zeit, die dem Pfuel-Archiv entnommen sind. Die drei hier angeführten Briefe Kleists an Pfuel sind nicht bloß bemerkenswert dadurch, daß sie ein Licht werfen auf eine bisher in Dunkel gehüllte Lebensepoche der beiden, sondern besonders weil sie das Verhältnis Kleists zu seinen Freunden beleuchten. Kleists Vorliebe zu belehren und zu unterrichten kommt deutlich zum Ausdruck, er scheut nicht ein schroffes Wort, wo er Oberflächlichkeit und Unkenntnis vermutet, sein Ton wird streng, wo er den Ernst des Wollens vermißt; auf der anderen Seite ist er auf das liebevollste besorgt um das Ergehen und die Fortentwicklung seiner Freunde, dankbar ist er für einen Aufsatz Rühles, in dem sich dessen „ganze schöne Natur" ausspricht, und mit Enthusiasmus begrüßt er seine ersten dichterischen Versuche, genau so wie er für jedes Gedicht und Drama Fouqués und seiner Frau wenige Jahre später liebevollste Anerkennung und hohes Interesse äußert. Der erste Brief an Pfuel vom 7. Januar 1805, in dem er nach einem Zerwürfnis die neuen Beziehungen anknüpft, sticht hiervon eigentümlich ab; er erinnert unwillkürlich an den Brief, welchen Kleist drei Jahre vorher an den Maler Lohse richtete und erscheint mir besonders charakteristisch für den Verkehr Kleists mit seinen Freunden. So liebevoll, aufopfernd und hilfsbereit sich Kleist seinen Freunden gegenüber zeigt, so waren doch Reibungen, Zerwürfnisse und Katastrophen zwischen ihm und den Freunden unvermeidlich. Sein „gespanntes Gemüt", wie er es selbst nannte, trug zum Teil die Schuld daran, zum anderen offenbar die Verständnislosigkeit der Freunde gegenüber seinem Wesen, das mangelhafte Urteil gegenüber seinen Plänen, Entwürfen und Absichten. Kleist war oft nachgiebig, viel zu nachgiebig gegen seine Freunde. Als er in der Schweiz dem Freundestrio die Schroffensteiner verliest, veranlaßte ihn ihr unverständiges Lachen an der entscheidenden Stelle zu einer Verstümmelung seines Werkes. Oft aber war der Konflikt unvermeidlich, und dann verliert Kleist in seinem Bemühen, das alte Verhältnis wiederherzustellen, völlig die Fassung. Er hängt an seinen Freunden, und ihr Verlust bringt ihn leicht aus dem seelischen Gleichgewicht. Nirgends zeigt er sich so exaltiert, so hypernervös und verstiegen als in den beiden erwähnten Briefen. Da wird seine Güte überzärtlich, seine Empfindlichkeit bekommt einen weibischen Zug, der ihm sonst ganz fremd ist, sein Gefühlsleben balanciert gewissermaßen auf der Nadelspitze, um ganz unvermittelt in Bitterkeit und Verdrossenheit umzuschlagen. Die Freundschaft im allgemeinen war für Kleists zärtliche Psyche etwas unentbehrliches, und bei ihrem drohenden Verluste wird er so stark erschüttert wie durch nichts anderes.

Etwa dem gleichen Zeitraum wie die drei Kleistbriefe entstammen einige Briefe von Karoline Briest späteren Frau Fouqué an Pfuel, die ich in dem Pfuel-Archiv einzusehen Gelegenheit hatte. Ich entnehme diesen Briefen einige Stellen, die für uns von Interesse sind, weil sie einesteils auf die freundschaftlichen Beziehungen zu Maria v. Kleist und ihrem Hause, anderenteils auf gewisse Geschehnisse und den Charakter einiger uns bisher völlig fremden Persönlichkeiten ein Licht werfen. Karoline schreibt aus Nennhausen am 29. November 1804:

„Die Kleisten hat mir nicht geschrieben, und so weiß ich nur, daß Loulou krank war und noch kränklich ist. Mich ängstigt das sehr, denn bei der unbeschreiblichen Zärtlichkeit der Kleisten und bei ihrem Mißtrauen gegen die Kunst der Arznei leidet sie doppelt bei Krankheiten ihrer Kinder, und dann noch die unglückliche Erfahrung, die sie gemacht hat. Sagen Sie ihr viel Herzliches von uns, und wenn Sie mich mit einem Briefe erfreuen, so vergessen Sie nicht, mir recht viel von ihr zu schreiben."

Die kurze Briefstelle zeigt uns die intimen Beziehungen zwischen Pfuel und seinen Verwandten in Nennhausen und dem Hause Christian und Maria v. Kleists in Potsdam. „Die Kleisten" bedeutet wie in den Briefen Kleists die Kusine Maria v. Kleist. Die hier erwähnte Loulou war die dritte, am 18. November 1800 geborene Tochter Marias. Ein Bild von ihr aus späterer Zeit, eine Federzeichnung von der Hand der Nichte Cl. Brentanos, findet sich im Nachlaß Brentanos; ich bin durch das freundliche Entgegenkommen der Nachlaßinhaber in der Lage, das Bild hier wiederzugeben. Die im Briefe erwähnte unglückliche Erfahrung der Kleisten bezieht sich darauf, daß fast zwei Jahre vor der Geburt dieser Tochter die beiden älteren Töchter an einem Tage gestorben waren. Außer der erwähnten Tochter entstammte der Ehe noch ein Sohn, der spätere Präsident Adolf v. Kleist.

Im April des nächsten Jahres weilte Karoline zu Besuch in Potsdam im Hause Christian v. Kleists; aus der Zeit ihres Aufenthaltes daselbst stammen die folgenden Briefstellen. Zum Verständnis sei erwähnt, daß Pfuel nach seiner Rückkehr in die Heimat auf Betreiben seiner Freunde und Angehörigen sich um eine neue Einstellung in der Armee bemühte. Der König, welcher ihm wohl seinen Unwillen über das plötzliche Gesuch seines Abschiedes aus dem preußischen Dienste kund geben wollte, genehmigte zwar seine Bitte, schickte ihn aber trotz seiner Bildung und erweiterten Kenntnisse in ein fernes Bataillon nach Johannisburg in Ostpreußen. Am

11. April 1805, zu der Zeit also, in welcher sich Kleist in Königsberg befand, war Pfuel wieder angestellt beim Füsilierbataillon Nr. 23 (v. Schachtmeyer) in Johannisburg, wo er nur kurze Zeit verbleiben sollte.

Karoline schreibt an Pfuel am 9. April 1805. Der Brief beschäftigt sich hauptsächlich mit einem Selbstmordversuch Schlotheims vom Tage zuvor. Die Nachricht traf bei Christian v. Kleist ganz unverhofft des Abends ein, „Kleist ging sofort zu ihm, und nun denken Sie sich unsere Angst, bis er zurückkam". — — — „Die Kleisten ist krank vor Schreck und Gram, aber doch nicht bettlägerig und grüßt Sie herzlich."

Drei Tage später, am 12. April, also einen Tag nach Pfuels Wiedereinstellung, schreibt Karoline wörtlich:

„Mit schwerem Herzen gratuliere ich Ihnen, mein bester Ernst, zu Ihrer Placierung. Wir sind sehr betrübt über die weite Entfernung und gerade nach dem Land, was Ihnen am fatalsten ist; aber ich freue mich, daß Sie Füsilier werden... Wir hoffen, Sie in einigen Tagen hier zu sehen, indessen meint Kleist (unser Hauptmann nämlich), Sie täten besser, nicht mündlich, sondern schriftlich sich beim König zu bedanken, weil Sie schriftlich könnten mit einfließen lassen, Sie sehen aus der Art der Placierung, daß der König noch immer ungnädig auf Sie wäre, Sie würden aber alles mögliche anwenden, in dem neuen Posten des Königs Gnade zu verdienen oder so etwas Ähnliches. Sie, die Kleisten, findet diesen Rat vortrefflich, und auf ihre Ordre schreibe ich es Ihnen, weil sie sagt, diese Äußerung bahne Ihnen den Weg, nach einiger Zeit die Versetzung nachzusuchen, wenn Sie gleich jetzt in aller Demut gestehen, daß Sie die entsetzlich weite Entfernung als Beweis von Ungnade ansehen. Mich machts traurig und mißmutig, wenn ich so oft sehe, wie die vielvermögenden Herren ihr Wort brechen, ohne rot zu werden. Ich hoffe, Sie noch zu sehen, denn künftige Woche bleibe ich noch ganz hier. Mit Schlotheim geht es sehr gut, er wird fast gar nicht entstellt, ist auch nicht mehr bettlägerig und vollkommen ruhig und heiter. Ich sage ihnen nichts von den Beweggründen dieser Handlung, denn Sie werden nur zu viel darüber hören. Man ist ganz ärgerlich, daß eine schwache Gesundheit, ein geängstigtes Gemüt zu solchen Entschlüssen treiben können und würde sich freuen, wenn man eine drückende Schuldenlast, ein großes Verbrechen entdeckte, denn nur dann würde man diesen Schritt motiviert finden.

Seit gestern und heut geht es auch mit der Gesundheit der Kleisten etwas besser, für die ich seit einigen Tagen noch mehr besorgt war, als für Schlotheims Schicksal. Nach und nach beruhigen sich ihre Nerven wieder, die von dem heftigen Schreck sehr erschüttert waren. Heinrich Kleist ist gleich Mittwoch herübergekommen, als er die traurige Nachricht erfuhr und bis gestern Nachmittag Tag und Nacht bei Schlotheim geblieben. Diese Gesellschaft hat dem armen Leidenden sehr wohl getan, ihm hat er sich ganz geöffnet, der mit ihm gleich empfindet, seine Tat notwendig fand, sie zu billigen schien, wodurch er freilich die Menschen sehr skandalisierte und die arme Kleisten sehr beunruhigte, die durch die traurige Erfahrung erschreckt, für alle ihre Freunde fürchtet. Ich beruhige sie aber mit der Versicherung, daß ihre Freunde zu lebhaft den Wert ihrer Freundschaft empfinden, um ihr zum Lohn für diese Anhänglichkeit ohnegleichen so schreckliche Qualen ja selbst den Tod zu bereiten.

Noch meint die Kleisten, die Art an den König zu schreiben wäre darum sehr gut, um ihm den Wahn zu nehmen, er habe Ihnen mit dieser Placierung große Gnade erwiesen."

Die angeführten Briefstellen sind für uns bemerkenswert aus verschiedenen Gründen. Ihr besonderer Wert liegt zunächst darin, daß wir hier zum ersten Male von dritter Seite Angaben über die Persönlichkeit der Maria v. Kleist erhalten, die uns einen bestimmteren Eindruck geben, als wir ihn aus den spärlich erhaltenen Briefen an sie oder von ihr bekommen. Es ist hier nicht der Platz, darauf näher einzugehen, wir werden später (III 2) darauf zurückkommen.

Sodann wird unsere Aufmerksamkeit gelenkt auf eine Episode im Leben Kleists und auf sein Freundschaftsverhältnis zu dem schon früher flüchtig erwähnten Schlotheim. Hartmann von Schlotheim stammte aus Schwarzburg, war etwa 5 Jahre älter als Kleist und diente seit Juli 1788 im Regiment Kronprinz Nr. 18. Das Regiment stand in Potsdam und hieß seit 1797 Königsregiment Nr. 18. Schlotheim und Kleist waren also nicht Regimentskameraden. Schlotheim avancierte in dem gleichen Regiment am 4. Juni 1790 zum Fähnrich und am 9. August 1793 zum Sekondlieutenant. Am 7. Mai 1801 wurde er Gouverneur beim Prinzen Karl von Mecklenburg-Strelitz, am 26. Juli 1803 Stabskapitän von der Armee und am 17. April 1804 Wirklicher Kapitän und Quartiermeister-Lieutenant. Schlotheim war also im Range Kleist weit voraus, als er im April in einer hypochondrischen Anwandlung einen Selbstmordversuch ausübte. Der Selbstmordversuch war wohl die Ursache, weshalb er am 25. desselben Monats dimittierte; am 8. Mai des gleichen Jahres erhält er die Erlaubnis, die Armeeuniform zu tragen.

Soweit geben uns über Leben und Laufbahn Schlotheims die Akten der Geh. Kriegskanzlei des Kriegsministeriums Auskunft. Was wir sonst über die Beziehungen der beiden wissen, ist spärlich,[1]) aber auch die wenigen Brocken, die wir zu dem Freundschaftsbunde beitragen können, beweisen, daß ein dauerhaftes Band Kleist von seiner Potsdamer Dienstzeit bis an das Lebensende mit dem älteren Freunde zusammenhielt. Die gemeinsame musikalische Veranlagung, die wir bereits oben erwähnt haben, mag den Grund zu der Freundschaft gelegt haben.

---

[1]) Meine ausgedehnten Bemühungen bei überlebenden Familienmitgliedern etwas über H. v. Schlotheim und seine Freundschaft mit Kleist zu erfahren, waren ergebnislos. Die Familientradition, die sich allein erhalten hat, ist die Kenntnis von dem Selbstmordversuch. Es wird berichtet, daß eine Beziehung Schlotheims zu einer sehr hochgestellten Dame die Veranlassung abgab. Das Motiv war überspanntes Ehrgefühl.

Der neue Vorfall, von dem der Brief berichtet, läßt uns die liebevolle, aufopfernde Gesinnung Kleists erkennen. Auf die Unglücksnachricht eilte Kleist sofort an das Krankenlager des Freundes, er bleibt Tag und Nacht an seiner Seite, er, dem solche seelischen Verstimmungen nicht unbekannt sein mochten, bringt dem Freunde Verständnis und Mitgefühl entgegen, er ist imstande, allmählich seine Stimmung zu heben, ihn durch vernünftigen und liebevollen Zuspruch zu beruhigen. Aber nicht bloß das — gegen die Vorwürfe und das Geklätsch der Gesellschaft ergreift er öffentlich des Freundes Partei, er rechtfertigt seinen Schritt und tritt unentwegt allen Beschuldigungen und Verunglimpfungen der Gesellschaft entgegen. Es kümmert ihn nicht, daß er damit die Leute und die Gesellschaft sehr skandalisiert, wie sich die Briefschreiberin ausdrückt. Auf diese Weise mögen zum guten Teil die vagen und unfaßbaren Gerüchte entstanden sein, welche über einen angeblichen Selbstmordtrieb des Dichters verbreitet waren.

Es ist ein eigentümliches Verhängnis im Leben Kleists, daß ihm der Selbstmord so oft entgegentrat, und daß unter denen, die ihm am nächsten standen, gleichsam eine Selbstmordmanie umging. Der unglückliche Vetter, mit dem er gemeinsam seine erste Erziehung im Elternhause erhielt, gab sich als Offizier selbst den Tod. Aus Kleists Studentenzeit wird dann weiter berichtet, daß er aufs tiefste erschüttert wurde, als einer seiner nächsten Freunde sich durch einen Pistolenschuß das Gesicht entstellt hatte, ohne zu sterben, und daß er dem Unglücklichen einen herzergreifenden Brief über das Sündhafte einer solchen feigen Tat schrieb. Es folgt im Jahre 1805 der Selbstmordversuch Schlotheims; wenige Monate später berichtet Kleist an Pfuel über einen Selbstmord Gualtieris. Das nächste Jahr bringt den Selbstmord Otto v. Kleists, der seit 1797 Direktor der école militaire, wie wir gesehen haben, der treueste Beistand des Dichters und seiner Freunde war. Er hatte nach dem Tode der ersten Frau die Witwe des Verlegers Himburg im Juli 1806 geheiratet; im Oktober desselben

Jahres erschoß er sich. Die Kleistsche Familienchronik erzählt, daß er nach Jena in das königliche Schloß geeilt wäre, um Dispositionen für seine Zöglinge nachzusuchen; als er den König nicht sprechen konnte, wäre er aus Sorge um das Geschick seiner Schüler in den Tod gegangen. Die Darstellung ist völlig aus der Luft gegriffen. Ich ersehe aus den Akten des Geh. Staatsarchivs, daß Schulden und Unregelmäßigkeiten in der Dienstführung Otto v. Kleist in den Tod trieben. Die Witwe leitete den erbschaftlichen Liquidationsprozeß ein, der sich sehr lange hinzog und auch im August 1812, soweit reichen die Akten, noch nicht beendigt war. Die Weitläufigkeit und Schwierigkeit der Sache trug die Schuld, „indem alle Unordnungen, welche in der Dienstführung des Generalschuldners seit mehreren Jahren eingerissen waren, reguliert und Verhältnisse auseinandergesetzt werden müssen, deren Verwicklung dem Verstorbenen das Leben gekostet hat". Der Umwandlung der école in ein neues Institut waren damit große Schwierigkeiten in den Weg gestellt.

Ich habe die seltsam häufigen Selbstmorde und Selbstmordversuche aus der nächsten Umgebung Kleists im Zusammenhang besprochen, weil natürlich alle diese tragischen Ereignisse nicht spurlos an dem Dichter vorübergehen konnten, weil sie das Närrische in der Behauptung aufdecken, er hätte vergeblich einen Todesgefährten gesucht, und weil sie in Verbindung mit dem Freimut, mit welchem er sich nicht nur in Briefen, sondern auch in der Gesellschaft über den Selbstmord ausließ, eine Erklärung abgeben für die Gerüchte, die über seinen eigenen Selbstmordtrieb umgingen.

Kehren wir zurück zu Schlotheim. Er sollte sehr bald Gelegenheit finden, sich Kleist für seinen Liebesdienst dankbar zu erweisen. Als Kleist anfangs 1807 in französische Gefangenschaft geriet, muß er ihn aus der Entfernung auf dem Transport nach Frankreich hilfsbereit begleitet haben, denn Kleist erwähnt seiner in zwei Briefen, und es geht aus den betreffenden Briefstellen (23. April und 8. Mai 1807) hervor, daß Schlotheim zwischen Ulrike und Kleist vermittelte. Die freundschaftlichen Beziehungen hielten nachweisbar an bis in den Mai 1810. Anfang dieses Jahres machte Kleist eine Reise nach Gotha, wo Schlotheim sich aufhielt, deren Zweck uns unbekannt ist, und bald darauf im April und Mai des Jahres führte er in Geldangelegenheiten des Freundes eine uns erhaltene Korrespondenz mit dem Porträtmaler Wilhelm Reuter [1]).

Wir sind über die Beziehung Kleists zu Schlotheim nur sehr mangelhaft unterrichtet. Es ist um so bedauerlicher, als dieser Freund neben Pfuel von frühester Zeit bis an das Lebensende Kleist treu blieb, und weil sich voraussetzen läßt, daß er schon wegen seines höheren Alters und seiner höheren Stellung einen bestimmenden Einfluß auf Kleist hatte.

Kurze Zeit nach dem geschilderten Selbstmordversuch Schlotheims machte sich Kleist auf den Weg nach Königsberg, wo er in den ersten Tagen des Mai anlangte. Pfuel mag ihn auf dem Wege nach Johannisburg begleitet haben. Ob Pfuel bald in den ersten Wochen des Königsberger Aufenthaltes Kleist besuchte, oder ob er, was wahrscheinlicher ist, seinen Weg über Königsberg nahm und sich dort einige Zeit aufhielt, läßt sich aus Kleists Briefe vom 2. Juli 1805 nicht mit Sicherheit entnehmen. Während seines Königsberger Aufenthalts wird Kleist wahrscheinlich seine größte Novelle, den Kohlhaas, in Angriff genommen haben. Die äußere Anregung zur Bearbeitung dieses Stoffes soll von Pfuel ausgegangen sein. Wir werden in einem besonderen Abschnitt (II 2) prüfen, was wir davon zu halten haben.

---

[1]) Über ihn finden sich in Naglers Künstlerlexikon nur die folgenden kurzen Notizen: Wilhelm Reuter, Maler, widmete sich um 1790 in Berlin der Kunst, besonders der Bildnismalerei. Er malte Porträts in Öl und Miniatur. Dann befaßte er sich zu Anfang dieses Jahrhunderts mit Zeichnungen auf Stein, mit der damals sog. Polyautographie, deren Erzeugnisse jetzt zu den Inkunabeln der Lithographie gehören. Er war noch 1810 tätig.

Pfuel blieb nicht lange in der abgelegenen ostpreußischen Garnison, er kam in den Generalstab und kämpfte mit in der Schlacht bei Auerstädt als Adjutant des Generals und Divisionskommandeurs von Schmettau. Bei dem vollkommenen Desastre nach Jena schließt er sich dem Blücherschen Korps an und eilt diesem nach Stettin voraus, um für den Plan einer Einschiffung des Korps in Rostock zu wirken[1]). Durch die Kapitulation von Ratkau bei Lübeck gerät Pfuel in Gefangenschaft, aus der er freigelassen wird gegen das Ehrenwort, in diesem Kriege nicht wieder gegen Frankreich zu kämpfen. Seine Hoffnung auf Auswechslung in Ostpreußen, wohin er sich im Dezember 1806 von Lübeck aus einschiffte, geht zu schanden, und im Anfange des nächsten Jahres trifft er wieder mit Kleist in Königsberg zusammen. Pfuel begleitet Kleist und die verabschiedeten Offiziere Gauvain und Ehrenberg auf ihrem Wege von Königsberg über Stettin und Berlin nach Dresden, um die Auswechslung durch die in der Mark und Schlesien aufgetauchten Freikorps zu erreichen. Kurz vor Berlin biegt er ab, um seinen Freunden in Nennhausen einen Besuch abzustatten, und so entgeht Pfuel dem Schicksal Kleists und seiner Begleiter, in Berlin festgehalten und nach Frankreich deportiert zu werden.

In Dresden sollten sich die Freunde wiedersehen. Als Kleist dort etwa Ende August 1807 eintraf, waren seine Freunde Pfuel und Rühle schon in Dresden, hatten aber noch nicht festen Fuß gefaßt. Übrigens zählte zu den Freunden Kleists in Dresden nicht bloß Ernst v. Pfuel, sondern auch sein oben erwähnter Bruder Friedrich. Im Jugendstammbuch Körners — es gibt eines aus früherer und eines aus späterer Zeit — findet sich eine Stammbucheintragung, die Zolling in einem Aufsatz über dieses Stammbuch (Gegenwart 1891 Nr. 39) Ernst v. Pfuel zuschreibt. Zolling wußte wahrschein-

---

[1]) Näheres hierüber bringen die Memoiren des Generals L. v. Reiche, Leipzig 1857 I S. 177.

lich nichts von der Existenz des Bruders und änderte die deutliche Unterschrift Fr. Pfuel in Ernst Pfuel um. Der Stammbuchvers, der eine gewisse Anlehnung an den von Kleist aus dem Mai desselben Jahres erkennen läßt, lautet:

Glück auf!
So rief auf des Lebens vereinigten Wegen
Dir Amor, Minerva, Fortuna entgegen.
Und nur erst im Gasthof zur Ewigen Ruh',
Empfang Dich begrüßend Hans Mors mit Glück zu!
Fr. Pfuel.
Dresden, September 1808.

Ein launiges Geburtstagsgedicht von Ernst v. Pfuel an Theodor Körner im September 1808 veröffentlicht R. Brockhaus (Theodor Körner zum 23. September 1891. Leipzig 1891).

Fr. v. Pfuel war wie sein älterer Bruder von Kindheit an mit Kleist eng verbunden. Wir werden in der Folge öfters auf ihn zurückkommen. Es seien deshalb an dieser Stelle nach dem Buche „Die Generäle der Königl. Preußischen Armee von B. v. Kleist" (Hannover 1891) die wichtigsten Daten zusammengestellt: Friedrich Heinrich Ludwig v. Pfuel, geb. 1781, den 4. Januar 1797 Fähnrich im Inf.-Reg. v. Puttkammer Nr. 36, den 10. Oktober 1797 Sekondlieutenant, den 1. Mai 1809 Adjoint beim Generalstab, den 14. Februar 1810 Stabskapitän, den 20. August 1811 dimittiert als Major mit Beibehaltung der Uniform, den 16. März 1813 Kapitän im Generalstab, avanciert bis zum Generallieutenant, starb den 16. Juli 1846.

Die Anstellung beim Prinzen Bernhard erhielt Rühle erst am 29. September. Otto [1]) Rühle v. Lilienstern war als

---

[1]) Der Vorname wird verschieden angegeben (Starklof schreibt Ludwig), Familienpapiere geben nicht sichere Auskunft. Ich richte mich nach der Eintragung in den Akten der G. K. K. des Kriegsministeriums, welche ihn aufführt unter: Johann Jakob August Otto Rühle von Lilienstern aus der Priegnitz.

Fähnrich am 14. Februar 1798 in dasselbe Regiment wie Kleist eingetreten, war am 9. September 1800 zum Sekondlieutenant avanciert und kam wie Pfuel am 20. März 1804 als Adjoint zum Generalstabe. Unterm 3. September 1807 dimittiert er mit der Erlaubnis, in Weimarische Dienste zu gehen. Über das Verhältnis Rühles und seiner Freunde zum Weimarischen Hofe gibt uns eine für uns nach mancher Richtung aufklärende Darstellung das Buch von Starklof: das Leben des Herzogs Bernhard von Sachsen-Weimar-Eisenach (Gotha 1865 I. 46). Rühle wurde dem Herzog Karl August durch Müffling empfohlen, der nach Jena in Weimar die Stellung eines Vizepräsidenten vom Herzog erhalten hatte; er schilderte Rühle als einen wissenschaftlich gebildeten, geistreichen Menschen und „seines Charakters als durchaus geeignet", für den Posten eines Gouverneurs des Prinzen Bernhard. Rühle trat an dem angegebenen Tage als Gouverneur und Kammerherr in den Weimarischen Dienst mit der Bedingung, dem Prinzen zehn Jahre als Gouverneur attachiert zu bleiben. Die Darstellung Starklofs erscheint mir nicht korrekt und widerspricht entschieden dem, was Kleist am 17. September 1807 an Ulrike schreibt: „Der Herzog würde ihm (Rühle) sehr gern nach Verlauf der Erziehungsperiode einen Posten in seinem Lande geben; doch da sein unerläßliches Bedürfnis ist, frei zu sein, so will er alles an dieses Jahr setzen, um es für die übrige Lebenszeit zu werden". Eine Aufklärung dieser Notiz Kleists, welche ja der zehnjährigen Verpflichtung widerspricht, gibt die Darstellung in dem biographischen Denkmal für Rühle im Militärwochenblatt (s. o.). Nach der leider nur flüchtigen Skizze der ersten Lebensjahre Rühles baute sich auch dessen Laufbahn auf den Beziehungen zu Kleists Verwandten resp. Freunden auf. Der Oberst v. Massenbach, der eine jüngere Schwester der Maria v. Kleist, Henriette v. Gualtieri, zur Frau hatte, war der väterliche Freund und Berater Rühles, wie Christian und Otto v. Kleist der Pfuels. Die nähere

Bekanntschaft wurde vermittelt in dem Hause seiner „geistreichen Schwägerin" Frau v. Kleist. Der von Kleist in der zitierten Briefstelle erwähnte Freiheitsdrang hängt mit folgendem zusammen: Als die Hoffnungen zu einem weiteren Fortkommen im Vaterlande nach Jena mehr und mehr entschwanden, lenkten sich die Aussichten Rühles nach dem fernen Orient. Indien wurde nicht allein das Ziel seiner Wünsche, sondern schien auch vermittels des Einflusses von Mackintosh, damals Direktor des Gerichtshofs zu Bombay, an den ihn der befreundete Friedrich von Gentz empfohlen hatte, ein Unterkommen zu sichern. Da aber die Absicht, den Landweg dorthin einzuschlagen, wegen der zwischen England und der Türkei vorhandenen Zerwürfnisse augenblicklich nicht ausführbar war, so wurde hierdurch Rühles Aufenthalt in Dresden verlängert. Er übernahm die Stelle als Gouverneur beim Prinzen Bernhard von Weimar vorläufig auf ein Jahr zur Probe, da er die Absicht zur Übersiedlung nach Indien keineswegs aufgegeben hatte. Er machte mannigfache geographische und historische Untersuchungen über dieses Land selbst und über die damit in Zusammenhang stehende Lage von England.[1])

Bemerkenswert ist hier die ziemlich einzige Erwähnung Maria v. Kleists als einer geistreichen Frau und der Hinweis auf die Freundschaft zwischen Gentz und Rühle, die noch lange Jahre anhalten sollte; ob sie durch Kleist vermittelt wurde, oder ob umgekehrt Rühle die Freundschaft zwischen Kleist und Gentz anregte, läßt sich nicht klarstellen. Rühle sah seine Stellung nur als eine provisorische an. Das erhellt schon daraus, daß er seinen Dienst sehr vernachlässigte, daß er es an jeder Aufsicht und Einwirkung auf den Prinzen fehlen und diesem völlig freie Hand ließ. Für die Stellung eines Erziehers besaß er, wie Starklof meint, wenig Stetigkeit und

---

[1]) Die Untersuchungen veröffentlichte Rühle in seinen Hieroglyphen (vollendet 1808).

ebensowenig die Gabe, einen Menschen systematisch und konsequent zu führen. Immerhin war diese Anstellung für die Freunde eine Lebensfrage, und sie gab ihnen die Möglichkeit, sich in Dresden zu behaupten. Rühle hatte seinen Freund Pfuel gleichfalls untergebracht; er unterrichtete den Prinzen in der Mathematik und im Fechten. Als dritter Lehrer war, wie ich aus Starklof ersehe, der Kapitän Karl August v. Bose der Grenadiergarde beigegeben, er lehrte den praktischen Dienst. Ich habe schon früher [1]) nach dem Handexemplar von v. Buelow darauf hingewiesen, daß v. Bose zu den intimsten Freunden Kleists in Dresden gehörte. Nach der Eintragung bei Buelow war er eine Art Fallstaf [2]) ein Zyniker, der nachts oft auf der Elbbrücke schlief und bei Tage meist da saß, um Neuigkeiten abzupassen, wegen seiner Körperstärke zu bequem, um zu gehen. Auch ihn hatte Müffling empfohlen; er schreibt über ihn an den Herzog: „Zu meinem großen Vergnügen kann ich Ew. Durchlaucht sagen, daß Höchstdieselben keinen bessern Kapitän für den Prinzen hätten finden können, als Herrn v. Bose. Er hat einen zweckmäßigen Ernst im Dienst und die Gabe, den Dienst doch zugleich interessant zu machen."

Das dringende Bedürfnis Rühles frei zu sein, sollte sich nicht erfüllen. Er hatte in Teplitz, wo er in Begleitung des Herzogs und des Prinzen weilte, die Bekanntschaft einer Dame gemacht, Frau v. Schwedhof, geb. Frankenberg-Ludwigsdorf, welche er zwei Jahre später heiratete; die Herzensneigung veranlaßte ihn, seine in weite Ferne reichenden Pläne aufzugeben und definitiv seine Stellung beizubehalten.

Bei den nahen Beziehungen zum Weimarer Hofe ist es selbstverständlich, daß die drei Erzieher in persönliche Berührung mit Goethe kamen. Daß Rühle Goethes Bekanntschaft

---

[1]) Das Kleistproblem S. 172.

[2]) Gentz, der mit Bose andauernd befreundet blieb, nennt ihn in seinem Tagebuch ständig den „dicken Bose".

machte, schreibt auch sein Biograph. Als Goethe mit dem Großherzog den Sommer 1810 sich in Teplitz aufhielt, waren u. a. Rühle und Pfuel häufig in seiner Gesellschaft. Im Juli 1811 schreibt Carl August aus Teplitz an Goethe: „Es ist endlich beschlossen worden, Bernharden diesen Herbst nach Wien und Italien zu schicken... Der dicke Bose, ehemals von der Garde du Corps, den Du oft hier gesehen hast, wird hoffentlich mit Rühle ihn begleiten." Unter diesen Umständen ist die Ansicht ganz unhaltbar, daß auch Kleist und Goethe sich im Leben nicht persönlich nahegetreten sind.

Die Weimarer Periode im Leben Rühles — das sei der Vollständigkeit wegen angeführt — sollte ein frühzeitiges Ende erreichen. Die geplante Italienreise ist nicht in Gesellschaft Rühles und Boses erfolgt. Das Verhalten Rühles gegen seinen Zögling, an dem die Umgebung schon längst Anstoß genommen hatte, erschien allmählich selbst dem Herzog, der bisher immer Rühles Partei genommen hatte, derart, daß auch er endlich die Überzeugung gewann, daß sein ferneres Verbleiben bei dem Prinzen nicht ersprießlich sei. Gleichzeitig einlaufende ungünstige Berichte über Bose führten für diesen dasselbe Geschick herbei, und trotz beider wiederholten und inständigen Bitten wurden Bose und Rühle, dieser unter Erteilung des Oberstpatentes,, ihrer Funktionen enthoben.

Die Persönlichkeit Rühles ist für uns während der Dresdener Periode von besonderem Interesse nicht bloß deswegen, weil er durch seine Stellung unter den Freunden hervorragt, sondern auch weil er hier unter den Augen Kleists eine reiche literarische Tätigkeit entfaltete. Kleists Briefe an Rühle, seine an ihn gerichteten längeren Abhandlungen, Andeutungen in Briefen an Pfuel u. a. belehren uns darüber, daß Kleist an Rühles Talenten viel Freude fand, und daß sein Verhältnis zu ihm stets das eines Lehrers und Beraters war. Rühle hatte sich in früheren Jahren dichterisch betätigt; von ihm stammen Sonette und eine Bearbeitung von Romeo und Julia aus dem Jahre 1806, zu der Meyerbeer die Musik komponieren wollte.[1]) Dann veröffentlichte er nach Jena den auch von Kleist öfter erwähnten Bericht eines Augenzeugen usw. und während des Zusammenlebens mit Kleist das merkwürdige Buch: Hieroglyphen oder Blicke aus dem Gebiet der Wissenschaft in die Geschichte des Tages. Das Werk enthält seine geschichtlichen und seine namentlich auf den Orient gerichteten Studien, aber es bringt auch allgemeine Betrachtungen und philosophische Ansichten. Hier ist der Einfluß Kleists unabweisbar, und er tritt deutlich zu Tage namentlich in den Ausführungen über die Bedeutung der Mathematik, die seiner Zeit weit vorauseilen, und die wir bei Kleist andeutungsweise wiederfinden. Entschieden werden wir auf Kleist selbst hingewiesen, wenn Rühle fordert, daß der Mathematik der Tribut gezollt werde als erster und Grundwissenschaft. Ist nicht, so schreibt er, jede symbolische Konstruktion eine mathematische, jede chemische und militärische Operation, jede Lehre in der Physik, in der Astronomie, in der Musik, in der Optik, in der Technik? — — „Lassen sich vermittels ihrer nicht das ganze Widerspiel der Farben, der chemischen Verwandtschaften und organischen Krystallisationen, der Elektrizität, der dynamischen Kräfte und des Magnetismus, alle logischen und metaphysischen Ideen in anschaulichen Formen und Zeichen ausdrücken? Läßt sich vermittels der analytischen Geo- und Trigonometrie und vermittels der algebraischen und kombinatorischen Analysis nicht das Gesetz und die Anomalität und der innere Bau jeder Sprache und jedes Gedichtes nachbilden und darstellen, nicht jede mögliche Melodie und Harmonie, jeder erfundene oder noch zu erfindende hörbare Laut hinschreiben und angeln?“ Wir finden hier oft geäußerte Gedanken Kleists wieder, der während seines Schaffens stets versucht hat, die Musik und andere Künste auf einfache algebraische Formeln zurückzuführen.

---

[1]) Die von Kleist erwähnte Racine-Übersetzung ist in der Rühle-Biographie nicht erwähnt.

Mit dem Jahre 1808, ungefähr gleichzeitig mit dem Phöbus [1]) gab Rühle eine bei Cotta erscheinende Zeitschrift heraus, die zwei Jahrgänge aufzuweisen hat, und die „Pallas, eine Zeitschrift für Staats- und Kriegskunst" betitelt ist. Goethe sollte nicht recht behalten, als er schrieb, daß Adam Müller wohl den ganzen Vorrat seiner Tätigkeit brauchen werde, um die Sonnenpferde zu füttern; auch an der „Pallas" ist er sehr stark beteiligt, und wenn er auch hier nicht einen so großen Raum einnimmt, wie später in den Abendblättern, so enthält doch der erste Jahrgang vier umfangreiche Aufsätze über Adam Smith, den Geburtsadel, den Zeitgeist, den Adel, der zweite Jahrgang fünf Abhandlungen nach seinen Vorlesungen. Außerdem finden sich in beiden Jahrgängen eine Anzahl kleiner Aufsätze ohne Angabe des Autors, die von Adam Müller stammen, da sie in den ersten Band seiner Werke aufgenommen sind. Kleist ist, was zunächst befremden muß, in der Zeitschrift seines intimen Jugendfreundes nicht vertreten, wenigstens findet sich kein Beitrag unter seinem Namen.

Die Dresdener Periode bedeutet im Leben Kleists nicht bloß eine Zeit erstaunlich gesteigerter dichterischer Produktion, sondern auch eine Zeit der Fortbildung und eifriger Studien. Er hört die Vorlesungen Adam Müllers, dem nachgesagt wird, daß sein Vortrag einen mächtigen, bezwingenden Eindruck machte, er vertieft sich in die Schriften Gotthilf Heinrich v. Schuberts, hört seine Vorlesungen über die Nachtseiten der Naturwissenschaft, über Visionen, Magnetismus, Ahnungen, Somnambulismus und beschäftigt sich eifrig mit hypnotischen Versuchen. Franz Wallner in der „Gartenlaube" und ebenso Loewe-Kolbe in der „Deutschen Rundschau" erzählen eine im Pfuelarchiv bestätigte Anekdote: Pfuel besuchte mit Kleist

[1]) Es sei hier bemerkt, daß die Idee zur Gründung des Phöbus nicht von Kleist, sondern von A. Müller stammt resp. von ihm propagiert wurde. Denn am Schluß seiner Vorlesungen über die deutsche Wissenschaft und Literatur (1807) weist er bereits auf das nächstens erscheinende Journal für die vermittelnde Kritik hin.

die Vorstellungen einer Somnambule. Der sie begleitende Magnetiseur erklärte, daß selbe gegen alle Berührung mit Metallen eine unüberwindliche Abscheu habe. Nach einer Weile flüsterte Kleist seinem Freunde zu, daß er den Nacken der Hellseherin mit seinem Schlüssel heimlich berührt habe, ohne daß sie irgend einen Abscheu geäußert. „Nun, meinte Pfuel, so drücke ihr einen harten Taler in die Hand, dagegen wird sie wohl noch weniger Aversion haben."

Auch der Archäologe Karl August Böttiger gehörte in Dresden zu den Lehrern Kleists, und es ist wohl kein Zweifel, daß die Penthesilea unter seinen Augen entstanden ist. Für die persönlichen Beziehungen der beiden haben wir keine dokumentarischen Beweise, aber dafür eine Anzahl sicherer Anhaltspunkte. Böttiger ist auf das eifrigste noch lange Zeit nach Kleists Tode in geistreichen und eingehenden Besprechungen für seine Dramen eingetreten; wie Tieck in Dresden so versuchte er in Wien dem „Prinzen" den Boden zu ebnen; in Böttigers Besprechungen — das macht noch heut ihren Wert aus — weist manche Bemerkung auf eine genaue Vertrautheit mit den persönlichen Verhältnissen des Dichters und auf seine speziellen Absichten hin. Wenn Kleist in dem Briefe an die Hendel-Schütz vom Herbst 1807 behauptet, daß die Frauen von der griechischen Bühne ausgeschlossen waren, so nimmt er damit für seinen Lehrer Partei. Denn damals war Böttiger mit dieser Anschauung hervorgetreten und hatte sie in einer heftigen Zeitschriftenpolemik gegen Schlegel und andere festgehalten.

Die Bekanntschaft mit dem Körnerschen Hause muß unbedingt schon in eine frühere Zeit zurückreichen, denn schon von Königsberg aus schreibt Kleist an Rühle, daß Pfuel „vor die Stadt rückt, in welcher zugleich der Feind und sein Mädchen wohnt". Die Kombination, daß Schiller oder Rühle die Bekanntschaft mit Körner vermittelte, trifft also nicht zu, denn Pfuels Mädchen war Emma Körner, welche eine lebhafte Neigung für Pfuel hegte, die von ihm nicht unerwidert blieb [1]). Ein doppelter Herzensbund fesselte die Freunde Kleist und Pfuel an das Körnersche Haus. Wir werden an anderer Stelle (siehe III 1) auf Kleists Neigung zu dem Mündel Körners zurückkommen.

Eine Reminiszenz auf den Verkehr der beiden Freunde im Haza'schen Hause finde ich in einem Manifest vom 5. Mai 1848, an den General v. Pfuel gerichtet, von v. Haza-Radlitz: „Exzellenz," heißt es da, „um der Stunden willen, welche Sie ehemals bei dem Beginn fast gleichmäßig bewegter Zeiten in dem Hause meiner Eltern verlebt haben —"

In Dresden vollzog sich die Umwandlung des Kosmopoliten Kleist zum Vaterlandsfreunde. Man hat, ohne direkte Beweise dafür beizubringen, diese Umwandlung namentlich auf den Einfluß A. Müllers zurückgeführt. Wie mir scheint nicht mit Recht. In den Briefen Kleists macht sich schon lange vorher eine Entwicklung nach dieser Richtung geltend, und wie ich später zeigen werde, haben Kleists Erfahrungen und Bekanntschaften in der Schweiz zweifellos viel entschiedener nach dieser Richtung gewirkt. Die Entwicklung Kleists zu dem glühenden Patrioten, wie er seit Dresden in die Öffentlichkeit tritt, ist eine langsame, folgerichtige und stetige gewesen, und Müllers Einfluß erscheint nur untergeordnet. Das eine sei zugegeben, daß sich Müller sehr deutlich in einer seiner Schriften über das Verhältnis von Weltbürgertum zu nationaler Gesinnung ausgesprochen hat, aber es ist doch unentschieden, ob nicht umgekehrt Kleists Gesinnung aus den Worten Müllers spricht, wenn er sich in seinem Aufsatz: Die Rückkehr des Königs von Preußen in seine Hauptstadt 1809 folgendermaßen äußert:

Vom Weltbürgersinn, der die Vorliebe für das nähere Vaterland ausschließt, von aller Vereinzelung, und allen Cultur-Frivolitäten in seinem Gefolge, sind die Besseren unter uns glücklich geheilt: er war eine Stufe der Bildung, ein Kapitel

[1]) Der Rückzug der Franzosen aus Rußland, aus dem Nachlaß des verstorbenen kgl. preuß. Generals d. Inf. Ernst v. Pfuel, herausg. mit Gedenknissen des Verstorbenen von Dr. Fr. Förster. Berlin 1867.

unserer Historie; wir mußten hindurch. Wenige Nationen haben die Liebhaberey des Ausländischen und — des Außerzeitigen, möchte ich sagen, des Ehemaligen, zum Nachtheil des Vaterländischen und Gegenwärtigen, weiter getrieben, als wir Deutsche. Alles muß jetzt einander näher rücken in dem bedürftigen Augenblicke: Arbeit, Genuß, Wissenschaft, Kunst, muß vaterländisch werden, wohin der richtige und wahrhafte Sinn des Königs schon längst gestrebt hat. Ist man erst Bürger, so ist es noch immer Zeit, Weltbürger zu werden: an Gelegenheit zum Umgange mit andern Völkern, und zwar zu einem ehrenvollen und stolzen Umgange, wird es uns nicht fehlen, wenn wir wirklich ein Volk sind, und so auch an den Segnungen nicht, welche dieser erhabene Verkehr mit sich führt."

Die Liebe zum Vaterlande und der Haß gegen den Nationalfeind drücken nicht bloß Kleists Poesie den Stempel auf, sondern sie bestimmen auch sein praktisches Handeln. Er beteiligt sich tatkräftig mit seinen Freunden an der politischen Bewegung seiner Zeit und dies in einem Maße, daß, wie wir sehen werden, alle Gegenbewegungen auch an entfernteren Punkten des Vaterlandes, die in Sachsen Terrain gewinnen wollten, bei der Gruppe Pfuel, Kleist, Ad. Müller anknüpften. Wir müssen uns mit Andeutungen in Memoirenwerken begnügen, archivalisches Material für diese ersten und schüchternen Versuche einer Gegenbewegung ist nicht vorhanden. Die bestimmteste Nachricht ist die, welche ich aus den Denkwürdigkeiten des Generals v. Hüser zuerst an die Öffentlichkeit gezogen habe, nach welcher Kleist bei einer geheimen Verbindung beteiligt und für sie tätig war, welche eine Massenerhebung, eine Volksbewaffnung und einen Sturm auf Magdeburg plante[1]). Das Haupt dieser Verbindung war wenigstens in Berlin ein Leutnant v. Luetzow, Adjutant bei dem Obersten v. Luetzow, dem nachherigen Freischärler. Die

[1]) Kleist-Problem S. 106.

Vermutung, welche ich in meiner Veröffentlichung ausgesprochen habe, daß der erwähnte Leutnant v. Luetzow der Sohn dieses Obersten und späteren Freischärlers war, ist nicht zutreffend, denn dieser, der spätere Generalmajor Adolph v. Luetzow hatte ausweislich der Akten der Geh. Kriegskanzlei keine Kinder. Der Leutnant v. Luetzow, dessen intime Beziehung zu Kleist wir hier konstatieren, ist der spätere Generalleutnant und Kommandant von Berlin, Heinrich Baron v. Luetzow. Er stammte aus der Kurmark und war im März 1786 geboren, war also erheblich jünger als Kleist. Im März 1803 kam er aus der école militaire in Kleists Regiment nach Potsdam als Fähnrich. 1807/8 war er Sekondelieutenant und Adjutant beim Generalmajor v. Luetzow; am 14. August 1808 ist er bei dem Generalstabe in Schlesien angestellt und ging 1809 in fremde Kriegsdienste (Österreich, Spanien, Rußland). Da Kleist sehr nahe Beziehungen zur école hatte — Otto v. Kleist war ihr Direktor, seine intimsten Freunde, Pfuel, Zenge, Gleißenberg gehörten ihr an —, so läßt sich annehmen, daß Kleist den jungen Luetzow schon kannte, als er nach seiner Studienzeit in Berlin sich aufhielt; bei seinem Aufenthalt in Berlin nach der Deternierung in St. Joux und vor Dresden wird ihn dann der befreundete Luetzow in die geheime Bewegung hineingezogen haben. Ich bringe auch mit dieser Geheimbundaktion Kleists eine befremdende Notiz in einer Besprechung des Käthchens von Böttiger in Verbindung, wo erzählt wird, daß der Dichter die dem Käthchen zugrunde liegende Legende auf seinen „militärischen Streifzügen durch Schwaben" kennen lernte.

Über die Beteiligung Rühles — und das bedeutet in diesem Falle Rühles und Kleists — an den geheimen Bestrebungen gegen die Fremdherrschaft drückt sich Rühles Biograph mit den folgenden Worten aus:

Es wird velleicht niemals gelingen, den Schleier, welcher über den geheimen politischen Bewegungen in Deutschland während der Zeit von 1807—13 ruht, vollständig zu heben.

Der Tugendbund ist offenbar nur ein einzelner, dadurch bekannt gewordener Verein, daß er sich im Volke selbst verbreitet hatte. Seit dem Sturz des preußischen Staates war aber auch in den höchsten Regionen Deutschlands die notwendige Energie erwacht, um sich von der Napoleonischen Herrschaft zu befreien. Herzog Karl August von Weimar war im edelsten Sinne des Wortes zu sehr deutscher Fürst, um dieses Ziel nicht durch wirksames Eingreifen und passende Vorbereitungen aufs kräftigste zu verfolgen. Es ist bekannt, daß Napoleons Verdacht in Hinsicht auf die Bewegungen in Deutschland im Jahre 1809 sich besonders auf Berlin und Weimar lenkte, und sogar bei dem Attentat in Schönbrunn sehr unziemlich hervorbrach. Neben Stein, Müffling und anderen gehörte auch Rühle zu den Organen, welche in der Entwicklung der genannten Pläne und Verhältnisse eine Rolle spielten und wahrscheinlich noch mehr spielen sollten, als es das Resultat des Krieges von 1809 gestattete. Mitglied des Tugendbundes war derselbe hingegen nicht, da einer der Kardinalsätze dieses Vereins seinen Absichten widersprach.

Die allerdings nur sehr allgemein gehaltenen Ausführungen des gut unterrichteten Autors, dem das Material des Generalstabs zur Verfügung stand (s. o.), beweisen jedenfalls, daß Rühle sich tatkräftig an der geheimen, politischen Bewegung jener Tage beteiligte. Und mit ihm zweifellos sein Lehrer und Freund Kleist. Dafür spricht schon die Tatsache, daß Rühle sich dem Tugendbund nicht anschloß, gegen den ja Kleist ganz offensichtlich in seiner Hermannsschlacht Stellung nahm. Seine Animosität ist auffallend genug und dürfte beweisen, daß zu der Zeit, als der Tugendbund oder der „sittlich wissenschaftliche Verein", auch schlechtweg „der Verein" genannt, in Königsberg (II. Quartal 1808) gegründet wurde, Kleist schon in einer Geheimverbindung mit seinen Freunden planmäßig eigene Wege ging. Wenn wir bedenken, daß die Bewegung von Königsberg ausging, wo Kleist zahlreiche Beziehungen hatte, und ferner, daß zu den Begründern des Vereins der ihm befreundete Traugott Krug gehörte, welchem wir die erste Flugschrift[1]) über den Tugendbund verdanken, so ist es wohl zweifellos, daß die Leitung des Vereins, als sie in Sachsen festen Fuß fassen wollte, bei Kleist und seinen Freunden anknüpfte. Wenn sich Kleist ablehnend verhielt und sein Name in der Mitgliederliste nicht verzeichnet ist, so wird ihn vielleicht nach der Angabe Gerwiens (s. o.) die Bestimmung in den Satzungen des Vereins abgehalten haben, daß die Staatsregierung sich die Oberleitung über den Verein vorbehält; wahrscheinlicher erscheint mir der Umstand, daß Kleist damals schon, wie erwähnt, in eigener Vereinigung, die ihm mehr versprach, tatkräftig agitierte. Eine solche Agitation mußte ihm mehr versprechen, als die Tendenz des Tugendbundes, da, wie wir bald sehen werden, die Freunde sich überzeugt hatten, daß für eine Beteiligung der großen Masse der Bevölkerung, auf die der Bund einwirken wollte, in Sachsen keine Stimmung vorhanden war.

Über diese Verhältnisse unterrichtet uns die folgende Stelle in dem Buche von C. v. Martens: Denkwürdigkeiten aus dem kriegerischen und politischen Leben eines alten Offiziers (Dresden und Leipzig 1848), die ich hier wörtlich wiedergebe, schon deshalb, weil sie eine interessante Schilderung der besten Freunde Kleists aus dieser Zeit, Pfuel und Ad. Müller, enthält.

Der in Glatz garnisonierte Offizier übergab im Anfange des Jahres 1809, wo unmittelbar der Krieg zwischen Frankreich und Österreich ausbrechen mußte, seinem Chef, dem Grafen v. Götzen, den Plan einer geheimen allgemeinen Volksbewaffnung. Man erteilte mir, so schreibt er wörtlich, den Auftrag, nach Sachsen zu gehen, mich dort mit den Verbündeten in Berührung zu setzen und womöglich unsern Einmarsch dortselbst vorzubereiten.

---

[1]) Das Wesen und Wirken des sog. Tugendbundes und anderer angeblicher Bnnde von Wilh. Traugott Krug. Leipzig 1816. Flugschrift.

Unter den Personen, mit welchen ich daselbst in Verbindung treten mußte, befanden sich auch der Leutnant v. Pfuel und Herr Adam Müller. Ich fand in Herrn v. Pfuel einen liebenswürdigen und höchst gebildeten, von warmer Vaterlandsliebe beseelten Mann. Er erteilte damals dem Prinzen Bernhard von Weimar, welcher als Major bei der sächsischen Garde du Corps stand, Unterricht. Die Nachrichten, die er mir erteilte, waren keineswegs ermunternd, denn an irgend einen Enthusiasmus war in Sachsen damals gar nicht zu denken. Dennoch fanden sich einzelne der deutschen Sache ergebene Männer, welche mit Tätigkeit uns in die Hand arbeiteten. Herr v. Pfuel gab mir statistische und topographische Nachrichten, welche für mich von hoher Wichtigkeit waren.

Man hatte ein Auge auf den Prinzen Bernhard von Weimar geworfen, um einen großen Mann an die Spitze der allgemeinen Bewegung zu stellen, weil man hoffte, daß dieser Mann, in dem sich so herrliche Erinnerungen kreuzten, die deutschen Volksstämme begeistern würde. Ich überzeugte mich jedoch sehr leicht, daß diese Hoffnung nureine Täuschung war.

In Adam Müller fand ich gerade das Gegenteil von Herrn v. Pfuel. Der Graf v. Götzen hatte mir gesagt, daß ich auf diesen Mann vorzüglich rechnen könne, und ich war mit einem mit sympathetischer Tinte geschriebenen Briefe an ihn versehen, in welchem der Zweck meiner Reise im allgemeinen angegeben war. Herr Adam Müller empfing mich mit stolzer einstudierter Höflichkeit, an seinem Schreibtische in eleganter Kleidung sitzend. Er nahm das Schreiben, erklärte, daß er keine Zeit habe, sich mit mir zu unterhalten und das übergebene Schreiben zu lesen und lud mich ein, mich am nächsten Morgen zu besuchen. Ohnerachtet mir diese lächerliche und gezierte Vornehmheit sehr mißfiel, so ging ich dennoch wieder zu ihm und wurde auf die nämliche Art empfangen. Er dankte mir für das Schreiben, bat mich, dem Graf v. Götzen seine Verehrung darzubringen, wünschte uns Glück zu unserer Unternehmung, bedauerte aber mit einem diplomatischen Achselzucken, daß er keine Hoffnung hegen könne, daß wir bei der gegenwärtigen öffentlichen Stimmung in Sachsen irgendeine Mitwirkung finden oder irgendeinen Erfolg haben würden, und daß er selbst durch seine persönliche Stellung durchaus verhindert sei, irgendeinen Anteil an unserem Vorhaben zu nehmen. Ich verließ ihn und sah ihn nicht wieder.

Der Zweck meiner Reise war gänzlich verfehlt, und ich brachte die Überzeugung mit nach Glatz, daß man auf die Sachsen gar nicht rechnen könne."

Am 28. April 1809 hatte Kleist Dresden verlassen, um sich „mittelbar oder unmittelbar in die Arme der Begebenheiten zu werfen". Wenige Tage vorher war auch Pfuel von Dresden aufgebrochen, um sich auf den Kriegsschauplatz zu begeben [1]). Die beiden Freunde sollten sich nach der Abreise von Dresden, wenigstens auf längere Zeit nicht mehr wiedersehen. Wenn in den Kleistbiographien unter den Berliner Freunden des Dichters und unter den Mitgliedern der christlich-deutschen Tischgesellschaft auch „Freund Pfuel" angeführt ist, so ist diese Angabe unrichtig. Freilich findet sich unter den Unterschriften des Zirkulars der Gesellschaft auch der Name „Pfuel", aber es handelt sich nicht um Ernst v. Pfuel, sondern um seinen Bruder Friedrich, denselben, von welchem Kleist bald nach seiner Ankunft in Dresden an Ulrike berichtete, daß er seinem Bruder das Geld zur Begründung einer Verlagshandlung hergab. Das ergibt sich von selbst, wenn wir Ernst v. Pfuel auf seinen

---

[1]) Wenn ich im Gegensatz zu anderen Autoren Pfuel eher von Dresden aufbrechen lasse als Kleist, so stütze ich mich dabei auf ein Schreiben von Emma Körner an ihren Bruder vom 20. April 1809 (bei R. Brockhaus. l. c.), in dem es heißt: „Du hattest leider nur zu wahr gesprochen, als Du uns Sonntags sagtest, daß Pfuels so bald weggehen würden, denn Dienstag früh ist Caroline und denselben Nachmittag Ernst abgereist. Die Trennung von beyden ist uns sehr schwer geworden, Pfuel aß noch den letzten Mittag mit uns und hat dann seine Reise nach Weimar angetreten." Man ersieht aus alledem, daß Kleists Abreise von Dresden von langer Hand und planmäßig vorbereitet war, und daß sie durchaus nicht Hals über Kopf erfolgte mit einem plötzlichen Entschlusse, wie aus Dahlmanns Darstellung hervorgeht.

Wegen bis zum Tode Kleists verfolgen, und wir würden nicht der Bestätigung aus einer Briefstelle Fouqués an Varnhagen (1810) bedürfen, in der er ihn auf den Hauptmann Ernst v. Pfuel aufmerksam macht, den Bruder des Pfuel, den er in Berlin kennen gelernt hatte.

In Dresden hatte Pfuel den kurhessischen Major Grafen Karl v. Nostiz kennen gelernt und war ihm freundschaftlich nahe getreten. Auf seine Veranlassung trat Pfuel am 13. Mai 1809 in die von Nostiz im Fürstentum Baireuth für den österreichischen Dienst gebildete sogenannte fränkische Legion unter General Radojowitsch und übernahm die Führung einer Kompagnie, mit welcher er an unbedeutenden Gefechten bei Eger und in Sachsen teilnahm. An der Schlacht bei Wagram und Aspern, wo ein Begegnen mit Kleist sehr wahrscheinlich gewesen wäre, war Pfuel nicht, wie Löwe [1]) berichtet, beteiligt. Im Auftrage begab sich Pfuel nach Wien, um über den dortigen Stand der Dinge zu berichten, entging hier aber nur durch glückliche Zufälligkeiten der Gefangennahme durch die bald darauf eingerückten französischen Truppen und gelangte nur auf großem Umwege nach Böhmen zurück. Das Leben Pfuels ist in dieser Periode sehr reich an Abenteuern und Gefahren, worüber zeitgenössische Werke berichten. Nach dem Wiener Frieden vom Oktober 1809 kam Pfuel als Hauptmann in Brix bei Teplitz in Garnison; im Sommer 1810 nahm er einen mehrmonatigen Urlaub, dessen ersten Teil er in der Heimat verlebte. Ein ausführlicher Brief an Caroline v. Fouqué in Nennhausen berichtet über diese Reise, auf welcher er die ganze Mark durchwanderte und sich auch in Berlin aufhielt. Hier verweilte er vier Tage, und während dieser vier Tage war er zum letzten Male mit Kleist zusammen. Er schreibt über seinen Berliner Aufenthalt:

„In Berlin blieb ich 4 Tage und meine Anwesenheit fiel gerade mit dem Sonntag zusammen, wo die Leichen-

[1]) Deutsche Rundschau (Februar 1888).

predigten der Königin nach dem gegebenen Text gehalten wurden. Müller, seine Frau, Kleist und ich verteilten uns in verschiedenen Kirchen, um Schleiermacher, Ribbeck, Ancillon und Ehrenberg zu gleicher Zeit zu hören, wir waren insgesamt nicht sehr erbaut worden. Keiner von allen hatte den Gegenstand mit der Einfachheit und Würde behandelt, welche er verlangte; nach einem schönen, zum Herzen sprechenden Anfange ließ sich Ancillon in eine steckbriefartige Beschreibung der Eigenschaften der Verstorbenen ein und endete mit zum Teil unechten Rednerkünsten, so daß ich nur sehr mittelmäßig befriedigt nach Hause ging. Vor allem aber hat Schleiermacher kalt und herzlos gesprochen, seine untadelhaft logisch verschränkten, mit der besten Moral gesättigten Perioden haben keine Tränen hervorzulocken vermocht; Müller, der ihn gehört hatte, war indigniert. Das sind nun die großen Redner! mit keinem Effekt!"

Auffallend ist Pfuels absprechendes Urteil über Ancillon, der sein Lehrer in der école gewesen war, und dem er bis in sein Alter ein dankbares Andenken bewahrte. Vom August 1810 ab verlebte Pfuel den Rest seines Urlaubs in Teplitz, wo er mit dem Herzog von Weimar und Goethe viel verkehrte und gewöhnlich an ihren Mahlzeiten teilnahm. Hier in Teplitz hatten sich um Goethe die besten Freunde Kleists und zahlreiche Vertreter der Patriotengruppe versammelt, so Pfuel, Rühle, Alex. v. d. Marwitz[1]), Gentz und andere. Der Verkehr mit Goethe zeitigte die Berichte Pfuels über den Dichter und seinen Umgang, den ich an anderer Stelle wiedergegeben habe (s. o.). Im September 1810 wurde die fränkische Legion aufgelöst, und Pfuel wurde in das österreichische Infanterieregiment Erzherzog Rainer nach Prag versetzt. Hier stand er im lebhaften Verkehr mit dem Minister Freiherrn v. Stein, welcher die erste Zeit seiner Verbannung von Januar 1809 ab in Brünn und Troppau zugebracht hatte und seit Juni 1810 mit Zustimmung

[1]) Vgl. Die Freunde des Rahel und Göthe. Göthe-Jahrbuch 1909.

der österreichischen Regierung nach Prag übergesiedelt war. Über den Aufenthalt Pfuels in Prag berichten uns die Denkwürdigkeiten Varnhagens, der damals als Adjutant des Obersten Prinz Bendheim in dem österreichischen Regiment von Vogelsang stand und sich mit Pfuel und zahlreichen Freunden im Haß gegen Napoleon begegnete. Von den Briefen Pfuels aus der Prager Zeit ist für uns einer bemerkenswert, welcher sich, wahrscheinlich auf eine Anfrage von Caroline v. Fouqué mit Adam Müller beschäftigt, über den er sich wörtlich in einem Briefe vom 16. April 1811 äußert:

„Daß er auf Dich den größten Eindruck machen würde, war zu erwarten, denn abgesehen von seinem großen Talent, hat er im Umgang die gefälligsten Formen und weiß sich mit Leichtigkeit und Zartheit besonders weiblichen Naturen anzupassen. Man begreift oft nicht, wie ein so mildes und schüchternes Gemüt im Streit mit dem Zeitgeist aufzutreten unternehmen konnte und wundert sich um so mehr über das Maaß von Kraft, welches er dabei entwickelt. Daß er übrigens den Riesen, mit dem er ringt, nicht zu Boden werfen wird, ist mir nur allzu klar; der Drang der Umstände ist zu gewaltsam, die Forderungen der Zeit sind zu ungestüm, um Warheit und Mäßigung nicht über den Haufen zu werfen; seine Stimme wird verhallen, wie die Stimme in der Wüste, er selbst untergehen in dem Schiffbruch alles Guten und Schönen. Was den Müllerschen Lehren nebenher auch bei den Bessern Schaden thut, ist die große Lebhaftigkeit seines Geistes, die ihn oft von dem ruhigen, besonnenen Gang einer folgerechten Schlußfolge abzieht und so zu Ansichten und Ausdrücken verführt, die Misverständnissen unterworfen sind eben wegen ihrer vielseitigen unbestimmten Deutung; solche Misverständnisse vertragen sich nicht mit dem großen Gegenstande, den er verficht, und thun am Ende vom Liede ihm sowohl wie der Sache selbst Abbruch.

Unvorbereitet werde ich niemanden seine Elemente der Staatskunst empfehlen — — —."

Die Äußerung Pfuels über Adam Müller ist für uns schon deshalb bemerkenswert, als wir nur wenige unbefangene sachliche Urteile über ihn in seinen jüngeren Jahren besitzen. Pfuels Urteil stützt sich aber auf die Eindrücke während des Verkehrs in Dresden, denn er hat nach Dresden Müller erst im November 1811 wiedergesehen. Es ergibt sich schon daraus, was es mit der Bemerkung Loewes in seinem von Fehlern wimmelnden Aufsatz in der Deutschen Rundschau (Februar 1888) auf sich hat, daß Pfuel gegen Müller in Dresden und später stets eine ausgesprochene Aversion empfunden und seinen Verkehr auf das notwendigste eingeschränkt habe. Als Pfuel im Auftrag des Quartiermeisterstabes im November 1811 nach Wien berufen und bei dem Kriegsarchiv angestellt wurde, war sein täglicher Umgang im Hause Adam Müllers, und als später im Jahre 1815 Adam Müller mit seiner Frau nach Paris kam, wohnten sie bei Pfuel, dem Stadtpräsidenten. Am 28. Juli 1815 schreibt Sophie Müller an die Rahel: „mein Mann lebt viel mit Pfuel, Thielemann und anderen alten Bekannten." Von einer Aversion der beiden intimen Freunde Kleists kann also nicht die Rede sein, und ihre Beziehungen freundschaftlicher Natur haben den Tod Kleists lange überdauert. Was hier aber Pfuel über Müller berichtet, steht in einem schroffen Gegensatz zu dem, was Martens (s. o.) nach flüchtigem Eindruck über Adam Müller erzählt.

Die nahen Beziehungen Pfuels zu Adam Müller ergeben sich auch sehr deutlich aus den Briefen, welche er beim Tode Kleists an Caroline de la Motte Fouqué richtet. Am 30. Dezember schreibt er von Wien aus an sie zunächst einige flüchtige Zeilen über Kleists Tod:

„Was hast Du denn zu Kleists Ende gesagt, mich hat es weniger entsetzt, als unangenehm berührt; so wie ich Kleist kenne, war hier eine falsch erkünstelte Exaltation, und das tut mir leid; und nun gar die Art, wie darüber in öffentlichen Blättern gesprochen worden, so einfältig und dann später so unwürdig, so hat der arme Heinrich stets seinen Zweck verfehlt und sich immer in der Wirkung verrechnet, die er hervorbringen wollte; immer vermengte er seine Freunde mit dem großen Haufen, was er von jenen erwarten durfte, verlangte er auch von diesem; und so tief er ins menschliche Gemüt zu schauen verstand, so blieben ihm die Menschen in Masse doch fremd und unverständlich; dieser Irrtum brachte ihm Schwermut und endlich den Tod."

Die Briefempfängerin wendet sich erneut mit einer Anfrage an Müller und Pfuel, und nun antwortet ihr dieser ausführlich in einem Schreiben aus Wien vom 7. Februar 1812. Das Schriftstück hat den folgenden Wortlaut:

„Dein Wunsch, liebe Fouqué, den Du in Deinem Briefe an Müller äußerst, ist bereits zum Theil früher schon erfüllt worden, indem eine Ankündigung über Kleists Tod von Müller im hiesigen Beobachter erschienen ist, welche die That auf eine würdigere Art behandelt, und sich allen Plattheiten und Schmähungen, welche über diesen Gegenstand gesagt worden sind, dreist entgegenstellt. Ich für meinen Theil würde es noch anders aufgefaßt haben, doch auch so ist es gut, und wenigstens seinen Freunden verständlich; denen, die Heinrich nicht kannten, bleibt die That ewig ein tiefes Räthsel trotz allem, was darüber gesagt werden kann; am besten ist's, es werde für's erste gar nichts mehr öffentlich darüber gesprochen, später wird die Wirkung größer und gewisser sein. — Da wir Christen sind, so ist die öffentliche Vertheidigung eines Selbstmörders immer eine kitzliche Sache, ja selbst viele seiner Freunde sind zuerst Christen und dann erst Heinrichs Freunde, und darum finden auch die bessern etwas entsetzlich verdammungswürdiges in seiner That, die als doppelter Mord und doppelte Verantwortlichkeit noch entsetzlicher erscheint. Ich für mein Theil bin zuerst Kleists Freund und dann erst ein Christ, und deswegen weicht meine Ansicht von der der meisten weithin ab, und ich bin nicht imstande, mich ihnen so über meinen Freund verständlich zu machen, wie ich es wünsche, und wie ich einsehe, daß es nötig ist, um ihn zu rechtfertigen. Dagegen, daß Kleist sich überhaupt den Tod gab, habe ich nichts, gar nichts, er war so gequält und zerrüttet, daß er den Tod mehr lieben mußte als das Leben, das ihm von allen Seiten so sauer gemacht wurde; nur so mußte er nicht sterben, so in unechter Exaltation versunken, oder doch versunken scheinend; er konnte würdiger, schöner enden; er hat es mir schwer gemacht, und das ist's, was mich schmerzt, Gefallen im Tode an ihm zu finden, so wie ich es im Leben an ihm gefunden hatte; und aus dieser Ursache hat mich seine That weniger erschüttert, als vielmehr mir wehe gethan. — Ich theile Dir hier eine Abschrift des Briefes mit, den er den Tag vor seinem Tode an die Müller geschrieben; die Endzeilen aus Lilis Park sind von der Vogel. Du wirst in diesem Briefe nichts leidenschaftliches finden, sondern mehr eine gewisse Behaglichkeit, dem Ziele nahe zu sein, es nicht allein auf so dunkeln Wegen zu gehn. Ihre Worte sind dagegen affektirt und höchst widerlich; sie zeigen, daß Heinrich nicht in so guter Gesellschaft war, wie er dachte. — Der liebe gute Heinrich! Mit ihm ist die Seele untergegangen, die mich am besten verstand; und dennoch wars gut, daß er starb, das Herz war ihm schon lange gebrochen. Die Vogel steht daneben wie eine dumme Zufälligkeit; sie war nicht gemacht, weder durch ihr Leben noch durch ihren Tod das gebrochene Herz aufzurichten, seine ältesten Freunde hätten das nicht vermocht, geschweige denn sie, die bekannte von gestern, mit dem Gepräge des Unächten an der Stirn. Doch genug von dem theuren Todten, Friede und Segen über seine Asche. Über den ersten Eindruck weg habe ich ihm völlig verziehen, sein Andenken wird mich schmerzlich und tröstend zugleich durchs Leben begleiten. — Cara Carolina, ich habe nicht gedacht, daß Du Kleists Tod so tief empfinden würdest, darum berührte ich das alles in meinem vorigen Brief nur sehr flüchtig; Du bist mir dadurch nur lieber geworden. Fouqué danke für sein Gedicht, wodurch er sich und den Todten zugleich ehrt. Lebe wohl und sei glücklich, grüße alles ringsumher.

Ernst."

Das Schreiben Pfuels ist zunächst für uns von Wert, weil es uns zeigt, was an dem Wahres ist, was andere, so besonders Varnhagen (s. u.) und Brentano (s. bei Kayka) als aus Pfuels Munde stammend über Kleists Tod aus der Fremde berichten. Ferner ist es gewissermaßen im negativen Sinne bedeutungsvoll. Wenn wirklich Pfuel etwas von einem Selbstmordtrieb Kleists wußte, von der Zwangsidee, gemeinsam mit einem Freunde zu sterben, nichts hätte näher gelegen, als bei dieser Gelegenheit der fragenden Freundin den Selbstmord als einen Naturtrieb zu erklären.

Pfuel stellt sich in seinem Schreiben in einen offensichtlichen Gegensatz zu Adam Müller, denn dieser ist gemeint, wenn er von den Freunden spricht, die zuerst Christen und dann erst Kleists Freunde sind. Auch Müllers Publikation über Kleists Tod im Beobachter läßt er nur bedingt Anerkennung widerfahren. Überhaupt zeichnet sich das Schreiben Pfuels von den Äußerungen aller übrigen Freunde aus durch seinen warmen Ton, durch die gemütvolle Anteilnahme, durch die Anerkennung des Freundes und das Verständnis, welches er seiner unseligen Tat entgegenbringt. Anders liegt es, wenn er auf die Motive der Tat zu sprechen kommt und seiner Freundin auf ihre spezielle Anfrage eine Auskunft geben will. Hier versagt er vollständig in dem Bestreben, Kleists Tat aus inneren Gründen, als einen natürlichen Ausfluß seiner inneren Organisation, aus dem Widerspruch zwischen seiner Psyche und den äußeren Verhältnissen zu erklären. Statt wie Fouqué (s. S. 123) in der Unkenntnis von Kleists Motiven auf jede weitere Erklärung zu verzichten, will Pfuel, gewiß in der besten Absicht, aus seiner seelischen Verfassung die Ursache seiner Handlungsweise herleiten. Und hierbei verwickelt er sich in Widersprüche. Indem er im ersten Briefe einen Gegensatz im Empfinden Kleists und dem der großen Masse konstruiert, will er zu erkennen geben, daß seine Erfolglosigkeit, das geringe Interesse, welches das Publikum seinem Schaffen entgegenbrachte, ihn in den Tod getrieben habe. Anders vermag ich seine Worte nicht zu deuten. Im zweiten Schreiben ist nicht mehr davon die Rede; ganz allgemein spricht er zunächst davon, daß Kleist so gequält und zerrüttet war, daß ihm der Tod wünschenswert erscheinen mußte und dann weiter unten, daß „das Herz ihm schon lange gebrochen war“. In welchem Sinne ist diese absonderliche Bemerkung aufzufassen? Wenn wir in Betracht ziehen, daß er bald hinzufügt, die Vogel hätte nicht die Eigenschaften besessen, sein gebrochenes Herz aufzurichten, d. h. er hätte in ihrer Liebe keinen Ersatz für den Verlust einer anderen gefunden, wenn wir ferner uns erinnern, daß Pfuel, als er mit Brentano über Kleists Tod spricht, in diesem Zusammenhang erzählt, „er habe ihn einst acht Tage in Dresden wegen einer in der Liebe gekränkten Eitelkeit[1]) wahnsinnig und rasend in seine Stube gehabt“, so glaube ich Pfuels Äußerung dahin auffassen zu müssen, daß Kleist in Dresden unglücklich geliebt hat, daß diese unerwiderte Liebe sein Herz gebrochen, daß er sie nicht überwinden konnte und deshalb in den Tod gegangen sei. Ich will gleich hier bemerken, daß damit Pfuel auf einen Vorgang und ein Ereignis anspielt, für welches ich weiter unten (vergl. III 1) neues Material beibringe und will auch hervorheben, daß auch ich mit der Liebesepisode in Dresden, die hier Pfuel nur sehr flüchtig andeutet, wenn auch nur indirekt Kleists Tod in Verbindung bringe. Ich werde an anderer Stelle im Zusammenhang darauf zu sprechen kommen.

Das absprechende Urteil Pfuels über die Vogel, welche er wahrscheinlich nicht persönlich kannte, ist begründet, wenn er sich auf die in der Tat sehr affektierten und abgeschmackten Worte beruft, mit denen sie von Müllers und der Welt Abschied nimmt. Sein Versprechen, über den Tod des Freundes eingehend zu schreiben, sobald sich erst die Gemüter der Menge beruhigt haben, hat Pfuel ebensowenig wie sein Freund Müller

[1]) Brentano dürfte Pfuels Äußerung etwas entstellt haben.

gehalten. Hierauf aber bezieht sich der Vorwurf in der Einleitung zu diesem Kapitel. Pfuel hat das Erbe seines Jugendfreundes schlecht verwaltet, hat sein Andenken nicht gewahrt. Was er uns hinterlassen hat, sind nichts als belanglose Anekdoten, die vor einer strengen Kritik nicht einmal bestehen können, und er hat damit das Bild des Freundes, statt es der Nachwelt in ein helleres Licht zu rücken, nur verdunkelt und entstellt.

## II. Kapitel.

## Das Haus Cohen und andere Gesellschaftskreise während Kleists erster Berliner Periode (1800—05).

Als Kleist im Sommer 1800 nach Berlin kam und sich im Zoll- und Akzisedepartement beschäftigte, fand er einen großen Kreis von Freunden aus dem Offiziersstande vor, und es standen ihm Häuser offen, in denen sich die höchsten Vertreter des Militärstandes und Verwaltungskörpers bewegten. Das gastfreie Haus des Obersten Otto v. Kleist, der seit 1797 Direktor der école militaire war, und das wir schon im vorigen Kapitel öfters zu erwähnen Gelegenheit hatten, war der Mittelpunkt des geselligen Treibens. Daß dieser einflußreiche Mann auf das Geschick Kleists und seiner Freunde stark einwirkte, dafür haben wir zahlreiche Anhaltspunkte, und daß er und die Männer, welche in seinem Hause ein- und ausgingen, den Lebensgang Pfuels und Rühles vielfach bestimmten, haben wir im vorhergehenden erfahren. Kleist erwähnt ihn nur einmal nebenher (27. Juli 1804), aber gelegentlich spricht er von einem „Kleisten", d. h. also von einem Mitgliede seiner Familie, das er ebenso vertraulich benennt, wie den ihn so nahestehenden Christian v. Kleist in Potsdam. „Ich grüßte Kleisten auf der Promenade, und ward durch eine Einladung zu heute Abend gestraft, denn dies ist wider meinem Plan" schreibt Kleist an Wilhelmine aus Berlin, am 16. August 1800 und vier Tage später an die gleiche Adresse: „Ich hatte am zweiten Abend vor meiner Abreise bei Kleisten gegessen usw."

Mit diesem „Kleisten" [1]) kann nur der Direktor der école gemeint sein. Wir werden schließlich auch dadurch auf die nahe Beziehung zum Hause dieses Verwandten gebracht, weil die Offiziere, mit denen Kleist in Berlin auf das vertrauteste verkehrte, fast alle noch in der école waren oder doch durch sie hindurchgegangen waren. Außer den Kameraden in Potsdam, die, wie oben bemerkt, den Verkehr mit Kleist fortsetzten, gehörte zu diesen Freunden in Berlin Gleißenberg, welcher selbst Lehrer der école wurde, außerdem Luetzow (s. S. 35) und der junge Zenge, der Bruder seiner Braut.

Carl Friedrich Georg v. Zenge war ein Altersgenosse von Kleist, auch er war im Oktober 1777 geboren. Nach seiner Ausbildung in der école militaire wurde er am 8. Februar 1796 dem Infanterieregiment von Kunheim Nr. 1 als Portepeefähnrich überwiesen und am 6. Oktober 1797 zum Sekondlieutenant befördert. Karl von Zenge war in Berlin in den ersten Jahren von Kleists Anwesenheit der vertrauteste und tägliche Umgang mit Kleist; das beweisen zahlreiche Andeutungen in den Briefen an seine Braut, und dafür spricht die Tatsache, daß Kleist, wie aus dem Briefe vom 11. Januar 1801 zweifellos hervorgeht, mit Zenge sein Zimmer gemeinsam innehatte. Karl v. Zenge starb ganz plötzlich am 30. Januar 1802, und Wilhelmine teilte Kleist den Tod am 10. April nach der Schweiz mit. In der Vossischen Zeitung vom 9. Februar 1802 findet sich unter Todesfälle die folgende Anzeige:

„Nicht gewöhnliches Ceremoniell, nicht Wortgepränge, Überzeugung macht es uns zur Pflicht, bei dem am 30. Jan. d. J. so schnell und unvermuthet erfolgtem Ableben des Sekondelieutenants und Adjutanten Carl Friedrich George von Zenge unser Beileid zu bezeugen, denn wir verlieren aus unserer Mitte einen gebildeten und rechtschaffenen Offizier,

---

[1]) Minde-Pouet begnügt sich mit der Fußnote: ein Verwandter?

dessen Andenken gewiß jedem, der ihn näher kannte, wert bleiben wird. Berlin, den 4ten Febr. 1804."

Das Korps der Offiziere des Regiments Graf von Kunheim und Grenadier-Bataillon von Kleist.

Wenige Tage später am 13. Februar 1802 brachte die Vossische Zeitung die Anzeige der Familie:

„Einer der härtesten Schläge, bei unsern zwar zeitherigen glücklichen Familienverhältnissen hat uns getroffen, indem es der Vorsehung gefallen, uns unsern ältesten lieben und hoffnungsvollsten Sohn und Bruder, den Kgl. Preuß. Lieutenant Gräfl. v. Kunheim'schen Jnf.-Reg. Grenadierbat. v. Kleist Carl Friedr. George v. Zenge durch den Tod zu entreißen. Er starb zu Berlin am 30. Jan. d. J. am Entzündungsfieber, in seinem 25. Jahre. Verwandte, Freunde und Bekannte verschont uns mit schriftlichen Beileidsbezeugungen, indem wir uns eurer stillen Theilnahme versichert halten. Frankfurt an der Oder, den 9. Febr. 1802.

von Zenge, Generalmajor.

von Zenge, geb. von Wulffen und sämmtl. Geschwister des Verewigten."

Es ist begreiflich, daß der junge Beamte, dem es mit seiner neuen Stellung nicht recht Ernst war, der sich als Apoll im Knechtdienst fühlte, und dem als „höheres Ziel" die Ausbildung seiner Fähigkeiten und seiner dichterischen Anlagen vorschwebte, sich in den ästhetischen Kreisen der Residenz besonders wohl fühlte. Die Kreise, welche damals die höhere Bildung, das Ästhetentum, die schönen Wissenschaften und Künste pflegten, waren die jüdischen, und es kann uns deswegen nicht Wunder nehmen, wenn schon im Anfang des Jahres 1801 Kleist sich in einem Briefe an seine Schwester äußert: „In Gesellschaften komme ich selten. Die jüdischen würden mir die liebsten sein, wenn sie nicht so pretiös mit ihrer Bildung täten. An dem Juden Cohen habe ich eine interessante Bekanntschaft gemacht, nicht so wohl seinetwillen usw."

Wir werden mit dieser Äußerung Kleists auf das Haus Cohen als den Mittelpunkt eines großen geselligen Kreises hingewiesen, ein Haus, das uns aus Varnhagens Denkwürdigkeiten in der Tat als ein gebildetes und vornehmes bekannt ist. Varnhagen schildert es mit seinen eleganten Einrichtungen und seinem umfangreichen Park und erzählt, daß er auf den Rat seiner Freunde hier eine Hauslehrerstelle annahm, hauptsächlich um nach schwerer Erkrankung unter den günstigen Lebensbedingungen rasche Erholung zu finden. Was sonst über dieses Haus berichtet wird, ist unkontrolierbarer Klatsch: Varnhagen wird ein intimes Verhältnis zur Hausfrau nachgesagt [1]). In den „Versuchen und Hindernissen Karls" ist Cohen in offensichtlicher Weise mit alles weniger als hervorragenden Eigenschaften gezeichnet. Wir sind über die jüdischen Kreise aus dem Anfange des vorigen Jahrhunderts viel mangelhafter unterrichtet, als aus der Zeit, in der Heinrich Heine zwei Jahrzehnte später in Berlin lebte, und auch über das Haus Cohen, dem Kleist an der zitierten Briefstelle eine exzeptionelle Stellung in der Berliner Gesellschaft anweist, ist bisher tatsächliches Material nicht erbracht. Wenn Minde-Pouet in dem Kommentar zur angeführten Briefstelle auf das Buch Geigers verweist „aus Chamissos Frühzeit", so wird der Leser in dem Buche vergeblich nach neuen Beiträgen in dieser Richtung suchen.

Was ich an neuem Material auftreiben konnte, gibt mehr Andeutungen als direkte Aufschlüsse. Ezechiel Benjamin Cohen aus Holland hatte am 6. Dezember 1786 das Generalprivileg und die Rechte christlicher Kaufleute erhalten. Das Haus Cohen spielt in den Briefen der jungen Dichter und Literaten, die sich als „Nordstern" bezeichneten, το τοῦ πόλου ἄστρον und ihrem Namen echt studentisch die Anfangsbuchstaben der fünf griechischen Worte beifügten, die größte Rolle, und in kaum

[1]) Nach der sehr umfangreichen, noch unbenutzten Korrespondenz der Kgl. Bibliothek läßt sich eher eine intime Beziehung zu Wilhelm Neumann vermuten.

einem der Briefe fehlt ein Gruß an ein Mitglied der Familie oder eine kurze Bemerkung über sie. Es ist kein Zweifel, daß das Haus den Mittelpunkt der Nordstern-Freunde bildete, zu denen Chamisso, Varnhagen, Wilh. Neumann, Bernhardi, Brinckmann u. a. gehörten. Dabei tritt in den brieflichen Äußerungen der Hausherr selbst, der ja auch in dem Berliner Roman der Freunde sehr schlecht abschnitt, vollständig zurück, und man sieht, daß sich das Interesse der jungen Schriftsteller und Dichter ausschließlich vereinigt auf die Hausfrau, die mit ihrem vollen Namen Philippine Cohen geb. Bernhardt hieß und aus Breslau stammte. Ihr allein gilt der Gruß der Freunde, ihr literarisches Urteil wird angerufen, ihr tragisches Schicksal, über welches wir nur Vermutungen aufstellen können, wird bedauert. Ich gebe einige briefliche Äußerungen aus ungedruckten Briefen wieder. Varnhagen an Neumann:

Schreibe mir doch verkündigend, wenn sich mit der guten lieben Cohen etwas Bedeutendes zutragen sollte (Hamburg 19. September 1804).

Gieb mir zu Liebe an Mad. Cohen eine Abschrift von dem Gedicht (Anfang Dezember 1804).

Mad. Cohen wird Dir ein Sonett Ernst und Scherz nebst dessen Deutung mittheilen. — Es freut mich, daß C. noch wegbleibt. — Grüße Mad. Cohen von mir mit aller Herzlichkeit (Weihnachten 1804).

An Mad. Cohen meinen herzlichsten Gruß, das göttliche Weib lasse nicht Deine Trennung zu hart empfinden, theile ihr schon jetzt Deine Absicht mit, ihre Liebe zu Dir verdient das Vertrauen, ihr Unglück den Trost Deiner Anhänglichkeit (Januar 1805).

Mad. Cohen hat viele Sorgen; Efr. hält noch immer das Geld zurück, die Kasse sieht erbärmlich aus und dabei hat sie jeden Augenblick Einquartierung zu befürchten; ein Zimmer hat sie schon den Franzosen eingeräumt, die aber zum Glück nicht von ihr gespeist zu werden brauchen. Wie sehr Dich die gute Cohen grüßen läßt, kannst Du Dir denken, sie hat immerfort an Dich gedacht. — — Mad. Cohen schreibt bald; aber sie grüßt Dich von ganzer Seele; sie liebt Dich recht inniglich (Berlin, den 22. Novbr. 1806).

Varnhagen an Chamisso:

Auch will ich Dir nicht verhehlen, daß für mich jede solche Stelle ein langsamer Tod ist, wie mir Fichte wohl profezeit hat, denn jetzt, da nicht mehr, wie bei Cohens, reizende Fantasiegebilde vor mir schweben, wenn ich die Hausdamen betrachte, kann ich erst recht urteilen — — — Siehst Du die Cohen nicht? wie geht es? ich weiß nichts!! O! (März 1805).

Meine prosaischen Vertheidigungen werden Dir durch Mad. Cohen wohl geworden sein — — — Du besuche Mad. Cohen in meinem Namen (April 1805).

Einigen meiner besten Sonette hat Mad. Cohen grausam das Imprimatur verwehrt, und ich habe wenig Hoffnung, sie zu erhalten (Juni 1805).

Die gute Cohen sieht neueren Leiden entgegen, die Unmöglichkeit, daß ich es anders als durch Rat änderte, wird mir nicht den tiefen Schmerz ersparen, wohl aber Ruhe geben, daß ich nicht, mich abmühend für das Gefühl, den ersten Lebensweg verliere. Ich habe ihr strenge Worte und herzlich geschrieben; möchte der Urheber alles Übels in dieser Familie nie wieder in sie zurückkehren, das ist der Wunsch, den ich durch redlichen Rat zu erfüllen suche (22. November 1805).

Mad. Cohen hat mir geschrieben, daß Fichte für immer nach Erlangen geht, er hat sich oft sehr angelegentlich nach uns beiden erkundigt (26. Mai 1806).

Die gute Cohen lebt ruhig fort in allen tausend Bedrängnissen, wie schön Du in ihrem Gedächtnisse lebst, ist Dir bekannt genug; das herrliche Weib ist gut und stark ohne Gleichen (7. Januar 1807).

Am meisten bin ich bei Frau Cohen, die mehr Trostes bedarf, als ich ihr geben kann (15. Oktober 1806).

Frl. von Sellentin hatte einen Theil ihres Vermögens an Mad. Cohen und ihre Kinder vermacht (2. Juni 1831).

## Wilh. Neumann an Varnhagen:

Die arme Cohen schmachtet und quält sich noch immer in dem alten Wuste. Jeder Tag bringt sie dem Untergang näher, und sie sieht ihm mit einer schrecklichen Ruhe entgegen. Es ist herzzerschneidend, sie so zerrissen und doch so milde zu sehen (29. November 1808).

Die arme Mad. Cohen! noch immer führt sie kein besseres Leben. Cohens Zurückkunft verschiebt sich noch, gewiß bis zum Februar. Sähe er ein, was ihm und anderen gut ist, er käme wohl nimmer (10. Dezbr. 1804).

Für die Cohen sehe ich gar kein Mittel, ich sehe sie langsam auf einen Abgrund zugehen, der sie zu verschlingen droht, und daß sie selbst ihn immer vor Augen hat, muß ihr nicht einen Moment der Ruhe lassen (6. Dezember 1806).

Von der Cohen ist wenig zu sagen. Ihre Lage ist wenig verändert und mehr zum schlimmen, also höchst elend noch immer, und gar keine Aussicht auf bessere Zeiten (20. Februar 1810).

Bernhardi an Varnhagen:

Der älteste Sohn der Madame Cohen ist krank, sehr krank, und der Arzt macht wenig Hoffnung. Es wird also Ihrer Freundin vielleicht sehr tröstend sein, wenn Sie hierherkommen (13. Februar 1807).

Man muß Achtung für eine Frau (scil. Fr. Cohen) haben, die bei drei Kranken im Hause sich so ganz aufrecht erhält (21. März 1807).

Die folgenden Äußerungen über die Cohen finden sich in den Briefen Chamissos an seine Freunde:

Ich endige jetzt sein (Varnhagens) Porträt für die Cohen, sie selber bat mich unbefangen darum, doch setzte sie hinzu, ich möchte von diesem Pfande schweigen, so viel Leute hätten keinen Sinn für Verhältnisse der Freundschaft (Berlin 1805).

Die innig verehrte Cohen sehe ich weniger, als ich möchte, ich finde sie selten zu Hause (6. August 1805).

Wie anbetungswürdig ist die Cohen, dieses in seiner Demut herrliche Weib (20. September 1805).

Aus einem Wettringen bei der Cohen wäre bald trotz unserem allseitigen Hemmen ein entsetzlicher Kampf entstanden — — — Von der Sander, der Cohen und anderen habe ich mit Tränen den Abschiedskuß empfangen (19. Oktober 1805).

Die kurzen Notizen, die ich hier zusammengestellt habe, geben uns kein klares Bild der Frau, die in der Berliner Gesellschaft jener Zeit ohne Zweifel eine hervorragende Rolle spielte und berichten uns auch nicht von greifbaren Tatsachen; wir erhalten nur Andeutungen über ihren Charakter, ihre Eigenart und über traurige Vorgänge, die für uns im Dunkel bleiben. Der einst so groß angelegte Hausstand wurde von schweren Schicksalsschlägen getroffen. Wir dürfen aus allen Andeutungen wohl schließen, daß eheliche Differenzen vorlagen, Verfehlungen des geistig unbedeutenden und närrischen Mannes. Frau Cohen, wie erwähnt, eine geborene Bernhardt, stammte aus Breslau; sie war verschwägert mit der als Schriftstellerin bekannten Esther Gad, die in Berlin im Hause der Cohen zu wohnen pflegte. Das wissen wir aus dem Tagebuch der Henriette Herz, welche auch erzählt, daß sie im Hause der Cohen die hier aufgenommene Madame de Genlis besuchte. Es läßt sich annehmen, daß auch Kleist hier bei den Cohens die Bekanntschaft der de Genlis machte, deren er als einer gemeinsamen Bekannten in dem Briefe an Ulrike vom 14. März 1803 Erwähnung tut.

Die zitierten Briefstellen beweisen, daß das Haus Cohen von schweren Schicksalsschlägen befallen wurde, und daß die von ihren Freunden bewunderte, an glänzende Verhältnisse gewohnte Frau in schwere materielle Not geriet. Es sind zahlreiche Briefe der Frau aus späterer Zeit im Nachlaß Varnhagens vorhanden, welche beweisen, daß sie weiter mit Rahel und Varnhagen intim befreundet, von ihnen regelmäßige Geldunterstützungen erhielt; eine Tochter von ihr heiratete im Jahre 1825 einen Dr. Kiehl in Haag; auch sonst findet sich ihr Name auch in späterer Zeit noch oft in den Briefen der Freunde. Varnhagen erwähnt ihrer inwehmütiger Stimmung noch kurz vor seinem Tode in seinem Tagebuch, als er den Wilhelm Meister, welchen sie ihm einst geschenkt, zur Hand nimmt. Über ihren Sohn findet sich eine Notiz bei Börne in einem Briefe an die Herz vom 30. Juni 1805: „Vom jungen Cohen habe ich erfahren, daß Sie vielleicht von Dresden über Leipzig zurückfahren werden.“ Nach allem, was wir den angeführten Äußerungen auch dem Stil ihrer eigenen Briefe entnehmen können, scheint Frau Cohen im Gegensatz zu ihrem Manne eine geistig hochstehende Frau gewesen zu sein, eine tüchtige Hausfrau, eine aufopfernde Freundin, die nicht, wie die Sander, die Eibenberg, Grotthus und Saling die Rolle der Frau von Bildung spielte, sondern wirklich eine solche war.

Im Hause dieser Frau verkehrten, wie erwähnt, die Freunde vom „Nordstern“, eine Vereinigung von Dichtern und Schriftstellern, die zunächst wohl nur gesellige und schöngeistige Tendenzen verfolgte. Die Vereinigung spielt auch literarisch insofern eine Rolle, als aus ihrem Schoße als Nachahmung von Goethes Wilhelm Meister ein Stück Zeitgeschichte in Romanform unter dem Titel „Die Versuche und Hindernisse Karls" hervorging. Die romantische Richtung, welche die Dichter vom „Nordstern" vertraten, mag so wenig nach dem Geschmack des jungen Kleist gewesen sein, daß er es aus diesem Grunde wohl vorzog, sich als Dichter in diesem Kreise nicht erkennen zu geben. Das hindert natürlich nicht, daß Kleist einen regen freundschaftlichen Verkehr mit diesem Kreise unterhielt, ein Verkehr, der nicht, wie Zolling will, erst nach der Rückkehr aus Paris begonnen, sondern, wie die Erwähnung des Hauses Cohen beweist, in das erste Jahr von Kleists Anwesenheit in Berlin zurückreicht. Allmählich scheint der „Nordstern" eine festere Gestalt angenommen, und er scheint unter dem Drucke der Fremdherrschaft aus dem schöngeistigen Verbande sich zu einem politischen Bunde entwickelt zu haben. Ich entnehme diese Tatsache einem aus dem Jahre 1808 stammenden Gedichte des schwedischen Gesandten v. Brinckmann, das an einen Kriegsruf erinnert und „Der Nordstern" betitelt ist. Das Gedicht, welches bisher unveröffentlicht, auch unter die gesammelten Gedichte des Verfassers nicht aufgenommen ist, lautet:

Pillau, Frühjahr 1808.

Nein! Er wird nicht untergehen, der helle
Stern des Norden! Heitre deinen Blick!
Aus des Meeres sturmbewegter Welle
Schimmert noch sein schönes Bild zurück.

Ewig treu dem rüstigen Piloten
Weilet Er, wenn seine Brüder fliehn,
Selbst den Wolken, die uns Schiffbruch drohten,
Wird nun herrlicher sein Strahl entglühn.

Von der Heimat lieblichen Gestaden,
Von des Friedens stillen Buchten fern,
Auf des Abgrunds nie beschifften Pfaden —
Trauen kühn wir diesem Wunderstern.

Nur dem Zweifler leuchtet er vergebens,
Der, wenn schäumend sich die Flut erhöht,
Nacktes Leben, nicht den Preis des Lebens,
Feige Rettung, nicht den Sieg erfleht.

Der getäuscht an Uferklippen strandet
Wenn des Ozeans geprüfter Held
Später nur im sichern Hafen landet,
Wo die Freude seine Segel schwellt:

Wo er festlich den versöhnten Göttern
Vom Orkan zerrissne Wimpel weiht,
Und den Kampfgefährten, den Errettern
Seines Ruhmes, Lorbeerkränze beut.

Trotzig dürfen wir das Haupt erheben,
Weil kein Sturm noch unsre Masten brach;
Nicht am Ufer, auf der Höhe streben
Wir der Zukunft goldnem Vließe nach.

Unser Schiff, das Göttersöhne bauten —
Zu den Sternen schwebt es nicht empor!
Dann, erzeugt vom Stamm der Argonauten,
Sprießt ein heiliges Geschlecht hervor.

Glaube fest: Noch glüht im edlen Herzen
Kraft zu dulden, Mut zu widerstehn!
Mag Gewitternacht den Himmel schwärzen,
Der Polarstern wird nicht untergehn!

Der Verkehr zwischen Kleist und Varnhagen mit seinen Freunden sowie mit dem Hause Cohen wurde vermittelt durch Alexander von zur Lippe. In Varnhagens Denkwürdigkeiten ist von ihm wenig die Rede, aber wer aufmerksam liest, erkennt leicht, daß von ihm immer nur im Zusammenhang mit seinen Freunden Brockes und Kleist gesprochen wird, und auch auf einer Zettelnotiz, die sich in Varnhagens Nachlaß vorfindet, ist über Alexander Reichsgraf zur Lippe nur erwähnt, daß er ein Freund Rahels, des Cohenschen Hauses, der Herren v. Brockes und Heinrichs v. Kleist gewesen ist. Die Freundschaft mit Brockes datiert aus der Studentenzeit, wie eine Eintragung im Stammbuche v. Brockes beweist; in Berlin mag dann Brockes die Freundschaft zwischen Kleist und v. z. Lippe vermittelt haben. Die Freundschaft der beiden muß namentlich in der ersten Zeit von Kleists Berliner Aufenthalt, wie die Andeutungen bei Varnhagen erraten lassen, eine sehr intime gewesen sein. Die Kleistschriften erwähnen wohl gelegentlich und ganz flüchtig diese freundschaftliche Beziehung, aber sie bringen nichts, was imstande wäre, die Persönlichkeit und den Charakter dieses Mannes näher zu rücken. Meine Bemühungen, bei verschiedenen noch lebenden Mitgliedern der Familie Material über Kleist und seine Beziehung zu A. v. d. Lippe zu sammeln, waren vergebliche. Hingegen aber besitze ich von einem nahen Familienmitgliede genauere Angaben über seinen Lebenslauf und Charakter, die uns in die Lage versetzen, im Zusammenhang mit den gedruckten und ungedruckten Notizen Varnhagens uns ein Bild von seiner Eigenart zu machen.

Varnhagen schreibt in seinen Denkwürdigkeiten über ihn (IV. Bd. S. 282):

„Graf Alexander zur Lippe, edel, zartsinnig, gebildeten und strebenden Geistes, aber auch wirrköpfig, einbildnerisch und abschweifend, lebte in empfindsamster Seelenschwingung, und verbreitete Rührung und Innigkeit um sich her, die aber bei leisen Anlässen wunderlich aus der unbefriedigten Spannung auch in Schärfe und Säure umschlugen, womit er sich und andere dann nicht wenig quälte, bis manche wieder, was nicht schwer wurde, ihn auf Scherz und Laune zurückbrachten. In erhabenen Freundschaften lebte er mit edlen Frauen; einen abwesenden Freund, Herrn v. Brockes, führte er bei jeder Gelegenheit zärtlichst im Munde; auch mit mir tauschte er jetzt Händedruck und Vertrauensworte, und durchflocht meine Neigungen und seine; die Leidenschaft, zu welcher eine jugendliche Schöne ihn entflammt hatte, verbarg er keineswegs, wenn auch die letztere selbst als ein zartes Geheimniß verschwiegen blieb.

Weiter heißt es (S. 286): — die Sprache des paradoxen Ernstes, die Einfälle der Laune und des Witzes fielen so reichlich ab, daß wir anfingen, sie in ein kleines, zu diesem Zwecke erhaltenes, blaues Buch zu sammeln, wo besonders die wunderlichen und oft ungemein treffenden Schlagworte Lippes sich anhäuften.

An einer anderen Stelle (S. 282) führt Varnhagen aus, wie empfindlich, übelnehmerisch und schwer zu behandeln der Freund war.

Nach den Angaben seiner Angehörigen war Lippe etwa ein Jahr älter als Kleist, geboren den 30. November 1776 in Muskau in der Oberlausitz, wo sich seine Mutter, eine geborene Gräfin v. Calenberg, aufhielt, während sein Vater, Karl Christian, als Reichshofrat in Wien durch sein Amt festgehalten war. Die Erziehung lag in den Händen der Mutter; er studierte in Göttingen und Jena die Rechte, wandte sich aber bald den schönen Wissenschaften zu und beschäftigte sich fortgesetzt mit philosophischen Problemen, über die er sich oft in lebhafter Diskussion mit Freunden (auch Novalis gehörte dazu) größere Klarheit zu verschaffen strebte. Er wird geschildert als ein selten begabter, feinsinniger, geistreicher — aber doch nicht glücklicher Mann. Sein Unglück war und blieb, daß er sich nicht für einen festen Beruf und ein bestimmtes Arbeitsgebiet entscheiden konnte. Seine Familie drängte und kaufte ihm schließlich eine Kompagnie, aber nach kurzer Zeit quittierte er den Dienst und lebte weiter ohne bestimmte Beschäftigung, dem grübelnden Nachforschen seelischer Zustände ganz ausschließlich hingegeben. Lippe lebte in Berlin etwa bis Anfang 1811. An seinen Berliner Verkehr erinnert ein Billet in Varnhagens Nachlaß vom 23. Februar 1804:

„Unterzeichneter gibt sich die Ehre, Herrn Varnhagen und Neumann hierdurch anzuzeigen, daß die übrigen Herren Dichter gesonnen seyen, zwischen 7—8 zu ihm zu kommen und er Sie daher zu derselben Zeit mit Vergnügen bei sich erwarte. A. G. z. Lippe."

Seit 1811 lebte Lippe in Dresden, ohne einen bestimmten Beruf, las, grübelte unzufrieden, übelgelaunt, hypochondrisch. Seine Vermögensverhältnisse müssen schlechte geworden sein, denn nach Rahels Tode sendete er Varnhagen auf sein Ansuchen ihre Briefe zurück mit der Bitte um ein Darlehen. In seinen letzten Lebensjahren besuchte er eine Privatheilanstalt in Freiburg und lebte schließlich ganz vereinsamt in Merseburg, wo ihn 1839 ein Schlaganfall plötzlich dahinraffte.

Lippe, Brockes und Kleist waren das Freundestrio, das in den schöngeistigen Kreisen Berlins gemeinsam verkehrte. Wir können uns wohl vorstellen, daß der geistreiche Lippe, welcher nur den schönen Wissenschaften und philosophischen Studien lebte, Kleist stark anzog. Ihnen beiden war ja gemeinsam die Abneigung gegen einen festen Beruf und der Widerstand gegen den Willen der Familie. Darin lag für Kleist zweifellos eine große Gefahr im Umgang mit Lippe, und hier mag zum Glück für Kleist Brockes ausgleichend gewirkt haben, von dem ja Kleist selbst berichtet (an Wilhelmine 31. Jan. 1801), daß er von der Vielwisserei verächtlich dachte, und daß sein oberster Grundsatz war: Handeln ist besser als Wissen. Wir dürfen aus den schwärmerischen Äußerungen Kleists und aus seiner Charakterschilderung den Schluß ziehen, daß Brockes' Bemühungen darauf gerichtet waren, Kleist dem ungünstigen Einflusse Lippes mit allen seinen bestechenden Eigenschaften zu entziehen.

Außer dem Nordsternbunde, der sein Hauptquartier im Cohenschen Hause hatte, bestand in Berlin noch ein zweiter Gesellschaftskreis, der von Brinckmann begründet wurde, und der ebenfalls in Varnhagens Denkwürdigkeiten kurz erwähnt ist.

Gentz berichtet in einem Briefe an Garve von einer besonderen Gesellschaft, die der „Damen-Tee" hieß, und die sich alle Dienstage versammelte, einmal bei der Dlle. Hainchelin, einmal bei Mme. Herz, einmal bei der Kriegsrätin Eichmann und einmal bei Dlle. Dietrich; zu diesem Tee waren Brinckmann, Spalding, Humboldt, Graf Dohna, Gentz und Ancillon ein für allemal geladen; außerdem bat jede Dame, die gerade Wirtin war, noch wen sie wollte. Gentz nennt dieses Institut ein schätzbares Vermächtnis Brinckmanns, das er seinen Freunden hinterlassen. Varnhagen findet es auffallend, daß von diesen Damen, mit Ausnahme der Henriette Herz, nur diese schwache Spur ihres Daseins und Wirkens uns erhalten ist.

In einem Spottgedicht Ludwig Roberts aus dem Jahre 1801 — es findet sich nicht unter seinen Gedichten, ist aber auch zitiert bei Varnhagen —, das an Brinckmann gerichtet ist, macht er sich lustig über diesen „Damen-Tee"; an einer Stelle des Gedichts führt er die wichtigsten Teilnehmer der Gesellschaft an, darunter zwar nicht Kleist selbst, wohl aber seine intimsten Freunde. Die Stelle lautet:

„Keine von allen, ich schwör's, lad ich zum köstlichen Tee
Lauter Männer, die besten, die liebenswerthen der Hauptstadt
Lippe, Loewenhjelm, Gentz, Brockes der kühne Gesell,
Humboldt, mein Freund wie der Deine und alle Franzosen und Spanier
Sollen sich drängen um Dich, Brinckmann geschäftig voran."

Eine der häufigsten und eigenartigsten Erscheinungen in allen gesellschaftlichen Kreisen Berlins war damals der schöngeistige, älteste Bruder der Maria v. Kleist, der als Major verabschiedete, zu jener Zeit (seit 1798) im Departement der auswärtigen Angelegenheiten beschäftigte Peter v. Gualtieri. Wir wissen durch Varnhagen und mehr noch aus zahlreichen Notizen bei Ludwig Robert, daß er in den geschilderten Kreisen eine große Rolle spielte. Die Familie Gualtieri, auch Gualtiero, stammte aus dem Herzogtum Orvieto und war dort der Religion wegen ausgewandert. Der alte Adel der Familie wurde anerkannt zugunsten des preußischen Geh. Rates Albert Samuel Gualtieri, des Vaters der Maria v. Kleist, und Peters. Über ihn erzählt kurz nach seinem Tode Joh. v. Müller (Genthod, 12. Februar 1778): „Gualtieri, ein Freund von Bonnet und Trouchin, ist an einer Lungenkrankheit gestorben, ein Mann von ungemein vielem Geist. Aber er hat seinen beiden Freunden vom Könige ein Gemälde gemacht, welches 1. einen Geistlichen,

2. einen Mann, der Nervenkrankheiten hatte, verrät." Und vom 14. Februar: „Gualtieri schrieb einst dem Könige, ‚die einzige Gnade, welche man von ihm erwarten könne, und die einzige, welche er begehre, sei, seine Staaten zu verlassen'. Der König antwortete: ‚Ihr habt mir einen Brief geschrieben, der nicht genugsam überlegt war; ich hoffe, wenn Ihr ihn überlegt, so werde es Euch leicht sein. Friedrich.'

Die Beziehung Kleists zu Peter v. Gualtieri scheint nicht eine besonders intime gewesen zu sein. Gualtieri scheint Kleist persönlich mehr geschätzt zu haben, als dieser ihn. Das beweist seine dringende Aufforderung an Kleist, ihn nach Spanien zu begleiten, und die günstigen Vorschläge, die er ihm machte; auf der anderen Seite Kleists zögernde, abwartende, unentschlossene Haltung: „er (Gualtieri) will immer noch, daß ich ihn nach Spanien begleite", schreibt Kleist am 24. August 1804 an seine Schwester, „lerne doch diesen Menschen selbst kennen, und sage mir, was ich thun soll". Schon einen Monat früher, am 27. Juli, hatte Kleist voller Verlegenheit seiner Schwester geschrieben: „— es sollte mir lieb sein, wenn sich Gelegenheit fände, Euch diesen Menschen vorzustellen, an welchem mir selber Alles, bis auf seine Liebe zu mir, so unbegreiflich ist." Es geht aus alledem hervor, daß Kleist kein rechtes Vertrauen in Gualtieris Person setzte, und daß er sich kein Urteil über ihn bilden konnte. Auffallend ist auch die kühle und kurze Anzeige seines Todes an Pfuel.

Das Urteil, welches wir selbst uns über Gualtieri bilden, stützt sich auf die Charakteristik Varnhagens in seiner „Galerie von Bildnissen etc." (I 159 ff.). Außerdem besitzen wir noch einige bemerkenswerte Äußerungen über ihn, die bisher übersehen worden sind in Varnhagens Denkwürdigkeiten [1]). Der Aufsatz: „Rahel Levin und ihre Gesellschaft.

---

[1]) Varnhagen: Denkwürdigkeiten und vermischte Schriften. Neue Folge IV. Bd. Leipzig 1859.

Gegen Ende des Jahres 1801" schildert einen Teeabend bei der Rahel, an welchem u. a. teilnahmen Brinckmann, Fr. Schlegel Gualtieri, Gentz, Prinz Louis Ferdinand, Fürst Radziwill. In diesem Aufsatz ist neben manchem Bekannten geschickt Material verwendet aus dem Nachlasse Roberts, welches sich heut in der Kgl. Bibliothek befindet. Bemerkenswert ist für uns eine Äußerung Brinckmanns über Gualtieri:

„Vor Gualtieri nehmen Sie sich in Acht, er ist streitsüchtig und rechthaberisch, und in seinen Launen gar nicht zu berechnen. Die kleine Levin macht ein großes Wesen von seinem originellen Geiste, von seinem eigenthümlichen Verstande, ich aber muß bekennen, daß ich sie darin nicht begreife, mir gelingt es nicht, mehr in ihm zu sehen, als einen ungeschulten Sophisten, der sich mit den Leuten alles erlaubt, was ihm einfällt. —"

Die folgenden beiden Akrostichen auf Gualtieri zitiere ich nach dem in der Kgl. Bibliothek vorhandenen Original:

Glatt; doch unwahr nie und säß er an fürstlicher Tafel;
Unrecht scheuet der Mann, der Unrecht wüßt' zu vertheid'gen,
Aber bist Du gewiß, daß er liebend sich selbst nicht betrüget,
Listig weicht er sich aus, doch stark stets faßt er sich wieder,
Trau ihm in seinem Gemach, hier darfst du, darf er sich trauen,
In der Gesellschaft ist Krieg und dort er Soldat und Gesandte.
Ein'gen kann sich mit ihm, der einig mit ihm schon von je ist,
Redend dann herrschet er gern; doch läßt er auch kindlich sich leiten.
Ja so lebt er ein Räthsel, gehaßt und geliebt und gefürchtet.

Glaube, Dir glaubt er nichts, doch glaubt er alles,
Undankbar stets denkt er: er danke nur alles,
Alles scheint er zu lieben und liebt nur den Schein und
Laut im Streit und nicht lauter so schreit er und hört nur
Tiefes Gefühl bleibt tief ihm — verborgen, er fühlt nur
In Verlegenheit sah' ich ihn nie, doch verlegen oft fühlt er
Ehre ist ihm das Erste, drum ehrt er auch ehrlich
Reitzbar ist er und reitzend, aufreitzt er öfters
Jahre lang könnt' ich ihn tadeln, es hilft Nichts, er tadelt
} sich sel- ber.

Ludw. Robert.

Fassen wir die Äußerungen Kleists und seiner Zeitgenossen über Gualtieri zusammen, so bekommen wir den Eindruck einer problematischen Persönlichkeit, der gegenüber ein gewisses Mißtrauen berechtigt war. Wir können es verstehen, und es spricht für seine Menschenkenntnis, wenn Kleist gegen Gualtieri eine große Zurückhaltung zeigt und sich nur schwer oder gar nicht entschließen kann, auf seine Vorschläge einzugehen, die ihm sonst in seiner schwierigen Lage sehr gute Chancen boten.

Wenn wir die Spuren der Kreise verfolgen, in denen sich Kleist bei seinem ersten längeren Aufenthalte in Berlin bewegte, so kommt es uns nicht bloß darauf an, seine persönlichen Beziehungen kennen zu lernen, sondern weit mehr interessiert uns die Frage, welchen Einfluß diese Kreise auf ihn ausgeübt, ob und inwieweit sie seine Bildung und geistige Entwicklung gefördert haben. Kleists poetische Ziele und seine dichterischen Ideale waren andere, als die der jungen Romantiker, die jenen Kreisen angehörten. Wir wissen ja auch, daß er sich ihnen gar nicht als Dichter zu erkennen gab. Spöttisch mag er auf ihre poetischen Wettkämpfe herabgeblickt haben. Aber nach gewisser Richtung lassen sich doch bestimmende Einflüsse auf seinen Bildungsgang nachweisen.

Aus den Briefen der jungen Dichter, welche den geschilderten Kreisen angehörten, lesen wir heraus, daß unter ihnen vornehmlich die spanische Sprache und die spanische Literatur gepflegt wurde. Die nur sehr unvollständig veröffentlichte Korrespondenz zwischen Varnhagen, Chamisso, Neumann, Bernhardi, später auch Fouqué, gibt uns ein deutliches Spiegelbild der mit großem Eifer betriebenen spanischen Studien der jungen Dichter, deren Abgott Cervantes hieß. Hier muß Kleist die Anregung empfangen haben, die seinem Stil und seiner Gestaltungskraft das ausgesprochene Gepräge gab. Kleist mag seinen Shakespeare und Sophokles, seinen Goethe und Schiller gekannt haben, die Novellen des Cervantes müssen außerdem sein wie seiner

Jugendfreunde eifriges Studium gewesen sein. Haben diese den Spaniern hauptsächlich die äußere Form abgeguckt, so verdankt Kleist Cervantes die unübertroffene Gegenständlichkeit der Darstellung, den vollen klaren Fluß seiner getragenen Perioden. Die Tatsache, daß sich in dem Nachlaß Dahlmanns, wie ich schon früher hervorgehoben habe, eine spanische Übersetzung von Kleists Hand vorfand, sowie der Umstand, daß der Posten in Spanien überhaupt für ihn in Frage kam, gibt auch den äußeren Beweis dafür, daß Kleist spanische Studien zu jeder Zeit eifrig gepflegt hat. Die Tatsache, daß Kleist der spanischen Sprache mächtig war und die spanische Literatur aufs eifrigste verfolgte, wird bestätigt durch die Untersuchungen Eichhorns [1]).

Schöngeistige Anregungen auch anderer Art muß Kleist in den Gesellschaftskreisen erhalten haben, die ich oben gekennzeichnet habe. Es waren die Kreise, in denen Goethe sehr früh verstanden und wie ein Gott verehrt wurde. Aus der oben angeführten Äußerung Varnhagens geht hervor, daß ihm der Wilhelm Meister von der Cohen in die Hand gegeben wurde. Unter den der Romantik huldigenden Freunden Kleists hatte Wilhelm Meister gewissermaßen kanonischen Wert, das Werk wurde die Vorlage für den gemeinsamen Roman „Karls Hindernisse". Vor allem aber war die Rahel, die im Cohenschen Hause ein und ausging — hier hatte sie Varnhagen kennen gelernt — die Verkünderin und Prophetin Goethes. Sie hat ihre Zeitgenossen gelehrt, geistig von und durch Goethe zu leben, sie hat ihre Lebensaufgabe darin gesehen, das Goetheverständnis zu fördern; in dem Grade, in dem ein Mensch Goethe liebte, war er Rahels Freund. Es läßt sich nachweisen, daß Kleists erste Berührung mit Goethe, das wachsende Verständnis für ihn und seine Verehrung für Goethe, die trotz aller Anfeindungen bis an sein Lebensende andauerte (vgl.

[1]) Arno Eichhorn: Zu Heinrich v. Kleists Katechismus der Deutschen. Sonderabdruck. München 1906.

den Brief aus dem August 1811), einsetzt mit dem Beginn seines Berliner Aufenthaltes. Die Frage, welcher äußeren Anregung Kleist die erste Bekanntschaft mit Goethe verdankt, hat neuerdings Paul Hoffmann aufgeworfen [1]). Hoffmann und vor ihm andere sehen den ersten Anklang Kleists an Goethe in der Briefstelle vom 12. November 1799, aus welcher Kleists Sehnsucht nach einem guten Gedicht, einem schönen Gemälde, sanften Liede, das ihm jeder Tag bringen möchte, spricht. Ganz abgesehen davon, daß die Analogie mit dem Ausspruch Serlos bei Goethe keineswegs vollkommen ist, so ist diese oft bei Kleist variierte und wiederholte Wunschäußerung so ganz aus dem Herzen Kleists gesprochen, daß ich nicht glaube, daß sie durch die Lektüre angeregt ist [2]). Hingegen kann kein Zweifel bestehen, daß die zweite von Hoffmann angeführte Briefstelle „ach, warum kann ich dem Wesen, das ich glücklich machen sollte, nichts gewähren als Tränen? usw." eine fast wörtliche Entlehnung aus den Lehrjahren ist. Der Brief mit dieser Entlehnung ist geschrieben am 21. Mai 1801. Im Februar hat Kleist seiner Schwester gemeldet, daß er am liebsten in den jüdischen Kreisen verkehrt. Alles spricht dafür, daß die erste Anregung sich mit Goethe zu beschäftigen für Kleist von hier ausging. Im nächsten Jahre schon war die Verehrung für Goethe so gestiegen, daß er, wie wir durch Zschokke wissen, ihm als der Messias der deutschen Literatur galt. Es spricht für den Einfluß der Rahel auf Kleist, daß seine nächsten Freunde, soweit sie zu der Rahel in intimer Be-

[1]) Goethe und Heinrich v. Kleist. Goethe-Jahrbuch XXIX.

[2]) Es sei hier erwähnt, daß auch bei Goethe sich dieser tägliche Wunsch oft wiederholt. Die gleiche Analogie mit der Kleistschen Briefstelle wie die gewöhnlich angeführte Stelle aus Wilhelm Meister findet sich in der Äußerung Goethes vom 30. Mai 1814, die sich in den Unterhaltungen mit dem Kanzler Friedrich v. Müller findet: Der Mensch mache sich nur irgendeine würdige Gewohnheit zu eigen, an der er sich die Lust in heiteren Tagen erhöhen und in trüben Tagen aufrichten kann. Er gewöhne sich z. B., täglich in der Bibel oder im Homer zu lesen, oder Medaillen oder schöne Bilder zu schauen, oder gute Musik zu hören.

ziehung standen, so v. Pfuel, Gualtieri, v. Marwitz, glühende Verehrer Goethes waren, während u. a. Rühle dem Dichter, mit dem er vielfach in Berührung kam, gleichgültig gegenüberstand [1]).

Unter allen Freunden Kleists in dieser Periode seines Lebens hat keiner so entschieden auf die geistige und ethische Entwicklung Kleists eingewirkt als Ludwig v. Brockes, und es ist wohl kein Zufall, daß die schwersten geistigen Kämpfe, die größten Schwankungen seiner Gemütsverfassung in der Zeit einsetzten, als Brockes durch ein Amt gezwungen war, Berlin zu verlassen und sich von Kleist zu trennen. Zur Kenntnis dieses Mannes, dem Kleist so viel zu verdanken hatte, dessen Uneigennützigkeit und Aufopferungsfähigkeit ihm ein leuchtendes Beispiel für sein ganzes Leben wurde, den er den „vortrefflichsten der Menschen" nennt, ein Urteil übrigens, das wir bei Varnhagen und Robert bestätigt finden, habe ich die ersten wenn auch spärlichen authentischen Angaben geliefert (Kleist-Problem). Meine Angaben sind von Minde-Pouet (Briefkommentar) angezweifelt worden, und auch von anderer Seite sind abweichende Angaben gemacht worden, ohne daß aber neues verwertbares Material beigebracht wurde. Was ich bei meinen Angaben benutzt habe, stützt sich auf die Tradition nicht einer einzelnen, sondern mehrerer unabhängiger Familien, in denen einzelne Mitglieder mit großer und eifriger Pietät ebenso wie mit wissenschaftlichem Fleiß alles bewahrt haben, was sich auf dieses hervorstechende Familienmitglied bezog; das dokumentarische Material, welches noch vorhanden ist, sind die Tagebuchartigen Eintragungen von Brockes [2]), reichliche Stammbuchblätter aus verschiedenen Perioden, der Adelsbrief der Familie, eine korrigierte Familienchronik, die

---

[1]) Vgl. hierzu meine Aufsätze über Goethe und v. Pfuel, Sonntagsbeilage der Voss. Ztg. 1904 Nr. 15 und 1905 Nr. 3 und über Rahels Freunde und Goethe, Goethe-Jahrbuch XXX.

[2]) Auszüge aus dem Tagebuche sind den von mir herausgegebenen Kleistbriefen an Ulrike beigefügt. Berlin 1905.

von mir mitgeteilte Notifikation. Durch einen Fund in der Königlichen Bibliothek habe ich mein Material bereichert. Ich komme später darauf zurück. Zunächst will ich gegenüber allen Einwendungen das feststellen, was wir nunmehr positiv wissen.

Die mehrere Jahrhunderte alte Familie stammt aus Lübeck und weist viele sehr angesehene Männer auf. In der Allgemeinen Deutschen Biographie, in J. C. Koppes „jetzlebendes gelehrtes Mecklenburg" (3. Stück 1784) werden mehrere Vertreter dieses Namens erwähnt und besprochen, die sich als Juristen oder im Verwaltungsfach hervortaten. Geadelt wurde die Familie, wie der Adelsbrief ergibt, erst im 18. Jahrhundert, und zwar erhielten den Adel die beiden Söhne des Verfassers des „Irdischen Vergnügens in Gott", Berthold Heinrich und Erich Nikolaus. Dieser Erich Nikolaus, Großfürst Russisch- und Schleswig-Holsteinischer Justizrat und Sekretär bei dem Regierungskonzil in Kiel, war der Großvater — nicht wie angegeben wird der Vater — von Ludwig v. Brockes. Sein Vater war ein wenig bemittelter Offizier, der früh starb und außer dem Sohn noch eine Tochter Luise hinterließ. Auf diese Schwester von Kleists Freunde, deren Kleist auch Erwähnung tut, komme ich bald zurück. Die Mutter von Brockes war eine geb. v. Eickstedt und wird geschildert als eine gebildete Frau von lebhaftem Geist, die mit großer Sorgfalt die Erziehung des Sohnes leitete. Wenn Minde-Pouet meine Angabe und ebenso die von Kleist, welcher ja mit Brockes längere Zeit auf dem Eickstedtschen Gute in Koblenz bei Pasewalk weilte, auf Grund der Familienchronik anzweifelt, so übersieht er, daß eben Familienchroniken durchaus nicht immer zuverlässig sind. In Steinbrücks Genealogie und ebenso in der von Gesterding, welcher sich bei der Familie von Eickstedt auf Steinbrück bezieht, fehlt eine Angabe über die Verbindung der Familien Eickstedt-Brockes. Aber in dem Exemplar einer Nichte von Brockes, die von ihm unterrichtet wurde, mit großer Pietät an ihm hing und das Andenken des Onkels am längsten bewahrte, findet sich die Randbemerkung: „hier fehlt die dritte verheiratete Schwester, Frau v. Brockes, geb. v. Eickstedt usw.". Die älteste Eickstedt heiratete einen Baron von Albedyll, die zweite, geb. 1740, Carl Gustav v. Gloeden auf Griebow, die jüngste (Luise?) war Frau v. Brockes.

Ludwig v. Brockes verlebte die Jugendjahre teils bei dem Großvater, was wohl Veranlassung zu der Verwechslung mit seinem Vater gegeben haben mag, und bei den Verwandten mütterlicherseits, besonders bei der Familie v. Gloeden in Griebow (Pommern). An der Hand zahlreicher Tagebucheintragungen können wir, wenigstens bis zu einem gewissen Grade, die Schicksale Brockes' bis zur Würzburger Reise mit Kleist verfolgen. Im Jahre 1788 (Oktober 1787 immatrikuliert) studiert Brockes in Göttingen. Mit dem Semesterschluß im März zahlreiche Stammbuchblätter, ebenso wieder im August und September. Im Jahre 1790, wahrscheinlich im Anschluß an den Göttinger Aufenthalt, also seit Ende 1788, weilte Brockes in Rendsburg, wo er in dänischen Diensten stand, wie auch Kleist erwähnt. Vom Januar und vom September 1790 ist je ein Stammbuchblatt von Damen erhalten. Im Oktober und November dieses Jahres war er auf Reisen und verweilte in Zarrentin Mecklenburg), wo er die Verwandten Mevius besuchte — seine Großmutter war eine geb. Mevius — und in Griebow. Drei Stammbuchblätter vom Oktober aus Zarrentin, ein Blatt vom 21. November aus Griebow. Im Juli 1791 schied Brockes aus Rendsburg und gab seine Stellung auf. Mehrere Blätter von verschiedenen Freunden, eines mit der Notiz: sie sind dahin, die fröhlichen Stunden. Darauf ein Aufenthalt in Dargun (Mecklenburg), wo er verwandte Damen aufgesucht zu haben scheint (drei Blätter) — dann verliert sich jede Spur, und wir können von 1792 bis Ende 1796 Brockes nicht weiter verfolgen. Kleist bemerkt nur kurz, daß er sich in dieser Zeit nicht entschließen konnte, wieder ein Amt anzunehmen. Von Oktober 1796 bis 1800 war Brockes zum zweiten Male, wie zahlreiche Stammbuchblätter beweisen, in Göttingen, nicht als Student und deshalb auch nicht immatrikuliert, sondern als Begleiter und Lehrer des jungen v. Dewitz, „um doch etwas Gutes zu stiften", wie Kleist sich ausdrückt. Wann Brockes mit Kleist und seiner Schwester auf Rügen zusammengetroffen sein könnte, dafür fehlt uns jeder Anhaltspunkt, wie wir ja überhaupt von Kleists Reise nach Rügen nichts wissen. Humboldts Bericht über seine Reise nach Rügen etwa um die gleiche Zeit, läßt keinen Rückschluß zu. Nach Göttingen wird sich Brockes bei den Verwandten Eickstedts in Koblenz aufgehalten haben, wo ihn Kleist zu der Reise nach Würzburg beredete und abholte. Auf dem Rückweg blieb er in Dresden, wie wir bei Kleist lesen (an Ulrike 27. Oktober 1800), und da er schon im Januar Berlin wieder verließ (Kleist an Wilhelmine 31. Januar 1801), so kann sein Aufenthalt in der Residenz nur ein kurzer gewesen sein. Er ging nach Dargun in Mecklenburg, wo ihm der einflußreiche Dewitz-Vater ein Amt verschafft hatte. Aber er blieb nur knapp ein Jahr dort, da er sich in den engen Kreisen sehr unglücklich fühlte. Wir machen die gleiche Erfahrung bei Brockes wie bei Lippe und bei Kleist; sie konnten alle kein Amt annehmen resp. sich in keinem Amte behaupten. Ist in der Folge, nachdem er spätestens Anfang 1802 seines Amtes ledig war, Brockes wieder mit Kleist zusammengetroffen oder doch weiter mit ihm in Verbindung geblieben? Es kann keinem Zweifel unterliegen, und es läßt sich aus einem Briefe Kleists mit Sicherheit nachweisen, daß das freundschaftliche Verhältnis der beiden bestehen blieb, auch nach der Trennung 1801. Die reiche Korrespondenz der beiden, die nachweisbar bis vor kurzer Zeit noch vorhanden war, scheint aussichtslos verloren. Aber ich werde an anderer Stelle (s. S. 362) den Nachweis erbringen, daß die Freunde während des Königsberger Aufenthaltes Kleists in reger Verbindung standen und ein gemeinsames Zusammensein verabredeten.

Aus der Zeit nach der Trennung 1801 und vor der zweiten Reise im Mai desselben Jahres stammt der Briefentwurf, den ich in dem hinterlassenen Tagebuch Brockes' finde, und der zweifellos an Kleist gerichtet ist. Er macht dem Charakter Kleists ebensoviel Ehre als der Brief Kleists an seine Braut dem Charakter Brockes'. Ich gebe den Brief im Nachtrag (S. 419 ff.) wieder. Später treffen wir Brockes in Berlin, wo er freundschaftlich mit Robert, W. Neumann usw. verkehrte. Robert erwähnt ihn bei verschiedenen Gelegenheiten. Am 3. November 1807, also zu der Zeit, in welcher Kleist seit etwa einem viertel Jahre aus Frankreich zurückgekehrt in Dresden sich aufhielt, schreibt Neumann an Varnhagen: „Brockes ist gestern in seine Heimat zurückgekehrt. Lippe wird vielleicht herkommen."

Mit der Würzburger Reise ist in einem gewissen Sinne das Geschick von Brockes' oben erwähnter Schwester Luise verknüpft. Kleist erzählt (an Wilhelmine 31. Januar 1801), daß die Geschwister in inniger Liebe aneinander hingen, und daß die Schwester nach der geheimnisvollen Abreise ihres Bruders in dem traurigen Gefühl, von ihrem einzigen Freunde verlassen zu sein, einen Gatten wählte „mit dem sie jetzt doch nicht recht glücklich ist". Es ist Kleists trauriges Geschick, in so viele unglückliche Ehen hineinzublicken. Die von Zolling zitierte briefliche Äußerung von Brockes (denn leider kann ich der Vernunft noch immer wenig Geschmack abgewinnen usw.), die auf Selbstvorwürfe hinweist und Bedenken gegen die projektierte Reise äußert, dürfte sich auf diese Trennung von der Schwester beziehen. Der von Kleist erwähnte Gatte der Luise v. Brockes war ein Major v. Albedyll, ihr Vetter (s. o.). Die Albedylls besaßen damals das Gut Mori bei Lübeck. Die Verwandtschaft und die Nachbarschaft sprechen in der Tat dafür, daß die Beziehungen der beiden älteren Datums waren, und daß es sich bei der Vermählung um einen plötzlichen Entschluß Luisens handelte. Albedyll hatte seine (preußische) Garnison und seinen Wohnsitz in Warschau, und es ist immerhin merkwürdig, daß schon im Januar 1801, also kaum ein halbes Jahr, nachdem der Lebensbund geschlossen war, Kleist von dem Unglück der Ehe wußte. Nach dem Tode ihres ersten Mannes heiratete Luise von Brockes den Major Carl v. Koschitzky, der ebenfalls in Warschau beim Wagenfeld-Kürassierregiment (jetzt Leib-Kürassierregiment Schlesisches Nr. 1) stand. Dieser Ehe entstammten drei Kinder: 1. August, zuletzt Wirkl. Geh. Kriegsrat und Intendant des IX. Armeekorps. Die Linie ist ausgestorben. 2. Louis stand im Jägerkorps, starb 1843 und hinterließ einen Sohn Louis), Oberstleutnant im Regiment 98 zu Metz. 3. Luise, verehelichte Etatsrätin Schuhmacher in Flensburg, starb in Altona.

Durch das Leben von Brockes zieht sich ein Liebesroman, bemerkenswert für uns, weil Kleist, wie sich zeigen läßt, in ihn vielfach hineingezogen worden ist. Auf die lange Bräutigamszeit Brockes' habe ich schon im Kleist-Problem hingewiesen. Die Familientradition besagt, daß er mit einer Frau Cäcilie von Werthern verlobt war, daß beide nach testamentarischer Bestimmung mit der Vermählung bis zur Großjährigkeit eines Sohnes warten mußten, daß schließlich der Termin besonders durch die Bemühung des Sohnes selbst behördlich abgekürzt wurde, daß aber auf dem Wege zur Hochzeit Brockes zu Bamberg in den Armen seiner herbeigeeilten Braut am 23. September 1815 gestorben ist. Über dieses Verhältnis und die beteiligten Personen findet sich eine kurze Zettelnotiz im Nachlaß Varnhagens. Es heißt da:

„Herr von Brockes, ein Freund Alexanders Grafen zur Lippe und Heinrichs v. Kleist [1]), ein ausgezeichneter edler Mann.

---

[1]) Varnhagen unterläßt es niemals, bei Brockes die Freundschaft mit Kleist hervorzuheben. U. a. heißt es in Bd. IV der Denkwürdigkeiten über Brockes: Freund Heinrichs v. Kleist, Edelmann von sehr einnehmendem Wesen.

„Cäcilie von Werthern, eine wunderschöne, große, leidenschaftliche Frau, voll Adel und Eigenheit. Das Verhältnis beider war ein reicher Roman, wert einer gediegenen Darstellung.“

Daß Kleist das Verhältnis der Frau von Werthern zu Brockes und sie selbst auch persönlich kannte, ist zweifellos [1]). Auch in den Briefen Kleists, besonders während der Würzburger Reise, finden sich manche Andeutungen, die nur verständlich werden unter Berücksichtigung von Brockes' Liebesaffäre. Es zeigt sich hierbei eine hervorstechende Charaktereigenschaft sowohl des Menschen als besonders des Dichters Kleist. Er kennt kein Geheimnis Vertrauensleuten gegenüber, soweit es seine Person betrifft. Selbst den geheimnisvollen Zweck seiner Würzburger Reise verrät er der Braut, als er glaubt ihn ihr mitteilen zu können. Das sagt er selbst, das zeigt sich auch objektiv darin, daß er während der Reise niemals den „Arzt“ erwähnt, wohl aber nach seiner Rückkehr. Kleist teilt seiner Schwester mit Vergnügen allen möglichen Stadt- und Garnisonklatsch mit, aber er ist sehr zurückhaltend und diskret, soweit es sich um die Angelegenheiten befreundeter und nahestehender Personen handelt. Das ist besonders wichtig für die Beurteilung des Dichters Kleist. Er, der so leicht jeden Stoff, der sich ihm bietet, dichterisch zu gestalten versteht, greift niemals einen solchen auf, den ihm die Gesellschaft oder der Freundeskreis bietet. Unglückliche Ehen, eigentümliche Menschenschicksale bietet ihm das Leben in Fülle — niemals zeigen seine Schriften eine Andeutung, einen Abglanz davon. An dem Beispiel des Kohlhaas werde ich zeigen können (S. 248), daß er alle Andeutungen sorgsam vermeidet, die nach irgendwelcher Richtung selbst Fernstehende verletzen können. Auch Brockes gegenüber bleibt er streng diskret und nur flüchtige, gelegentliche Andeutungen in seinen Briefen verraten

[1]) Zolling nennt die Braut fälschlich Luise Westfeld.

des Freundes langdauerndes Liebesverhältnis. In der kurzen Lebensskizze über Brockes sagt er (31. Januar 1801), daß er in Frankfurt am Main die Liebe kennen lernte, die ihn nicht glücklich machte. Nachdem er Brockes in Koblenz aufgesucht und zur Teilnahme an der Reise veranlaßt hatte, schreibt Kleist seiner Schwester (21. August 1800), es werde sie beruhigen, daß Brockes bei der Reise „denselben Zweck" verfolgt, wie er selbst. Wie ist das zu deuten? Kleist schwebte als Zweck seiner Reise das Glück der Ehe vor. Es muß also Brockes, der denselben Zweck vor Augen hatte, auch auf dieser Reise eine Annäherung an seine Braut, die Realisierung seiner Ehe erstrebt haben. Eine flüchtige Andeutung von Brockes' Liebe enthält Kleists Schreiben an seine Braut von der ersten Reisestation (1. September 1800). Kleist schildert wie er bei einbrechender Nacht im Wagen auf dem Rücken liegend den Himmel und die Wolken betrachtet, „Brockes und ich, wir suchten beide und fanden Ähnlichkeiten in den Formen des Gewölks, er die seinigen, ich die meinigen". In Öderau (Kreishauptmannschaft Chemnitz) haben die Reisenden nach ihrer Abreise von Dresden, nach einer Fahrt von nur sechs Meilen Station gemacht. Kleist schreibt seiner Braut, daß Brockes hier übernachten wolle „aus Gründen, die ich Dir in der Folge mitteilen werde". Die Gründe sind nicht schwer zu erraten: Frau v. Werthern hatte ihre Besitzung und ihren Wohnsitz in Groß-Neuhof (Postbezirk Erfurt) unweit Weimar; sie unterhielt enge Beziehungen nach Weimar hin (s. S. 420). Es ist mit Sicherheit anzunehmen, daß Brockes in Öderau Station machte, um hier mit seiner Braut zusammenzutreffen, die ihm wohl hierhin entgegengeeilt war. Jedenfalls war hier, wenn die Freunde ihre Reiseroute innehielten, der geeignetste Rendezvousplatz. Auf einen späteren Hinweis Kleists im Jahre 1807 komme ich weiter unten zurück (S. 362).

Außer der Braut von Brockes lernte Kleist noch eine andere Dame kennen, welche mit Brockes befreundet war.

Es war die auch von Zolling erwähnte Julie [1]) Westfeld, die nachmalige Professorin Bouterwek in Göttingen, ein sehr kluges, gebildetes Mädchen, die Tochter eines Amtmannes Westfeld in der Nähe von Göttingen, wo Goethe auch einmal zu Besuch weilte. Nach der Familientradition brachte sie Brockes ein mehr als freundschaftliches Gefühl entgegen und hatte jahrelang ihr Herz an ihn gehängt. Auch Kleist war mit ihr persönlich bekannt, und zwar muß er ihre Bekanntschaft gemacht haben, als er auf der Reise mit Ulrike in Göttingen sich aufhielt; jedenfalls wird er sie mit einer Empfehlung von Brockes und auf seine Veranlassung aufgesucht haben. Von ihr mag die Einladung zu dem Balle stammen, an dem die Geschwister in Göttingen teilnahmen, und über welchen Kleist resigniert an seine Braut schreibt (3. Juni 1801): „Heute sind wir hier auf einem Balle, wo die Füße springen werden, indessen das Herz weint.“ Wir besitzen eine Äußerung der Westfeld über Kleist vom 24. Februar 1802: „Haben Sie keine Nachricht von Wyttenbach und Kleist? . . . Von Ihnen möchte ich noch wissen, was Kleist so ungefähr erfahren hat. Ich glaube gewiß, ich sehe ihn wieder, vielleicht bald und möchte nicht unvorbereitet sein.“ Der hier erwähnte Dr. med. Karl Wyttenbach war der Arzt Kleists während seiner monatelangen schweren Erkrankung in Bern. Kleist nennt ihn in seinem Billet an Pannwitz vom August 1802 Doktor und Apotheker und einen „ehrlichen Mann“. Der Briefstelle entnehme ich, daß Wyttenbach seit langer Zeit Brockes und seiner Freundin bekannt war. Da Wyttenbach seit 1790 praktizierte, so fällt seine Studienzeit, die er wahrscheinlich zum Teil in Göttingen verbrachte mit der von Brockes zusammen. Kleist wird an ihn empfohlen worden sein und muß während seines ersten Aufenthaltes in Bern seine Bekanntschaft gemacht haben. Als er einige Monate später auf der Aarinsel erkrankte, wird er den befreundeten Arzt in Bern wieder aufgesucht haben. Die

---

[1]) Der Vorname Luise bei Zolling ist falsch.

Briefschreiberin spricht die Gewißheit aus, Kleist wiederzusehen. Ich deute die Äußerung dahin, daß Kleist ihr resp. Brockes wie seiner Braut mitgeteilt hat, daß er in die Heimat nur dann wiederkehrt, wenn sein Dichtertraum in Erfüllung geht. Kleists Freundin drückt in ihren Zeilen somit die feste Zuversicht aus, daß es Kleist gelingen werde, seine und seiner Freunde hohe Erwartungen zu befriedigen.

## III. Kapitel.

# Heinrich Zschokke und andere Freunde Kleists in der Schweiz.

Über Kleists Beziehungen zu Heinrich Zschokke und über die Ereignisse während seines Aufenthaltes in der Schweiz sind wir nur mangelhaft unterrichtet, trotz der eifrigen und aufklärenden Arbeit mancher Forscher. Bülow hat sich noch bei Zschokke selbst Bescheid holen können, aber was ihm der Greis aus seinem stillen Heimwesen, der „Blumenhalde", schreibt, klingt dürftig und wenig aufschlußreich; Köhler und vor allem Zolling standen in eifriger Korrespondenz mit dem Sohne des Dichters, dem Pfarrer Emil Zschokke in Aarau, der das literarische Erbe seines Vaters verwaltete, und der dem Autor von „H. v. Kleist in der Schweiz" das wichtigste Material zu seinem Buche lieferte. So reich das hier aufgehäufte Tatsachenmaterial ist, die Persönlichkeit Kleists bleibt leider sehr im Hintergrund. Auf einem anderen Wege ist es Steig gelungen, das Verhältnis Kleists zu Zschokke zu beleuchten. Aus dem Studium von Zschokkes Miszellen hat er den Beweis erbringen können, daß Kleist noch lange nach dem Schweizer Aufenthalt in naher Beziehung zu seinem älteren Freunde stand, und daß dieser mit großem Interesse die weitere literarische Entwicklung Kleists verfolgte.

Trotz aller dieser Arbeiten bedarf das vorliegende Thema noch mancher Aufklärung, und was vor allem auffallend ist, die wichtigste Frage, welche Anregungen Kleist in dem Kreise seiner Schweizer Freunde empfangen hat, ob und inwieweit er als Dichter von Zschokke beeinflußt und gefördert worden ist, diese Frage ist bisher kaum berührt; Erich Schmidt wirft sie wohl auf, aber nur um mit wenigen absprechenden Worten über Zschokkes dichterische Qualitäten darüber hinwegzugehen. Ich will zunächst kurz das Zusammentreffen Kleists mit Zschokke skizzieren, um dann der Frage näherzutreten, inwieweit der Aufenthalt in der Schweiz auf die Lebensauffassung Kleists bestimmend gewirkt hat, ob und welche dichterischen Einwirkungen er hier empfangen hat.

Zschokke hatte den Schweizer Boden zum ersten Male im September 1795 betreten, etwa sechs Jahre vor Kleist. Den folgenden Winter hatte er in Bern verbracht und war dann 1796 nach Paris gegangen, wo er dieselben Erfahrungen gemacht hatte, wie so viele andere und empört von dem glänzenden Elend und dem elenden Glanz nach kurzer Zeit flüchtete. Darauf zweiter Aufenthalt in Bern und Streifereien durch die Hochgebirge. Im Spätherbst 1796 kommt er nach Reichenau und bleibt dort als Seminardirektor bis August 1798. Revolutionsstürme. In Aarau als Abgeordneter der verbündeten Graubündener; 1799 in den Urkantonen und Tessin als helvetischer Regierungskommissar; 1800 nach Basel als Regierungsstatthalter. 1801 Resignation von seiner Stelle. Vom November 1801 bis Ende 1802 dritter Aufenthalt in Bern. In diese Periode fällt das freundschaftliche Zusammensein mit Kleist, Wieland und Geßner.

Eine Anzahl Briefe von Zschokke befinden sich in der Kgl. Bibliothek; sie stammen meist aus der Frankfurter Zeit, bieten aber keinen Anhaltspunkt für eine Beziehung zu Kleist oder seiner Familie. Besonders bemerkenswert ist darunter nur ein Brief, dessen Adressat nicht ersichtlich ist, welcher beweist, daß Zschokke schon damals, im Jahre 1794, der Familie der später unter dem Namen Hermine v. Chézy bekannten Schriftstellerin und Dichterin sehr nahe stand; er grüßt Minchen und ihre ersten dichterischen Versuche „der Geist ihrer würdigen

Großmutter waltet über sie". Es erscheint mir wichtig, von dieser frühzeitigen und intimen Beziehung zwischen der Chézy und Zschokke Notiz zu nehmen. Einmal ist es sicher, daß sie schon frühzeitig für Zschokkes Miszellen Beiträge lieferte, auf der anderen Seite werden wir im folgenden (S. 123 und 132) zeigen können, daß die Chézy mit Kleists vertrauten Freunden in sehr freundschaftlichem Verhältnisse stand, und daß sie sich von diesen über Kleists Ende und die begleitenden Umstände sehr genau unterrichten ließ. Es scheint daher, daß die Chézy die Vermittlerrolle spielte zwischen den Berlinern und Zschokke.

Von der vorgefaßten Meinung ausgehend, daß Kleist in der Schweiz seine dichterische Bestimmung erkannt hat, hat man dem geselligen Beisammensein mit dem Kreise Zschokke, Wieland, Geßner eine große Bedeutung beigelegt und hat bei der Schilderung von Kleists Schweizer Aufenthalt diesen Kreis in den Vordergrund gestellt. Es soll nicht geleugnet werden, daß Kleist gewisse äußere Anregungen empfing. Aber was konnten diese kleinen Geister dem dichterischen Fluge seines Genies bedeuten? Viel wichtiger erscheint mir der rein menschliche Einfluß, der von gewissen Persönlichkeiten ausging, mit denen Kleist hier auf Schweizer Boden zusammentraf. Hierzu rechne ich zunächst Zschokke selbst.

Als Kandidat des Predigtamtes hatte er in Preußen auf Anstellung und Sold verzichten müssen, nachdem er gegen Wöllners Edikt geschrieben hatte; sein Freiheitsdrang hieß ihn den Wanderstab ergreifen, und in der freien Alpenwelt hoffte er auch für seinen freien Menschenglauben, für die gesunde Vernunft eine Heimat zu finden. In den sechs Jahren, welche bis zu Kleists Ankunft hingingen, erwarteten ihn harte und wechselvolle Schicksalsschläge, Jahre schwerer Kämpfe, in denen er die Bedürfnisse des Volkes zu den seinigen machte, in denen er für das Volk arbeitete, seine Einsicht zu heben, seine Sittlichkeit zu steigern suchte, in denen er Schule hielt und das junge Geschlecht um sich schaarte, ein Mann von ordnendem Schaffenstrieb und großer moralischer Energie. Mag uns in späteren Jahren Zschokkes schreibselige Fingerfertigkeit abstoßen, in der Zeit vor Kleists Ankunft hatte er sich in harten Kämpfen zu einer angesehenen Stellung im Staatswesen emporgearbeitet und zu einer sympathischen, charaktervollen Persönlichkeit entwickelt. Daß er in diesem Sinne bestimmend auf Kleist wirken mußte, erscheint zweifellos.

Eine andere einflußreiche Persönlichkeit, welche Kleist in Bern kennen lernte, war Pestalozzi. Zschokke stand ihm schon bei seiner ersten Ankunft in der Schweiz nahe und war gerade kurz vor Kleists Ankunft, als die Revolution mit ihren Wirren anhob, im Dienste der Republik in einen lebhaften Verkehr mit Pestalozzi getreten. Es ergibt sich ganz von selbst, daß auch Kleist Pestalozzi kennen lernte, obendrein finden wir noch die ausdrückliche Bestätigung bei Zschokke, der in „Prometheus für Licht und Recht" (III. Teil 1833 „Erinnerungen an Aloys Reding") von einem Abendessen in seiner Wohnung erzählt; unter den Gästen führt er namentlich an: Heinrich Geßner, der Sohn des Idyllendichters, Ludwig Wieland, sein Schwager, Sohn vom Sänger des Oberon, Pestalozzi, Tralles, nachmals Akademiker in Berlin, Heinrich von Kleist, den Deutschland noch heute ehrt usw." Wenn Kleist später Pestalozzi und seine Erziehungsmethode im Phoebus (Epigramm) und in den Abendblättern (allerneuester Erziehungsplan) angriff, so tat er es gestützt auf den persönlichen Verkehr mit Pestalozzi. Es sei übrigens nebenher bemerkt, daß auch Zschokke den ehemaligen Freund heftig und wiederholt angriff, und daß er vor allem nicht die Schaustellung öffentlicher Prüfungen billigte, in denen mehr der Lehrer als der Lernende sich vorführt und Ruhm sucht. Will man den Einfluß Pestalozzis auf Kleist in Bern beurteilen, so muß man zunächst in Betracht ziehen, daß Kleists und seiner Freunde spätere Angriffe dem Pestalozzi von Iferten galten, daß diese Anstalt erst 1804 gegründet wurde und Pestalozzis Ruf in Europa verbreitete. Der Pestalozzi, den Kleist kennen lernte, war noch ein anderer; er konnte auf eine

Reihe selbstloser Taten zurückblicken, die die unbedingte Anerkennung herausforderten. Pestalozzi, mehr als 30 Jahre älter als Kleist, war ähnlich wie Zschokke ein Volksmann im besten Sinne des Wortes, beseelt von dem Drange, dem Volk in seinen Nöten beizuspringen, es von dem aristokratischen Drucke, der auf ihm lastete, zu befreien, im eigenen Schoße die moralische Kraft zur Selbstverjüngung und Selbstgestaltung aufzudecken. Ähnlich wie der von Kleist so verehrte Rousseau hatte er sich zu der Erkenntnis aufgeschwungen, daß das System der modernen Bedürfnisse bis zu einer Unnatur verkünstelt, in seiner Verweichlichung den Keim alles Verderbs der Gesellschaft in sich trage. Als Mann der Praxis, der Rousseaus „Emil" als „Traumbuch" verwarf, war er in seiner Neuhofer Armekinderanstalt zu dem Ursprung der menschlichen Gesellschaft zurückgekehrt, wie Jean Jaques es geträumt, und verwirklichte den Gedanken, daß die Scholle Erde, die wir zur Bewegung brauchen, reich genug sei, um auf ihr alle Bedürfnisse selbst zu erzeugen. Und später während der Revolutionsjahre gründete er in einem alten leeren Klostergebäude zu Stanz eine neue Erziehungsanstalt, sammelte Scharen verwahrloster, hilf- und heimatloser Kinder um sich, denen er nicht bloß Lehrer, sondern auch Diener, Pfleger, Erhalter, Ernährer, kurz Vater und Mutter in einer Person war; er lehrte durch die hilfreiche Tat, er predigte den Kindern die Gebote, indem er sie vollzog; alles Gute und Tüchtige mußte seinen Kindern als das natürliche Erzeugnis ihres Bodens und seiner Bedingungen erscheinen. Hier in Stanz, kurz bevor er mit Kleist zusammentraf, stand Pestalozzi wie nie späterhin im Vollgefühl seines Wirkens, im Besitz und in Ausübung seiner großen Natur und seiner großen Schöpferkraft. Als er mit Kleist in Berührung kam, war Pestalozzi, nachdem ihm das Klostergebäude zu Stanz entzogen war, nach Bern gekommen und war in Burgdorf als unterster Lehrer in die dortige Anstalt eingetreten. Wir haben keine Äußerung, wie Pestalozzi auf Kleist gewirkt hat, aber wir müssen uns vorstellen, daß dieser Mann, dessen Wesen von gewinnender Herzlichkeit war, einen mächtigen Eindruck machen mußte auf den Kleist, der Brockes' Wahlspruch: Handeln ist besser als Wissen, so hoch schätzte, der das Rousseausche Ideal in ihm verkörpert sah, und der ganz ähnlich wie einst Pestalozzi zunächst Landmann werden wollte.

Noch einen Mann voller Tatkraft, der sich aus eigenem Können zu hoher Stellung heraufgearbeitet hatte, lernte Kleist in der Schweiz persönlich kennen. Nach Zschokkes Darstellung [1]) wanderte er, begleitet von seinen jungen Freunden am 27. März nach Aarau; die Fußwanderung ist mit einigen Pinselstrichen im Kapitel „Einsamkeit und Liebe" (Selbstschau) geschildert. Es ist nicht richtig, wie aus den bisherigen Darstellungen hervorzugehen scheint, daß diese Wanderung aufs Geratewohl unternommen wurde, sondern Zschokke hatte seine Abreise schon von langer Hand vorbereitet und war wegen eines Domizils in Aarau mit einem Freunde daselbst in Verbindung getreten. Von diesem Freunde hatte er den folgenden Bescheid erhalten, den ich hier wörtlich wiedergebe.

Monsieur Tschokké à Berne.

Ihren Entschluß, verehrungswürdigster Freund, unsern Canton und unsere Gegend zu bewohnen, war für mich und meine Famille eine der angenehmsten Nachrichten, sowie es für jeden meiner Mitbürger sein wird, der das Glück haben wird, Sie kennen zu lernen — obschon bey uns noch manches ins reine zu bringen ist — so hoffe, Sie werden in Ihrem Zutrauen in Ruhe bei uns leben zu können nicht betrogen seyn.

Männer von reinem Bidersinn, die jedes Gute am Menschen schätzen, und ohne Vorurtheil und Leidenschaft handeln, wirken überall gutes und verbreiten Glück — Seyen Sie mir herzlich willkom Edler Man! Was ich für Sie thun kan ist Pflicht — Kommen Sie wan Sie wollen Ihr Zimmer ist zu Ihrer Aufnahme bereit biß Sie einen Ort gefunden, der Ihren Plänen und Wünschen entspricht —

Hr. Mürset Verwalter in Biberstein ist ein brafer Mann. Hat mehrere schöne Zimmer — bey dem wie ich nicht zweifle Sie auch die Kost haben können. Diß Alles können Sie selbst besichtigen verabreden und beschließen.—

---

[1]) Lebensgeschichtliche Umrisse in Zschokkes ausgewählten Schriften 1825.

Wir freuen uns nach gemachter Hoffnung Sie bald wieder zu sehen. Empfahen Sie von meiner Frau wie von mir die Versicherung unserer Hochschätzung und Ergebenheit. —

Aarau d. 8. Maerz 1802. J. R. Meyer Vater.

Zweifellos müssen die Freunde, welche Zschokke begleiteten, in dem sehr gastfreundlichen Hause Meyers mitlogiert und hier sich aufgehalten haben. Kleist muß auf diese Weise den Senator J. R. Meyer kennen gelernt haben, der sich gewöhnlich „Vater" schrieb zum Unterschiede von seinem gleichnamigen Sohne; allein in der Folge wird er insgemein im Sinne einer Ehrenauszeichnung „Vater Meyer" genannt. Er war in der Tat ein ganzer Mann. Ohne eigentliche Schulbildung erhalten zu haben, schwang er sich aus dürftigen Verhältnissen zur Stellung eines reichen Fabrikanten empor und machte von seinem Reichtum den edelsten Gebrauch. Er war Philanthrop und Patriot im schönsten Sinne des Wortes. Als im Herbst 1798 Nidwalden von den Franzosen zerstört worden war, sandte er große Wagenladungen von Betten, Viktualien usw. dorthin und übernahm eine Anzahl von Waisenkindern zur Erziehung. Ferner ließ er auf eigene Kosten die Schweiz vermessen und den großen Meyerschen Atlas (den Vorläufer des Dufourschen) herstellen; ebenso ließ er die sämtlichen Schweizertrachten malen (diese Sammlung von Ölgemälden befindet sich im Bundespalast in Bern); er begann auch den Weinbau in der Gegend von Aarau, und so noch manches andere. Als Mitglied des helvetischen Senats hatte er in Aarau und Luzern 1798 und 1799 Zschokke kennengelernt, welchem er treue Freundschaft bis zu seinem Tode 1813 bewahrte. Im Leben Zschokkes spielt er auch insofern eine große Rolle, als er mit Eifer die Idee eines Volksblattes vertrat, und er es war, der Zschokke zur neuen Herausgabe des bereits aufgegebenen „Schweizerboten" veranlaßte.

Über andere Personen, mit denen Kleist während seines Schweizer Aufenthaltes intimer verkehrte, sind wir weniger genau unterrichtet. Des Dr. Karl Wyttenbach haben wir oben

(S. 77) Erwähnung getan. Der in dem Briefe an Zschokke aus Thun erwähnte Mulinen, den Kleist mit seinem Hofmeister angenehme Männer nennt, war der spätere Schultheiß der Stadt und Republik Bern, bekannt auch als Geschichtsforscher und Sammler von vaterländischen Antiquitäten.

Zschokke, Pestalozzi, Meyer Vater, das sind einige von den Persönlichkeiten, von denen wir noch heut nachweisen können, daß Kleist mit ihnen im Schweizerlande zusammentraf. Und dieser Nachweis scheint mir wichtiger, als das bis in allen Einzelheiten verfolgte Zusammensein mit den jungen Literaten Wieland und Geßner. Denn der 24jährige Kleist lernte hier vielleicht zum ersten Male Männer der Tat kennen, die nichts romantisches an sich hatten, Männer, über welche Jahre schwerer Verhängnisse und reicher Lebenserfahrungen dahingegangen waren, Charaktere, die mit der Geistesreife des vollendeten Mannes die Gemütswärme des Jünglings verbanden. Er sah diese Männer während der schwersten Wirrnisse dem Volke selbstlos und aufopfernd zu Hilfe eilen, und ihre Tatkraft mußte auf ihn einen doppelt tiefen Eindruck machen, der mit Bedauern einst seine Kameraden ihre Zeit hatte verschleudern sehen, der sich bisher in einem Kreise von Romantikern bewegt hatte, die in phantastischer Überschwenglichkeit ihre Gefühle in Duft und Klang aufgehen ließen. Hier in der Schweiz bot sich Kleist der beste Einblick in Verhältnisse, wie er sie in ganz ähnlicher Weise wenige Jahre später in seiner Heimat durchmachen sollte, und die Männer, welche er hier kennen lernte, konnten ihm vorbildlich werden für sein eigenes Handeln und Verhalten. So schwer es fällt, Kleist als Dichter zu registrieren, ebenso schwer ist es, Kleist als Menschen nach seiner politischen und sozialen Gesinnung einer der Parteien einzuordnen, die wir heut unter veränderten Verhältnissen unterscheiden. Man hat aus manchen Stellen seiner Dramen eine demokratische, revolutionäre Gesinnung herausgelesen, man hat im Gegensatz dazu Kleist als Herausgeber eines auf bestimmte Kreise gestützten Blattes zum Vertreter der konservativen Anschauungen des preußischen Junkertums gestempelt. Das erste wie das letzte erscheint mir nicht zutreffend. Belege aus Dichterwerken sind nach dieser Hinsicht keine Beweise, und die Abendblätter haben, wie ich an mehreren Stellen zu zeigen Gelegenheit haben werde, überhaupt kein festes Programm. Solange wir den versprochenen Neudruck nicht haben und wir auf einzelne verstreute Blätter angewiesen sind [1]), ist es schwer, ein bestimmtes Urteil abzugeben; aber so viel ist sicher, daß wir Kleist nicht für die ganze Haltung des Blattes, sondern nur für das, was er wirklich geschrieben hat, verantwortlich machen können. Überblicken wir die ganze Entwicklung Kleists, so beobachten wir an ihm einen ausgesprochen antiaristokratischen Zug. Herman Grimm hat in einer kurzen Kleiststudie [2]) sehr treffend hervorgehoben, daß Kleist seinen Schicksalen nach jene mit der Welt nicht im Gleichgewicht stehenden Naturen repräsentiert, „die sich durch Talent und Neigung zu einer anderen Laufbahn gedrungen fühlen, als ihre Geburt ihnen vorschreibt; Geister, die in Schranken aufgewachsen sind, welche zu durchbrechen ihre edelsten Kräfte vorweg in Anspruch nimmt.“. Während aber bei anderen Dichtern, wie Alfieri, Platen, Byron der dichterische Beruf allein den Gegensatz zu ihrer Kaste bedingt, so steckt in Kleist von Jugend auf, ich sage nicht ein demokratischer, so doch ein antiaristokratischer Zug. Das kommt zum Ausdruck darin, daß er schon, bevor er seinen Dichterberuf entdeckt, den durch die Geburtsstellung vorgeschriebenen Beruf aufgibt, das zeigt sich in den Jugendbriefen an Ulrike an verschiedenen Stellen,

---

[1]) Die Angaben über die in der Kgl. Bibliothek Berlin vorhandenen Nummern der Abendblätter sind nicht richtig. Auch der sonst zuverlässige H. H. Houben (Bibliogr. Repertorium) zitiert unvollständig. Es finden sich nämlich in der Handschriftenabteilung der Bibliothek noch die folgenden Nummern im Original: Blatt 9, 10, 11, 12, 14, 18, 20, 21, 23, 27, 66, 69, 71.

[2]) Sonntagsbeilage der Voss. Zeitung 1862 Nr. 46. Heinrich v. Kleists Grabstätte.

das dokumentiert sich in dem Spott über die Ordenseitelkeit der Eickstedter (an Wilhelmine den 21. August 1800) u. a. Genau so wie Pestalozzi in letzter Reihe der Unwille gegen die aristokratischen Stände zum Beruf eines Schulmannes bestimmte, wie dieser Unwille bei ihm nicht ein politischer Stachel war, der ihn trieb, nicht ein Gelüst, die politischen oder sozialen Formen der Welt umzugestalten, so war auch Kleist kein ausgesprochener Politiker, kein Demokrat, oder Sozialreformer in unserm Sinne, aber er war durchdrungen davon, daß die Wiedergeburt des Staates nur von dem Volke selbst ausgehen könne, er wünscht sich eine Stimme von Erz, um vom Harz herab die Volkspsyche zu erregen und aufzuwühlen, er sucht in Wort und Schrift auf die Masse des Volkes zu wirken. Kleist wird ein rühriges Mitglied jener ersten geheimen Verbindungen, welche eine allgemeine Volkserhebung beabsichtigen, er verhält sich ablehnend gegen die Bestrebungen des Tugendbundes, welcher sich auf andere Kreise der Bevölkerung stützt, in Österreich läßt seine nahe Verbindung mit maßgebenden Persönlichkeiten (Hormayr, Buol) auf eine Beteiligung an der Volkserhebung der Tiroler schließen, seine Germania, seine Abendblätter beabsichtigen eine Beeinflussung des Volkes nicht in romantischem, sondern im ausgesprochen politischen Sinne. Die Wege, die Kleist ging, sind dieselben, welche seine Schweizer Freunde unter ähnlichen Bedingungen eingeschlagen hatten, und es ist sicher, daß die politisch-sozialen Keime, die in ihm steckten, in der Schweiz den besten Nährboden fanden. Es ist auch sicherlich kein Zufall, daß der erste Ausfall gegen Napoleon, den „Aller-Welts-Consul", in sehr schroffen Worten in einem Schweizer Briefe an Ulrike (19. Febr. 1802) zum Ausdruck kommt. Die übliche Darstellung, daß Kleists nationale Gesinnung wesentlich beeinflußt wurde durch Adam Müller, läßt sich leicht widerlegen (s.u.), den bedeutendsten Anstoß erhielt sie in dem Schweizer Milieu, wie ich zu schildern versucht habe.

Daß Kleist in seinen dichterischen Tendenzen und in seiner dichterischen Entwicklung weder von Zschokke noch von den anderen Literaten, mit welchen er hier verkehrte, besonders beeinflußt werden konnte, muß Erich Schmidt ohne weiteres zugegeben werden. Im Gegenteil, sein Jugenddrama ist hier arg verstümmelt worden, und wenn sich Kleist in späteren Jahren bitter darüber beklagt, daß er sich in seinen Intentionen viel zu sehr von anderen bestimmen ließ, so dachte er sicher dabei auch an seine Schroffensteiner. Aber auf der anderen Seite erscheint es mir doch zweifellos, daß Kleist im Verkehr mit Zschokke und seinen Freunden zahlreiche äußere Anregungen erhalten hat.

Bekanntlich ging der „zerbrochene Krug" aus einem Wettbewerb der Freunde hervor. Zschokke schrieb bei dieser Gelegenheit die gleichnamige Novelle, die im Winter 1802 abgefaßt, erst 11 Jahre später in den „Erheiterungen" veröffentlicht wurde, aber ohne Hinweis auf ihre Entstehung. Weit später erst, als er im Jahre 1825 seine „ausgewählten Schriften" herausgab, setzte er ihnen die „Lebensgeschichtlichen Erinnerungen" voran, in welchen die Bekanntschaft mit Kleist zum ersten Male Erwähnung findet und schrieb das kurze Vorwort zur Novelle. Endlich in der „Selbstschau" 1842 behandelte er dieses Thema ausführlicher. Das Verhalten Zschokkes könnte den Verdacht erwecken, daß eine Entfremdung zwischen ihm und Kleist erfolgte, wenn wir nicht aus Steigs Untersuchungen wüßten, daß bei passender Gelegenheit Kleist mit Zschokke in Verbindung getreten ist. Ich glaube auf Grund des vorliegenden Materials das Verhältnis der beiden Freunde nach ihrer Trennung in der folgenden Weise deuten zu müssen. Für Kleist begann nach dem Abschied ein unstetes Leben, Zschokke entwickelte eine sehr lebhafte literarische Tätigkeit, und, was mehr ins Gewicht fällt, er machte die Bekanntschaft der benachbarten Pfarrerstochter in Kirchberg, die er später heiratete. — Die Freunde kamen auseinander, und erst als Kleist in Dresden den Phöbus herausgab, wandte er sich von neuem an Zschokke, dessen Teilnahme für sein Kunstblatt er zu erwecken suchte. Aus den Untersuchungen Steigs (Neue Kunde S. 17 ff.) wissen wir, daß Zschokke mit Interesse die Entwicklung Kleists verfolgte, und daß er im Jahre 1808 neben einer allgemeinen Würdigung Kleists eine kritische Besprechung der Penthesilea brachte.

Ich ergänze die Angaben Steigs durch die folgenden kurzen Notizen in Zschokkes Miszellen für die neueste Weltkunde. Zschokke selbst hat nicht mehr das Wort ergriffen. Hingegen finden sich von unbekannter Seite die folgenden Bemerkungen über Kleist in einer Besprechung der Büchererscheinungen zur Michaelismesse 1810 (Nr. 80, den 6. Okt.).

„Interessanter sind als die Poesie dieser Messe die Prosaiker. Goethes Wanderjahre seines Wilhelm Meister, H. von Kleists Erzählungen und Lafontaines neue Romane werden am meisten die Aufmerksamkeit der Unterhaltungssüchtigen anziehen. — — — Die dramatische Literatur leidet anhaltend den größten Mangel; stünde am Ende nicht Kotzebues fruchtbare Muse den Bühnen bei, sie würden verderben. Die Franzosen haben doch zur Not noch Aschenbrödelchen und Schwiegersöhne zu sehen; aber unsere Hagermannschen Orgelpeter, das Kleistsche Käthchen von Heilbronn, oder Jul. v. Voß' Harlekin trösten so schlecht, wie Ifflands Übersetzungen der französischen Kleinigkeiten."

Über Kleists Abendblätter finden sich in den Miszellen zwei kurze Notizen in den Berichten aus Berlin. Die erste ist H (?) signiert, die zweite Ar (S. Ascher).

„Nr. 89 (p. 356, d. 20. Oktober). Die Berliner Abendblätter von Heinr. von Kleist redigirt, welche seit dem 1. Oktober täglich erscheinen, enthalten mehrere vorzügliche Aufsätze, die besonders die hiesigen Theater betreffen.

Nr. 104 p. 416, d. 29. Dezember. Die seit kurzem hier erscheinenden Abendblätter, wie auch der Hausfreund, werden mit dem Ende dieses Jahres, wie es heißt, ihr Ende erreichen."

Seine Novelle mag Zschokke zurückgestellt haben, da er die Überlegenheit von Kleists Drama einsah und unter seinem lebhaften Eindruck die Schwächen seiner Erzählung erkannte. Erst viel später (1813), da er für seine Zeitschrift Stoff brauchte, entzog er die Novelle der Vergessenheit. Das Andenken an den Freund erneuert er nicht, die Erinnerung war nach dem Tode Kleists mit den begleitenden Umständen schmerzhaft. Ganz allmählich tritt wieder die Persönlichkeit lichter in die Erscheinung, und mit der steigenden Wertschätzung seiner Dichterwerke weilt er häufiger und immer liebevoller bei Kleists Andenken.

Eine andersartige Anregung, die auf den Verkehr mit Zschokke zurückzuführen ist, finde ich in Kleists Erziehungsplänen resp. -vorschlägen. Kleist vermißte an der modernen Erziehung, wie Steig resümierend zusammenfaßt, die nationale, die das Vaterland befreiende Tat, die der modernen Erziehungsmethode nicht innewohne, und die sie auch nicht der Erziehung geben könne. Hier mögen Kleist die Erziehungstendenzen Zschokkes vorgeschwebt haben, die dieser in lebhaften Diskussionen gegen Pestalozzi, den er später auch öffentlich angriff, im Beisein Kleists vertreten haben dürfte. Eine Erziehungsanstalt im Sinne Kleists war nämlich diejenige, welche Zschokke von 1796 bis 1798 in Reichenau bei Chur geleitet hatte. Hier war in der Tat, als die Anstalt unter seiner Leitung so beträchtlich gewachsen war, daß der Begriff der Familie nicht mehr Anwendung finden konnte, die verwandteste Idee, die Liebe zum Vaterlande, das beseelende Element, der Grundzug aller Erziehungsbestrebungen. Reichenau war im wahrhaft antiken Sinne die Bildungsschule für das Vaterland und die Republik. Kleist hat natürlich die Anstalt selbst nicht mehr kennen gelernt, welche beim Eindringen der Franzosen aufgelöst wurde, aber die Ideen Zschokkes hat Kleist sich zu eigen gemacht und bei verschiedenen Gelegenheiten öffentlich vertreten.

Die Vermutung ist nicht von der Hand zu weisen, daß Kleist bei der wiederholt auftretenden Idee zu periodischen Zeitschriften, welche in schwerer Zeit auf die breiten Schichten des Volkes wirken, sie sittlich heben und vaterländisch begeistern sollten, das Beispiel Zschokkes vorgeschwebt hat. Zschokke brachte bekanntlich ebenfalls ein Volksblatt, den „Schweizerboten", heraus, welches seit 1804 regelmäßig erschien, und welches Jahrzehnte hindurch eine bedeutende Einwirkung auf die Zustände des Landes ausübte; es war ganz volksgemäß gehalten mit Erzählungen, Sprüchen, Schwänken, Anekdoten usw. Das Blatt erschien regelmäßig erst seit 1804, aber schon im Jahre 1799 hatte Zschokke mit der Herausgabe des „Schweizerboten" begonnen, der damals unter der Ungunst der Verhältnisse nach wenigen Monaten wieder einging. Die Idee, das Blatt von neuem ins Leben zu rufen, mag unter den Freunden besprochen worden sein und Kleist manche Anregung gegeben haben.

Es ist auffallend, daß über die Entstehung des Amphitryo, über die Frage, wann und wo Kleist die Anregung erhielt, Molières Lustspiel zu bearbeiten, alle möglichen Vermutungen aufgestellt worden sind, die Parallele zwischen Kleist und Zschokke aber bisher übersehen wurde. Zschokke hat nämlich im Jahre 1805 bei Heinrich Geßner in Zürich „Molières Lustspiele und Possen für die deutsche Bühne" herausgegeben; der Amphitryo befindet sich nicht unter den Bearbeitungen. Daß Zschokke bereits im Jahre 1802 mit der umfangreichen Arbeit beschäftigt war, ist sicher, und daß er zu dieser Zeit bereits die Herausgabe mit Geßner verabredet, ist höchst wahrscheinlich. Nach alledem scheint es doch sicher, obgleich wir einen dokumentarischen Beweis nicht besitzen, daß Zschokke sich mit den Freunden über seine Arbeit unterhalten, und daß er bei Kleist die Idee angeregt hat, ebenfalls einen Molièreschen Stoff zu bearbeiten.

Wir sehen aus alledem, daß Kleist in der Schweiz vielseitige und entscheidende Eindrücke erhalten hat. Im

Verkehr mit älteren, charaktervollen Männern der Tat, die sich aufopferungsvoll dem Wohle des Volkes gewidmet hatten, kamen die Keime zur Entwicklung, die in Kleist steckten, entstand der Haß gegen den Unterdrücker Napoleon, drängte sich ihm die Überzeugung auf, daß die Wiedergeburt seines Vaterlandes nur aus einer Erstarkung des Volkswillens hervorgehen könne, daß des Volkes Bedürfnis auch das seinige sei, daß des Volkes Einsicht Hand in Hand gehen müsse mit seiner Sittlichkeit. Nach diesem Prinzip hat Kleist gehandelt, als die Not des Staates es erforderte. Daneben können wir nicht übersehen, daß auch der Dichter in Kleist zahlreiche Anregungen auf Schweizer Boden erhielt. Einige auffällige Parallelen in Schriften Zschokkes und Kleists, ohne sie in ihrem Wesen vergleichen zu wollen, habe ich im vorhergehenden besprochen.

## IV. Kapitel.

# Kleist mit Gauvain und Ehrenberg in französischer Gefangenschaft.

Über die Vorgänge bei und nach der Festnahme Kleists und seiner Freunde Gauvain und Ehrenberg können wir uns ein Bild machen aus den zahlreich erhaltenen Briefen Kleists, die er an Ulrike, an Rühle, an den Kommandanten auf Fort Joux und an andere (Maria v. Kleist?) richtete; auch sind uns als wichtige Dokumente das Schreiben Ulrikes an General Clarke und dessen Antwort erhalten.

Offenbar war auf die erste Nachricht von Kleists Internierung sein Freund Gleißenberg herbeigeeilt, der wohl im Interesse Kleists alles in Bewegung setzte, und andere Andeutungen in den Briefen weisen darauf hin, daß der Kleist dankbar ergebene Schlotheim ihn auf den verschiedenen Stationen seines langen Weges nach Frankreich begleitete. Schlotheim hat alles aufgeboten, ihn aus den Händen der Gendarmerie zu befreien; darauf mag sich Kleists Bemerkung beziehen: „wäre dies nicht, so würde ich mir ewig Vorwürfe machen, die Gelegenheiten, die sich mir täglich und stündlich zur Wiedererlangung meiner Freiheit anbieten, nicht benutzt zu haben.“ Kleist hat im Vertrauen auf seine gerechte Sache die Gelegenheit zur Flucht nicht benutzt. Das neue Unglück und die Gefahr, in der er schwebte, konnten Kleist nichts anhaben. Im Gegenteil, aus den Briefen dieser Periode spricht ein gewisser heroischer

Gleichmut, eine Festigkeit und Ergebenheit, ein froher, schaffensfreudiger Mut, der sich erhaben fühlt über die Niedergeschlagenheit seiner trostlosen Mitgefangenen. Schwere Schicksalsschläge im äußeren Leben scheinen auf das psychische Verhalten empfindsamer Naturen mit häufigen nervösen Krisen nicht ungünstig einzuwirken. Auch als Dostojewsky im April 1849 in die Peter-Pauls-Festung gebracht, seinen Tod vor Augen sah, äußerte er in einem Briefe: „Es ist sonderbar, daß meine schreckliche Krankheit verschwand, als ich arretiert wurde. Weder unterwegs, noch bei der Zwangsarbeit in Sibirien habe ich jemals wieder etwas davon verspürt. Ich wurde stark, frisch, kräftig und ruhig." Kleist empfand, daß er unter seinen Reisegefährten die Gewalttat am leichtesten verschmerzte, und daß nichts ihn in der Ausführung seiner „literarischen Projecte" hindern konnte.

So genau wir über die Einzelheiten bei der Internierung und über Kleists seelische Stimmung unterrichtet sind, manches bei diesen Vorfällen ist doch unaufgeklärt und rätselhaft. Die Freunde waren als Spione aufgegriffen worden, die Situation sprach gegen sie trotz aller Beteuerungen ihrer Unschuld, à la guerre comme à la guerre, als Spione mußten sie hingerichtet werden. Die Hinrichtung erfolgte nicht. Welchem Einfluß verdankten die drei ihre Rettung? Während der gefährlichen Entscheidung hatte Kleist Ulrikens Hilfe nicht in Anspruch genommen; der erste Brief, in welchem er sie über alle Vorgänge unterrichtet, ist erst aus Marburg vom 17. Februar adressiert, als die eigentliche Lebensgefahr längst beseitigt war. Und als Ulrike ihr Schreiben an Clarke richtete, saß Kleist schon lange auf Fort Joux, in bedrängter Lage, aber außerhalb jeder Lebensgefahr. Kleist erwähnt Gesuche an den Kriegsminister v. Angern und Schreiben an den Prinzen August von Preußen; wahrscheinlich sind die Briefe nicht in die Hände der Adressaten gelangt, der Prinz war selbst kriegsgefangen, und weder in seinen Akten noch in denen Angerns findet sich eine Spur dieser Gesuche Kleists.

Alles, was sich sonst auf die Gefangennahme der drei verabschiedeten Offiziere bezieht, findet sich in den Papieren des Kriegsministers v. Ungern, durch dessen Hände alle Gesuche in dieser Angelegenheit gingen. Ich habe die Schriftstücke im Geh. Staatsarchiv eingesehen und bin in der Lage, sie im folgenden abschriftlich wiederzugeben. Wir ersehen aus ihnen, daß Ungern alle Anstrengungen zur Befreiung der Gefangenen machte, und daß sein lebhaftes Interesse in dieser Angelegenheit hervorgerufen und unterhalten wurde durch nahe Beziehungen zur Familie Gauvain. Wir müssen annehmen, daß Kleist, unterrichtet über die intime Bekanntschaft Ungerns mit der Familie Gauvain, diesem alles weitere überlassen und von eigenen Schritten in seiner Angelegenheit abgesehen hat. So kommt es, daß der Name Kleists in allen diesen Schriftstücken nur selten und nebenher erwähnt wird. Die Schriftstücke, die zum Teil nur im Konzept vorhanden sind, haben folgenden Wortlaut:

Concept!

Berlin le 30. Janvier 1807.

A Son Excell. Monsieur
le Gouverneur General Clarke.

Monsieur!

Un ci devant Lieutenant du regiment des Carabiniers, Monsieur de Gauvain, qui se trouve en arrêt, comme prisonnier de guerre pour être transporté en France me supplie de présenter la requête ci-jointe à Votre Excellence pour que je pourrois affirmer la verité de ce qu'il expose.

Comme je le connois depuis longtemps je peux lui donner non seulement le temoignage qu'il est très honnet homme mais je peux aussi assurer Votre Excellence:

1. qu'il était congédié du regiment des Carabiniers avant la guerre parcequ'il était invalide pour le service de la cavallerie et qu'il etoit dessiné pour être placé dans le civil.

2. que comme tous les officiers invalides qui souhaitent être placé il etoit obligé d'accepter au commencement de la guerre une Lieutenance du train des bagages de l'armée,

3. que depuis une année il a plusieurs fois solicité chez moi de le placer dans le civil de mon departement,

4. qu'il s'ait presenté chez moi pour me dire, qu'il avoit son congé du train et qu'il me prioit de vouloir bien lui procurer une place,

5. que sa mère demeure à Rathenow, que lui et sa famille possèdent une maison à Berlin dans la Linienstraße et que sa fortune est très mediocre.

6. que les dimissions des officiers subalternes ne sont chez nous souscrites de loi mais seulement expediées sous le sceau de la chancellerie de guerre.

Je souhaite que ce temoignage pourra être utile à ce pauvre homme dont la fortune sera absolument ruinée s'il est obligé de partir et en soumettant son affaire à la bienveillance de Votre Excellence je saisis cette occasion pour lui renouveller les assurances de la haute considération avec la quelle j'ai l'honneur d'être

Monsieur

de Votre Excellence
le très humble et très obéissant Serviteur

Angern.

Rathenow le 4me Fevr. 1807.

Monsieur!

Vous savez Monsieur le sort tres innocent de mon fils Charl. Je connais et suis convaincu du vrai interet que Votre Excellence daigne prendre à sa situation, c'est ce qui m'engage à informer Votre Excellence de ma demarche, pour chercher à degager mon fils, en temoignant par un pass parellié (?) à la Coppie ci joint envoyé au comendent de Clark, pour qu'il en tire l'innocence de mon fils et ce porte à son relachement.

Pardonne Monsieur ma hardiesse lorceque je juge Vous mettre au fait pour Vous porter au moin à tirer l'information de ma prière et de daigner m'en donner Nouvelle. J'ai l'honneur de me dire avec toute la Consideration possible

Monsieur

Votre très humble Servente Veuve

de Gauvain.

Les deux Messieurs arrêtés avec mon fils et nommés Ehrenberg et de Kleist, der Dichter, sont aussi à plaindre et innocents. Si Vous pouvez trouver des interprettes pour eux, ce serait une bonne Oeuvre.

Berlin le 6me Fevr. 1807.
A Madame
Madame la Douairiere
de Gauvain à Rathenow.

Madame!

J'ai l'honneur de repondre à la lettre de 4me de ce mois dont Vous avez bien voulu m'honnorer Madame, que je n'ai rien omis pour obtenier la liberté de Monsieur Votre fils. La lettre que j'ai adressée pour cela au gouverneur General Clarke et dont je joins une copie à celle ci Vous le demontrera Madame, mais quoique le General au quel j'ai encore parlé de bouche depuis, plus amplement sur cette affaire veut bien croire tout ce qu'on lui a dit, il a pourtant jugé apropos d'envoyer Monsieur Votre fils et les autres Messieurs en France comme prisonniers de guerre.

Je ne erois pas que la demarche que Vous avez encore faite, pourra retracter cette mesure, mais du moins le General Clarke m'a promis de donner les ordres necessaires et de les envoyer par un Courier pour que ces Messieurs soient bien traités. Je suis bien au desespoir que je ne peux pas Vous procurer madame, la consolation de voir votre fils chez vous, mais il me faut Vous observer que ce n'est pas un si grand malheur d'être prisonnier de guerre en France en qualité d'officier, vu qu'ils y sont honnorablement payés, de façon de pouvoir vivre.

J'ai l'honneur d'être avec la plus haute considération

Madame

Votre très humble et très obéissant Serviteur

Angern.

Copia.

Der Lieutenant Carl von Gauvain hat 12 Jahre in dem von mir commandirten Königl. Preußischen Leibcarabinier Regiment gedient, wurde jedoch wegen immer wieder einkehrender Kränklichkeit, und besonders wegen häufiger Gichtschmerzen im Juni vorigen Jahres zum Invalide erklärt, und erhielt die Königliche Versicherung, im Civil angestellt zu werden. Bey Mobilmachung der Armee wurde derselbe im September v. J. vom Regiment förmlich entlassen, und bis zu seiner weiteren Versorgung intermistisch beim Train angestellt.

Daß dieses alles der Wahrheit gemäß, und besonders die eigentlich militärische Laufbahn des von Gauvain als beendigt anzusehen sei; solches bezeuge ich hierdurch auf Pflicht und Gewissen.

Rathenau d. 4t. Februar 1807.

Königl. Preuß. Oberst und
Commandeur des Leibcarabinier
Regiments.

v. Wenning.

Rgts-Sigel

Berlin le 3. Avril 1807.

A

Son Excellence Monsieur Clarke
General de division, Conseiller d'état
et Gouverneur général.

Monsieur!

J'ose expérer de la bienveillance de Votre Excellence, qu'Ella voudra bien le pardonner d'être obligé de revenir encore sur l'affaire de Mr. de Gauvain, dont je viens de recevoir du chateau de Joux la lettre ci-jointe, par la quelle il m'avertit, que lui et ses deux compagnons Mrs. de Ehrenberg et de Kleist se trouvent enfermés dans une prison, parce que le Commandant de la place manque absolument d'instruction à leur égard.

Tous les renseignement, que j'ai pris de ces Mrs. depuis leur départ, m'ont absolument prouvé leur innocence, car Mr. de Kleist est congédié depuis sept on huit ans et Mrs. de Gauvain et d'Ehrenberg sont aussi réellement congédiés, car c'étaient des officiers du train, dont on n'avait pas besoin en Prusse et dans les régiments, où ils auraient pu être utilis, ils n'ont pus voulu prendre service.

Je crois qu'ils ne seront jamais échangés, mais pour le coup ils se trouvent bien punis de leur conduite peu récommandable envers leur patrie et j'ose me flatter, que V. E. voudra bien par pitié donner les ordres nécessaires, pour que le Commandant de Joux les fasse traiter comme officiers prisonniers de guerre.

Veuillez agréer l'assurance de la plus haute considération avec la quelle j'ai l'honneur d'être

Monsieur
Votre Excellence
Angern

Berlin 14 avril 1807

Monsieur Le ministre d'Etat j'ai reçu la lettre que votre excellence m'a fait l'honneur de m'ecrire le 3 de ce mois, en faveur de messieurs de Gauvain, Ehrenberg et de Kleist. Ces officiers en passant du quartier général ennemi derrière l'armée française, se sont exposés à être regardés comme espions. Je les ai traités avec indulgence en les faisant partir pour la France. Les ordres que j'avais donnés, pour adoucir les rigueurs de leur conduite, sont arrivés trop tard; je viens d'écrire au ministre de la guerre pour les faire sortir du château de Joux et pour les réunir au dépôt des prisonniers de guerre de leur nation. Je suis réjoui d'avoir saisi cette occasion de prouver à votre excellence combien j'attache de prix à sa recommandation.

Je prie votre excellence d'agréer l'assurance de ma parfaite considération

Clarke.

S. E. monsieur le ministre d'état
d'Angern.

Note von Angern: Der Frau v. Gauvain zu Rathenow ist dato Abschrift von diesem Briefe des Gen. Clarke übersandt. Berlin, den 16. April 1807.

Angern.

Concept.

Berlin le 16me Avril 1807.

A Son Excellence Monsieur Clarke
General de Division et Gouverneur Général.

Monsieur!

Votre Excellence vient de m'avertir par sa lettre du 14me de ce mois qu'elle a bien voulu écrire au ministre de la guerre pour faire sortir du chateau de Joux Messieurs de Gauvain, d'Ehrenberg et de Kleist. J'ose présenter à Votre Excellence mes très humbles remerciments de cette bonté en Lui réiterant encore les assurances de la plus haute Considération avec la quelle j'ai l'honneur d'être

Monsieur
de Votre Excellence
le très humble et très obéissant serviteur
Angern.

Adresse:

Sr. Exzellenz
dem Herrn Minister
von Angern Ritter des Rothenadler-Ordens
Hochwohlgeboren
per Estafet zu
von Wustermark Berlin unter den Linden

(von fremder Hand) 31ten Januar 1807 um 10 Uhr Abends abge(gan)gen.

Hochwohlgeborener Herr
hochgebietender Herr Minister!

Mein trauriges Schicksal, welches mit gleicher Unschuld der Herr v. Ehrenberg und v. Kleist theilen, ist Euer Exzellens bereits bekannt. Noch immer wissen wir keinen Grund, keinen Anschein des Verdachtes, der eine Maßregel dieser Art auch nur auf das entfernteste begründen könnte.

Daher würde ich im Vertrauen auf Euer Excellens mit der Überzeugung, daß Dieselben alles zur Rettung mögliche anwenden werden, kein Wort weiter sagen, wenn ich nicht durch die empörenste Behandlung dazu gezwungen würde. Jeder hier bis jetzt gefänglich durchgeführte Offizier der Preußischen oder Russischen Armee erhielt einen anständigen Ort zum Gefängniß, erhielt Quartier, wir aber, wie die Herren Gensdarms versichern, müssen uns auf Order, die uns schriftlich begleitet, gefallen lassen, im gemeinen Gefängnis, das wie das jetzige zum Beispiel, voll Ungeziefer ist, gebracht zu werden.

Ist nicht volle Gerechtigkeit für uns zu erlangen, so waren und sind unsere Wünsche dahin beschränkt, bald möglich zu erfahren, welcher Verdacht uns trifft, und ob die durch unsere Briefe auseinandergesetzte Unschuld unserer Sache unser Schicksal wenigstens nicht dahin mildern kann, daß wir auf unser Ehrenwort entlassen oder aber wie jeder andere Offizier transportiert werden, denen alsdann oft auch die Begünstigung wird, une feuille de Route zu erhalten. Mit ungeschwächter Hochachtung wird kein Verhängniß, keine Zeit so wenig als diese die Danbarkeitsempfindung schwächen, mit der ich bin

Euer Excellens

aller untertähnigster

d. 1 ten Februar 1807. Diener v. Gauvain.

P. S. Jetzt eben erst sah ich das Gefängniß, welches uns für die Nacht unter der Erde dunstig mit ungesunder Luft ohne Luftlöcher, und zwar alles dies durch eine Ordre angewiesen wird, die uns begleitet und eine schreckliche Zeit mir mit schwachem Körper den Tod drohet.

Zusatz von Angern: Gegenwärtiges Schreiben, welches dem Herrn General-Gouverneur Clarke zugestellt worden ist dato mit dem anliegenden Couvert mit einem Post-Siegel versehen, zurückgekommen.

Berlin den 21. April 1807.

Hochwohlgeborener!

Höchstzugebietender Herr Geheimer-Staats-Minister

Gnädigster Herr!

Durch Ew. Excellenz hohe Gnade ist mein Mann zu dem Glücke gelangt, von Joux nach Chalons, wenigstens in einer Stadt, wo er bessere Aufnahme, als in Erstere gewahr wird, gebracht zu werden. Daß dies für mich ein besonderes Gefühl von Freude gewesen ist, kann sich der wohl nur am lebhaftesten vorstellen, der in der Sorge und Noth, wie ich lebt; meinen Mann in so weiter Ferne zu haben, und ihn nicht eher als nach Beendigung des Krieges, also vielleicht, wenn dieser noch lange währt, nie wieder zu sehen! O! wie schrecklich. Es ist mir nicht möglich, in Zeilen meine Gefühle hierüber und besonders gegen Ew. Excellenz, wegen dieser großen Güte auszudrücken. Ich schweige also hierüber ganz, suche aber desto mehr im Stillen, meine demüthig- und pflichtmäßigsten Dankbezeugungen gegen Ew. Excellenz, wegen gehabtes Mitleiden mit meinem Mann und seinen beiden Cameraden, die Herren v. Kleist und v. Gauvain zu opfern. — Keiner wird wohl mehr Gelegenheit haben, dahin zu wirken, wenn es sonst möglich ist, diese Unglücklichen noch eher als nach Beendigung dieser Unruhen, in unsere Arme zurückzuführen, als Ew. Excellenz; ich habe daher das festeste Vertrauen auf Ihre große Güte gefaßt und bin gewiß überzeugt, wenn ich dies große Glück noch erleben sollte, daß sich keiner glücklicher und zugleich dankungswerther gegen Sie bezeigen wird, als

Ew. Excellenz

Neustadt an der Dosse unterthänigste Dienerin
d. 24t. May 1807. von Ehrenberg.

Dazu Vermerk: ad acta Berlin d. 27. May 1807
Angern.

(R. 72. A. Ia. 1n.)

Als Ergänzung zu dem, was wir aus Kleists Korrespondenz und aus den Akten des Ministers v. Angern erfahren, dienen noch die folgenden Angaben aus dem Kriegsministerium in Paris, die ich als die einzigen Eintragungen in den Akten des Archivs erhalte, und die ich hier wortgetreu wiedergebe:

Un ordre inséré au rapport de la place de Berlin, du 30 au 31 janvier 1807, de conduire en France, pour être internés jusqu'à la paix MM. Gauvain, Kleist et Ehrenberg, officiers prussiens, se disant démmissionaires, venant de Königsberg;

leur arrivée à Besancon le 3 mars, à 7 heures du soir, se rendant en poste au fort de Joux, sous l'escorte d'un gendarme de Mayence;

leur passage de nouveau à Besancon, venant de Joux, le 11 avril allant à Chalons, sous l'escorte de la gendarmerie, en vertu d'une décision ministérielle du 26. mars.

Weitere Angaben finden sich nicht im Kriegsministerium zu Paris.

Fassen wir alles zusammen, was wir aus den Akten und den Briefen Kleists bisher wissen, so ergibt sich der folgende Tatbestand.

Kleist wird auf dem Wege nach Dresden, nicht nach Berlin, wie es in allen Kleistbiographien heißt (vgl. S. 362), vor den Toren von Berlin mit seinen Freunden Gauvain und Ehrenberg abgefaßt als Spion. Kleist und seine Freunde entgehen der Todesstrafe, der sie unbedingt verfallen waren, nur durch einen glücklichen Zufall, nämlich durch die verwandtschaftlichen und freundschaftlichen Beziehungen des Hauses Gauvain zu v. Ungern. Den aufopfernden Bemühungen Ungerns gelingt es, die Freunde vom Tode zu erretten. Aber trotzallem findet auch er nur bedingt Glauben, und in der von Berlin nach Paris gegebenen Ordre werden die drei noch als Offiziere bezeichnet. Gleißenberg und Schlotheim stehen Kleist helfend zur Seite, und Schlotheim begleitet Kleist auf dem Wege nach Frankreich. Die Gelegenheit zur Flucht, die sich Kleist während des Transportes bietet, benutzt er nicht. Da am 30. Januar der Befehl zum Transport erteilt wurde, dieser Befehl aber, wie Kleist angiebt, drei Tage nach der Festnahme herauskam, so muß diese Festnahme in Berlin am 27. Januar erfolgt sein. Mit diesem Befehl war wenigstens die unmittelbare Lebensgefahr beseitigt, und wir können nunmehr an der Hand der Daten aus dem französischen Kriegsministerium und der Briefe Kleists den Transport genau auf dem Wege und an den verschiedenen Tagen verfolgen bis zu der gegen Ende Juli desselben Jahres erfolgten Rückkehr Kleists in Berlin.

## V. Kapitel.

# Friedrich de la Motte Fouqués und Otto Heinrich Loebens Beziehungen zu Kleist.

Friedrich de la Motte Fouqué, so ganz verschieden in seinem Wesen, seiner Eigenart, seiner dichterischen Potenz und seinen dichterischen Tendenzen von Kleist, hat dem Leutnant und Dichter Kleist wie kaum ein anderer von seinem ersten Eintritt ins praktische Leben bis an sein unglückliches Ende nahe gestanden. Dafür haben wir aus allen Schaffensperioden Kleists ausreichende Dokumente, und Steigs erschöpfende Darstellung (B. K. 471ff. und N. K.) läßt den auffallenden Gegensatz zwischen diesen lebendigen Zeugnissen und Fouqués spärlichen Reminiszenzen in seiner fast 30 Jahre nach Kleists Tode abgefaßten Autobiographie deutlich hervortreten. Man kann an der Tatsache, daß Fouqué nach Kleists Tode sich nicht genug tun konnte in dem öffentlichen Kultus des verstorbenen Freundes, und daß er ihn im Jahre 1840 fast ganz vergessen zu haben scheint, nicht achtlos vorübergehen. Ich werde später darauf zurückkommen, zunächst will ich neues Material beibringen zu der Beziehung: Kleist-Fouqué.

Mein Material entstammt der Berl. Kgl. Bibliothek, in welcher sich ein bisher unveröffentlichter oder doch nur bruchstückweise benutzter durch lange Jahre sich hinziehender Briefwechsel findet zwischen Fouqué und Varnhagen, dazu als wichtige Ergänzung Briefe von Fouqué an Frau von Chézy. Die Beziehungen Fouqués zu Varnhagen, die sich sehr rasch zu einer sehr intimen Freundschaft gestalteten, wurden angebahnt im Sommer 1806. Fouqué sandte seinem Freunde Bernhardi ein Exemplar seines Galmy [1]) mit der ausdrücklichen Bitte, das Buch Varnhagen zu übermitteln und ihn um sein Urteil zu ersuchen. Varnhagen antwortete nach Nenndorf, wo Fouqué zur Kur weilte, und bahnte damit eine Korrespondenz an, die in ununterbrochener Folge vom 16. Juli 1806 bis in den Juni 1812 reicht; auch die weiten Reisen Varnhagens unterbrachen nicht den gleichmäßigen Fluß der Briefe, welche einen interessanten Beitrag zur Zeitgeschichte liefern. Mit dem Juni 1812 bricht die regelmäßige Korrespondenz ab, und in der Folge, etwa bis zum Jahre 1820 wird der briefliche Austausch nur noch selten. Sehr bald hatte Fouqué den neugewonnenen Freund, der ihm in der Folge wichtige Dienste leistete, die Verbindung zwischen ihm und dem Verleger Hitzig herstellte und seinen Sigurd dort unterbrachte, nach Nennhausen eingeladen. Varnhagen folgte der Einladung, das vertrauliche Du wird zwischen beiden ausgetauscht, nach der Rückkehr wird der Brieston immer inniger und intimer, Bücher werden zwischen den Freunden gewechselt mit Hilfe einer Kiste, zu welcher die beiden und auch Bernhardi je einen Schlüssel besaßen. Alle neuen literarischen Erscheinungen werden zwischen den Freunden besprochen, und der in Dresden herausgekommene Phöbus gibt den ersten Anlaß zur Erwähnung Kleists.

Ich gebe zunächst wörtlich die Briefstellen bei Fouqué wieder, die sich auf den Phöbus, auf Kleist und seine Freunde beziehen.

(1) Nennhausen d. 21. Januar 1808.

Die Herausgeber des Phoebus haben mich um gelegentliche Beiträge ersuchen lassen, und ich denke, Ihnen den Othar mitzutheilen.

---

[1]) Historie von dem edlen Ritter Golmy und einer schönen Herzogin von Bretagne (1806).

(2) Nennhausen d. 19. Febr. 1808.

„Du mußt mir auch schon deswegen öfter schreiben, weil sich sonst die Gegenstände in den Briefen häufen und manche flüchtig oder gar nicht berührt werden. So kann ich auch heute noch nicht dazu kommen, Dir einiges zu sagen, was ich über den Görres auf dem Herzen habe. Von den Phoebusrittern nur soviel, daß es mir mit dem Einen, mit Kleist ganz kurios geht. So wahnwitzig mir die Penthesilea freilich erscheint, so spüre ich doch eine gewisse Vorliebe für sie. Geschieht es, weil ich jetzt gleichfalls ein etwas verrücktes Trauerspiel schreibe, und es neben der Amazonenkönigin sich ganz gescheut vorkommt? Oder ist nicht vielmehr eine wirklich bacchantisch tolle Kraft in diesem Gewühl? Wenn er sich nur noch mehr hätte gehn lassen. Aber so tritt leider eine fremde Besonnenheit nur allzuoft dazwischen, und verunstaltet die eigenthümliche Keckheit zur Affectation. — Das gezierte prosaische Gerede im Phoebus habe ich wenig oder gar nicht ansehn können. Im Ganzen also finde ich freilich 10 rthlr Conventionsgeld nicht zum besten angelegt, zumahl da mich gleich Dir die elende Prahlerei mit Göthe und Honorar unsäglich empört. Da man mich aber um Beiträge bitten ließ, meinte ich bescheidner Weise, die Leute könnten nicht anders, als sehr gescheut sein und war rasch mit dem Subscribiren bei der Hand. Mir ist schon recht geschehn.

(3) Nennhausen d. 4. Juli 1808.

Sind denn nun die Phöbusritter ganz bankerott oder ganz verrückt geworden, daß sie ihre Wirthschaft nicht mehr fortsetzen? Frage doch einmal Reimer'n gelegentlich, ob er nichts davon weiß.

(4) Nennhausen d. 23. Juli 1808.

„Da wir doch hierbei einmal angekommen sind will ich gelegentlich eine Frage nach dem Vater der werthen Marquise von O** und dessen theuerm Collaborator Adam erneuern. Sind sie toll? Sind sie todt? Sie lassen ja gar nicht mehr von sich hören.

(5) Nennhausen d. 26. September 1808.

(Fouqué macht Varnhagen vor seiner Abreise auf die Sehenswürdigkeiten in Dresden aufmerksam, wo er vor „einigen Jahren" selbst gewesen, und fährt dann fort:)

„Grüße Heinrich Kleist von mir. Hast Du im letzten Phöbus-Hefte das Fragment des Robert Guiskard gelesen? Mir hat es günstige Hoffnungen für das Ganze erweckt; trachte doch, es zu lesen, und schreibe mir darüber. Das Käthchen von Heilbronn, ein andres Fragment darin ist mir hingegen sehr widrig erschienen, jedoch höre ich [1]), daß eben dieses bei seinen Freunden den rauschendsten Beifall finden soll. — Du wirst auch wohl sonst Pfuel, den Bruder desjenigen, den Du hier sahest, in Dresden antreffen, da er Kleists vertrauter Freund ist. Auch ihm meine herzlichen Grüße. Er ist ein wackrer, scharfsinniger, sehr gutmüthiger Mensch, so seltsam auch bisweilen gewisse vorgefaßte Meinungen und Ansichten sein Innres verschlossen halten vor Erscheinungen, die ihm von einer ungewohnten oder unautorisirten Gegend her aufgehn. Vielleicht aber, daß dieses Übel einem mannigfachern Umgange weicht, in einem Kreise, wo er der guten Köpfe mehr findet, als er bisher gewohnt war, neben sich zu sehn. Ich fand ihn schon bei seiner letzten Anwesenheit vortheilhaft verändert. — Was soll ich Dir von Adam sagen? Es scheint mir noch immer der Anfang, zwar nicht alles, aber doch vieles Übels in ihm zu liegen, wenigstens für den Phöbus. Aufrichtig gesagt ist dies mehr ein Vorurtheil, als ein Urtheil selbst, denn ich habe so gut als nichts von ihm gesehn. Ein gewisser prätensionsvoller und mir bereits durch Andre widrig gewordener Ton treibt mich immerdar schon fast am Eingange seiner Aufsätze in die Flucht. — Du wirst wohl dort einen Doctor Schubert kennen lernen, einen Naturphilosophen, von dem Ernst Pfuel viel vortheilhaftes gesagt hat. Ein Paar ganz kleine Fragmente aus seinen Vorlesungen im Phoebus

---

[1]) Jedenfalls durch Loeben.

haben mich sehr angezogen durch ihre würdevolle kräftige Sprache, und durch das tiefe, herzinnige Gefühl, welches sich darin ausspricht."

Die Bemerkungen über den Phöbus bringen nichts wesentlich neues, aber sie sind doch eine interessante Illustration zu der Aufnahme, welche das Blatt in seinem Leserkreise fand. Fouqué kannte Kleist und auch den Freundeskreis um Kleist (5), es lag also nahe, daß die Redaktion, vielleicht auch Kleist persönlich wie an Zschokke so an Fouqué die „Anzeige betreffend den Phoebus usw." sandte. In einer durchaus würdigen Weise erklären hier die Phöbusritter, daß sich ihr Unternehmen der Begünstigung Goethes erfreue. „Statt der gewöhnlichen Art sich beim Anfang einer solchen Unternehmung auf die fremden Theilnehmer zu berufen, erklären wir nur, daß wir uns der Begünstigung Göthes erfreuen. Es wäre unbescheidenes Selbstvertrauen, wenn wir verschmähten, ja wenn wir uns nicht darum beworben hätten, von Ihm empfohlen zu werden." Gleich Varnhagen ist Fouqué empört über diese Prahlerei mit Goethe (1). Was hier Prahlerei heißt, wird einen Monat später in Zschokkes Miszellen für die neueste Weltkunde (Kritisches Beiblatt Nr. 24) in ebenso mißgünstigem Tone „übergroße, göttliche Bescheidenheit" geheißen. Der Phöbus „erzählte aller Welt mit vieler Naivität, daß er sich der Unterstützung Göthes freue; ja nicht einmal der Unterstützung, sondern nur der Empfehlung. Übergroße, göttliche Bescheidenheit!" — Der so völlig unberechtigte mißgünstige Ton, die gesuchte Absicht, ein neues Unternehmen zu diskreditieren, in der zitierten Briefstelle wie in der Kritik, ist so auffallend, daß er zu der Annahme berechtigt, der anonym erschienene mit B*) gezeichnete Artikel der Miszellen ist von Varnhagen oder Fouqué geschrieben oder doch von ihnen inspiriert. Persönliche Beziehungen zwischen den beiden und dem Herausgeber der Miszellen waren zweifellos vorhanden. Varnhagen hat später auch öffentlich die Phöbusanzeige getadelt in: Galerie von Bildnissen aus Rahels Umgang (II. 145) und auch das Wiener Sonntagsblatt spottet darüber in der ersten Nummer des Jahrgangs 1808. Der Bitte um einen Beitrag (1) ist Fouqué sehr bald nachgekommen, schon das dritte Heft des Phöbus vom März 1808 bringt Othars Brautwerbung. Loebens „Kunz von Kauffungen" und seine Romanze (7) stehen im letzten Hefte des Phöbus.

Eine weitere Anzahl von Briefstellen Fouqués beziehen sich auf Kleists Abendblätter und Kleists letzten Aufenthalt in Berlin. Ich stelle sie zunächst chronologisch zusammen:

(6) Nennhausen d. 11. Oktober 1810.

— — „Nun noch ein kleines Ernteliedchen auf unsre verewigte Herrin. Es hat allgemein gerührt, zu meiner großen Freude, und wenn ich es Dir vielleicht schon im letzten Briefe abgeschrieben habe, so verzeihe die Wiederholung der Paar Verse.

Brandenburgisches Erntelied[1])
für das Jahr 1810.

Die Halm und Ähren winken
So reich und mild
Die hellen Sensen blinken
Die Garbe schwillt.

Da wollen wir beginnen
Den Erndtesang;
Ach, aber mitten innen
Schallt Glockenklang.

Die Trauerglocke läutet
Vom Thurme her;
Wir wissen, was es deutet:
Sie ist nicht mehr!

Zwei Augen ruhn im Grabe,
So fromm und blau
Und auf die Gottesgabe
Fällt Thränenthau.

---

[1]) Das Gedicht war schon am 18. August in der Voss. Zeitung veröffentlicht worden. Steig (N. K. p. 89) hat es nach der ersten Veröffentlichung abgedruckt. Die hier wiedergegebene Fassung zeigt kleine Abweichungen.

Heinrich Kleist hat mir darüber und über den beiliegenden Aufsatz [1]) ein höchst inniges und liebevolles Brieflein geschrieben, auch mich zum Mitarbeiter an seinen Abendblättern eingeladen, die er jetzt in Berlin mit glänzendem Erfolge herauszugeben anfängt. Ich denke, das Ganze wird sehr gut; Popularität und dadurch Verbreitung des Rechten, Vertreibung des Schlechten — vorzüglich oder doch zunächst der Iffländereien unseres Theaters ist der Hauptzweck. Ich werde mich aber wohl nicht sonderlich in die nothwendigen Bedingungen zur Erreichung desselben schicken können. Du weißt, das ist unter vielen schwachen Seiten eine meiner schwächsten. Doch will ich thun, was ich kann, weil ich das Institut sehr achte und liebe. — Weißt Du denn schon die herrliche Geschichte mit Iffland und Kleist? — Dieser schickt jenem sein Käthchen von Heilbronn zur Aufführung ein. Iffland antwortet lange gar nicht. Endlich schreibt ihm Kleist: er möge ihm das Manuscript zum Behuf einer freundschaftlichen Mittheilung zurücksenden, nachher stehe es ihm wieder zu Diensten. Dadurch denkt er ihn zu einer Erklärung zu kriegen. Der grobe Edelmüthige aber wickelt das Manuscript in Löschpapier, und so findet es Kleist des Abends ohne Billet auf seinem Tische. Tages darauf erfährt Kleist, daß Iffland einem Dritten gesagt hat: Das Käthchen gefalle ihm nicht, und was ihm nicht gefalle, führe er nicht auf. Nun wird Kleist grimmig und schickt ihm folgenden Zettel: Durch Herrn Hofr. Römer erfahre ich, daß Ew. Wohlgeboren mein in Wien am Vermählungstage der Kaiserin von Frankreich mit Beifall gegebenes Schauspiel, das Käthchen von Heilbronn, nicht gefällt. Es thut mir Leid, daß es ein Mädchen ist. Wenn es ein Junge wäre, würde es Ihnen besser gefallen. Heinrich von Kleist. — Nun kannst Du denken, daß Iffland sich zu den Abendblättern böser Dinge versieht, und mit Recht. Vorgespukt hat's schon in den ersten Blättern.

---

[1]) Nicht vorhanden.

(7) Nennhausen d. 6. Januar 1811.

Kleists herrliches Lied: „Zottelbär und Pantherthier" kenne ich, d. h. ich liebe es von ganzem Herzen. Wer könnte anders? — Um die übrigen Gedichte will ich ihn in Berlin bitten.

(8) Nennhausen d. 7. Januar 1811.

Mit den Abendblättern geht es recht fatal; sie sind ein Erisapfel zwischen Hitzig und Kleist geworden, so daß sich letzterer damit zu Kuhn — schreibe Kuhn, Herausgeber des Freimüthigen!! — gewendet hat. Das nimmt mir nun alle Lust am Mitarbeiten, vorzüglich da das Blatt eine gänzliche Zeitungswendung nimmt. Früher habe ich mancherlei dahinein gegeben: Reflexionen, Ankündigungen, kleine Novellen oder vielmehr wohl nur Anecdoten und dergl. m. Der Erfolg dieser mit so günstigen Aussichten begonnenen Zeitschrift war nicht dem Anfange gemäß. Es war zu früh und zu viel ernste Staatswissenschaft hinein gerathen. So ging durch viele Blätter ein Streit über das Verdienst oder Nichtverdienst des seeligen Prof. Kraus in Königsberg den die mehrsten Leser — mich Unstatistiker mit eingeschlossen noch nicht einmal hatten nennen hören, so daß sich schon viel Unwillen und Witz gegen das Ganze erhob. Um Kleists Willen, weil er von da eine Sicherung und Erleichterung seiner Existenz hofft, wünsche ich dem Wesen Bestand und will auch, wenn er es fortdauernd verlangt, Beiträge liefern, aber diese möchten vor dem sogenannten Bulletin der öffentlichen Blätter — einem Ausgeschreibsel aus den Zeitungen — bei der jetzigen Einrichtung schwerlich viel Platz mehr haben. — Wie es eigentlich mit Kleists und Hitzigs Entzweiung oder doch Entfremdung zugegangen ist, weiß ich nicht genau. Soviel scheint zu erhellen, daß sich Kleist einigermaßen mißtrauisch und eigensinnig bewiesen hat und Hitzig vorzüglich über das erstere tiefe Kränkung empfindet. Es thut mir von ganzer Seele weh. Mußte ein so frisch und gutwillig begonnener Verein nun endlich eine so schmerzende Rührung herbeiführen! So ist es mit den menschlichen Entwürfen und Hoffnungen. Wie einer, der in einer fremden

Sprache redet, und sie nicht versteht, sagen und veranlassen wir oft grade das Umgekehrte von dem, was wir wollten und meinten! —

(9) Nennhausen d. 2. Mai 1811.

Heinrich Kleist erwarte ich in diesen Tagen hier zu sehen. Er hat mir sein neu erschienenes Lustspiel, der zerbrochne Krug, geschenkt: ein tolles, etwas derbes und vielleicht zu langes Stück, aber trefflich, voll kerndeutscher Laune, treuherzig, lieb und herzlichen Lachens Erzeuger. Ich möchte es eher ein komisches Idyll nennen, als ein Lustspiel. — Mit den Abendblättern ist es aus, und wie es recht zusammenhängt weiß ich nicht, aber Kleist hat Hoffnung, eine Entschädigung dafür vom Staatskanzler zu erhalten." —

Die Berichte und Äußerungen Fouqués über Kleist und seine Zeitung sind ausführlicher, eingehender und freundschaftlicher als früher in der Phöbusepoche. Daraus den Schluß zu ziehen, daß die Intimität der beiden erst aus Kleists letzter Lebensperiode stammt, wäre ungerechtfertigt. Das längere briefliche Verweilen bei Kleist bedingt die häufige persönliche Berührung, vor allem aber der Umstand, daß Varnhagen, jetzt auf Reisen, ein größeres Interesse nimmt an den Ereignissen in der Heimat und allen literarischen Neuerscheinungen. Der einzige uns erhaltene Brief Kleists an Fouqué vom 25. April 1811 enthält eine willkommene Ergänzung. Wir erfahren, daß die Freunde schon lange vor der Veröffentlichung des zerbrochenen Kruges ihre poetischen Erscheinungen untereinander austauschen. Fouqué schickt an Kleist seine Gedichte (6) und erhält von ihm die seinen (7) — es ist dies besonders wichtig für die folgenden Untersuchungen.

Zum ersten Male bekommen wir in Fouqués Briefe (6) eine authentische Darstellung des Konfliktes Iffland-Kleist. Der Bericht in Teichmanns Literarischem Nachlasse, die Wiedergabe bei Zolling und anderen ist nicht zutreffend. Kleist mußte im höchsten Grade gereizt sein, nicht bloß durch die verweigerte Annahme des Stückes, sondern vor allem durch das schroffe und ganz unerhörte, unhöfliche Verhalten Ifflands. Iffland hatte unverantwortlich gehandelt. Er hatte Kleists Stück zurückbehalten und höchstwahrscheinlich (s. Steig) gar nicht gelesen. Er hatte bewußt oder unbewußt fälschlich behauptet und sich damit entschuldigt, daß das Stück in Wien durchgefallen sei. Er hatte die notwendigsten Regeln des Anstandes außer acht gelassen, und er hatte schließlich auch gegen jede Vorschrift gehandelt und gegen allgemeinen Brauch. Denn er selbst schreibt Ende Dezember desselben Jahres an Arnim, daß es bis vor drei Monaten, also bis zum Oktober 1810 — die Kleistaffaire spielte im August — Brauch und Vorschrift war, eingereichte Stücke mit voller sachlicher Begründung dem Autor zurückzuschicken.

Das Verhalten Ifflands war ein so offenbar ungerechtfertigtes, daß die Freunde Kleists entrüstet waren. Die Worte des streng denkenden Fouqué sind ein Beweis hierfür. Und auch in der Folge und nach dem Tode Ifflands ist niemand für ihn gegen Kleist, soweit ich es übersehen kann, eingetreten. Selbst Gubitz in seinen Erinnerungen, der mit Iffland befreundet ihm ebenso wohl- als Kleist schlechtgesinnt war, kann Ifflands Verhalten gegen Kleist nicht rechtfertigen, und nur um ihn bis zu einem gewissen Grade zu entlasten, hängt er böswillig Kleist ein Stigma an, aus dem sich später die Legende von Kleists Vorliebe für den Alkohol entwickelt hat. Erst unserer Zeit blieb es vorbehalten, Kleist aus seinem schroffen Vorgehen gegen Iffland den Strick zu drehen.

Erich Schmidt hat gegen Kleists Verhalten Stellung genommen und hat sein Betragen in dem Iffland-Konflikt auf das schärfste verurteilt, indem er an zwei Stellen (in der Biographie und im Käthchenkommentar) seinen Angriff eine Schmähung nennt „die empörter Übermut kaum am Schenktisch aussprechen könnte“. Wollen wir Kleists Vorgehen gerecht beurteilen, so müssen wir den Maßstab jener Zeit anlegen, der die beiden angehörten. Was wir heut als Krankheit betrachten, galt damals als Laster; Leute, die wir heut bemitleiden, waren damals Gegenstand der Verachtung, des Spottes und des Abscheus. Was Kleist aussprach, war offenes Geheimnis, und wenn er Iffland eine tödliche Beleidigung als Antwort auf ein gelinde gesagt unziemliches Verhalten ins Gesicht schleuderte, so kann die Stellungnahme einzig und allein davon abhängen, ob der Tatbestand vorlag oder nicht. Dem gereizten Kleist kann man keinen Vorwurf machen, wenn er sich schroff auf den Standpunkt stellt, eine Katze Katze zu nennen. Iffland blieb still und überging in seiner Antwort Kleists Schmähung. Wie aber die über alle Iffländerei empörten Freunde dachten, das zeigt deutlich die Darstellung des ritterlich und religiös gesinnten Fouqué, die unumwunden für Kleist eintritt.

Ob man Kleist einen Vorwurf daraus macht oder nicht, daß er, gereizt und aufs höchste erbittert, das Sexualleben des Gegners vor der Öffentlichkeit bloßstellt, einen Rückschluß auf seinen Charakter wird diese augenblickliche Aufwallung ebensowenig gestatten, wie seine scharfen Epigramme gegen Goethe. Anders liegt es mit Kleists Stellungnahme gegen Iffland in den Abendblättern, auf die ich schon an dieser Stelle im Anschluß an die Ifflandfehde eingehen will. Bisher ist Kleists Verhalten gegen Iffland in den Abendblättern, das zu den schwierigsten Rätseln gehört, nicht genügend gewürdigt worden.

Wie der gutunterrichtete Fouqué (6) schreibt, stand im Programm der Abendblätter die Bekämpfung der Iffländerei obenan. Wie groß die Machtstellung Ifflands war, und wie gefährlich jeder Versuch gegen ihn Stellung zu nehmen, das ergibt sich aus einigen Äußerungen von Zeitgenossen. Neumann schreibt am 20. Februar 1810 an Varnhagen: „Von literarischen Plänen ist nur einer vorhanden. Eine Berlinische Dramaturgie. Der Vorschlag ist von Robert, er will Theil daran nehmen, aber nicht schriftlich, sondern nur mitreden, das muß auch Rahel, wie natürlich. Sonst wird wohl Ad.

Müller, Dr Wolfarth, Bernhardi, Theremin, Büsching, Winterfeld und andere Theil nehmen. Die Einleitung hab' ich geschrieben. Wir müssen piano anfangen, bis wir festsitzen; dann soll alles über die Klinge springen, besonders soll der Ritter vom rothen Adler Berlin nicht länger tyrannisiren." Dazu im April desselben Jahres: „Mit dem dramaturgischen Wesen geht es darum langsam, weil alle Welt eine rasende Furcht vor Iffland hat und besorgt, daß, so wie er nur den geringsten Wind von einer solchen Unternehmung bekommt, er alles anwenden werde, sie zu unterdrücken, wozu seine Art zu handeln gewaltsam und seine Macht groß genug ist. Man will also warten bis zu seiner nun bald bevorstehenden Abreise; wenn er dann bei seiner Zurückkunft das Blatt etablirt und vielleicht beliebt findet, so kann er wenig dagegen thun. Ich hätte mich an alles das nicht gekehrt und wäre gleich aufgetreten; denn ich kann nicht begreifen, was der Mann eigentlich dagegen thun kann."

Neumanns Worte kennzeichnen die Stimmung der Schriftsteller, von denen ein Teil (Müller, Wolfarth) später in den Abendblättern auftritt, gegen Iffland. „Wir müssen piano anfangen." Diese Worte Neumanns bilden auch das Leitmotiv der Abendblätter-Redaktion. Kleist nud seine Freunde wußten, daß sie, wie auch Steig hervorhebt, mit größter Vorsicht vorgehen mußten. Die Lage war um so schwieriger, als die Abendblätter nicht während der Abwesenheit Ifflands, sondern unmittelbar nach seiner Rückkehr zu erscheinen begannen. Auf die Rückkehr Ifflands brachten die Abendblätter ein Gedicht, „das Kleist klug genug war", wie Steig schreibt (B. K. 189) in sein drittes Abendblatt aufzunehmen. Würde es sich nur um ein einfaches Begrüßungsgedicht eines „entzückten Poeten" handeln, man könnte die Auffassung Steigs teilen, daß Iffland gewonnen oder doch in Sicherheit gewiegt werden sollte. Aber das sehr schwache Gedicht ist mehr, es ist eine Verherrlichung und eine schweifwedelnde Beweihräucherung des Heros Iffland. Hier das vollständige Gedicht, von dem Steig nur die erste, ziemlich bedeutungslose Strophe wiederzugeben für gut befunden hat.

An unsern Iffland
bei seiner Zurückkunft in Berlin
am 30. September 1810.

Singt Barden! singt Ihm Lieder,
Ihm, der sich treu bewährt;
Dem Künstler, der heut wieder
In Eure Mitte kehrt.

In fremden Landen glänzen
Ist ihm kein wahres Glück;
Berlin soll ihn umkränzen
Drum kehret Er zurück.

Wie oft saht Ihr Ihn reisen
Mit furchterfüllter Brust
Ach! seufzen Volk und Weisen
Nie kehret unsre Lust!

Nein Freunde, nein! und schiede
Er mehr Mal' auch im Jahr,
Daß er Euch gänzlich miede
Wird nie und nimmer wahr.

In Sturm nicht, nicht in Wettern
Kann dieses Band vergeh'n;
Stets auf geweih'ten Brettern
Wird Er, ein Heros, stehn;

Wird dort als Fürst regieren
Mit kunstgeübter Hand,
Und unsre Bühne zieren
Und unser Vaterland!

Von einem Vaterländischen Dichter.

Ich kann es nicht mit Steig als besondere Klugheit Kleists betrachten, daß er dieses elende Machwerk in sein neu erschienenes Blatt aufnahm. Aber abgesehen von der Qualität der Verse, mußte es doch auf den Leserkreis eigenartig wirken, daß ein Redakteur — und Kleist war als solcher bekannt, wenn er auch nicht als solcher zeichnete — Iffland verhimmelte und beweihräucherte, nachdem er einige Wochen vorher mit den lästerlichsten Worten vor aller Öffentlichkeit — die Presse hatte von der Käthchen-Fehde Notiz genommen — eben diesen Heros bloßgestellt hatte. Ich kann mir nicht denken, daß Kleist um die Aufnahme des Gedichtes gewußt hat, Kleist, der an den kleinsten Epigrammen und an den Beiträgen bewährter Mitarbeiter kräftig änderte, feilte und umarbeitete; ich kann mir nur denken, daß von seiten gutmeinender Freunde in der Absicht, den Kleist übelgesinnten und allmächtigen Theaterleiter zu versöhnen, ohne Wissen Kleists der Beitrag eingeschmuggelt wurde — ein Verfahren, das leicht verständlich ist, wenn man die technischen Schwierigkeiten bedenkt, welche der Redakteur in den ersten Blättern zu überwinden hatte. Kleist aber quittierte auf dieses gewiß gutgemeinte aber ihn komprimittierende Vorgehen seiner Mitarbeiter, indem er schon in dem nächsten Abendblatte mit seinen wuchtigen Angriffen gegen Iffland begann. Es erschien mir wichtig, die Aufmerksamkeit auf diesen Iffland-Hymnus in den Abendblättern zu lenken, weil dadurch ein Licht geworfen wird auf Kleists Stellung in seinem Blatte, auf welche ich später zurückkomme.

Der Konflikt zwischen Kleist und Hitzig wird von Fouqué (8) nur berührt. Er mußte Fouqué doppelt nahegehen, weil Hitzig, den Varnhagen dem Freunde zugeführt hatte, nicht bloß sein Verleger, sondern auch sein intimer Freund geworden war, und weil er es zweifellos war, der die Verbindung zwischen Hitzig und Kleist geknüpft hatte. Wir erleben so die ganz auffallende Erscheinung, daß die christlich-deutsche Tischgesellschaft mit ihren Satzungen gegen Philister und J u d e n die von ihr ins Leben gerufene Zeitung nicht etwa im Verlage ihres Mitgliedes Georg Reimer, oder eines anderen, sondern bei Hitzig erscheinen läßt, der nach seiner Abkunft von der Teilnahme an der Gesellschaft ausgeschlossen war. Ich sehe hierin neben manchem anderen einen Beweis dafür, daß wenigstens für Kleist die Satzungen der Gesellschaft nicht für das Leben galten und nicht propagandistische Gewalt hatten. Nach der Andeutung von Fouqué (8) scheint die Angabe im Morgenblatt, Hitzig habe den Verlag aufgegeben „aus Mangel an Teilnahme von seiten des Publikum" nicht zutreffend, sondern Gründe mehr persönlicher Natur scheinen den Zwiespalt hervorgerufen und die definitive Trennung herbeigeführt zu haben.

In seiner „Neue Kunde zu Heinrich von Kleist" hat Steig die Aufmerksamkeit auf eine verschollene Zeitung gelenkt, die unter verschiedenem Titel als: Berlin oder der Preußische Hausfreund, dann als: Herrmann oder der Preußische Vaterlandsfreund, schließlich als: Der Preußische Vaterlandsfreund ein wechselvolles Dasein führte, und die für die Kleistforschung insofern von Bedeutung ist, als hier ein Kleist zugeschriebenes Gedicht, das Rosensonett, veröffentlicht wurde. Die sachlichen Angaben Steigs zur Geschichte der Zeitung, welche sich auf ihr Studium stützen, bin ich in der Lage aus den vielfachen Angaben in der Korrespondenz zwischen Fouqué und Varnhagen und aus der zwischen Varnhagen und Wilhelm Neumann im wesentlichen zu bestätigen.

Die Absicht, eine Zeitung zu begründen wird immer von neuem in den Briefen der Freunde geäußert; schon am 10. April 1808 schrieb Fouqué aus Nennhausen:

(10) Du schreibst von einem Journal, das wir Freunde zusammen herausgeben sollten. Thue doch dein Mögliches, so ein Unternehmen in den Gang zu bringen. Du kennst und siehst mehrere wackere Männer, führe ihnen die Schmach des jetzigen wässrigen, prätensionsvollen Geschwätzes der Zeitschriften zu Gemüthe, da sie ein Gemüth haben, welche Eigenschaft immer seltener zu werden anfängt, und laß aus erneuten, redlich angestrengten Kräften, aus einem wahrhaften Wollen des Guten um des Guten willen ein ernstes, rücksichtslos aufstrebendes Gebäu hervorgehen.

Mit dem zweiten Quartal des Jahres 1811 sollte sich der Wunsch der Freunde verwirklichen. Wilhelm Neumann übernimmt die Redaktion des Vaterlandsfreundes, und die Erörterungen über die Versorgung und Einrichtung des Blattes nehmen nunmehr einen breiten Raum in der Korrespondenz ein.

## Fouqué an Varnhagen aus Nennhausen d. 2. Mai 1811.

(11) Neumann redigirt jetzt den Preußischen Vaterlandsfreund, ehemaligen Hausfreund und wir Genossen Alle, vorzüglich ich Polygraph, thun unser Mögliches für diese Zeitschrift. Thue Du doch das Deine auch. Du bist ganz vorzüglich gut dazu im Stande. Neumann schreibt mir darüber folgendes: an Varnhagen schreibe ich dieser Tage sicher, da Du es aber wahrscheinlich eher thust, so lade ihn doch zur Theilnahme an dem Vaterl. Fr. ein. Da er nun wieder einen bestimmten Aufenthalt und einige Ruhe haben wird, so wird er bald wieder reich sein an mancherlei Schätzen, die sich zur Mittheilung auf diesem Wege eignen. Die Schlegelsche Recension Deines Sigurd und viele seiner eigenen Arbeiten, von denen er spricht, kann er ja nirgends lieber und besser anbringen. — Ich bin derselben Meinung und hoffe, Du machst uns und den Berlinern diese Freude. Zur Probe lege ich Dir ein Blatt bei. Du wirst zu Anfang noch Reste von altem Wust finden, die Neumann freilich nicht auf einmal hinausfegen kann; doch denke, es soll Dir das Blatt wegen Neumanns Epigrammen und meiner Waldemarprobe lieb sein,. — — — — Theile diese Sachen doch Pfuel mit, den ich herzlich grüße und ihm nächstens schreiben will, und laß Dir von ihm meinen Todesbund mittheilen, wenn er ihn endlich von der Censur hat habhaft werden können.

## Varnhagen an Wilhelm Neumann. Prag d. 29. Mai 1811.

(12) Ich erhalte so eben, mein geliebter Freund, einen Brief von Fouqué, der mir einen von Dir verheißt. Zugleich schickt er mir ein Blatt des Preußischen Vaterlandsfreundes, worin ich mit freudiger Überraschung drei griechische Epigramme von Dir finde. Noch mehr aber überrascht mich die Nachricht, daß Du diese Zeitschrift redigirst: Glück auf! mein lieber Wilhelm. Sei nur recht thätig dabei, vorsichtig und fügsam! Du weißt es, und ich brauche nicht erst Gott zum Zeugen zu rufen, aus wie treuem Herzen ich Dir rathe! Vorerst gilt es ja nur, daß etwas Gutes bestehe, und langsam und bescheiden will alles Gute im schlechten Publikum eingeführt werden; nimm nicht zu viele Gedichte, nicht zu große Aufsätze, suche Unterhaltung zu geben, damit die Bildung Platz gewinne. Sollen starke Schläge geschehen, nun gut! so müssen sie so sein daß es einen nicht reue, um ihretwillen die Zeitschrift verboten oder sinken zu sehen. Du hast das gewiß alles bedacht, aber verzeihst mir gern, daß ich es noch sage.

Wilhelm Neumann aus Berlin d. 1. Juni 1811.

(13) Apropos kann ich die paar Gedichte von Uhland abdrucken lassen, die Du uns hergesandt hast? Übrigens fürchte nur nicht, daß ich dem Blatt durch starke Schläge schaden werde, die fängt die Censur alle auf. Schon habe ich der Polnischen Nation eine Reparation d'honneur machen müssen wegen einer lumpigen Anecdote, die, ob sie gleich schon durch das feine Sieb der Censur gelaufen war, dennoch von der höheren Behörde noch zu dick befunden ward.

Fouqué an Varnhagen aus Nennhausen d. 12. November 1811.

(14) Für den Vaterlandsfreund zwar ist meine Thätigkeit zu Ende, weil der stumpfsinnige Verleger unserm Neumann die Redaction aufgesagt und sie dem elenden Müchler übertragen hat.

Fouqué an Frau v. Chézy. Nennhausen d. 30. November 1811.

(15) Die Anzeige Ihrer Gedichte, auf deren Erscheinung ich mich sehr freue, will ich durch meinen Freund Hitzig aufs Beste auszubreiten suchen. Wo man sie jetzt einrücken könnte, weiß ich nicht, seitdem der Vaterlandsfreund, die einzige Berliner Zeitschrift, welche ich sonst zu dergleichen würdig hielt, unter die Hände einer faden Redaction gefallen ist, weshalb sich dann die Bessern von aller Theilnahme zurückgezogen haben.

Wilhelm Neumann an Varnhagen aus Nennhausen d. 30. Dezember 1811.

(16) Den Vaterlandsfreund hat mir der Verleger schon am Ende des ersten Vierteljahres wieder abgenommen, um ihn Müchler zu übertragen, der damals gerade von seiner Tollheit geheilt aus der Charité entlassen ward. [1])

Wir lesen aus allen diesen Briefstellen die Bestätigung dessen, was Steig ausgeführt hat. Fouqué war die Seele des Blattes. Neumann nach außen hin Redakteur. Wenn Fouqué

[1]) Über die Erkrankung Müchlers meldet Ascher in den „Miscellen f. d. neueste Weltkunde" (Nr. 35 vom 1. Mai 1811): „Müchler hat die Geburt des Königs von Rom zu einem Gedicht begeistert, wovon eine Probe in unseren Zeitungen steht, die wahrlich keine Geistesverwirrung verräth, woran dieser muthwillige Witzling dennoch leidet und zu dem Ende im Charité-Hause eine Kur bestehen muß." In Nr. 42 vom 25. Mai heißt es: „Der Kriegsrath Müchler befindet sich noch immer in der Charité."

die Redaktion Neumann überließ, so werden dabei nicht bloß lokale Verhältnisse mitgesprochen haben, wie Steig meint, sondern der Wunsch der Freunde, Neumann, der nirgends unterkommen konnte, eine Existenz zu gründen. Über die Frage, die uns am meisten interessiert, nach der Beteiligung Kleists an dem Blatte geben die Briefstellen keine direkte Auskunft. Doch kann Kleists Mitarbeit keinem Zweifel unterliegen. „Wir Genossen Alle", schreibt Fouqué, „unterstützen das Blatt". Daß er zu den Genossen auch Kleist rechnete, geht aus der Briefstelle 17 hervor, wo er Kleist den „verlorenen Genossen" nennt. Uhland, der damals in Wien wie früher in Paris mit Varnhagen auf vertrautem Fuße lebte, sandte durch ihn Gedichte, die aber, wie spätere Briefstellen beweisen, von Neumann nicht mehr verwendet werden konnten und zurückgesandt wurden. Als Autor des Rosensonetts kann Uhland nicht ernstlich in Betracht kommen.

Die Frage nach dem Dichter des Rosensonetts glaube ich im Sinne Steigs beantworten zu müssen. Kleist und nur Kleist allein kann als Autor in Betracht kommen, und das Rosensonett gehört unter die Gedichte Kleists. Die Beweisführung Steigs wird um so überzeugender, je mehr wir Einblick gewinnen in den intimen Verkehr und den geistigen Austausch zwischen Kleist und den Männern, die hier in Betracht kommen. Insofern sind die Daten, die ich über die Beziehung Kleists zu Fouqué beigebracht habe, und ebenso die in dem folgenden Kapitel ein Beitrag zu dieser Frage.

Dazu kommt für mich ein äußeres Merkmal, das für Kleists Autorschaft zu sprechen scheint. Kleist besitzt die auffallende Manier, in seinen Gedichten die einzelnen Strophen zu beziffern. Schon in dem der Jugendzeit angehörenden Gedichte: Für Wilhelmine von Zenge, sind in dem ersten Abdruck (Wendts Musenalmanach) die einzelnen verschieden langen Strophen mit Zahlen von 1—8 überschrieben. Kleist hat diese Gewohnheit scheinbar bis an sein Lebensende beibehalten; ja, er pflegte sogar den einzelnen Strophen nicht bloß die Ziffer, sondern auch das §-Zeichen vorzusetzen. Denn in den Handschriften, die ich einzusehen Gelegenheit hatte, wie in dem Gedichte an die Königin Luise zur Feier ihres Geburtstages, Kriegslied der Deutschen u. a., sind die Strophen ebenso als Paragraphen bezeichnet wie die Absätze in dem „Lehrbuch der französischen Journalistik". In den Kleistausgaben hat man diese ganz eigenartige Manier Kleists ebenso unberücksichtigt gelassen, wie seine Interpunktion und manches andere. Und doch scheint sie mir sehr charakteristisch für den geschulten Logiker Kleist, der in der Mathematik die erste und Grundwissenschaft sah. Auf den Leser macht es einen befremdend nüchternen Eindruck, wenn sich in den glatten Fluß poetischer Verse die prosaischen Paragraphenzeichen hineindrängen.

Ähnlich nüchtern und prosaisch wirkt die Manier Kleists, seinen Gedichten außer der Überschrift noch einen Untertitel zu geben. Zur Feier, bei Gelegenheit, in der Voraussetzung, aus dem Zeitalter usw. usw. sind die Wendungen, deren sich Kleist für diesen Zweck bedient. Auch das Rosensonett hat einen Untertitel, und zwar einen besonders wortreichen, in welchem nicht bloß, wie gewöhnlich, die Gelegenheit, welcher das Gedicht seine Entstehung verdankt, sondern auch die Art der Überreichung angegeben wird. Diese peinliche Genauigkeit in dem Titel erscheint mir echt Kleistisch, und ich wüßte kaum einen anderen Lyriker, welcher so gewissenhaft und wenig poetisch seine Gelegenheitsgedichte kennzeichnet. Man vergleiche nur in diesem Punkte das Rosensonett mit Fouqués Brandenburgischem Erntelied (s. o.), welches mit keinem Worte und keiner Andeutung verrät, daß es sich auf die Königin Luise bezieht (vgl. Steig N. K. p. 90). Zugegeben, daß wir keinen absolut sicheren Nachweis für Kleists Autorschaft des Rosensonetts bisher haben — bei vielen anderen Kleistiana sind wir auch auf Treu und Glauben angewiesen — so glaube ich doch, daß die zahlreichen Indizien, die für Kleist sprechen, uns berechtigen, das Rosensonett in die Sammlung Kleist'scher Gedichte aufzunehmen.

Die folgenden Briefstellen bei Fouqué beziehen sich auf den Tod Kleists:

Fouqué an Varnhagen aus Nennhausen d. 1. Januar 1812.

(17) In tiefer Wehmuth dagegen schauen wir [1]) nach unsrem versunkenen Heinrich Kleist zurück. Ich bin mehr als erschüttert durch diesen Fall; ich bin so verwirrt, als ein Mensch werden kann, der den Glauben an Gott, Christus und Seeligkeit festhält; also, dem Himmel sei Dank, ich bin nicht irre, aber mit einem ordentlich stöhnenden Schmerze muß ich nach Heinrichs Grabe schauen. Es ist nicht so, wie ich es Anfangs dachte, mit jeder Nachricht über ihn legt sich mir ein dichterer Schleier über seine That. Ich habe kein Urtheil mehr in Beziehung darauf; nur den Schmerz fühle ich um den verlornen Genossen, und die Gewißheit, er könne nichts Unwürdiges gethan haben, oder auch nur gedacht. Daran halte ich mich und bete öfters für ihn. — Furchtbar ist es, daß er alle seine Papiere verbrannt hat, also gewiß auch viele Manuscripte mit. Zum Glück ist ein Trauerspiel, davon er mir in seinem letzten Briefe bedeutende Worte schrieb: der Prinz von Homburg, durch Verleihen an Freunde gerettet.

Fouqué an Varnhagen aus Nennhausen d. 2. April 1812.

(18) Du hast auch ganz Recht, daß Du in dieser Hinsicht trachtest, Geld zu erschreiben, aber, lieber Bruder, muß es denn grade im Morgenblatt sein? Es verletzt mich, wenn ich Deinesgleichen unter jenem Gesindel weiß, und das vorzüglich, seitdem der empörende Aufsatz über Heinrich Kleist dorten Raum gefunden hat. Ich habe eine Erklärung darüber eingesandt, weiß aber nicht, ob sie die Rechtlichkeit haben werden, sie abzudrucken.

Fouqué an Frau von Chézy aus Nennhausen d. 11. Mai 1812.

(19) Noch über die lieblich gütigen Worte, womit mich Ihr letzter Brief erfreute, theilte mir Hitzig durch die vor-

---

[1]) Wilh. Neumann, Loeben und der junge Dichter Georg Saegemund weilten als Gäste Fouqués in Nennhausen.

gestrige Post einen holden Gruß von Ihnen mit und die Botschaft, daß sich Ihr ehrwürdiger Großherzog an meinem Abschied von Heinrich Kleist erfreut habe. Dies Gedicht ist die Frucht einer schmerzenreichen, thränenheißen Stunde, derselben, in welcher ich die Bestätigung jenes bereits geahnten Schrecknisses erfuhr. Nie aber hat mich auch die tröstende Kraft der Poesie lebendiger durchdrungen, als grade damals. In liebevoller Wehmuth verschwamm alles Dumpfe, alles Stechende meines Leides, und ich durfte zu Gott hinaufblicken mit dem Vertrauen, er werde dem edlen getrübten Geiste recht bald jenseits aufthun das rechte Licht, den beseeligenden Himmelsstrom, der aus der wahrhaft christlichen Anschauung ausströmt in Erbarmung und Klarheit. — Die Angriffe, welche bald darauf gegen den Todten erfolgten, schmerzten mich, ohne mich zu einer Widerlegung aufzufordern, denn theils hatten die Leute von ihrem Standpunkte aus gewissermaßen Recht, theils war ich von dem näheren Historischen der That zu wenig unterrichtet, theils auch — legen Sie mir es nicht als Hochmuth aus — hielt ich die mehrsten Angreifer unter Kleists und meiner Würde. Da kam das ruchlose Gebelle im Morgenblatt, und ob es gleich niedriger war, als alles Übrige, konnte ich dennoch so wenig dazu schweigen, als hätte Jemand die Ruhe des edlen Leichnams mit frechem Hohn gestört. Ich setzte eine Aufforderung an den Ungenannten auf, sich mir persönlich zu nennen, damit ich wisse, wie ich eigentlich mit ihm umzugehen habe und begehrte, daß sie im Morgenblatt abgedruckt würde. Das geschah nicht, aber man verweigerte es auch nicht, und hielt die Sache so hin. Darüber bekam der Schmähschreiber einen andern viel zu milden Gegner, zog sich vor ihm mit feigem Trotze zurück, wickelte sich dicht in seine durchsichtige Anonymität und erklärte, nie wieder ein Wort über diesen Gegenstand zu schreiben. Was soll ich nun mit ihm anfangen? Noch fortfahren, an einem sichtlich Erlegenen zu rupfen, geht nicht. Zudem hat er ohne Zweifel meine Aufforderung gelesen, und das Publikum hat gesprochen. Er mag denn also laufen und seine auf sich selbst herabgeschmähte Schmach mitnehmen."

In einer würdigen Form spricht Fouqué über den Tod des Freundes, würdig insofern, als er bekennt, nichts zu wissen, als er sich jedes Urteils über die Tat selbst enthält und keinen Vorwurf bereit hat. In demselben Sinne hat er sich an verschiedenen Stellen vor der Öffentlichkeit geäußert, wie überhaupt Fouqué in der Folge für den verstorbenen Kampfgenossen und Freund, wie wir sehen werden, von allen, die Kleist im Leben nahegestanden, am häufigsten ein kurzes und zutreffendes Wort fand. Kleists Brief vom 15. August des Todesjahres, in dem er ihm nicht ein Trauerspiel, sondern „ein vaterländisches Schauspiel" ankündigt, nennt Fouqué den letzten. Ob er wirklich den Schluß der Korrespondenz bedeutet, können wir nicht ergründen; jedenfalls können wir die freundschaftlich-intimen Beziehungen zwischen Fouqué und Kleist noch weiter verfolgen. Mitte September schreibt Fouqué an Eberhard: „Wenn es Ihnen nicht zu weitläufig ist, erbiete ich mich auch gern, Ihren Brief an ihn (scil Kleist) zu besorgen. Wir stehen in freundschaftlichem Verkehr miteinander."

In dem 18. Zitat kommt die Erbitterung Fouqués über das Morgenblatt und die Schmähungen gegen das Andenken Kleists zum Ausdruck. Wir erfahren, was wir auch aus einem anderen Briefe wußten (Steig, B. K. p. 685), daß Fouqué sich gegen den Schmähartikel rührte, und mit den Einzelheiten seines Vorgehens macht uns schließlich die letzte an Frau von Chézy gerichtete Briefstelle (19) bekannt. Fouqué hat nicht, wie Steig annimmt, eine Verteidigung Kleists und einen Aufsatz in diesem Sinne an das Morgenblatt geschickt, in einer Fassung, die Steig aus einem Artikel in der Zeitung für die elegante Welt vom Jahre 1821 herauslesen zu können glaubt, sondern Fouqué hat sich zunächst genügen lassen, eine öffentliche Aufforderung an den ungenannten Verfasser des Schmähartikels dem Morgenblatt einzuschicken, die niemals abgedruckt wurde. Daräuf bezieht sich die Angabe in einem seiner Briefe aus 1812: „Das Morgenblatt scheint meine Aufforderung wegen des darin abgedruckten Schmähangriffes auf den edlen Toten nicht bekannt machen zu wollen." Da Fouqué von der „durchsichtigen Anonymität" des Ehrenmannes spricht, läßt sich wohl annehmen, daß ihm der Name des Verfassers jenes Schmähartikels, bekannt war, und es bleibt immerhin sonderbar, daß er ihn so ohne Weiteres laufen ließ. Der Literaturforschung unserer Tage bot die durchsichtige Anonymität des elenden Skribenten im Morgenblatt die Gelegenheit zu einem erheiterndem Zwischenfall. Steig glaubte das —s— in der Unterschrift, „die Autorschaft verhüllend und lüftend zugleich" (?), auf S. Ascher beziehen zu müssen, wobei er sich allerdings auf die unverständliche Angabe Arnims beziehen konnte: der Schimpf im Morgenblatt stamme aus einer jüdischen Feder; H. H. Houben widerlegte Steigs Ansicht und wies mit wissenschaftlicher Gründlichkeit nach, daß F. C. Weißer das Heldenstück gegen den Verstorbenen vollbracht hat. Wer seinen Zolling kennt, dem war dies keine neue Entdeckung; er konnte in Zollings Kleistausgabe zweimal auf Seite XCVII und Seite CXL, wo er den Morgenblattartikel im Auszug wiedergibt und die Kontroverse Morgenblatt — Eberhard bespricht, lesen, daß der seichte Vielschreiber F. C. Weißer an dem Katafalk des Dichters sein Armensünderlicht angezündet hatte.

Fouqué hat sich sofort nach Kleists Tode an anderer Stelle kurz über seinen Freund ausgesprochen. Im Anfange des Jahres 1812 veröffentlichte er in den „Erholungen"[1]) ein Gedicht, betitelt Abschied von Heinrich von Kleist. Das Gedicht ist später abgedruckt in Hoffmann v. Fallerslebens „Findlingen" (S. 252). Auch in der Sammlung Fouquéscher Gedichte aus den Jünglingsjahren (Cotta 1816) findet sich das Gedicht; die Abweichungen vom ersten Abdruck in den „Erholungen" sind nur unbedeutende. Die Angabe unter dem Titel: den 27. Oktober 1811

---

[1]) Erholungen, ein thüringisches Unterhaltungsblatt für Gebildete. Erster Jahrgang 1812. Januar, Erfurt.

ist offensichtlich ein Irrtum. Von diesem Gedicht ist in der Briefstelle (19) die Rede. Dem Gedicht ist eine redaktionelle kurze Bemerkung beigefügt, die zweifellos, wenngleich „Die Redaktion" unterschrieben, von Fouqué herrührt. Der redaktionelle kurze Zusatz, den ich nirgends sonst erwähnt finde, hat den folgenden Wortlaut:

Es sei für diejenigen hier bemerkt, die noch keine Kunde davon haben: Heinrich von Kleist, dieser originell-kühne, feurige, deutsche Genius, hat am 21. November 1811 diese Welt verlassen. Indem wir die Motive zu seinem Tode, wie die Art desselben, als noch nicht genugsam erörterten Gegenstand übergehen, weisen wir auf die ausgezeichneten Produktionen seines Geistes hin; wozu wir (als uns bekannt) seinen Zerbrochenen Krug, Käthchen von Heilbronn und die Erzählungen in 2 Bänden zählen. D. Redakt.

So kurz der redaktionelle Vermerk ist, so enthält er doch in wenigen Worten eine so unumwundene und volle Anerkennung des Kleistischen Genius, wie sie in jener Zeit und besonders unter dem frischen Eindrucke von Kleists Tat nirgendswo laut wurde. Wenngleich Fouqué noch andere Werke Kleists bekannt sein mußten, als die hier erwähnten, so zweifle ich doch nicht, daß die wenigen Zeilen aus seiner Feder stammen. Jedenfalls war Fouqué aus dem ganzen Freundeskreise um Kleist derjenige, der ihm in Dichtung und Prosa den frühesten, schönsten und zutreffendsten Nachruf widmete; ihm gebührt weiter auch der Ruhm, wie kein anderer das Gedächtnis an den früh verstorbenen Freund wacherhalten und auf die Bedeutung seiner Werke hingewiesen zu haben.

Auch Eberhard, der sich in der Salina (1812 II. Bd. 115) in eine Polemik mit dem Morgenblatt einließ, hatte sich vorher in einer regen Korrespondenz (siehe Zolling) mit Fouqué über Kleist und seinen Tod unterhalten und die Informationen von einem Offizier und Kriegskameraden Kleists, auf die er sich beruft, werden sicher von Fouqué stammen. Zolling (CXLIV) druckt die Nachschrift aus der Salina vollständig ab, hingegen hat er die Bemerkung in der voraufgehenden Erwiderung auf das Morgenblatt fortgelassen resp. übersehen:

„Das Beispiel, heißt es dort, vom Seiltänzer und Schieferdecker, ist bloß witzig, aber hier nicht anwendbar. Die äußere Veranlassung, durch welche ein Seiltänzer den Hals bricht, liegt offen vor jedermanns Augen; aber die Motive, welche Heinrich v. Kleist zum Selbstmord bestimmten, sind zur Zeit noch nicht enthüllt, und werden auch wohl nie befriedigend enthüllt werden können."

Die Zeit hat dem Schreiber bisher recht gegeben. Ein ganzes Jahrzehnt hat Fouqué fast ununterbrochen das Andenken des Freundes hochgehalten. Eine ausführliche Besprechung des äußeren Lebensganges Kleists bringt in einem von Steig abgedruckten (B. K.) Aufsatz „Über die drei Kleiste" im Jahrgang 1821 die Zeitung für die elegante Welt und eine enthusiastische Würdigung der Hauptwerke Kleists bringt er im „Morgenblatt für gebildete Stände" im Jahre 1816 (Nr. 53 und 54) unter dem Titel „Ein Gespräch über die Dichtergabe Heinrich von Kleists" — eine ziemlich ungenießbar-langweilige Unterhaltung einer für Kleists Genie schwärmenden Teegesellschaft.

Gegenüber dem offensichtlichen Kultus, den Fouqué so lange Jahre mit dem verstorbenen Freunde trieb, muß die Tatsache doppelt befremden, daß er in seiner Autobiographie nur sehr spärlich, zurückhaltend und kühl über diese Phase seines Lebens zu berichten weiß. Dies allein mit der Länge der Zeit und aus der Schwäche des Gedächtnisses zu erklären, erscheint mir nicht zutreffend und befriedigend. Eine Erklärung können wir nur finden, wenn wir einen kurzen Blick auf den Lebensgang Fouqués werfen, und es erscheint mir das wichtig genug, weil wir auf diese Weise am besten ein zutreffendes Urteil über Kleist als Freund und Menschen gewinnen können.

Fouqué begann seine schriftstellerische Laufbahn mit glänzendem Erfolge und erwarb sich sehr bald unter seinen Freunden und im Publikum eine gewisse Hochschätzung und einen glänzenden Namen. In seiner sehr reichen Produktion — er nennt sich selbst in einem Schreiben an Varnhagen: Polygraph und Tachygraph — liegt gewiß eine fortschreitende Entwicklung, die ihren Höhepunkt erreichte, als er gerade im Todesjahre Kleists seine Erzählung „Undine" herausgab, zweifellos die vorzüglichste seiner Arbeiten und die einzige, die auch heut noch sich wohlverdienter Beliebtheit erfreut. Eine gleiche Höhe hat Fouqué niemals erreicht, im Gegenteil, schon wenige Jahre nach Kleists Tode konnte seinen nächsten Freunden und Verehrern die sinkende poetische Kraft nicht verborgen bleiben. Schon 1813 nannte Tieck, wie aus einem Schreiben an F. Schlegel[1]), Fouqués Intimus, hervorgeht, seine Dichtungen maniriert, flüchtig usw.; wenige Jahre später schreibt Robert in einem ungedruckten Briefe an Varnhagen (26. III. 1816): „so auch geht es Fouqué, der jetzt alle Augenblicke hier ist und durch seine Persönlichkeit seinen sinkenden Ruhm nicht zu heben vermag". Und ein Jahr später schreibt Varnhagen, der am längsten und mit der größten Verehrung dem Menschen und Dichter Fouqué anhing, sehr absprechend über ihn und seine Leistungen. Das Publikum urteilte sehr bald im ähnlichen Sinne; schon nach 1820 versagte es ihm die früher so reichlich bewiesene Teilnahme, und Fouqué war das traurige Schicksal beschieden, etwa zwei Jahrzehnte seinen Ruhm zu überleben. Boshaft aber doch zutreffend pflegte sich Tieck [2]) in seinen Tischreden zu äußern: „Fouqué ist die Verwesung des Apfels, seine Frau die Verwesung des Fleisches." Es ist auch zweifellos, daß schon in seiner besten Zeit Fouqués Briefe an vielen Stellen pathologische Züge erkennen lassen. Als er seine Autobiographie schrieb war Fouqué in seinen äußeren Verhältnissen sehr heruntergekommen — er lebte im letzten Jahre von der Gnade des Königs — und sein Wesen hatte einen stark ausgesprochenen pietistischen Zug angenommen. Nichts an ihm erinnerte mehr

[1]) Briefe an Ludwig Tieck von Holtei III 337.

[2]) Wilh. Chezy: Erinnerungen aus meinem Leben.

an die edle ritterliche Erscheinung mit dem romantischen Zug, der poetischen Begabung und dem frohen Soldatenmut. Den Höhepunkt in Fouqués Schaffen bedeutet die Zeit persönlichen Verkehrs und brieflichen Austauschs mit Kleist. Das beweist die Undine, das beweisen die beiden Gedichte aus den „Totenklagen" auf die Königin Luise und auf Kleist, welche sich wohltuend unterscheiden von den übrigen Gedichten Fouqués, den süßen lyrischen Kolibris, wie sie spöttisch Heine zu benennen pflegte. Das aber erscheint mir zweifellos, daß an Fouqués poetischer Entwicklung Kleist mittelbar und unmittelbar beteiligt war. Dabei lasse ich es unerörtert, ob Kleist wirklich, wie es sich annehmen läßt, Fouqué zur Undine die Anregung gegeben hat, die Hauptsache bleibt, daß Kleist bei Fouqué wie bei anderen Freunden stets der gebende und anregende gewesen ist; „liebevoll und innig" schreibt er über ihre Leistungen, ganz enthusiasmiert spricht [1]) er über ihre ersten poetischen und literarischen Versuche, und das selbstloseste Freundesgemüt gibt sich darin zu erkennen, wenn er, der Dichter des Homburg, von Fouqués vaterländischen Schauspielen schreibt, er sei ihnen einen Tag der herzlichsten Freude schuldig und gewisse Stellen aus dem Waldemar gehören zu den musterhaftesten der deutschen Literatur. Gewiß das soll keine Redensart sein, keine Verlegenheitsphrase, wie Steig andeutet, sondern das liebevolle Eingehen eines Freundes, der völlig selbstlos, unterstützend und anregend auf seine Umgebung wirkt. Genau wie der Schüler und Bräutigam Kleist stets bedacht ist, belehrend und bildend die Schwester und die Braut zu beeinflussen, so wendet er seinen Freunden gegenüber alles auf, um sie geistig anzuregen und ihre Fähigkeiten zu entwickeln. Man lese nur in diesem Sinne die Briefe und die Aufsätze an Rühle, dessen produktives Schaffen ja in der Tat niemals die Höhe erreichte, wie in der Lebensphase mit Kleist. Für Fouqué und zweifellos für manchen anderen noch war Kleist die Sonne, die mit ihren erwärmenden Strahlen

[1]) Brief an Pfuel über Rühle, Juli 1805.

ihre Fähigkeiten zur vollen Entfaltung brachte, und deren Untergang für sie einen unersetzlichen Verlust bedeutete. Der Freundeskultus Fouqués war ein berechtigter und mehr als das, ein für ihn notwendiger, aus ihm spricht nicht bloß die Dankbarkeit, sondern das instinktive Gefühl, daß das Festhalten in der Erinnerung ihm Halt und Stütze gewähren könne. Als er wenige Jahre vor dem Tode seine Denkwürdigkeiten schrieb, mögen kleinliche Gesinnung, Eifersucht, Mißgunst und Pietismus ihn abgehalten haben, die Verdienste des Freundes aus seiner Jugendzeit rückhaltlos und ehrlich einzugestehen.

Varnhagen erwähnt auf einem Zettel neben Fouqué gelegentlich Wilhelm Schütz, dessen äußerer Lebensgang in der Tat eine gewisse Ähnlichkeit mit dem Fouqués aufweist. Wir besitzen kein Dokument, welches auf eine persönliche Beziehung des Lacrimus-Schütz zu Kleist hinweist. Indessen spricht sehr vieles für eine solche. Der Ritterschaftsrat W. v. Schütz, welcher, bürgerlich geboren, geadelt wurde, um die Gräfin von Frankenstein heiraten zu können, verkehrte viel in dem Kreise, dem auch Kleist nahestand: Bernhardi, Chamisso, Neumann, Fouqué, Varnhagen; er war der Schwager der Henriette Hendel-Schütz, der vertrauten Freundin Kleists; er suchte nach Kleists Tode pietätvoll möglichst viel aus dem Briefwechsel Kleists mit seiner Schwägerin zu retten. Varnhagen sagt von ihm, er sei ein schöner, blondlockiger junger Mann gewesen, von Anmut, Freiheit und Ruhe. Seine letzte Erscheinung war ganz das Gegenteil der früheren. Verkümmert, mit eingefallener Nase, mutlos, erfüllt mit Vorurteilen und Aberglauben, war er das Zerrbild seiner selbst geworden. „Wie den auch ganz versunkenen Fouqué mußte ich ihn tief bedauern und konnte nichts mehr mit ihm haben."

Wir bewegen uns auf einem unbekannten Gebiete, auf dem fast alles noch Hypothese und Vermutung ist. Aber so viel glaube ich doch behaupten zu können, daß Kleist den meisten seiner Freunde viel zu früh gestorben ist.

Fouqué führte in den Jahren, um die es sich hier handelt, fast ein gemeinsames Leben mit dem Grafen Loeben, der den größten Teil des Jahres auf Fouqués Gute weilte. Die gleichen Anschauungen in literarischen, religiösen und anderen Fragen, dieselben freundschaftlichen Beziehungen hielten beide zusammen. Deshalb sei hier im Anschluß an Fouqué die Stellung Loebens zu Kleist besprochen.

Der Graf Otto Heinrich von Loeben hat während einer Reihe von Jahren mit Heinrich von Kleist in einem regen persönlichen und literarischen Verkehr gestanden. Seine Mitarbeit am Phöbus, sein allerdings nur vereinzelter Beitrag in den Abendblättern stellen dies außer Zweifel, und ebenso seine intimen Beziehungen zu den Kreisen und Persönlichkeiten, die Kleist namentlich in seiner letzten Periode nahestanden. Steig hat an verschiedenen Stellen (Berl. Kämpfe und Neue Kunde) ausführlich das Verhältnis der beiden zueinander behandelt. Aus seinen Angaben geht hervor, daß Loeben und Kleist sich in Berlin im Jahre 1810 persönlich nahetraten, und daß die „furchtbare Einladung", welche am 22. März 1811 in den Abendblättern erschien, zwar mit „O. H. Graf von Loeben" gezeichnet, nach Inhalt und Stil aber Kleist angehört.

Ich bin in der Lage, die Angaben Steigs über das Verhältnis Loebens zu Kleist zu ergänzen, und zwar nach Äußerungen Loebens selbst über Kleist. Sie beweisen uns, was wir bisher nur vermuten konnten, daß die beiden sich schon früher und zwar während Kleists Dresdener Aufenthalt persönlich nahetraten, und daß Loeben nach Kleists Tode als einer der ersten öffentlich für den Dichterruhm Kleists eintrat.

Eine Erwähnung Kleists finde ich in einem ziemlich umfangreichen Briefwechsel des Grafen mit Hermine von Chézy, der in Loebens romantischer und mystisch verschwommener Schreibweise eine sehr intime Beziehung zwischen Briefschreiber und -empfängerin vermuten läßt. Hier heißt es in einem Briefe Loebens aus Radmeriz (bei Görlitz) vom 6. Oktober 1814:

„Meine Vaterstadt, die im Jahre 1806 wirklich etwas von Florenz hatte und damals durch Ad. Müller, die liebliche Abendzeitung, die vielen vereinigten Maler, Heinrich v. Kleist, Schubert, mehrere andere ausgezeichnete Köpfe (z. B. Pfuhl, Rühl, von Bose) sehr schön emporblühte — Böttiger nicht zu vergessen —, ist freilich jetzt in keinem erfreulichen Zustande."

Offenbar ist die Jahresangabe 1806 nicht richtig; Kleist kam erst ein Jahr später nach Dresden. Sonst finden wir in dieser flüchtigen Notiz die Namen aller der Personen angeführt, die in Dresden zum nächsten Verkehr Kleists gehörten (s. o.). Seiner persönlichen Bekanntschaft mit Kleist und Ad. Müller wird es Loeben verdankt haben, wenn seine drei Gedichte im XII. Stück des Phöbus Aufnahme fanden.

Loeben fand bald nach Kleists Tode eine Gelegenheit, öffentlich für seinen Freund Partei zu ergreifen. In ihren „lettres de l'Allemagne" hatte Frau von Staël, die in Dresden Kleist und seine Freunde durch Gentz persönlich kennen gelernt hatte, Kleist als Dramatiker und Novellisten völlig unerwähnt gelassen. In einer umfangreichen Gegenschrift, die noch in demselben Jahre in Buchform erschien, trat Loeben für den Freund ein. Die Äußerung Loebens über Kleist ist bisher unerwähnt geblieben; sie ist für uns schon deshalb interessant, weil sie eine Charakteristik des Dramatikers Kleist von dem einseitigen und kurzsichtigen Standpunkt Loebens aus enthält. Das Buch Loebens ist betitelt:

Deutsche Worte über die Ansichten der Frau von Staël von unserer poetischen Literatur in ihrem Werk über Deutschland von Isidorus (Otto Heinrich Graf von Loeben), Heidelberg 1814. Hier heißt es auf Seite 150:

Fouqué ist aber nicht der einzige Dichter von Bedeutung, den Fr. v. St. hier übergangen hat. Eine Natur von großem praktischen Talent für das gegenwärtige Theater, war der zu früh und zu unglücklich untergegangene Heinrich von Kleist. Der sinnlichen Naturkraft und dem gestalteten Irdischen mehr als dem inneren Leben zugewendet, erfreuten sich seine Dramen einer großen historischen Wahrheit, einer kecken Bemächtigung des Lebens und einer freien Darstellung, die ihn, bei einem tieferen Studium, mehr, als irgend einen der deutschen Dramatiker, zu einem Nachfolger Shakspeare's geeignet haben würde. Seine Stärke war mehr das Gewordene als das Werdende, mehr die Erscheinung, als die Bedeutung; mehr keck und fleißig zugleich war er in Umrissen und Zeichnung, bedeutend im Gruppiren, als seelenvoll im Ausdrucke; entwickelnd und groß, aber nicht weiblich wie die Natur; mehr schien er dem antiken als dem romantischen Style verwandt, fast zu los von beiden ergriff er wohl oft das Moderne. Er war ein Kenner und Freund der französischen Litteratur, und hätte schon als Verfasser des Amphitryon nach Molière die Aufmerksamkeit der Fr. v. St. auf sich ziehen müssen. Die aesthetischen Gründe ihres Stillschweigens sind um so räthselhafter, da sie an dem von ihm und Ad. Müller gemeinsam herausgegebenen Phoebus Theil nahm, und schon von daher diesen ausgezeichneten Dichter kennen mußte, wie sie ihn ja auch, so viel wir wissen, persönlich gekannt. Es ist liebevoller, seinen Tod als sein Leben zu verschweigen! Im folgenden Kapitel, das von den Comödien handelt, ist ebenso wenig von einem seiner Stücke die Rede. Der zerbrochene Krug, das Käthchen von Heilbronn, das Fragment von Robert Guiscard, u. s. w. gehören doch zu dem Besten, was wir haben.

(Es folgt als dritter „herrlicher Dichter", der bei der Staël unerwähnt gebliebene Wilh. v. Schütz.)

Weiter auf Seite 196: Analyse aller Romane wurde nicht verlangt, wohl aber wäre die Verfasserin eine vollständigere Erwähnung des Vorzüglichsten, ihrem Gegenstand und der Wahrheit schuldig gewesen. Da Heinrich von Kleist, de la Motte Fouqué, L. A. v. Arnim, Clemens Brentano unter den Dramatikern nicht genannt worden, so war es doch wohl der poetischen Gerechtigkeit gemäß, sie hier als Verfasser ausgezeichneter Romane und Novellen zu nennen.

Ein Hinweis auf diese Ehrenrettung Kleists findet sich in der Korrespondenz Loebens mit Frau v. Chézy. In einem Brief aus Radmeriz vom 30. Juli 1814 heißt es, nachdem er der Reihe nach „die freundlichen Anfragen und Winke über sein Werk kontra Fr. v. Staël und pro Deuſchlands Ehre" beantwortet hat: „Sie erinnern sich einer Stelle des Werkes, wo ich über Heinrich von Kleist gesprochen habe. Ich hoffe, daß ich das Wort und faltenwerfend (wie die Natur) ausstrich; vielleicht hab' ich es auch vergessen; dann thun Sie es noch."

Die bisher übersehene Kritik Loebens ist von besonderer Wichtigkeit deswegen, weil sie die Stellung Kleists zu den Romantikern klarer stellt, als alles, was bisher darüber geschrieben ist. Loeben kennzeichnet ganz scharf die Grenze, welche Kleist von den Romantikern trennt. In der Tat trotz alles Romantischen im Käthchen, im Homburg usw., in den Erzählungen, trotz der Todes-Litanei, ist Kleists Berührung mit der Romantik und ihren Vertretern nur eine äußerliche, die den Kern seines Wesens weder als Dichter noch als Mensch trifft. Es ist interessant genug, daß die intimsten Freunde Kleists sich dieses durchgreifenden Unterschiedes klar bewußt waren, und es ehrt Loeben, wenn er unbefangen trotzdem Kleist den größten Dramatiker seiner Zeit nennt und ihn mit Shakespeare in einem Atem erwähnt. — Hinter dem absichtlichen Stillschweigen der Staël werden wir eine persönliche Differenz mit Kleist vermuten müssen.

## VI. Kapitel.

# Varnhagens Beziehung zu Kleist.

In seinen „Denkwürdigkeiten des eigenen Lebens" erzählt Varnhagen, daß er im Winter 1803—1804 durch Brockes und Alexander v. d. Lippe die Bekanntschaft Kleists machte, der damals noch seine dichterische Betätigung geheim hielt, „überhaupt den Genius und die Kunst noch nicht verriet, durch die er sich nachher berühmt gemacht", der sich dem übrigen Kreis junger Männer freundschaftlich anschloß, den er als „anteilvollen Strebenden" und als einen liebenswürdigen, beliebten jungen Mann schildert. An dieser Stelle druckt er auch wortgetreu die Eintragung Kleists in sein Stammbuch ab vom 11. August 1804, mit der Kleist Abschied nahm von Varnhagen, den er, abgesehen von dem flüchtigen Aufenthalt in Dresden, Oktober 1808 (Varnhagen an Rahel I 73) nicht wiedersah, und mit der er in der Unterschrift „Wir aber wollen einander gut b l e i b e n" zum Ausdruck bringt, daß sie Freunde sind und waren. Steigs Behauptung, daß Varnhagen den Dichter beinahe nie gesehen und gekannt hat, entspricht nicht den Tatsachen. Über die weitere Beziehung der beiden zueinander und über ihre Gesinnung geben uns einige, allerdings nur spärliche Briefstellen Auskunft aus der Korrespondenz Varnhagens mit Fouqué, die ich zunächst in chronologischer Reihenfolge hier wiedergebe.

(1) Berlin d. 28. Dezember 07. (Postscript.)

Um Gotteswillen kein Morgenblatt! Lieber noch die Abendzeitung, da geht man wenigstens drauf zu Bett! Am ehesten noch den Föbus, dessen Federn man freilich noch nicht kennt.

(2) Berlin d. 9. Februar 08.

Was sagst Du zu den Föbusrittern? Sollte man sie nicht strafen mit Boileaus Vers: pour eux Phébus est sourd et Pegaze est rétif!! Das Pochen auf Goethe und dann auch auf's Honorar ist doch schändlich! Mir thuts besonders leid um Kleist, der sonst ein guter, lieber Mensch war, auch noch jetzt in Bernhardis Sache mir treuen und guten Dienst leistet. Ich werde Dir lieber zum Prometheus rathen, der scheint solider — — —

(3) Berlin d. 4. April 08.

Wo sind denn die ersten Schriftsteller Deutschlands, welche man als Mitarbeiter im Föbus versprach? Ich finde bis jetzt nur Adam Müller und Heinrich Kleist, und wiederum Heinrich Kleist und Adam Müller. Doch hat mir Kleists Erzählung von der Markise wohl gefallen, sie ist geschickt und gebildet, aber — das ist wichtig — gebildet wie die Erzählung eines Weltmanns, nicht gebildet wie die eines Dichters, in diesen wenigen Worten glaub' ich Kleists ganzes Wesen bestimmt ausgesprochen zu haben, und wenn auch preißwürdig mir dieses Talent erscheint, und selbst den Kleist ich persönlich liebe, so muß es doch bitter schmerzen, einen solchen an der Spitze eines Journals zu sehen, das versprochen hat mit Kunst und Poesie die Nazion zu erfreuen. Der große Cervantes würde nimmer sagen: in dem . . . . . . Kriege, ein Oberst der . . . . . Truppen, bei der Bestürmung von M . . . . ., die Markise von O . . . . O über den ekelhaften Kerl, der als Dichter ordentlich an sich halten will und beileibe nicht die ganze Welt enthüllen mag, in der seine Gestalten leben! —

(4) Berlin d. 30. Juni 08.

Im Freimüthigen waren gelegentlich einer Rezension des Föbus Deine Romanzen ziemlich gelobt.

(5) Berlin d. 3. August 08.

Von Adam Müller und Heinrich Kleist weiß ich kein Sterbenswort, aber an ihren Tod scheint man glauben zu müssen.

(6) Berlin d. 20. Septembr 08.

Deine Briefe können uns [1]) hier nicht mehr treffen, wohl aber in Dresden, wo wir einige Zeit bleiben, etwa vierzehn Tage, und wo ich Heinrich Kleist aufsuchen werde.

(7) Dresden d. 13. Oktober 08.

Heinrich Kleist habe ich noch nicht gesehen, er ist verreist, hat mir ein freundliches Billet geschickt vorher, da ich aber schon nach Leipzig hinüber war. Der Adam hat auf meine abgegebene Karte nichts gethan, läßt er mich laufen, laß ich's ihn auch recht gern. Sehr leid ist mir, daß ich Pfuel nicht aufzufinden weiß, da Kleist nicht hier ist; wenn er aber, wie man glaubt, in ein paar Tagen wiederkommt, kann ich auch wohl noch Pfuel mit ihm besuchen. Kleist ist mir immer sehr lieb, so schweren Tadel ich an seinen nicht undichterischen Werken üben muß, der Adam verdirbt ihn, sie bilden ihm, sagt man, ein, daß er Shakspear sei! Den Dokt. Schubert habe ich nicht kennen lernen; er soll kränklich sein; weil er ein Freund von Karl von Raumer ist, der mich hintergangen, mag ich nichts mit ihm haben. Des Mahlers Hartmann Bekanntschaft hatte Harscher gemacht, ich hab' ihn noch einige Mal gesehen, ohne viel Gutes noch viel Böses von ihm sagen zu können.

(8) Steinfurt d. 18. November 10.

An Kleist meinen besten Glückwunsch zu seinen herzerfreuenden Arbeiten.

(9) Burgsteinfurt d. 24. Dezember 10.

Grüße Bernhardi, Hizig und besonders meinen lieben Kleist! — — — — Apropos! lasse Dir doch von Kleist seine Gedichte aus dem Sommer 1809 zeigen, es ist Gold darunter, und lauter edles Erz, ein Gedicht an den Kaiser Franz, ein Sonett an die Königin von Preußen und ein Jagdlied, das anfängt: „Zottelbär" sind ganz herrlich. Mir hat sie sein Freund, Baron von Buol, in Prag mitgetheilt.

---

[1]) Varnhagen und seinen Reisebegleiter Harscher.

(10) Prag, den 19. Dezember 11.

Du warst wohl nicht weniger als ich bestürzt über Kleists traurigen Ausgang, mein innig geliebter Freund! Eine so herrliche Dichterseele, ein so schönes Talent missen wir nun, Freunde des Mannes und seiner Kunst! Zwei Tage bevor mir Brentano, denn dieser erfuhr es zuerst, die Nachricht brachte, hatte ich mit steigendem Vergnügen den zweiten Theil der liebevollen Erzählungen durchgelesen, und indem ich mit Liebe bei seiner Dichtung verweilte, ging ich unmerklich in das Gefühl des Wohlgefallens über, das ich mir für unser Wiedersehen dachte, ein Ereigniß, das mit vielen andern ich seit langer Zeit gewohnt war, mir nahe zu denken, so lange nämlich, als mein Verlangen schon dauert, nach Berlin zu kommen; und wenn nicht aber dort, doch wenigstens im Preußischen fortan zu leben. Noch weiß ich keine näheren Umstände von Kleists sonderbarem Ende, allein nach allem, was mir Pfuel, was mir Brentano von seinen Eigenheiten und seinen letzten Schicksalen erzählt haben, bedarf ich eben keiner Erklärung; die Wege sind mir nicht fremd, deren Ziel so aussieht. Der Körper muß sich gefallen lassen, von dem Leid der Seele fortgerafft zu werden, während er selbst noch frisch könnte weiterleben, und er macht es mit der Seele oft nicht besser. Aber wie sehr am äußersten Rande muß der Arme noch gelitten haben, ehe er mit sich auch sein Talent, das er vergötterte, zu vernichten sich entschließen konnte. Pfuel war überaus getroffen, aber ihm war es nicht unvorhergesehen gewesen, und nur unerwartet, daß es schon jetzt geschehen sei. Laß mich hinwegblicken von dem in tausendfältiger Verwirrung Abgeschiedenen auf dein freundliches, einfaches, liebevolles Leben und Dichten!

Die Äußerungen Varnhagens sagen uns wenig, sind aber doch nach mancher Richtung geeignet, unsere Vorstellungen zu ergänzen und zu verbessern und bringen dazu auch einzelne neue Tatsachen. In erster Reihe konstatieren wir, daß Varnhagen stets in den anerkennendsten Worten von Kleist als Menschen spricht. Er nennt Kleist einen lieben, guten, herrlichen

Menschen, von dem er immer von neuem versichert, wie sehr er ihn liebt. Im übrigen dieselben heftigen, uns unverständlichen Angriffe gegen den Phöbus, wie bei Fouqué, Angriffe, die Varnhagen später in „Galerie von Bildnissen aus Rahels Umgang" (II 145) wiederholt hat. Kindlich und lächerlich muten uns heut des jungen Varnhagen Urteile an über die Markise und andere Werke Kleists, desto wohltuender wirkt seine Begeisterung für die „herzerfreuenden Arbeiten" Kleists in den letzten Äußerungen. Varnhagen hat in seinen Veröffentlichungen stets Kleists Genius in voller Anerkennung gehuldigt. Die Äußerungen des jungen, für die Romantik, Fouqué und Loeben schwärmenden Varnhagen in 1—3 können nicht in Betracht kommen gegenüber seinem Urteil in gereiften Jahren, wo er Kleist in dem folgenden Zusammenhang [1]) erwähnt: „Die Genies, die aus preußischen Offizieren hervorgehen, haben einen eigentümlichen Karakter, in welchem sich Strenge und Bitterkeit, Mut und Scherzlaune vereinigen, so Heinrich von Kleist, Heinrich von Bülow, Gaudy, Chamisso und jetzt auch Sallet; in früherer Zeit auch Fouqué, doch dieser am wenigsten."

In 2 erfahren wir die bisher unbekannte Tatsache, daß Kleist in Bernhardis Sache, während er in Dresden weilte, Varnhagen „treue und gute Dienste leistete". Kleist muß also nach seiner Abreise von Berlin bis zum Februar 1808 mit Varnhagen direkt oder indirekt soweit in Verbindung gestanden haben, daß er seine Hilfe, als er sie in Dresden brauchte, in Anspruch nehmen konnte. Über die Angelegenheit Bernhardis, um die es sich hier handelt, findet sich wenig in seinen Biographien, wir finden aber reichliche Aufklärung in Varnhagens und Bernhardis (noch ungedruckten) Briefen.

Aug. Ferdin. Bernhardi, geboren 1769, Berliner Schulmann aus der Schule F. A. Wolfs, Meierottos, und Gerickes, durch seine „Sprachlehre" ein Bahnbrecher der neueren Sprach-

---

[1]) Tagebücher von Varnhagen d. 28. September 1844.

wissenschaft, war der Lehrer und später der intimste Freund und Schüler Tiecks. Die Bekanntschaft mit Tieck datiert seit 1791, als Tieck Primaner des Friedr. Werderschen Gymnasiums war. Die Ehe mit Tiecks Schwester Sophie war keine glückliche; sie wurde wiederholt von langwierigen Krankheiten heimgesucht. Nach der Geburt ihres dritten Kindes (1802) verfiel die kurz zuvor durch den Tod ihres zweiten Kindes tiefgebeugte Frau in so schweres Siechtum, daß sie Berlin verlassen, nach Thüringen übersiedeln und für längere Zeit im Hause des Bruders Unterkunft suchen mußte [1]). Offenbar war es der einst so geliebte und verehrte Schwager, der die Scheidung Bernhardis von seiner Schwester in die Wege leitete. Die Scheidung zog sich von 1803 ab durch lange Jahre hin, Varnhagen stand auf Bernhardis Seite, und es begann ein außerordentlich erbitterter Kampf zwischen Bernhardi und Tieck, wie er zum Ausdruck kommt in einem (ungedruckten) Briefe Bernhardis an Varnhagen und in einem Briefe Tiecks [2]) aus späterer Zeit (25. November 1829) an Wolfg. Menzel. Die Briefe strotzen von gegenseitigen Verdächtigungen und Bezichtigungen, die schlimmsten Charaktereigenschaften, die schwersten Vergehungen sagt der eine dem anderen nach; sie hier wiederzugeben ist ebenso unerquicklich als überflüssig, da es doch nicht möglich ist, Stellung zu der Angelegenheit zu nehmen. Bernhardi ging unbeschadet aus der für ihn sehr peinlichen Affäre hervor; er bekam 1808 die Stelle eines Direktors des Werderschen, später des Friedrich-Wilhelm-Gymnasiums; und was für seinen Nachruhm wichtiger wurde, er gab nach dem Zerwürfnis mit Tieck seine dichterische Betätigung auf und wandte sich philologischen Arbeiten zu, die die volle Anerkennung eines F. A. Wolf, Aug. W. Schlegel und später W. v. Humboldts finden.

---

[1]) Vgl. hierzu Bernhardi: Aus dem Leben Th. v. B. Leipzig 1893 ferner die Briefe A. W. Schlegels an Tieck und an F. Schlegel.

[2]) Mitteilungen aus dem Literaturarchive in Berlin 1907 p. 266.

Die Freunde vom „Nordstern" wurden durch die Affäre Bernhardis, der ihnen nahestand, in Mitleidenschaft gezogen und machten seine Sache zu der ihren. Aus Halle schreibt Varnhagen an Chamisso den 7. Januar 1807:

„Bernhardi ist nun in aller Form mein Freund geworden, wechselseitiges Vertrauen hat unsern Bund bestätigt; eine kernige, redliche Seele, von würdiger Gesinnung! es war eine Zeit in Berlin, da man solcherlei wohl erproben konnte. Er ist in ungeheuren Kämpfen begriffen, mannhaft muß er verfluchte Schändlichkeiten bestreiten, und gegen solche, daß ihm bei der ersten Entdeckung das Herz bluten mußte. Ich bin auf seiner Seite, und vielleicht ficht auch mich das Unheil an. Mehr darf ich Dir nicht sagen, und auch dies im höchsten Vertrauen. Aber wo Du grauenvolle Beschuldigungen auf Bernhardi vorbringen hörst, da sage, daß man lügt. Er bedauerte sehr, daß Du nicht da warst, er hätte Dich eher als mich zum Vertrauten gewählt; er hat rechte Freude an Dir."

Die Angaben Varnhagens über Kleists Bemühungen in der Sache Bernhardis werden bestätigt durch ein Billet Varnhagens an Bernhardi, das H. H. Houben im Nachlaß Varnhagens gefunden und Kayka (l. c.) veröffentlicht hat. Das Billet hat folgenden Wortlaut:

„Soeben, mein lieber Freund, läuft einliegender Brief von Heinrich von Kleist aus Dresden ein, der freundlich genug lautet. Das Billett kann ich zum Theil nicht lesen, auch kommt mir die Form seltsam vor. Wissen Sie etwas von einer Wilhelmine Wichmann (oder Spielmann, ich kann's nicht genau lesen) oder ist sie Ihnen ganz unbekannt? Ich vermüthe, daß Kleist dieser den Auftrag gegeben hat, sich zu erkundigen; auf jeden Fall können wir uns auf d i e s e n verlassen.

Mittwoch nachmittags. Letzte Straße Nr. 56.

Die Erklärung, die Kayka für das Billet sucht, trifft nicht zu; es handelt sich dabei nicht um eine politische Verbindung, wie er voraussetzt, sondern um die Übermittlung eines Briefes Kleists aus Dresden, in welchem er offenbar hoffnungsfreudig über erfolgreiche Schritte in der Scheidungsangelegenheit Bernhardis berichtet. Als weitere Erklärung dient auch eine Stelle in Tiecks Briefe [1]): „einige schlechte Mägde, die schon vor Jahren aus dem Dienst hatten gejagt werden müssen, waren seine Zeugen.“ Wir können wohl aus dieser Angabe Tiecks einen Schluß ziehen, nach welcher Richtung die Bemühungen Kleists gingen, und was der Inhalt des Billets besagen will.

Auf die Beziehung Kleists zu Tieck mußte die ganze Affäre ihre Schatten werfen. Sollen wir Tiecks Angaben trauen, so hat er mit der Scheidungsklage nur wenig zu tun gehabt und hielt sich während des Prozesses außerhalb auf „in Italien, nachher auf dem Lande wieder auf Reisen“. Im Anfange des Jahres 1808 war Kleist für Bernhardi tätig; in den Sommer desselben Jahres verlegt Tieck 1826 in der Vorrede zu seiner Kleistausgabe die nähere Bekanntschaft mit Kleist. Daß Kleist mit einer gewissen Voreingenommenheit Tieck gegenübergetreten sein wird, läßt sich voraussetzen; noch im Oktober desselben Jahres, also wenige Wochen nachher, verkehrte er ja auf das vertrauteste, wenigstens kurze Zeit mit Varnhagen, dem Freunde und Anwalt Bernhardis. So erklärt es sich wohl als ein beabsichtigtes Verhalten Kleists, wenn Tieck aus jener Zeit ihn als „ernst und schweigsam“ schildert, wenn die so kurze Schilderung Tiecks von der Persönlichkeit Kleists die Tatsache bestätigt, daß die beiden im Leben sich eigentlich niemals nahegetreten sind, wenn sie im Grunde genommen nichts bedeutet, als ein Verlegenheits- und Phantasieprodukt, das weniger auf unmittelbarer Anschauung beruht, als auf einem falschen Rückschluß aus dem unglücklichen Ende Kleists. Wie wäre es sonst zu erklären, wenn Tieck eine Ähnlichkeit konstruierte zwischen Kleist und Torquato Tasso, mit dem er die schwere Zunge gemein haben sollte — eine Ähnlichkeit, die weder ein anderer Mitlebender heraus-

[1]) A. a. O.

gefunden, noch wir aus dem Bilde Kleists bestätigen können. Es mag hiermit wohl auch zusammenhängen, wenn der Phöbus, der einem Fouqué, Loeben u. a. seine Spalten öffnete, keinen Beitrag von Tieck aufweist. Daß Tieck nach dem Tode Kleists für die Werke des Dichters mit einer großen Energie, mit vielem Takt und dem ganzen Aufwand seiner Autorität eintrat, muß ihm als unvergängliches Verdienst angerechnet werden. Aber noch bei der Herausgabe seiner Werke steht er der Persönlichkeit Kleists ganz liebe- und interesselos gegenüber, und wir empfinden als schweren Verlust Tiecks persönliche Gleichgültigkeit, auf welche wir die mannigfachen Unterlassungssünden bei der langvorbereiteten Herausgabe zurückführen müssen.

Wie ich oben hervorgehoben habe (siehe S. 22), spielen die häufigen Selbstmorde nahestehender Personen im Leben Kleists eine gewisse Rolle. Ähnlich liegt es mit den Ehescheidungen, die in das Leben Kleists hineinspielen. Schon auf die Kindheitstage des Schülers Kleist wirft die Scheidung im Hause seines Lehrers und Pensionsvaters Catel ihren Schatten. In Berlin verwendet er sich in der Scheidungsangelegenheit seiner Schwester, der Frau von Loeschbrandt. Jetzt erfahren wir von seiner tatkräftigen Beteiligung in Bernhardis Ehescheidung. Um dieselbe Zeit spielte die Scheidung in dem Kleist engbefreundeten Hazaschen Hause, wo er für die „liebenswürdige und vortreffliche Dame" die ersten und letzten Schritte tut, im November 1808 eine Reise unternimmt, und nach dem Zeugnis seiner Schwester schwere Auftritte mit Adam Müller zu bestehen hat. Wie bei dem Eintritt ins Leben die Catelsche Scheidung, so verdüstern seine letzten Tage die Zerwürfnisse in dem, ihm das Elternheim ersetzenden Potsdamer Hause seines Vetters und die beabsichtigte Scheidung des Vogelschen Ehepaares. Gewiß eheliche Scheidungen spielten sich in jener Zeit häufig ab und gehörten zu den gewöhnlichen Tagesereignissen, aber doch können bei der empfindlichen Gemütsart Kleists und seinem tiefernsten

Naturell alle diese Vorfälle nicht spurlos an ihm vorübergegangen sein. Wenn er während seines ganzen Lebens so große ideelle Forderungen an ein weibliches Wesen stellte, die er sich zur Frau ausersah, und wenn es ihm trotz seines ausgesprochenen Verlangens nicht glückte, einen Ehebund zu schließen, so werden bewußt und unbewußt alle diese traurigen Lebenserfahrungen dabei mitgespielt haben.

Wir besitzen von Varnhagen außer den hier mitgeteilten brieflichen Äußerungen über Kleist noch anderes auf ihn bezügliches Material. Im Nachlaß Varnhagens finde ich eine eigene Kleistmappe, in der Varnhagen offenbar in seinen letzten Lebensjahren verschiedene Notizen über Kleist gesammelt hat, jedenfalls in der Absicht, über den Dichter und speziell über seinen Tod eine zusammenhängende Darstellung zu geben. Das Material enthält für uns nichts besonders Neues, es ist zum großen Teil überholt durch die Veröffentlichung Paul Lindaus. Varnhagen wird mehr gewußt haben, als hier niedergelegt ist. Er verkehrte mit den besten Freunden Kleists; unter den Intimen in Rahels Kreise ist oft v. Pfuel angeführt. Er kannte Vogel, und seine und der Adolphine Vogel Tochter Pauline, verehelichte Eik war eine nahe Freundin Varnhagens und Rahels, wie ein von ihr vorhandener Brief im Varnhagens Nachlaß beweist.

Die erwähnte Kleistmappe bei Varnhagen enthält einige für uns ziemlich nichtssagende Notizen und außerdem den gesamten Peguilhenschen Nachlaß in einer sehr korrekten Abschrift von der Hand der Nichte Varnhagens und von ihm selbst sorgfältig durchgesehen, kollationiert und verbessert. Wir bekommen dadurch eine weit zutreffendere Fassung von Kleists Briefen und Zetteln, die durch Lindau veröffentlicht sind und eine vollständige Abschrift des Peguilhenschen Aufsatzes, der bei Lindau nur sehr lückenhaft, gekürzt und mit vielen Abweichungen gedruckt ist. Ich lasse mir daran genügen, an der Hand der Schmidtschen Ausgabe, welche schon die wichtigsten Fehler ausmerzt, die Abweichungen in Kleists Briefen an

Maria und im Gedankenaustausch mit Henriette Vogel anzugeben, das übrige Material bei Varnhagen gebe ich wörtlich wieder, — ohne Kommentar, da ich Gelegenheit habe, in einem späteren Kapitel darauf zurückzukommen.

---

### I. Korrecturen.

Brief an Maria v. Kleist vom 10. Nov. 1811 Seite 435 Zeile 15 statt nur: nun.

Brief an dieselbe vom 12. Nov. 1811. Die Lücke, von Varnhagen ausgefüllt: herrlichsten.

Im Studienblatt Henriettes heißt es: Zeile 3 statt „meine Freude im Leid": meine Freude mein Leid.

Zeile 11: statt „meine Rast": mein Reh.

Zeile 14: statt „mein Werthester": mein Welttheil.

---

### II. Notizen von Varnhagen.

Heinrich von Kleist.

(Irrthümer.)

Boeckh meinte, Kleist und Mad. Vogel hätten sich nicht erlaubt, einander zu lieben, es nicht gedürft und deßhalb den Tod erwählt. Ich half ihm aus diesem Traum. Hofrat Foerster behauptete, außer Adam Müller und Theremin sei auch Beguelin der Liebhaber der Mad. Vogel gewesen, was ich entschieden bestritt. Endlich ging mir ein Licht auf, er meinte nicht Beguelin, sondern Peguilhen, den er aber für jenen hielt. Indeß war auch Peguilhen kein Liebhaber der Mad. Vogel, sondern nur ihr und ihres Mannes vertrauter Freund, übrigens ein dürftiges, phantastisches, ganz untergeordnetes Kerlchen. (April 1858).

---

Der Landrentmeister Vogel starb in Töplitz 1842 den 7. September, als er eben im Begriff war, von dort nach Berlin zurückzureisen.

---

Frau von Pannwitz, geb. v. Kleist. Ihre Freundin A. von Werdeck-Klitzing, Friedrichstraße 102.

Julie von Weiher, Felstow bei Lauenburg in Hinterpommern.

Marie von Kleist in Groß-Gievitz.

---

General von Pfuel erzählte mir, Heinrich von Kleist sei in Dresden einmal ganz verstört zu ihm ins Zimmer getreten, leichenblaß und schmerzlich aussehend und auf die erschrockene Anfrage, was ihm sei? habe er mit tiefem Seufzer erwidert: „Jetzt ist sie todt!" wobei ihm die Thränen über die Wangen flossen. Es bedurfte langen Zuredens, eh' er sich beruhigte. Die Todte war aber seine Amazonen-Königin Penthesilea, die er eben hatte sterben lassen! So ernst waren ihm seine dichterischen Gestalten, so innig lebte er mit ihnen! — 11. März 1852.

---

Die in Frankfurt an der Oder verstorbene Ulrike von Kleist besaß ein Paket Briefe von ihrem Bruder, deren Einsehen sie den Bitten Ludwig Tiecks und Eduard von Bülows beharrlich verweigerte. Der Inhalt soll sich fast ganz auf Familienverhältnisse, Vermögensumstände und dergleichen Äußerlichkeiten beziehen. Aus seinen letzten Lebensjahren hatte das Fräulein gar keine Briefe von ihrem Bruder; sie war mit ihm entzweit. Diese Briefe sind versiegelt an ihre Universalerbin, die Tochter ihrer ältesten Schwester, Friederike von Pannewitz zu Gulben bei Kottbus mit dem ausdrücklichen Befehl gelangt, sie nicht mitzuteilen, sondern im Familienarchiv zu hinterlegen. (Aus einem Briefe vom 14. Februar 1849, vom Superintendenten Spieker.)

---

### III. Der bei Peguilhen erwähnte, bisher ungedruckte Brief des französischen Offiziers.

A. Messieurs les Redacteurs du Journal de l'Empire.

Paris le 18. Decbr. 1811.

Messieurs.

Un habitant de cette capitale, qui a eu le bonheur de jouir pendant quelques mois du charme de la société de Madame Vogel, a été vivement affligé, en lisant l'article de votre numéro d'hier, qui traite de la mort de cette femme chérie et adorée de son Epoux, estimée et regrettée de tous ceux qui l'ont connue. .

Sie cette malheureuse catastrophe excite le blâme général en France, plus que dans le pays où la scène s'est passée, il lui semble, que notre indignation devait frapper uniquement la mémoire du poète Kleist, qui, en abusant de la trop grande sensibilité d'une personne dont toutes les idées se dirigeaient vers le sublime, a poussé la cruauté à l'excès, en sacrifiant dans ses plus belles années un être, qui touchait à la perfection; ayant été douée de toutes les vertus, par lesquelles se fonde la gloire de son sexe.

Ce sont ces grandes qualités, qui ont valu à la défunte de la part de son Epoux et de ses concitoyens la plus belle couronne, dont une tombe puisse être ornée, et que la main de l'étranger ne saurait assez respecter.

. y (Remy).

---

### IV. Der vollständige Aufsatz Peguilhens.

#### Aufsatz von Peguilhen über Heinrich von Kleist und Adolphine Vogel.

Eine Frau in der Blütezeit ihres Lebens, in einer anständigen Wohlhabenheit, in den glücklichsten ehelichen Verhältnissen, von einem allgemein geschätzten Manne auf Händen getragen, durch das einzige Pfand ihrer Zärtlichkeit, durch einen weiblichen Engel von 9 Jahren innigst mit ihm verbunden, von einem würdigen Greis als einzige Tochter fast angebetet, selbst vom Publico und von auserlesenen Freunden und Freundinnen geliebt und verehrt, entsagt freiwillig einem so glücklichen Leben!

Ein Mann aus einem Geschlecht entsprossen, das Preußens Ruhm begründen half, ebenfalls in der Blüte der Jahre und der Gesundheit, geachtet als Schriftsteller, als Mensch geliebt, durch sein Talent für Nahrungssorgen gesichert, giebt ihr den Tod und begleitet sie im Tode!

Das ist kein alltägliches Ereignis, sondern ein Rätsel, dessen Lösung sich nur in der eigentlichen Richtung der Charaktere finden kann, da der Leitfaden der Äußerlichkeiten und sogenannten Verhältnisse aus diesem Labyrinthe keinen Ausweg zeigt.

Bevor ich die Lösung dieses Rätsels versuche, muß daher eine kurze Charakteristik der Verstorbenen vorangeschickt werden.

Madame Vogel war von der Natur bestimmt, die Zierde ihres Geschlechts zu sein, sowohl in Ansehung des Geistes als des Körpers. Daß diesem die Fülle der Gesundheit fehlte und ihr geistreiches Gesicht von den Blattern etwas gelitten hatte, war eine schonende Fürsorge der Vorsehung für unser Geschlecht. Denn sonst hätte es nur von ihr abgehangen, trotz jener Angelika des Bojardo und Ariost, die männliche Jugend zum Kampfe um ihren Besitz zu bewaffnen, und ihrem Vaterlande, das sie so innig liebte, verderblich zu werden. Sie war ein wunderbares, genialisches Wesen, bei der man das Fremdartigste in einem seltenen Verein fand. Ihr Geist durch Shakspeare und Goethe, durch Homer und Cervantes genährt, durch talentvolle Freunde gepflegt, die sie alle überragte, konnte sich auch zu dem Gemeinsten herablassen, und zwar ohne Affektion, welche ihr ganz fremd war. Dieselbe Frau, welche abends durch meisterhaften Vortrag der schwierigsten Kompositionen, durch Spiel und Gesang ihre Freunde entzückte, fand der kommende Morgen mit Ausbessern und Sortieren der Wäsche beschäftiget, und nicht selten nahm sie das Plätteisen zur Hand, so sehr sie auch das unzuträgliche dieses Geschäftes für ihren kranken Körper fühlte, weil ihr die Arbeiten anderer selten genügten. Sie war die musterhafteste und ordentlichste Hauswirtin, wie man sich noch jetzt durch ihren Nachlaß überzeugen kann, Wäsche, Kleidungsstücke, Hausgerät usw. hat sie mit einem genauen Verzeichnis und in einer so überlegten Ordnung sortiert und bezeichnet hinterlassen, daß man in einer wohleingerichteten Registratur sich zu befinden glaubt. Auch vernachlässigte sie keineswegs über die Ausbildung ihres Geistes den Körper. Sie kleidete sich mit Sorgfalt und Geschmack und hielt die höchste Reinlichkeit für den schönsten Schmuck des Weibes.

Ihre Wißbegierde kannte keine Grenzen, und nichts verschmähte sie, was ihre Kenntnis bereichern konnte, die gemeinsten Fertigkeiten waren ihr nicht unbedeutend und wurden unter ihren Händen geadelt. Sie war unzufrieden mit der Beschränktheit, in welche die Mode die Beschäftigungen ihres Geschlechts eingezwängt hat und beneidete unser Geschlecht, dessen Fertigkeiten einen weiteren und höheren Spielraum haben. So z. B. bat sie mich öfters, ihr Unterricht im Drechseln zu geben, selbst Fechten wünschte sie zu lernen, und Kleist unterrichtete sie wirklich in den Elementen der Taktik und Kriegskunst.

Sie sprach in Teezirkeln von Moden und Speisen, und blieb in keiner Unterhaltung zurück, außer wenn der gute Name Abwesender angegriffen wurde, wo sie nie miteinstimmte. Selbst ganz eigentümlich organisiert, hatte sie ein seltenes Talent, die Eigentümlichkeiten anderer aufzufassen und bemerkbar zu machen, aber nicht etwa Lächerlichkeiten und besondere Angewohnheiten, sondern charakteristische Züge, die den Menschen zu dem machen, was er ist; hervorstechende Individualität und zwar immer von einer guten Seite. Ihr Scharfblick entdeckte an dem unbedeutendsten

Menschen eine interessante Seite, deren Berührung schmeichelhaft sein mußte.

Eben deshalb war niemand, der sich nicht in ihrer Nähe glücklich gefühlt hätte. Sie hörte nicht bloß vom Landmann das Detail seiner Wechselwirtschaft und seiner Kuhställe an, sondern sie hörte es mit Interesse, und mit ernster Lernbegierde erforschte sie die kleinste Kleinigkeit, nicht mit einem vornehmen Herabsehen auf die einseitige Bildung des Lehrers. Nur ein gewisser Doktor würde sie vielleicht ungelehrig gefunden haben, wenn er sie von seinen Tabakspfeifen und deren Reinigung hätte unterhalten wollen, wie dieses einer ihrer Freundinnen zu ihrer großen Belustigung einmal begegnete.

Bei dem reinsten Tugendgefühl war sie keine Prüde und wurde nicht durch ein unbedachtes Wort in einer fröhlichen Gesellschaft beleidigt. Sie las die liaisons dangereuses als meisterhaftes Gemälde der Sittenverderbnis der großen Welt mit gleichem Interesse, als das zarte Gemälde der Seele in Werthers Leiden.

Ohnerachtet ihres tiefen Sinnes für Poesie, Musik und Kunst überhaupt, ohnerachtet ihres reichen Talents und ihres vielseitig gebildeten Geschmacks, der ihr einen hohen Rang unter Deutschlands Frauen anwies, gehörte sie doch keineswegs zu den sogenannten gelehrten Frauen, wie schon aus dem Vorhergehenden sich ergibt. Sie war sich ihres inneren Reichtums, ihres höheren Standpunktes zu sehr bewußt, um die moderne Zusammenstellung griechischer Kunstwörter und sinnloser Redensarten zu bewundern, wodurch diese Klasse sich hier nicht selten als belustigendes Zerrbild preisgibt. Es ist in der Tat ein komischer Einfall, wenn einige Journalisten ihr unglückliches Ende auf Rechnung der verschollenen Poesie schreiben wollen, und ein Beweis, wie wenig sie von dieser Frau wissen. Sie war viel zu selbständig, und hatte einen zu sicheren Takt, um irgendeiner Schule oder Sekte anzugehören und wußte sehr wohl einen Alarcos von einem Egmont zu unterscheiden.

Kurz ich kenne kein schöneres Gebilde der vollendeten Weiblichkeit, als Madame Vogel es war, und die ganze Zartheit ihres Wesens und Seins in Worten auszusprechen, hieße die ätherische Flamme des Weingeistes verkörpern wollen, die sie immer mit besonderem Vergnügen betrachtete. Leider kann ich zum Beleg dieser Schilderung nichts beifügen, als ihren äußerst geringen schriftlichen Nachlaß, der außer den beiden Abschiedsbriefen an ihren Gatten, bloß in wenigen für eine Freundin zurückgelassenen hingeworfenen Gedanken besteht, welche sich unter den Beilagen finden. Sie hat zwar nie für den Druck geschrieben, und ein eigentlich literarischer Nachlaß war nicht vorhanden, aber doch mehrere kleine höchst interessante Aufsätze, welche die Fülle und Eigentümlichkeit ihres Geistes näher dargelegt haben würden, die sie aber aus einem Übermaße von Bescheidenheit kurz vor ihrem Tode vernichtet hat. Jedoch schon jene Fragmente deuten auf echte Originalität und zeigen hinreichend, daß diese Skizze zwar von Freundes Hand angelegt aber nicht verschönert ist. So sehr sie durch ihr Talent über den Kreis des Privatlebens und der Zärtlichkeit heraustrat und der Nation angehörte, so war sie doch durch den Wunsch ihrer Freunde nie zu bewegen, als deren Zierde öffentlich aufzutreten, bloß weil sie der Schriftstellerin ein so hohes Ideal vorsteckte, daß weder sie noch irgendein Sterblicher es erreichen konnte.

Schwerlich gibt es einen vollgültigeren Beweis von ihrem Werte, als wenn derselbe sogar von Franzosen anerkannt wird, die wahrlich von der Bildung deutscher Frauen nicht voreingenommen zu sein pflegen und gewöhnlich nur Äußerlichkeiten an ihnen ihrer Aufmerksamkeit wert finden.

Ein junger Franzose war während des Krieges lange genug in ihrem Hause einquartiert, um von ihren Vollkommenheiten einen unvertilgbaren Eindruck mit nach Paris zu nehmen. Durch die in französische Blätter überkommene Ankündigung von ihrem Tode wird er so lebendig ergriffen, daß er öffentlich als Verteidiger gegen seine eigene Nation auftreten zu müssen glaubt, beigehende Annonce an die Redaktion des Journals de l'Empire schickt, und als die Aufnahme verweigert wird, sie jetzt dem Rendanten Vogel mit einem äußerst teilnehmenden Schreiben als Unterpfand seiner Achtung für die Verstorbene übersendet. Diese Annonce ist ein Beweis von dem unwiderstehlichen Zauber, den echte Weiblichkeit, selbst wenn sie nicht mit vollendeter Schönheit gepaart ist, über gebildete Männer von allen Nationen und Ständen ausübt.

Von Kleist kann ich noch weniger sagen, weil ich ihm nicht so nahe stand als der Madame Vogel, und Verschiedenheit mancher Ansichten ein inniges Freundschaftsband nicht verstattete[1]), so sehr wir uns wechselseitig achteten. Überdies hat er vor der Welt in seinem Amphitryon und in der Penthesilea, in seinen schönen Erzählungen und im Käthchen von Heilbronn, sowie in einzelnen Journal-Aufsätzen und mehreren noch im Manuskript bei seinen Freunden umlaufenden dramatischen Arbeiten seinen Geist zur Genüge dargelegt und das Publikum selbst zu urteilen in den Stand gesetzt. Er hinterließ Freunde, die ihm näherstanden, und von denen in jeder Hinsicht etwas Vollendeteres über ihn zu erwarten ist. Ich beschränke mich auf die Bemerkung, daß ihm das wichtigste Talent fehlte, sein Talent geltend zu machen, und daß er vermöge einer ihm eigentümlichen tiefen Verschlossenheit des Gemüts, die sich fast in allen seinen Schriften ausspricht, den Reichtum seines Innern nur selten enthüllte, immer nur ahnden ließ.

Die beigefügten gerichtlichen Akten über den traurigen Vorfall geben über alle Äußerlichkeiten den vollständigsten Aufschluß, und der schöne Abschiedsbrief an ihren Gatten von Madame Vogel, in einer Stunde geschrieben, wo sie dem ewigen Lichte so nahestand, sowie das spätere von ihrem eigenen Vater an mich gerichtete Schreiben wird hinreichend dartun, daß nichts

[1]) Es ist wichtig, von dem Geständnis Peguilhens an dieser Stelle Kenntnis zu nehmen Es steht in vollem Widerspruch zu seiner Erzählung in Gubitz' „berühmte Schriftsteller", in welcher er mit seiner intimen Vertrautheit und Freundschaft mit Kleist prahlt.

weniger als unglückliche eheliche Verhältnisse sie zu einem Schritt vermochten, welcher, die sie kannten, betrübte, die sie nicht kannten, empörte.

Und hiermit liegt der Nachlaß der Verstorbenen dem Leser so vollständig und offen da als mir selbst, einige kurze Abschiedsbillets ausgenommen. Als ich meine Annonce schrieb, über welche ich mir nachher noch einige Worte erlauben werde, wußte ich noch nicht, daß die Verstorbenen kurz vor ihrem Tode alle Manuskripte usw. gemeinschaftlich verbrannt hatten und glaubte etwas Vollständiges vorlegen zu können. Zur Ergänzung des historischen und noch mehrerer Berichtigung des Journalgeschwätzes, als in den gerichtlichen Akten schon enthalten ist, bemerke ich noch, daß sie keine Bücher bei sich hatten, als die Tiecksche Übersetzung von Don Quixote und Klopstocks Oden.

Unter diesen waren besonders aufgeschlagen: Rothschilds Gräber und Die tote Clarissa.

Letztere hat wirklich so viele Beziehungen auf ihren Zustand, daß ich die ersten Strophen ganz hersetzen muß, indem sie über die Ursachen ihres Todes mehr Aufschluß geben als ihr eigener Nachlaß.

Blume, Du stehest verpflanzet, wo Du blühest,
Werth, in dieser Beschattung nicht zu wachsen,
Werth, schnell wegzublühen, der Blumen Edens
Beff're Gespielin!

Lüfte, wie diese, so die Erde umathmen,
Sind, die leiseren selbst, dir rauhe Weste;
Doch ein Sturmwind wird — o er kömmt! entfliehe Du,
Eh' er heranrauscht —

Grausam, indem du alle am hellsten glänzend,
Dich hinabstürzen[1]), allein auch hingestürzet
Wirst Du schön sein, werden wir Dich bewundern
Aber durch Tränen.

[1]) Daß dieses ganz ihre Lage war, und ihr unabwendbar der grausamste Tod bevorstand, zeigen die gerichtlichen Akten.

Reizend noch stets, noch immer liebenswürdig
Lag Clarissa, da sie uns weggeblüht war,
Und noch stille Röthe die hinabgesunkene
Wange bedeckte[1]).

Freudiger war entronnen ihre Seele,
War zu Seelen gekommen, welch' ihr glichen
Schönen, ihr verwandten, geliebten Seelen
Die sie empfingen.

Daß in dem Himmel sanft die liedervollen
Frohen Hügel umher ertönten.
Ruhe dir und Krone des Siegs, o Seele,
Weil du so schön warst.

Der Leser ist in den Stand gesetzt, über die Begebenheit so vollständig zu urteilen wie ich selbst. Er sieht, daß beide über die Bewegungsgründe zu ihrer Tat sich nicht deutlich ausgesprochen haben. — Jedoch in Ansehung der Madame Vogel scheint die Lösung des Rätsels nicht schwierig zu sein.

Sie litt an einem unheilbaren Übel. Schon manches Jahr hatte sie ihren Zustand schmerzlich empfunden, und ein Zustand völliger Behaglichkeit, wie in den letzten Monaten ihres Lebens, war eine seltene Ausnahme. Noch manche Jahre des Leidens standen ihr bevor und der allerfurchtbarste Tod. Der Arzt, der ihren Zustand nach ihrem Tode untersuchte, drückte sich darüber so aus: daß er sich lieber zehnmal lebendig rädern lassen, als den ihr, wenn auch vielleicht erst nach Jahren bevorstehenden qualvollen Tod sterben möchte. Daher sah sie schon seit langem einem schnellen und

[1]) Diese Strophe ist so wahr, als wenn der Dichter sie an Adolphinens Grab geschrieben hätte. Wirklich ist es nicht möglich, den Tod in einer herrlicheren Gestalt zu sehen. Halb sitzend, halb liegend, die Hände gefalten, den freundlichen Blick wie im Leben zum Himmel gerichtet, lag sie da. Weiß vom Kopf bis zu den Füßen wie frischgefallener Schnee, geschmückt in der Gegend des Herzens mit einer einfachen Rose wie eine himmlische Braut, fast keine Spur der Verletzung und das an einem Tage, wo die ganze Nation in düstere Nebel gehüllt trauerte, gleichsam ahnend den unersetzlichen Verlust.

schmerzlichen Tode als dem Ziele ihrer Leiden mit Sehnsucht entgegen. Sie strebte überall nach dem Höchsten; und ein gesunder Körper ist doch gewiß die erste Bedingung aller irdischen Glückseligkeit; und diese war für sie auf immer unwiderbringlich verloren. Das ganze Streben ihres für Liebe und Freundschaft so empfänglichen Gemüts ging nun dahin, mit einem lieben Freunde vereint die Welt zu verlassen. Sie erlaubte sich öfters Anspielungen auf diesen Wunsch sowohl gegen ihren Gatten als gegen andere Freunde, die freilich erst jetzt Bedeutsamkeit erhalten; brach aber das Gespräch kurz und traurig ab, sobald sie die wenige Empfänglichkeit ihrer Gesellschaft bemerkte.

Durch die zuweit getriebene Offenheit eines geachteten Arztes wurde sie von ihrem Zustande, den sie vorher nur ahnte, völlig unterrichtet. Von dieser Stunde an datiert sich wahrscheinlich der feste Entschluß, eine Welt zu verlassen, von deren Freuden ein herbes Geschick sie ausschloß. Ihr längst genährter Vorsatz wurde lebendiger, und Kleist, dem ihr leisester Wunsch Befehl war, der nur in ihr lebte, an ihren Blicken hing und sich ihr ganz willenlos hingegeben hatte, billigte nicht nur diesen seiner eigenen, alles durch einen schwarzen Flor sehenden Gemütsstimmung zusagenden Wunsch, sondern regte ihn noch mehr an und gab sich ohne Bedenken zu der schrecklichen Tat her, welche die Welt einer ihrer seltensten Zierden, ihren Freunden eine ewig beweinte Freundin, ihrem Gatten sein Alles raubte.

Das Gefühl einer furchtbar drohenden Zukunft wurde so überwältigend, daß sie nach ihrem eigenen Ausdruck das Leben nicht mehr ertragen konnte. Sie vergaß frevelhaft ihre Pflicht als Tochter, als Gattin, als Mutter und — verdient Entschuldigung. Wenigstens empört sich mein Gefühl gegen die Verdammung ihres Andenkens, aber — sie zu rechtfertigen ist mir nie in den Sinn gekommen.

Für Kleist aber weiß ich in der Tat keine Entschuldigung, als — Wahnsinn. Denn früherhin war sein Streben auf ein weit würdigeres Ziel gerichtet. Sein höchster Gedanke war:

den Makel zu löschen, den ein Mann seines Namens in der neueren Zeit seinem Vaterlande bereiten half. Er versprach dieses seinem Monarchen und — hat nicht Wort gehalten. Der Mann gehört dem Vaterlande an, und dem Krieger geziemt nur ein Tod, wie ihn sein großer leiblicher und Geistes-Verwandter, Ewald von Kleist, bei Kunersdorff starb.

Aber so wie Kleist überhaupt einer ruhigen Überlegung nicht fähig, sondern entweder Enthusiast oder ganz teilnamslos war, so auch hier. Als er sah, daß das Vaterland seiner Dienste vor der Hand nicht bedürfe, gewann sein Inneres Raum für eine andere gewaltige Leidenschaft, welche selbst das Vaterland in Schatten stellte und sich seines Wesens so ganz bemächtigte, daß der Sinn für alles übrige in ihm untergegangen war. Aber hätte irgendein Freund die Tat ahnen können, wäre er, bevor der Todesbund geschlossen war, vor ihn hingetreten wie Ubaldo vor Rinald in Armidens Garten und hätte ihm das Wort: Vaterland, ins Ohr gerufen — er wäre zurückgetreten und hätte seinem Leben ein höheres Ziel gesteckt. Sein Tod zeugt von der gewaltigen Kraft des Willens, die in ihm lag, und darum müssen seine Waffengenossen trauern, daß er nicht in ihrer Mitte fiel und zu seinem Grabe wallfahren, um einen männlichen Tod sterben zu lernen.

Nun bin ich mir selbst schuldig, einige Worte über meine im ersten Schmerz geschriebenen Annoncen zu sagen, nicht um sie zu rechtfertigen (denn jetzt hätte ich sie wahrlich nicht geschrieben), sondern um sie zu erklären.

Man hat besonders folgende Stellen angegriffen:

Es ist von einer Tat die Rede, wie sie nicht alle Jahrhunderte gesehen haben!

Das heißt nicht: groß und erhaben, denn dahin rechne ich bloß Taten wie die des Leonidas, Curtius usw., welche dem Vaterlande Heil bringen, sondern — s e l t e n, und in der Tat ist mir nichts Ähnliches bekannt, soweit die Geschichte reicht. Wir haben in der zarten Heloise ein schönes Beispiel von einer Liebe ohne Sinnlichkeit. Aber — ob diese Liebe wohl entstanden wäre, wenn Abailard, als sie ihn kennen lernte, schon in dem Zustand war, in welchen nachher Fulberts Grausamkeit ihn setzte? Ich glaube also in der Ankündigung nicht zuviel gesagt zu haben. Liebe bis zum Tode zu einem Gegenstande, der sie nie erwidern kann, ist demnach ein Beispiel ohne Beispiele und auch in der Tat widernatürlich. Er deutet auf eine ganz von der gemeinen abweichende Organisation hin, und diese war bei Kleist allerdings vorhanden, wie alle seine Schriften zeigen. Er äußerte sich wenig, empfand aber tief und innig, und nur einzelne Funken ließen zuweilen den Vulkan in seinem Innern verraten. Sein Käthchen von Heilbronn ist ein treues Gemälde seiner selbst, dieselbe nur in einzelnen Momenten aufglühende tiefe Verschlossenheit. Wer den Verfasser nicht kennt, muß dieses Käthchen für ein unbedeutendes Wesen halten, das sich selbst nicht klar ist; der Verfasser wollte aber ein Wesen darstellen, deren Inneres so reich ausgestattet, gleichsam überfüllt ist, daß ihm immer und ewig die Worte fehlen, es ganz auszusprechen.

Es ist wohl schon jedermann begegnet, durch ein unerwartetes Ereignis so überrascht und ergriffen zu werden, daß die Menge der zuströmenden Gefühle den Lauf der Sprache hemmten und nur einzelne Ausrufungen verstatteten. Dieses war Kleists gewöhnlicher Zustand, und so muß man sich ihn denken.

Ich will damit nicht behaupten, daß Kleist von Anfang seiner Bekanntschaft mit Madame Vogel an ihren körperlichen Zustand gekannt habe. Vielmehr ist das Gegenteil gewiß, und höchstwahrscheinlich entstand auch seine Leidenschaft vor dieser Kenntnis. Durch diese Kenntnis würde bei allen Menschen, die ich wenigstens kenne, die Leidenschaft erloschen sein und sich in Freundschaft aufgelöst haben. Bei dem enthusiastischen Kleist nicht. Die Leidenschaft blieb und nahm nur einen reineren und heiligeren Charakter an. Sie wurde endlich bis zum Wahnsinn erhöht, und er hielt es für Pflicht, eine ihm über alles teure Freundin, einen so herrlichen und vollkommenen Geist, von den

Banden einer unvollkommenen Hülle zu befreien. Ob nicht auch die Aussicht im Hintergrunde lag, bald mit dem geliebten Gegenstande in innerem verklärten Zustande ewiger Vereinigung und Glückseligkeit wieder zu erwachen, mag ich nicht entscheiden, wenigstens stand bei beiden der Glaube an ein zukünftiges Leben unerschütterlich fest, und bis auf den letzten Akt ihres Lebens durften sie diese Zukunft wirklich nicht fürchten. Diese Aussicht auf einen innigeren Verein als er in dieser Welt möglich war, und auf die überschwengliche Seligkeit einer himmlischen Zukunft konnte einen Kleist wohl dahin führen, seine frevelnde Hand an die Gattin seines Freundes, an die Geliebte seines Herzens zu legen und seine Pflichten als Mensch und Staatsbürger zu vergessen. Er war gar nicht fähig, einen Gegenstand von allen Seiten zu beleuchten. Alles andere vergessend, hob er, wie alle Enthusiasten, einen einzelnen Punkt aus; dieser aber wurde bis ins kleinste Detail verfolgt, ausgemalt, verschönert und poetisch gestaltet. Er sah nichts als eine geliebte, dem Tode geweihte, von teuerer Hand ihn wünschende Freundin! Ohne den krankhaften Zustand der Madame Vogel hätte Kleist wahrscheinlich allein die Welt verlassen, wenn seine Leidenschaft zu mächtig geworden wäre, um in den Schranken der Tugend und Sittlichkeit zu bleiben. Denn seine Grundsätze in diesem Punkt gehörten zu den strengsten, und die Frau eines anderen war ihm ein unberührbares Heiligtum, wie manche, die ihn in Versuchung führte, erfahren haben wird. Ein genauer Freund der Verstorbenen suchte ihren Tod als eine Art der Strafe zu erklären. Nach der Ansicht zweier so reiner Gemüter war schon der Wunsch, das unwillkürliche Verlangen nach einer strafbaren Vereinigung, ein Verbrechen, das nur mit dem Tode gebüßt werden konnte. Beide fühlten sich schuldig nicht in Werken, aber in Gesinnungen und Wünschen, und deshalb wurde ihnen das Leben unerträglich. Sie hatten die Achtung für sich selbst verloren und wollten nun, sich selbst vernichtend, diesem nagenden Gefühl entfliehen. So scharfsinnig diese Erklärung ist, so paßt sie doch nicht zu der Ruhe und

Freudigkeit, mit der sie dem Tode entgegengingen. Wer sich selbst strafen will, sieht dem Tode nicht so freudig ins Auge, und mir wenigstens scheint meine Erklärung die richtigere.

Hieraus erklärt sich auch die zweite sehr angefochtene Stelle: daß die Verstorbenen die Liebe und Reinheit selbst waren. Das Publikum machte natürlich aus dem Vorfall ein gemeines Liebesabenteuer, wie schlecht unterrichtete Schmierer sogar in öffentlichen Blättern debütiert haben. Diesem, dem Andenken der Verstorbenen nachteiligen und ihren hinterbliebenen Freunden höchst schmerzlichen Gerüchte wollte ich vorbeugen und damit nichts sagen: als daß sie in ihrem Umgange nie die Gesetze der Tugend und Sittlichkeit verletzt haben. Aber die Tat selbst zu rechtfertigen und als Verteidiger des Mordes und Selbstmordes öffentlich aufzustehen, ist mir wahrlich nie in den Sinn gekommen.

Ich hielt das Verwerfliche der Tat vor dem Richterstuhl der Moral und Religion für zu entschieden, als daß es mir hätte einfallen können, darüber noch Untersuchungen anzustellen, und wäre Kleist durch einen Zufall am Leben geblieben, so hätte ich als Richter ohnbedenklich sein Todesurteil unterschrieben.

Überhaupt habe ich bei dem ganzen Vorfalle außer einem anfangs vernichtenden Schmerze, kein anderes Gefühl gehabt, als das Gefühl des Bedauerns, von dem Vorhaben der Verstorbenen nichts geahndet zu haben. Vielleicht würde alsdann das befreite Europa, das jetzt Kleists Andenken lästert und bespöttelt, ihn als seinen Schutzengel verehren und die Palme der Unsterblichkeit, die ihm nicht gleichgültig war, wäre ihm unverwelklich geworden.

Übrigens wünschte ich wohl, daß es in meiner Macht stände, meine Ankündigung in den Zeitungen gänzlich zu vernichten, nicht wegen des Geräusches der Zeitungsschreiber und Journalisten, das ich verachte, sondern weil ich dadurch das verloren habe, was mir das Teuerste war: die Gnade meines Monarchen. Meine verstorbene Freundin ahndete wahrlich nicht, daß sie mir durch ihr letztes Billet einen solchen Verlust bereitete!

Ich schließe, da mir weder meine Zeit noch mein ganz fremdartiger Beruf erlaubt, als eigentlicher Biograph aufzutreten, und ich von Anfang an keine andere Absicht hatte, als mit wenigen Bemerkungen den Nachlaß der Verstorbenen dem Publikum vorzulegen (den ich für erbracht hielt) und dadurch lieblosen Urteilen vorzubeugen, welche einer solchen Begebenheit aus der Ferne betrachtet, notwendig folgen müssen.

Daß übrigens das Berliner Publikum die Verstorbenen weniger verdammlich findet, als die Libellisten, zeigen ihre unbeschimpften, dicht mit Blumen und Gesträuch bekränzten Grabhügel und die häufigen Wallfahrten dahin, gleichsam als zu einer geweihten Stätte! —

Damit schließen die Aufzeichnungen Varnhagens. Man darf wohl annehmen, daß sie Varnhagen als Unterlage für eine Arbeit über Kleist dienen sollten. Betreffs Varnhagens Äußerungen über Kleist unmittelbar nach dessen Tode vgl. den Briefwechsel mit Rahel.

---

## VII. Kapitel.

# Kleist in Österreich.

Das Hauptinteresse der Kleistforschung gravitiert nach Österreich hin. Wer sich mit dem Lebensschicksal Kleists beschäftigt, dem muß sich die Überzeugung aufdrängen, daß aus Österreich noch die wichtigsten Aufschlüsse über das Leben Kleists und darüber hinaus noch erhebliche Ergänzungen seines Lebenswerkes zu erwarten sind. Kleists Aufenthalt in Österreich bedeutet eine der wichtigsten und produktivsten Perioden seines Wirkens. Hier hat er sich in den Zentren des nationalen Lebens, im Verkehr mit den einflußreichsten Persönlichkeiten selbsttätig an dem Gang der Ereignisse beteiligt, hier hat er sich mit dem Gedanken einer periodischen Zeitschrift getragen, der sich allerdings nicht verwirklichte, hier hat er patriotische Gedichte geschaffen in einer Reichhaltigkeit, daß sie einen ganzen Band füllen sollten, Gedichte, die leider nur spärlich auf uns gekommen sind, und hier hat er offenbar mit bestimmten Aufträgen die Ereignisse auf den Schlachtfeldern verfolgt und darüber, wie er selbst erzählt, eingehenden Bericht erstattet. Kleists Schaffen aus dieser Periode ist nur sehr lückenhaft auf uns gekommen, und meine Bemühungen, insbesondere Kleists Gedichte, die er an den Kaiser und den Erzherzog gerichtet und ihnen gewidmet hat, aus den betreffenden Archiven zu ergänzen, sind leider erfolglos geblieben (siehe II. 4a). Es ist eine auffallende Erscheinung, daß in Österreich das Interesse für die Persönlichkeit Kleists und ebenso für seine Werke viel früher erwachte, und daß dieses Interesse in den Zeitschriften und der periodischen Presse einen viel lebhafteren Widerhall gefunden hat als in Norddeutschland, daß aber auf der anderen Seite die Wissenschaft sich nur wenig an der Kleistforschung beteiligte, und daß namentlich die zahlreichen Archive sowohl die öffentlichen als noch mehr die privaten bisher völlig unbenutzt geblieben sind.

Schon von Dresden aus hatte Kleist mit leitenden Persönlichkeiten in Österreich angeknüpft, vor allem mit Gentz und mit Jos. Collin. Mehrere Briefe an Collin beweisen, daß er den großen Einfluß, den dieser bei der Direktion des Hoftheaters hatte, für seine Zwecke benutzte, wie auch Beethoven Collin in der gleichen Absicht häufig anging. Collin seinerseits mag sich an Kleist gewendet haben, als er im Auftrag des geist- und gemütvollen Erzherzogs Maximilian an die Aufgabe heranging, in patriotischen Gedichten, die er als Landwehrlieder zusammenfaßte, die patriotische Begeisterung zu steigern. Das mag die Veranlassung gewesen sein, aus welcher Kleist ihm einzelne seiner Gedichte zusandte, die er mit einer Stimme von Erz vom Harz herab den Deutschen absingen wollte. Auffallend genug ist es, daß wir Äußerungen Collins an oder über Kleist bisher nicht besitzen, und daß selbst seine ausführlich angelegte von seinem Bruder verfaßte Biographie kein Wort über seine nahe Beziehung zu Kleist enthält. In dem Nachlasse Collins hat sich nur eine Äußerung des Dichters über Kleist gefunden in einem nicht datierten Briefe an den Buchhändler H. Unger in Berlin. Seine sehr anerkennende und treffende Bemerkung über Kleist findet sich hier in dem folgenden Zusammenhange:

„.... Ifflands Brief erwarte ich noch immer. Ich hoffe mit Ende Januar, längstens Anfang Februar, das Exemplar zum Druck an Sie abzusenden. Es wird Abänderungen erhalten; doch lang nicht so viel als Regulus. Ich freue mich auf die Auflage von dem Kleist. Er gehört noch zu den Alten, die nicht italienisch und spanisch schreiben zu müssen glaubten, um sich den Griechen zu nähern. Ich werbe ruhig um Pränumeranten. Was ich erhalte, sende ich Ihnen durch einen Wechsel ....“

Die innigste Freundschaft verband in jenen Tagen patriotischer Erhebung Collin mit Joseph Hormayr. Beide arbeiteten vereint in dem gleichen Sinne. Während Collin seine Landwehrlieder schrieb, die durch Weigels ausdrucksvolle Musik gesteigert und im Theater abgesungen, die ganze Versammlung hochgradig begeisterten, gab Hormayr die ersten 17 Bändchen seines Österreichischen Plutarchs heraus auf Wunsch des Grafen Stadion. Er führte im entscheidenden Momente an seiner Landsleute Augen und Herzen die Gestalten der Fürsten von Habsburg vorüber, überall sein Glaubensbekenntnis einstreuend über die größten und wichtigsten Probleme der Menschheit, der Lebensphilosophie, der Regierungskunst, des Krieges. Der Name Hormayr findet sich in Kleists Briefen aus jener Zeit niemals erwähnt, doch haben wir direkte und indirekte Beweise, daß sie einander nahestanden und Hand in Hand miteinander arbeiteten. Eine Reminiszenz an Kleist findet sich in einem Briefe des späteren Freiherrn Jos. v. Hormayr an Tieck aus München d. 3. Juli 1845: „Ich erlaube mir, Hochwohlgeborener Herr Geheimrat und seit so lange hochverehrter Freund, zwei geringe Andenken zu überreichen, an unsern seit vierzig Jahren, seit der großen antibonapartischen Richtung 1808 in Wien, in so edlem Beisein, wie der Frau v. Staël-Necker, der Nyß, der Frau v. Knorring, der beiden Brüder Schlegel, so vieler jenseits der Alpen, der Apennine und der Pyrenäen des Fremdlingsjoches Ungeduldigen, so vieler edeln, rachedürstigen Preußen wie Rühle, Grollmann, Pfuel, Marwitz, Kleist, Arnim, Valentin und v. A. geschlossenen Freundschaftsbund."

Abgesehen von diesem kurzen Hinweis auf Kleist besitzen wir andere indirekte Beweise, welche die Freundschaft Hormayrs mit Kleist und dem Kreise um Kleist und seine Teilnahme für seine Person auch nach dem Tode zweifellos erscheinen lassen. Hormayr hat in den Jahren 1810—14 das Archiv für Geographie, Historie, Staats- und Kriegskunst herausgegeben. Im Todesjahre Kleists finden wir im seltenen Verein die intimsten Freunde Kleists mit einem oder mehreren umfangreichen Beiträgen vertreten, so Adam Müller, Rühle, und selbst der sonst nicht schreibselige Pfuel lieferte drei große Aufsätze aus verschiedenen Gebieten. Auf die freundschaftlichen Beziehungen Hormayrs zu Kleist ist es ferner zurückzuführen, daß das Organ der einflußreichen Hormayrschen Partei der Altösterreicher, die „österr. Annalen der Literatur und Kunst des In- und Auslandes", das zunächst in Wien aufgeführte Käthchen, später auch andere Aufführungen Kleistscher Stücke unter allen österreichischen Journalen am wohlwollendsten aufnahm und die günstigsten Kritiken lieferte. Das Käthchen „behauptet unter allen in diesem Jahre erschienenen neuen Darstellungen (die der Hoftheater ungerechnet) den ersten Rang" — so günstig hat sich keine andere Kritik über das Stück ausgesprochen. Ein letzter Beweis für Hormayrs treue und andauernde Freundschaft und Teilnahme für Kleist und sein Schaffen sehe ich darin, daß der Reihe nach in dem oben angeführten Archiv Hormayrs die Quellenschriften gerade der bedeutendsten Werke Kleists: Guiskard, Homburg, Kohlhaase, abgedruckt sind (meist in zahlreichen Fortsetzungen), so daß auch heut noch für die Quellenforschung das Archiv ein bequemes Nachschlagebuch bildet.

Die Freundschaft Hormayrs mußte für Kleist von großer Bedeutung sein. Nicht bloß, daß Kleists patriotische Tendenzen, die auf die Gründung einer Zeitschrift hinausgingen in derselben Richtung sich bewegten, wie die Hormayrs und Collins, so stand Hormayr den einflußreichsten Kreisen sehr nahe, so besonders dem Minister des Auswärtigen, dem Grafen Stadion. Es kann ferner keinem Zweifel unterliegen, daß Kleist, nachdem sich seine literarischen Absichten zerschlagen hatten, sich aktiv an dem Gange der Ereignisse beteiligt hat. Keine Biographie gibt bisher genügende Auskunft darüber, was eigentlich Kleist seit Juli 1809 ein halbes Jahr lang noch in Prag getrieben, und nach welcher Richtung er sich betätigt hat. Man begnügt sich mit dem Hinweis darauf, daß er monatelang in Prag krank gelegen hat. Kleists Krankheit aber beruht auf einem unkontrolierbaren Gerücht, das in Berlin verbreitet war. Ich werde in der Folge zeigen, daß dieses Gerede jeder Unterlage entbehrt, und ebenso falsch ist wie das damals umlaufende Gerücht von seinem Tode. Es bleibt also immer die Frage offen, was Kleist in Österreich ein halbes Jahr lang noch zurückgehalten hat. Irgendwelche sicheren Anhaltspunkte besitzen wir nicht, aber wir werden als das nächstliegende an die Ereignisse in Tirol denken müssen, und wir werden uns dabei berufen können einmal auf das Interesse, welches Kleist andauernd an den Ereignissen in Tirol genommen hat, und dann auf seine nahe Beziehung zu Hormayr, welcher von Österreich aus tatkräftig sich an den Tiroler Ereignissen beteiligte und dabei in offiziellem Auftrage handelte.

Wie über die Ereignisse in der zweiten Hälfte des Jahres 1809, so sind wir nur mangelhaft bisher über das unterrichtet, was eigentlich Kleist damit bezweckte, als er sich den Ereignissen in die Arme warf und mit Dahlmann an den Schlachten teilnahm. Die Rolle eines Schlachtenbummlers hat Kleist sicher nicht gespielt. Der an Buol gerichtete Brief aus Stockerau (25. Mai 1809) belehrt uns über die Absichten, welche Kleist verfolgte. Es heißt hier: Der Brief, mit der ganzen Beschreibung dessen, was ich am 22. in Enzersdorf selbst sah, ist nach Prag gegangen. Kleist sagt hier deutlich, daß er einen Bericht über die Vorgänge in der Schlacht bei Enzersdorf abgefaßt hat. Wo ist dieser Bericht Kleists geblieben? Da Kleist seinen Bericht durch Buol an den Grafen Franz Kolowrat-Liebsteinsky, den Stadthauptmann in Prag, sandte, so war es zweifellos ein offizieller, für die staatlichen Behörden bestimmter Bericht. Ist er der Öffentlichkeit übergeben worden? Es existiert, soweit ich unterrichtet bin, nur eine offizielle Schrift über die Schlacht bei Enzersdorf, die betitelt ist: Offizielle Berichte von der Schlacht bei Enzersdorf und Teutsch-Wagram, Weimar 1810. Der umfangreiche Bericht, den ich in der zweiten Auflage durchgesehen, bringt eine offizielle Darstellung von österreichischer Seite, eine offizielle Darstellung von französischer Seite und als dritten Teil eine deutsche kritische Darstellung eines ungenannten Autors. Mir fehlt jeder äußere Anhaltspunkt, ob und inwieweit Kleist an diesem Buche beteiligt ist, stilistische Eigenarten sind für diese kritisch-wissenschaftliche Abhandlung nicht maßgebend und entscheidend. Wir können unsere Stellungnahme nur so präzisieren, daß, wenn Kleists notorischer Schlachtenbericht von den österreichisch-offiziellen Kreisen der Öffentlichkeit übergeben worden ist, er sich in diesem Buche finden muß, wofür auch der Umstand spricht, daß die Arbeit zunächst, wie es im Vorwort heißt, in der Kleist so nahestehenden „Pallas" seines Freundes Rühle erschienen ist. Einem Briefe Gentz' an Rühle können wir übrigens entnehmen, daß dieser Bericht in den beteiligten Kreisen Österreichs ein großes Aufsehen hervorgerufen hat.

Von Prag aus betrieb Kleist die Herausgabe eines Wochenblattes unter dem Titel „Germania". Er berichtet über seine Absichten an Friedrich v. Schlegel[1]), den er um seine Unterstützung angeht, und der als Sekretär bei der Kaiserlichen Hof- und Staatskanzlei in der Tat die geeignete Person war, um die nachgesuchte Bewilligung des Ministers des Äußeren Grafen von Stadion zu beschleunigen. Wie Kleist an Schlegel d. 13. Juni schreibt, wäre das Gesuch für ihn durch den Oberstburggrafen von Böhmen Josef Graf v. Wallis bereits abgeschickt worden. In der Tat findet sich das Konzept dieses Schreibens vom 12. Juni im Statthalterei-Archiv zu Prag. Es hat nach der wortgetreuen Abschrift des gegenwärtigen Archivdirektors, Dr Karl Köpl, den folgenden Wortlaut:

Hochgeborener Graf!

„Aus der Beilage werden E. E. zu entnehmen geruhen, daß ein sicherer von Kleist, als Schriftsteller nicht unbekannt und von dem ehemaligen Sekretär bei der k. k. Gesandtschaft in

---

[1]) Auch Schlegel trug sich damals mit der Absicht, ein Journal herauszugeben, die er später auch verwirklichte. Aus der Korrespondenz Pfuels ersehe ich, daß ihn Schlegel für sein Journal gewinnen wollte. Aber Pfuel lehnte ab, denn so drückte er sich aus: das kann der Anlage nach sehr leicht ein Ende mit Schrecken nehmen; die Zeit ist keiner literarischen Unternehmung günstig. Die Leute sind ohne Geld und die Zensur ohne Erbarmen.

Dresden, von Buol, besonders empfohlen, eine Zeitschrift unter dem Titel „Germania“ in Prag herauszugeben Willens ist, deren Tendenz auf Norddeutschland gerichtet sein soll.

Ich würde um so weniger Anstand nehmen, die Bewilligung hierzu zu ertheilen, als das Manuskript ohnehin jedesmal zur Censur gehörig vorgelegt werden muß, wenn nicht hier höhere Staatsrücksichten einträten, welche mir es zur Pflicht machen, E. E. vor Allem in die Kenntnis dieses Vorhabens zu setzen und mir hierüber die Eröffnung der allerhöchsten Willensmeinung zu erbitten.

Der ich usw. Wallis.“

Auffallend ist es, daß, während Kleist wiederholt von einem Gesuch spricht, das Dahlmann und er an den Grafen Stadion richteten, bei Wallis nur die Rede von Kleist allein ist. Es muß also auch die Eingabe nur von Kleist abgefaßt und unterfertigt sein. Wir ersehen ferner aus dem Schreiben, daß Kleist mit zwei verschiedenen Persönlichkeiten des Namens Buol in Verbindung stand. In Dresden verkehrte er in dem Hause des Kaiserl. österreichischen Gesandten, Johann Rudolf Graf v. Buol-Schauenstein (Brief aus Dresden 17. Sept. 1807), während der in dem Briefe an Schlegel erwähnte Buol, sowie der Buol, an den der voraufgehende Brief aus Stockerau gerichtet ist, ein Sekretär der Gesandtschaft in Dresden war; nach Dombrowsky (Euphorion 14) aus der Familie Buol-Mülingen und untergeordnet seinem Chef, dem Grafen Stephan Zichy.

Eine Antwort auf das angeführte Schreiben von Wallis findet sich nicht im Statthalterei-Archiv, ebensowenig irgendeine Spur einer internen Verhandlung in dieser Angelegenheit. Das ist auch ganz natürlich, weil sich die Absichten Kleists durch den Gang der Ereignisse ganz von selbst zerschlugen.

Kleist blieb noch bis gegen Anfang des Jahres 1810 in Österreich. Wir haben aus der zweiten Hälfte 1809 nur zwei Briefe. Der erste vom 17. Juli schildert Ulrike Kleists verzweifelte Lage, nachdem seine Hoffnungen auf die „Germania“ zunichte geworden. Aber doch klingt er hoffnungsvoll „aber Hoffnung muß bei den Lebenden sein". Und ebenso hoffnungsvoll klingt der zweite Brief aus: ich gehe nach dem Österreichischen zurück und hoffe, daß du bald etwas Frohes von mir erfahren wirst. Das schrieb Kleist am 23. November. Daß Kleist diese Reise im November eigens zu dem Zwecke unternahm, um seinen Geldnöten abzuhelfen, ist nicht anzunehmen; er würde sich in diesem Falle wohl vorher mit Ulrike verständigt haben. Irgendeine Mission, über deren Charakter ich oben Vermutungen ausgesprochen, mag ihm die Vaterstadt erreichbar gemacht und ihn veranlaßt haben, dort eine Erbschaftsangelegenheit zu ordnen und Ulrike unvermutet aufzusuchen. Anfang 1810 sehen wir Kleist ganz unerwartet in Frankfurt a. M. (sollte ihn eine Mission nach Frankreich geführt haben?), dann in Gotha (wo er sicherlich Schlotheim aufsuchte) und schließlich in Berlin.

In die Zeit von Mitte Juli bis Mitte November müßte Kleists schwere Erkrankung fallen, über welche Wilhelm an Jakob Grimm berichtet. Wir können den Zeitraum der Erkrankung noch weiter einengen. Das von mir bereits erwähnte, anscheinend verlorene Blatt aus dem Nachlasse Dahlmanns mit einer Übersetzung aus dem Spanischen von Kleist trägt das Datum vom 29. Oktober 1809. Kleists schwere Erkrankung konnte danach nur in die Zeit von Mitte Juli bis Mitte Oktober 1809 fallen. Allgemein war das Gerücht verbreitet, daß Kleist im Kloster der Barmherzigen Brüder zu Prag gestorben ist. Ich habe versucht, in das Dunkel, welches Kleists Krankheit umgibt, hineinzuleuchten, und ich habe schließlich durch die liebenswürdige Vermittelung des Herrn Prof. Dr. Joh. Krejčí, Dozenten der deutschen Sprache und Literatur an der Prager böhmischen Universität, das Folgende in Erfahrung gebracht: In dem Krankenprotokolle des Korrelats der Barmherzigen Brüder vom Jahre 1809 kommt der Name Kleists nicht vor, wie der Prior durch eine Zuschrift bestätigt. Dieses negative Resultat findet seine Bestätigung im folgenden Umstand. Im genannten Jahre war Primarius des Krankenhauses Dr. Held, ein geistvoller und hochgebildeter Mann, der auch mit der deutschen Literatur gut vertraut war. Von ihm besitzt das böhmische Museum in Prag eine reichhaltige Korrespondenz. Es ist kaum denkbar, daß sowohl der Name als auch der Zustand des deutschen Dichters Helds Aufmerksamkeit und Interesse nicht erweckt hätte, und man kann mit Recht erwarten, daß man darüber auch in seiner Korrespondenz etwas vorfinden würde. Doch des Dichters geschieht darin keine Erwähnung.

Ich halte mich nach alledem für berechtigt, das ganze Gerücht von einer vermeintlichen Erkrankung Kleists in das Reich der Fabel zu verweisen. Ich halte ferner aber auch die Tendenz, Kleists Geschick in dieser Periode grau in grau zu malen, für unberechtigt. Was Kleist in dieser Zeit getrieben, das ist zunächst völlig in Dunkel gehüllt, und darüber lassen sich nur Vermutungen aufstellen. Aber der Umstand, daß er über seine Person und seine Betätigung seine Verwandten und Freunde völlig im Ungewissen läßt — worauf wohl die Gerüchte über seinen Tod zurückzuführen sind —, scheint mir ein Beweis dafür, daß damals Kleist in hochpolitischer Mission eine rege Tätigkeit entfaltete.

## VIII. Kapitel.

# Adam Müllers Beziehungen zu Kleist.
# Die Berliner Abendblätter.

Unter allen, die Heinrich von Kleist im Leben nahegestanden, nimmt Adam Müller eine besondere Stellung ein. Er war der einzige, der auf Kleist einen entschiedenen Einfluß ausübte, der auf sein Leben und seine geistige Entwicklung bestimmend einwirkte. Kleist, der im Verkehr mit seinen Freunden immer der belehrende, erziehende und leitende war, — Adam Müller war ihm gegenüber eine Autorität, der er sich fügte; Kleist, der als Redakteur rücksichtslos mit den Beiträgen seiner Freunde und Mitarbeiter zu verfahren pflegte, nahm anstandslos auf, was aus Müllers Feder stammte, es mochte so umfangreich und so bedenklich als möglich sein.

Wie war diese eigenartige Persönlichkeit beschaffen, worauf beruhte ihr nachhaltiger Einfluß auf Kleist, und nicht bloß auf diesen, sondern auf manche andere hervorragende Zeitgenossen? Monographien über Adam Müller sind angekündigt; noch ist das biographische Material über ihn viel zu spärlich, noch sein Charakterbild viel zu sehr von der Parteien Gunst und Haß getragen, als daß es einer wissenschaftlichen Kritik möglich wäre, seinen Einfluß auf Kleist richtig zu bewerten, zu entscheiden, wie weit er ihm genützt und ihn gefördert, wie viel er ihm geschadet und wie weit er an seinem unglücklichen Ende beteiligt ist. —

Als der um zwei Jahre jüngere Adam Müller, mit seinem vollen Namen Adam Heinrich Müller, Ritter von Nittersdorf, Heinrich v. Kleist während seines Dresdener Aufenthaltes nahetrat, hatte er schon manche Wandlungen durchgemacht. Aus einer protestantischen Berliner Familie stammend, von seinem Großvater, dem als Orientalisten und Übersetzer bekannten Prediger Cube erzogen und für das Studium der Theologie bestimmt und vorgebildet, begann er mit 19 Jahren seine Studien in Göttingen. Durch die Bekanntschaft mit dem um fünfzehn Jahre älteren Gentz wird er der Beschäftigung mit Tagespolitik und dem öffentlichen Leben zugeführt, entsagt dem Studium der Theologie und befaßt sich in Göttingen drei Jahre lang mit den Rechtswissenschaften. Nach der Absolvierung seiner Universitätsstudien kehrt er nach Berlin zurück, gibt die Rechtswissenschaft auf und widmet sich nunmehr den Naturwissenschaften. Aus diesem häufigen Wechsel der Studien und des Berufs ohne weiteres auf eine gewisse Unstetigkeit und Oberflächlichkeit schließen zu wollen, erscheint nicht angebracht. Was Müller von Jugend auf anzog und von den positiven Wissenschaften ablenkte, war das Studium der Philosophie; auch als Jurist blieb er immer der Rechtsphilosoph, und sein ausgesprochenes Streben nach dem organischen Zusammenhang, welches er auf die Beurteilung aller Lebenserscheinungen ausdehnte, mag ihn folgerichtig den Naturwissenschaften zugeführt haben. Soviel ist sicher, daß seine große geistige Befähigung schon in Göttingen hervortrat; als junger Student bewies er schon hier in öffentlichen Vorlesungen eine blendende Rednergabe. Welcher Beliebtheit er sich erfreute, beweisen am besten die Notizen im Tagebuche Fr. v. Gentz'. Über den damaligen Studenten schreibt er am 7. Juni 1800: „Den angenehmsten Besuch eines meiner liebsten Freunde, des jungen Adam Müller, aus Göttingen gehabt.“ Selbst Varnhagen, der später so absprechend über ihn urteilte, spricht von dem jungen Müller in rühmenden und anerkennenden Worten.

Auf Betreiben von Gentz trat Müller zunächst bei der kurmärkischen Kammer als Referendar ein, aber die Beschäftigung konnte ihn nicht fesseln. Soll ich der Angabe Raumers und Koepkes trauen (s. u.), so quittierte er den Dienst schon nach acht Tagen. Nach größeren Reisen durch Dänemark und Schweden zog sich Müller nach Russisch-Polen zurück auf die Güter eines Freundes, des Generals Kurnatowski, um sich hier in ländlicher Abgeschiedenheit der Selbstschau hinzugeben, bemüht seine wissenschaftliche Bildung auszubauen und mit den tief in seiner innersten Natur wurzelnden religiösen Anschauungen in Übereinstimmung zu bringen. Für das psychologische Verständnis Müllers scheint mir diese durch mehrere Jahre sich hinziehende Periode völliger Absonderung besonders wichtig; leider ist das Material, welches aus dieser Zeit vorliegt, sehr spärlich, und auch Konfessionen aus der Einsamkeit, welche sich in Müllers Nachlaß gefunden haben sollen, sind nicht zugängig. Aber soviel über seine Zurückgezogenheit berichtet wird, läßt den Schluß zu, daß die Isolierung und die fortwährenden Spekulationen sehr schädigend auf sein Nervensystem und sein seelisches Befinden gewirkt haben; seine an sich sensible Natur wurde um vieles empfindsamer; durch alle Briefe jener Zeit zieht sich die Klage über die mächtige Beeinflussung durch die Phänomene des Wetters, über sein Befinden und seinen schwachen Gesundheitszustand. Es berührt ganz eigenartig, wenn er schreibt: „Den ganzen Monat August hindurch während der fürchterlichen Konjunkturen von Mond, Mars und Venus auch Jupiters habe ich viel gelitten . . ,. unter allen diesen Schmerzen gedeihen meine Ideen über die Astrologie und den Umgang der Planeten mit einander; davon verstehe ich mehr als einer.“ Fasse ich alles zusammen, ziehen wir namentlich in Betracht, daß unmittelbar nach dieser Periode Müller in Wien ganz unerwartet zum Katholizismus übertrat, so läßt sich der Verdacht nicht von der Hand weisen, daß diese ganze lange Periode freiwilliger Abgeschiedenheit und Trennung von der großen Welt mit einer krankhaften seelischen Verfassung verknüpft war resp. aus ihr resultierte. Seelische Depression, melancholische Gemütsverfassung, Selbstbeschuldigung, Flucht in die Kirche — das ist der gewöhnliche Symptomenkomplex solcher Psychosen, die wir ein Recht haben auch bei Adam Müller zu vermuten. Das ganze Unstete in den Äußerungen und Betätigungen Müllers, seine jähen Entschlüsse, sein Mangel an festem Halt, seine Unfähigkeit zu wissenschaftlicher Vertiefung erklären sich am ungezwungensten aus einer neuropsychopathischen Anlage, die schon in früher Zeit, d. h. in der ersten Hälfte der zwanziger Jahre, eine schwere und langwierige Psychose herbeigeführt zu haben scheint. Von diesem Standpunkt aus läßt sich am besten die Eigenart des Mannes erklären, der die „Gegensätze" lehrte und selbst auch die schroffsten Gegensätze in sich barg.

Wilbrandt, der zuerst eine Charakterstudie Müllers versucht hat und seine Beziehungen zu Kleist eingehend schildert, konstatiert ebenfalls Müllers geistige Störung. Nach seiner Darstellung scheint sich unmittelbar nach dem Konfessionswechsel Müllers „Mystik und Symbolik der Verrücktheit zu nähern". Er erwähnt seine Beschäftigung mit dem „geheimnisreichen Leben" der Wolken, die Abhängigkeit seines seelischen Befindens von jedem lebhaften und ungewöhnlichen Witterungszustand, seine kindische und krankhafte Gewitterfurcht, sein Bestreben, die geistige Entwicklung bedeutender Männer physikalisch und mathematisch zu berechnen. Meine Auffassung, die ich allerdings ebensowenig wie Wilbrandt zu beweisen imstande bin, weicht von der Wilbrandts dahin ab, daß ich Müllers psychische vorübergehende Erkrankung in die Zeit vor dem Konfessionswechsel verlege und diesen als einen Ausfluß seiner Psychose betrachte im Gegensatz zu allen denen, welche ihm eigensüchtige und Zweckmäßigkeitsmotive unterlegen. Gewiß hat Wilbrandt recht, wenn er Müllers geistige Gesundung auf solide Studien und den Einfluß des Weltmannes Gentz zurückführt, aber mehr als das glaube ich, hat auf Müllers psychisches Befinden die Beschäftigung mit und die Begeisterung für Kleists Poesie gewirkt;

der rege und andauernde Verkehr mit Kleist, seine aufopfernde Freundschaft, die ihm zur Ehe verhalf, wird auf seine seelische Verfassung günstig gewirkt und ihm einen festen Halt verliehen haben.

Aber doch zeigt die geistige Entwicklung Müllers auch in der Folge manche Züge, die an die abgelaufene Psychose erinnern; dazu rechne ich seinen Hang zum Mystizismus, sein propagandistisches Streben für seine Kirche, seine Bemühungen für einen „echt katholischen Bund", Züge, die um so eigenartiger wirken, als er in seiner ganzen Lebensweise den Typus eines eleganten Weltmannes darstellte, und als er, ganz im Gegensatz zu Kleist, an das äußere Leben große Forderungen stellte, vieler Lebensgenüsse und eitlen Glanzes bedürftig. Eine Bestätigung der neuropsychopathischen Veranlagung Müllers sehe ich endlich darin, daß unter anderen auch Pfuel ihn schildert als „eine weiche, sanfte, liebebedürftige Natur von melancholischem Grundzuge".

Im Februar 1805 kam Müller aus Preußisch-Polen nach Wien. Gentz schreibt hierüber und über Müllers Übertritt zum Katholizismus in sein Tagebuch: „Inzwischen hatte ich mit Kurnatowski das Project entworfen, Adam Müller, der damals in Preußisch-Polen im Hause seiner nachmaligen Frau lebte, nach Wien zu citiren; und er kam wirklich am 9. II. (1805) hier an. In der ersten Zeit hatten wir einige Mühe, mit einander über viele wichtige Punkte einig zu werden. Später ward jedoch seine Gegenwart eine große Quelle an Erfrischung und Kräftigung meines Geistes. — — — Zu Ende des April führte Adam Müller seinen längst genährten Entschluß aus, sich zur katholischen Religion zu bekennen. Ich selbst konnte einen gleichen Entschluß, so herzlich ich ihn auch billigte, aus mehreren Gründen nicht fassen. Meine Freundschaft mit Müller wurde aber durch dies Ereignis im höchsten Grade gestärkt. Ich machte mit ihm am 26., 27. und 28. April eine unvergeßliche kleine Reise nach Gutenstein. Am 30. verließ er Wien."

Schon kurze Zeit darauf muß sich Müller in Dresden niedergelassen haben, also etwa zwei Jahre früher als Kleist. Denn Gentz schreibt: „Am 4. Januar (1806) kam ich nach Dresden. Außer Baron Buol, dem österr. Geschäftsträger, einem meiner treuesten Freunde, fand ich dort auch Adam Müller, der mit der Familie Haza [1]) seit mehreren Monaten in Dresden lebte." In Dresden schloß Kleist mit Müller jenen seltsamen Bund, der trotz aller Verschiedenheit der Charaktere und der Lebensauffassung bis an das Ende Kleists andauern sollte; sein festes unverrückbares Fundament bildete sicherlich auf der einen Seite Kleists Ergebenheit und Dankbarkeit für einen Mann, bei dem er zum ersten Male volles Verständnis fand, und der ihm bei Herausgabe des Amphitryo unschätzbare Dienste geleistet hatte, auf der anderen Seite die elastische Schmiegsamkeit und die Hingebung Müllers, sobald er Kleists Bedeutung und seinen eigenen Vorteil erkannt hatte.

Die Stellung der beiden zueinander während der Phöbusepoche ist durch die lichtvolle Darstellung Wilbrandts, durch die Ergänzungen Steigs und neuerdings Kaykas so deutlich geworden, daß wir darüber hinweggehen können. Die beste Einsicht in das Verhältnis und in die volle und begeisterte Würdigung

---

[1]) Der Verkehr Müllers in der Familie v. Haza datiert aus seiner Lebenszeit in Polen. Über Müllers Beziehung zu seiner späteren Frau, einer geb. von Taylor, wissen wir nichts genaues. Einen kleinen Beitrag zu diesem Verhältnis sehe ich im folgenden: In dem Briefe Kleists an Frau v. Haza (30. Oktober 1807) findet sich am Schluß ein Gruß an eine Person, deren Name nachträglich sehr sorgfältig ausgestrichen ist. Wie der Herausgeber der Briefe im Kommentar angibt, ist das W des Namens deutlich zu erkennen und die Lesart Zollings „Bernhard" falsch, er substituiert dafür „Wippel", den Namen eines Professors am Kadetten-Korps in Berlin. Ich glaube annehmen zu dürfen, daß der Name „Wiesel" heißt. In einem Briefe vom 31. März 1826 meldet nämlich Müller der Rahel den Tod Wiesels, der die Stellung eines langjährigen Sekretärs bei ihm eingenommen zu haben scheint, und dessen Charaktereigenschaften er ausführlich und liebevoll schildert. Da der Name auf den Verkehr mit Müller hinweist, dürfte Frau v. Haza es für notwendig gefunden haben, ihn aus dem Briefe sorgfältig zu entfernen.

des Kleistschen Genius durch Müller bietet übrigens der Briefwechsel zwischen Müller und Gentz. Der Phöbus war eine kunstästhetische Zeitschrift, die führende Rolle hatte Kleist, wie seinen anderen Freunden gegenüber war er der Gebende und Lehrende, und der vielgewandte, elastische Müller wußte sich ihm anzupassen und unterzuordnen. Kleists Freunde nahmen Anstoß an diesem Verhältnis (s. o.), ihnen machte es den Eindruck, als ob Kleists Eitelkeit übermäßig geschmeichelt würde, sie mißtrauten dem Einflusse Müllers auf seine dichterische Entwicklung. Das wird uns verständlich, wenn wir in Betracht ziehen, daß Müller unter seinen Zeitgenossen sehr viele persönliche Gegner hatte, und daß er sich einer weit verbreiteten Unbeliebtheit erfreute.

Wir können das Urteil der Zeitgenossen nicht übersehen, wenn wir uns eine Ansicht bilden wollen über manche Handlungsweise Müllers. Die ehrenden Worte Pfuels über ihn haben wir oben angeführt (S. 43); um dieselbe Zeit, d. h. kurz nachdem Müller seinen Wohnsitz in Wien aufgeschlagen hatte, schreibt Gentz über ihn: „Mein Umgang mit Adam Müller, der den Winter in Wien zubrachte, war eine Quelle von Kraft und Belehrung für mich. Die religiösen Fragen wurden zwischen uns besonders oft und ernstlich erörtert. Und da ich in dieser Zeit den Entschluß, mich öffentlich zur katholischen Kirche zu bekennen, so groß auch meine geheime Neigung dazu sein mochte, nicht hatte fassen können, so war es wohl so gut als erwiesen für mich, daß ich ihn nicht fassen werde." Den schmeichelhaften Worten dieser beiden stehen zahlreiche sehr absprechende Urteile gegenüber. Nicht bloß der oben (S. 39) angeführte Martens, sondern viele andere Zeitgenossen, die mit Adam Müller in Berührung kamen, haben sich sehr wenig anerkennend über ihn geäußert. Das schrofffste und absprechendste Urteil über ihn fällt Ludwig Robert. In einem Nekrolog im Freimütigen über Robert äußert sich W. Haering: Robert gehört zu den außerordentlichen deutschen Dichtern, welche nicht jede Zeile, die sie schreiben, für den Druck bestimmen. Er dichtete für sich; viele Satiren, Xenien, ganze Parodieen lagen in seinem Pulte, die er nur vertrautesten Freunden dann und wann mitteilte. Es gehörte zu seiner inneren Genugtuung, sich gelegentlich so Luft zu machen; dann aber wurde es verschlossen, um niemand zu beleidigen."

In der Tat findet sich im Nachlasse Roberts (Kgl. Bibliothek) ein umfangreiches Konvolut kleiner Gedichte in Form von Epigrammen, Akrostichons usw. auf bestimmte Personen; ein Teil davon ist in den Ergänzungen zu Varnhagens Denkwürdigkeiten verwertet, der Rest ist für eine Neuauflage von Roberts Gedichten (s. Vorwort) angekündigt, aber niemals veröffentlicht worden. Hier finden sich die folgenden 16 Epigramme auf Adam Müller, die Robert in der von Haering angedeuteten Absicht geschrieben haben mag, und die ich hier, wohl gegen die Absicht des Dichters, der Vergessenheit entreiße, weil sie doch untrüglich die Auffassung der Zeitgenossen über Adam Müller wiedergeben:

Steine aus einer Ehrenpforte für zwei triumphierende Müller: Adam der Vorhersager und Adam der Nachsager.

---

### Der Staat eine Famille.

Was der Famille das Weib, das ist der Erbadel der Staatskunst,
Denn ein häuslicher Kreis ist, nur ein größrer, der Staat.
Adam sagt es und richtet sein Haus zum Muster des Staats ein
Liebt und lebt mit des Freunds eh'lichem, redlichen Weib.

### Der Konsul.

Republikenvernichter! Verläumder der heiligen Freiheit!
Wenn Du Dich Konsul nennst, fürchte den Caesar im Grab!
Konsul bin ich der Krämer und habe das Amt mir verdienet,
Das mir der Zensor gab, der mir die Bücher diktirt.

### Darf ich so frei seyn?

Rechte nur gäb' es, kein Recht? nur Freiheiten einzig, nicht Freiheit?
Rechte, die man erzwang? Freiheiten, die man sich nahm?
Nun, so bin ich so frei nnd nehme das Recht mir und mache,
Frecher Aristokrat! mache zum Zankülott Dich! —

### Der Desertör.

Adam, wo bist Du? Das hätt er gar gern von Preußen gehöret,
Als er dem Vaterland drohend, der Sünder! entrann.
Aber das Pulver nicht werth entkam er glücklich, man wagte
An den entlaufenden Wicht, nicht den gewöhnlichen Schuß.

### Er ward nicht Adam getauft.

Du, dem ererbete Schollen, ererbete Wappen und Nahmen
Mehr sind als Kopf und Herz, Wahrheit und Recht und Vernunft,
Änderst den Nahmen und nennest Dich Adam? — Zum ersten der Menschen
Machet die Inconsequenz, letzter der Menschen! Dich nicht.

### Der alte und der neue Adam.

Wann er die Pfaffen vertheidigt, Herr Adam, so thut er's für Ablaß,
Weil er verführt in Berlin, weil er aus Dresden entführt.
Selbst für künftige Sünden begehrt er begehrlich Vergebung:
Adam der Alte läßt Adam den Neuen nicht los.

### Der Staatskünstler.

Würden die Staaten der Welt gestaltet nach Adams Staatskunst,
Sicherlich wünschten sie dann praeadamitisch zu seyn.

### Caput.

Köpfe, — sie sollen nicht zählen bei Repräsentirung der Stände?
Adam! ist es wohl recht, so egoistisch zu seyn.

### Die Welt ein Jammerthal.

Wenn ich auch sonst nicht wüßte, daß hier die irdischen Reiche
Paradiese nicht sind, wüßt ich es, Adam, durch Dich.
Wären sie Gärten des Friedens, Gefilde der rechtlichen Freiheit,
Triebe der Engel gewiß, sündiger Adam! Dich aus.

### Schach.

Adam Müller der Bauer und Adam Müller der Ritter
Bieten vergeblich Schach beide der Menschenvernunft.

### Die Mühle.

Eine Mühle zu bauen, vermag er es, laß ich mich rädern
Und es erbauet der Lump Staaten aus Lumpenpapier.
Dennoch vergleicht sich der Staat des Meisters Müllers mit Mühlen:
Wasser treibet und Wind klapperndes hölzernes Werk;
Dies nun dreht zwei Steine: den Feudalismus, das Pabstthum
Und dazwischen gequetscht reiben sich König und Volk.

Friedrich u. Müller.

Klag ihn nur an den Geist des gewaltigen Königs, Du Müller!
Diesen Processſ Hans A... nimmt die Behörde nicht an.

Grundbesitzer! keine Köpfe!

Einzig dem Grundbesitz entsprudelt die Quelle der Weisheit!
Seht doch wie weis' er ist, weiß wo die Weisheit entspringt,
Aber wo weiß er es her der vagabundirende Müller,
Nimmer entsprang sie ihm ja, ihm, der sie nimmer besaß.

Grund und Besitz.

Einzig dem Grundbesitz entsprudelt die Quelle der Weisheit?
Sagt er uns auch des Axioms triftig beweisenden Grund?
Ei was Grund?! Auf den Grund geht des Praktischen Spekulation nicht,
Nein nur auf den Besitz, den er erschreiben sich muß.

Lehnguth.

Lehnguth knüpft an den Staat, Geld tödtet den Patriotismus,
Müller beweist was er sagt, schimpfet auf Preußen für Geld.

Aus München den 5. März 1829 schreibt von Hormayr an Raumer (Lebenserinnerungen II 289) über Adam Müller: „Der Tod der zwei großen Tartüffe, Friedrich Schlegel und Adam Müller, welche mit Gentz verbunden, soviel Geistesdruck und so bittere Verfolgung in Wien organisirt haben, ließ (wie Sie aus der Beilage sehen) auch in München die Gemüter nicht unbewegt. Adam Müller hat insonderheit die Todsünde auf sich, daß 1814—15 den Tirolern durch elende Sophismen mit dem himmelschreiendsten Undank, ihre alte geheiligte, noch von Kaiser Franz 1792—97 bekräftigte Verfassung höchst unpolitisch entrissen und dadurch die Stimmung dieses Landes unwiederbringlich verscherzt worden ist."

Das vernichtende Urteil, wie es sowohl in den scharfen Epigrammen Roberts als in dem Brief Hormayrs zum Ausdruck kommt (vgl. auch Brentanos Äußerung bei Kayka [S. 198]), fällt um so mehr ins Gewicht, weil sie beide, Robert, ebenso wie Varnhagen und Wilh. Neumann und Hormayr lange Zeit mit Adam Müller freundschaftlich verbunden waren.

Auch die Freundschaft mit Kleist hatte offenbar schon in Dresden einen Riß erhalten. Das spricht aus Kleists bei ihm doppelt befremdenden sehr erbitterten Ton in dem Brief vom 5. April 1809 an den Verleger Walther. Offenbar hatte Müller mit dem Verleger des Phöbus hinter dem Rücken Kleists ein eigenartiges und zweideutiges Spiel getrieben.

Mit der Tätigkeit Adam Müllers an den Abendblättern hat sich unter Benutzung neuen und reichen Materials Steig in den Berliner Kämpfen eingehend befaßt. Seine Auffassung über Müllers Verhältnis zu den Behörden und zu Kleist ist allgemein maßgebend geworden. Ich werde sie auf den folgenden Blättern kritisch beleuchten. Raumers Darstellung von seinem Konflikt mit Kleist in seinen Lebenserinnerungen (1. Teil) verwirft Steig, indem er ihm vorhält, daß er absichtlich die Schuld von Kleist auf Adam Müller abwälzt. Ich werde an der Hand einer Arbeit von Koepke den Nachweis erbringen, daß dieser in viel schrofferer Weise als den einzig Schuldigen an dem Niedergange der Abendblätter Müller hinstellt, und daß Raumer in seiner Darstellung entschieden Koepkes Vorlage gemildert hat. Nur nach einer Richtung ist Raumer inkonsequent. Er stellt sich nämlich selbst als den Schuldlosen hin, der in das Geschick Müllers und Kleists nicht einzugreifen Gelegenheit hatte. Und doch hatte wenigstens Müller persönlich alle Veranlassung, Raumer zu grollen und ihm die Schuld an seinem Mißerfolg beizumessen, denn wenige Seiten vorher (S. 150) erzählt Raumer:

„Mehr Arbeit verursachte ein Aufsatz über die Behandlung der preußischen Domänen und die Prüfung eines, sonderbar genug, von Scharnweber und Adam Müller gleichmütig empfohlenen Planes: alle Realschulden für unablöslich zu erklären und die Zinsen herabzusetzen. Auf dem Grund eines von mir abgegebenen Gutachtens ward jener Plan verworfen, was die Urheber sehr übel nahmen."

Daß übrigens Müller so rasch sich nicht beruhigte, sondern in einer geharnischten Eingabe bis an den König vorging, erzählt Raumer selbst:

Die Anklagen gegen mich wurden nicht bloß gesprächsweise und in Gesellschaften ausgesprochen, sondern in einer (höchstwahrscheinlich von Adam Müller entworfenen) Eingabe der Lebuser Ritterschaft an den König im stärksten Maße wiederholt (S. 160).

Die Eingabe an den König, welche Raumer wiedergibt, läßt unschwer die Schreibweise Müllers erkennen.

Mit der Geschichte, der Wirksamkeit und dem Ende der Abendblätter hat sich eingehend Rudolf Köpke beschäftigt. In der Einleitung zu „Heinrich von Kleists politischen Schriften" bringt er literarästhetische Betrachtungen und Untersuchungen und eine Lebens- resp. Charakterstudie des Dichters. Wahrscheinlich wollte er ursprünglich der Einleitung einen größeren Umfang geben und speziell auch Kleists Berliner Kämpfe beleuchten, wie ich vermute, um die Rolle des Mannes klarzustellen, dem sein Buch gewidmet ist. Es findet sich nämlich in der Hinterlassenschaft Köpkes (Kgl. Bibliothek) ein umfangreiches Manuskript, in dem die Berliner Abendblätter besprochen und namentlich die Persönlichkeit und der Charakter Müllers einer scharfen Kritik unterzogen wird. Die Arbeit ist Konzept und Fragment geblieben; was Köpke von seiner ursprünglichen Absicht abgehalten hat, ist nicht ersichtlich. Ich sehe davon ab, Köpkes Auslassungen an dieser Stelle wiederzugeben, bringe sie aber in einem Nachtrag (s. S. 424 ff.). Sie sind für uns in erster Reihe deswegen bemerkenswert, weil Köpke schon im Jahre 1861 sehr eingehend unterrichtet ist über gewisse Tatsachen und Vorgänge, die wir erst sehr viel später aus Steigs Arbeit nach sorgfältigen Untersuchungen kennen gelernt haben. Woher stammte das Material von Köpke? Die Möglichkeit, daß er es dem Geh. Staatsarchiv entnommen hat, ist auszuschließen. Es findet sich im Archiv ein genaues Verzeichnis des Materials, welches Köpke vorgelegen hat; er hat nicht mehr als die Akten bezüglich der Zensur der Abendblätter eingesehen. Es kann darnach wohl keinem Zweifel unterliegen, daß die genaue Einsicht in die Verhältnisse, welche Köpkes Manuskript verrät, ihm durch Unterstützung von offizieller Seite (Raumer!) ermöglicht wurde, und seine leider nur fragmentarische Arbeit ist für uns deshalb so bemerkenswert, weil sie, offenbar von offiziöser Seite inspiriert, auch deren Auffassung über die Berliner Abendblätter und besonders über Adam Müller wiedergibt.

Ich bin in der Lage, über die Streitfrage: Adam Müller, einiges neues, wenn auch nur spärliches, doch vielsagendes Material beizubringen aus den Akten des Geh. Staatsarchivs, das ich meinen folgenden Betrachtungen unterlegen werde. So klar das Bild ist, welches wir nach dem Briefwechsel zwischen Müller und Gentz über das Verhältnis Kleists zu Müller während ihrer gemeinsamen Arbeit am Phöbus bekommen, so außerordentlich schwer ist es, ein unabhängiges Urteil zu gewinnen über die Beziehungen der beiden in der letzten Berliner Lebensperiode Kleists und besonders während der Herausgabe der Abendblätter. Ein so harmonisches, uneigennütziges, von den gleichen Voraussetzungen geleitetes und auf dieselben Ziele gerichtetes Freundschaftsverhältnis, wie es uns aus dem Buche Steigs entgegenleuchtet, ist es zweifellos nicht gewesen und kann es unmöglich gewesen sein. Versuchen wir im folgenden uns einerseits unabhängig zu machen von der gegen Müller gerichteten Auffassung Raumers und Köpkes (s. Nachtrag II), aber andrerseits auch Steigs wohlwollende Darstellung kritisch zu beleuchten.

Kleist und Arnim und Müller sind sich fest und treu geblieben in den Kämpfen, die sie Schulter an Schulter durchzufechten hatten — das ist der einleitende Gedanke, den Steig seiner Abhandlung über die Politik in den Abendblättern vorausschickt, nachdem er vorher ausdrücklich auf das günstige Urteil hingewiesen, welches Kleist über Müllers Elemente der Staatskunst abgegeben hat [1]). In der Tat, wenn wir bedenken, daß diese ehrenvollen Worte im Todesjahre und nach dem Abschluß der Abendblätter geschrieben sind, daß Kleist ferner noch am Todestage Abschiedsworte an Müller richtet, so scheint dies von vornherein für Steigs Auffassung zu sprechen und diese seine Grundanschauung zu stützen. Indessen bei den Abschiedsworten Kleists an Müller war maßgebend das Verhältnis der Vogel zu dem Ehepaar Müller, genau so wie bei dem Vertrauen, welches er Peguilhen schenkte. Aus der lobenden Erwähnung der Arbeit eines Freundes auf Kleists Gesinnung oder Urteil aber einen Schluß zu ziehen ist völlig unberechtigt. Es spricht für Kleists Freundschaftskultus, daß seinen Freunden gegenüber Kleists Kritik aufhört; stets hat er für sie nur schöne, lobende, anfeuernde Worte. Ob es sich um Rühles erste Verse handelt, um Collins Lieder, um Fouqués Gedichte und Dramen, um Frau Fouqués, für uns ganz ungenießbare „vortreffliche Erzählungen, in welchen die Welt der Weiber und Männer wunderbar gepaart ist" — stets weiß er bescheiden zurücktretend, ermunternde und anerkennende Worte zu finden. Auch wenn Kleist über Schiller begeistert schreibt, nichts läßt uns den weiten Unterschied zwischen den beiden Dramatikern ahnen. Man mag diese Eigenart Kleists auslegen wie man will, wir müssen auf sie besonders hinweisen, wenn wir davon absehen, aus seiner Äußerung über Müllers Elemente irgendwelche Schlüsse zu ziehen [2]).

Dagegen aber besitzen wir eine, auch von Steig mitgeteilte Äußerung Müllers über Kleist und sein Bettelweib aus dem Jahre 1810, welche uns stutzig machen muß. „Kleist gibt

---

[1]) Die Stelle, bei Steig ungenau zitiert, hat den folgenden Wortlaut: Das Buch ist eines von denen, welche die Störrigkeit der Zeit, die sie einengt, nur langsam, wie eine Wurzel den Felsen, sprengen können; nicht per Explosion.

[2]) Es sei darauf hingewiesen, daß aus der unmittelbaren Nähe Kleists, von Alex. v. d. Marwitz, dem Kleist Müllers Elemente in die Hand gegeben hatte (an Fouqué d. 25. IV. 11), eine abfällige Kritik des Buches stammt.

mit ungemeinem Glück Berlinische Abendblätter heraus, schreibt Müller an Rühle, hat schon viel Geld verdient, fängt aber schon wieder an, sein sehr großes Publikum zum Bizarren und Ungeheuern umbilden zu wollen, was schwerlich gelingen wird." Vergleichen wir diese mißbilligenden und schroffen Worte, diesen Hinweis auf frühere Vorgänge, der in dem „schon wieder" liegt mit dem, was einst Müller über Kleist und den Phöbus an Gentz geschrieben hat — „lassen Sie die Welt immerhin etwas schaudern, und so Gott es ihr vergibt, auch etwas ekeln; es werden schon glückliche Zeiten kommen, welche ganz unbefangen das große und natürliche und menschliche begehren werden" und „Alles recht göttliche muß wohl dreißig und mehrere Jahre in irdischer Umgebung so forttreiben, ehe es auch nur vom zweiten erkannt wird; dieß lehrt die Weltgeschichte, die Bibel, und wird auch das Schicksal der Werke lehren, welche der Phöbus verbreitet" — dann liegt es klar zutage, daß das Verhältnis Müllers zu Kleist nicht mehr das gleiche ungetrübte geblieben sein kann, wie einst in den Phöbustagen.

Nach der Darstellung Steigs waren die Abendblätter das Organ einer geselligen Vereinigung, die sich „die christlich-deutsche Tischgesellschaft" nannte, und vertraten namentlich in politischen und wirtschaftlichen Fragen ihre Meinung. Ich glaube das nicht, ebensowenig wie ich glaube, daß Kleist als Herausgeber mit alledem einverstanden sein konnte, was besonders Adam Müller in den Abendblättern äußerte. Es muß also Adam Müller, wenn wir diesen scheinbaren Widersinn erklären wollen, eine ganz besondere Stellung neben dem Herausgeber eingenommen haben. Wollen wir uns diese eigentümlichen Verhältnisse erklären, so müssen wir zunächst erst eine Vorstellung zu gewinnen suchen von der politischen Gesinnung und Stellungnahme Kleists.

Kleist hatte kaum den Knabenjahren entwachsen mit dem Stande, welchem er von Geburt angehörte, gebrochen, er hatte mit dem Abschied vom Militär in der Tat „dem ganzen prächtigen Bettel von Adel und Stand und Ehre" entsagt. Freilich hat er später den Weg zurückgefunden, er hat wenigstens vorübergehend eine Staatsstellung angenommen, er erhielt eine fortlaufende Unterstützung von der Königin. Aber doch behielt sein ganzes Wesen, wie wir es besonders aus seinen Briefen erkennen, einen demokratischen Zug. Ich brauche keine Briefstellen zu zitieren; aus gelegentlichen Äußerungen an Wilhelmine spricht das tiefste Mitgefühl mit den Armen und Unterdrückten, spricht seine unabhängige Denkungsweise gegenüber allen Vorurteilen des Adels und des Standes, spricht seine gerade Gesinnung, die sich auch vor Königsthronen nicht beugt, und die sich verächtlich äußert über alle, die sich dehnen und strecken lassen, und die fleißig mit dem Hammer der Willkür geklopft werden. Als er in reiferen Jahren Stellung nimmt zu der dringenden Not des Vaterlandes, so sieht er, ein zielbewußter Politiker, der sich offenbar gebildet hat an den Kämpfen der Schweizer und der Tiroler, wie dort, so auch in Deutschland die Rettung in der allgemeinen Erhebung, in der Beteiligung des Volkes. Darum mochte er mit einer Stimme von Erz zu der Gesamtheit der Deutschen sprechen, darum verlangt er unmittelbar nach Jena, daß der König an den Nationalsinn der Gesamtheit appelliert. In der schwierigsten Situation des Vaterlandes hat sich kaum ein anderer als so eminent politischer Kopf erwiesen wie Kleist. Was Kleist im Dezember 1805 (an Rühle) als den notwendigen Schritt des Königs erkennt, das bedeutete in der Tat Jahre später den Wendepunkt des nationalen Geschickes. Der Brief liest sich, als ob Kleist den Aufruf des Königs an sein Volk vorgeahnt. Und es gibt kein zweites Beispiel eines Dichters, der sich so als Politiker und Seher bewährt hat, wie Kleist in den nationalen Zwillingsdramen: Hermannsschlacht und Prinz von Homburg. Mit erstaunlicher Wahrheit enthüllt er das innerste Wesen der Feinde und das, was sie überlegen macht, aber er erkennt nicht minder das, was allein zur Rettung führen könne. In der Hermannsschlacht erblickt er den Triumph in der Einigkeit und dem einheitlichen Handeln der deutschen Stämme; in dem Gemälde des großen Kurfürsten weist er auf denjenigen Staat hin, in welchem der Geist des Gesetzes und der Ordnung als der starke Fels, an den sich die Hoffnung klammern müsse, aus dem Chaos ragte. Der Homburg ergänzt den politischen Grundgedanken der Hermannsschlacht. Eine jahrzehntelange Entwicklung hat dem politischen Scharfblick und der Sehergabe des Dichters recht gegeben.

Seine Feder hat Kleist völlig in den Dienst des Vaterlandes und des Freiheitsgedankens gestellt, aber nie hat er sich zu theoretisch wissenschaftlichen Aufsätzen über Politik, Volkswirtschaft usw. entschlossen. Selbst seinem Freunde Rühle hat er keinen Beitrag in die Pallas geliefert. So mag es gekommen sein, daß er die Abteilung: Politik und verwandte Gegenstände völlig Adam Müller überließ, der sich mit kleinen Aufsätzen, wie sie die Abendblätter erforderten, bereits in der Pallas bewährt hatte. Müller muß sich völlig freie Hand und eine ganz unabhängige Stellung in der Redaktion vorbehalten haben. Nur so läßt sich der Gang der Ereignisse begreifen.

Kleist wollte zum Volke sprechen, und gerade in den ersten Blättern wollte er sich nach einem Ausspruch Arnims nicht auf Belehrung oder Dichtungen einlassen, sondern mit allerlei Amüsantem die Leser ins Garn locken. Entgegen diesen Absichten des Herausgebers begann Müller sofort mit seinen belehrenden, tendenziös zugeschnittenen Aufsätzen, auf die wir bald zurückkommen werden, und leitete bereits im 12. Abendblatte die Serie der gegen Kraus gerichteten Aufsätze ein, mit denen er nicht bloß die Gegner vor den Kopf stieß, sondern auch die Freunde und Parteigenossen arg verletzte. Man lese nur (s. S. 111), wie sich Fouqué, der doch gewiß zu den Intellektuellen rechnete, über diese für die große Masse geschriebenen Aufsätze vernehmen läßt und die von Varnhagen überlieferten, von Steig nicht erwähnten heftigen Ausfälle Steins: „Hierbei kam er (Stein), schreibt Varnhagen, auf die Verdienste des in Koenigsberg verstorbenen Professor Kraus, dessen Schriften er mir gab und empfahl, und den er gegen neuere Angriffe mit Zorn verteidigte. In Berlin nämlich gab damals Heinrich von Kleist deutsche Blätter heraus, in welchen Adam Müller den Wert von Kraus sehr herabsetzte und ihn für einen bloßen Nachsprecher Adam Smith's erklärte, dessen Grundsätze, als den Gewerbefleiß zum Nachteil des Adels begünstigend, schon nicht mehr gelten sollten. Stein aber sagte von Kraus: „Der Mann hat mehr gewirkt und gethan, als diese Herren je verrichten werden. Die ganze Provinz hat an Licht und Anbau durch ihn zugenommen, seine Belehrung drang in alle Zweige des Lebens, in die Regierung und Gesetzgebung ein. Hat er keine neue glänzende Ideen aufgestellt, so ist er dafür auch kein ruhmsüchtiger Sophist gewesen, und die einfache Wahrheit rein und klar vorgetragen, auf ihren richtigsten Ausdruck gebracht, und Tausenden von Zuhöhrern erfolgreich mitgeteilt zu haben, ist ein größeres Verdienst als durch Geschwätz und Paradoxien Aufsehen zu erregen. Aber so verhält es sich nicht einmal; Kraus war kein Nachbeter, Kraus hatte eine unscheinbare und doch geniale Persönlichkeit, die seine Umgebungen mächtig ergriff, er hatte Blitze neuer Einsichten, großer Anwendungen und setzte uns durch sein unerwartetes Urteil oft in Erstaunen. Wenn er indeß sein A. B. C. vortrug, suchte er das B. nicht hinter das C. zu setzen und eine solche Neuerung als geistreich auszuschreien. Lesen Sie seine Schriften, klar und einfach ist da alles, und mehr brauchen Sie für jetzt nicht. Nebenher lesen Sie mir auch die Franzosen, um zu vergleichen und zu prüfen, die Leute haben auch was gethan."

Der ultrareaktionäre Standpunkt Müllers tritt am deutlichsten zutage in den ersten Beiträgen zu den Abendblättern, die sich auf die neu zu gründende Berliner Universität beziehen. Müller hatte alle Anstrengungen gemacht, bei der neuen Universität anzukommen, er hatte sich später ebenso vergeblich bemüht einen Kanzlerposten in der heruntergekommenen Universität Frankfurt zu erhalten, um diese von Grund auf zu reformieren. Trotzdem will ich nicht behaupten, daß der erste Artikel im zweiten bis vierten Abendblatt „Freimütige Gedanken bei Gelegenheit der neuerrichteten Universität Berlin" aus Animosität oder gekränkter Eitelkeit Opposition macht. Sicherlich enthält der Aufsatz viele beherzigenswerte zutreffende Gedanken, aber was er an Heilmitteln zu einer Besserung der Universitätszustände vorschlägt, wirkt mehr als bedenklich. In einer Zeit, in welcher alles darauf ausging, das wissenschaftliche Leben und die wissenschaftliche Forschung von allen Fesseln zu befreien, kommt Müller ernsthaft mit dem Vorschlag, das geistige Leben dem Geistlichen unterzuordnen, fordert er die staatliche Bevormundung, und stellt er als Muster jeder modernen Universität die katholischen Hochschulen in Bologna, Paris und Prag hin.

Worauf Müller hinzielte, das ist in diesem Aufsatz nicht so deutlich ausgedrückt, als aus meinen Angaben hervorgeht. Alles ist nur sehr geschickt angedeutet, man weiß noch nicht recht, wo der Verfasser hinauswill, offenbar handelt es sich nur um einen vorsichtig ausgestreckten Fühler. Der Aufsatz machte nach der Darstellung Steigs, wie es leicht begreiflich ist, großes Aufsehen, und die wie selbstverständlich behandelte Subsumierung des Geistigen unter das Geistliche mußte nicht nur das freigeistige Berlin auf das ärgste verletzen, sondern konnte selbst denen nur wenig behagen, welche sich sonst das geistlich-religiöse Moment sehr wohl hätten gefallen lassen. Aber Müller blieb nicht auf halbem Wege stehen, er ging noch weiter.

Im siebenten Abendblatt steht ein anonymer, zweifellos aus der Feder Müllers stammender Artikel „über die wissenschaftlichen Deputationen". Der verhältnismäßig kurze Aufsatz zerfällt in drei Absätze. Kurz wiedergegeben ist der Inhalt der beiden ersten Absätze der folgende: Es gebe zwei Mittel, den Staat durch die Wissenschaften zu veredeln. Ein direktes: durch wissenschaftliche Deputationen oder gelehrte Korporationen, die aus dem Reiche der Wissenschaft als Deputierte entsendet, den einzelnen Verwaltungszweigen zu Rat, Hilfe und Bericht angehängt seien. Ein indirektes: den Geist der lebendigen Wissenschaft den Staatsbeamten durch die politische Erziehung so mitzuteilen, daß das Reich der Wissenschaft den Staat durchdringe, und daß er weiter keiner Deputierten bedürfe. Soweit bringt der Aufsatz nichts Besonderes, gewisse Ausfälle gegen Systeme und Prinzipien der modernen Zeit bleiben des Verfassers gutes Recht, ebenso wenn er sich gegen die wissenschaftlichen Deputationen und damit gegen den Chef der Unterrichtssektion, Wilhelm v. Humboldt, ausspricht.

Aber der Aufsatz hat neben den beiden besprochenen Absätzen noch einen dritten, der mit dem Inhalt der vorhergehenden nur einen losen Zusammenhang hat, dessen Steig in der eingehenden Besprechung des Aufsatzes gar keine Erwähnung tut, der für uns aber doch sehr wichtig ist, weil er uns über die eigentlichen Tendenzen Müllers die Augen öffnet. Dieser kurze Schlußabsatz hat den folgenden vielsagenden Wortlaut:

„Je mehr es der besondere Ruhm unserer Zeit ist, daß die Wissenschaften mächtig geworden sind, um so mehr ist es, erstes unter allen Problemen des Staatsmannes sie zu b ä n d i g e n, das heißt, da er sie braucht und sie sich nicht mehr unterdrücken lassen, sie zu r e g i e r e n."

Hier gibt Müller ein Programm, das so reaktionär gehalten ist, wie es nicht reaktionärer gedacht werden kann. Die Wissenschaften, die gerade bei der Gründung der Universität so frei und unabhängig gemacht werden sollten als möglich, wünscht er zunächst wie in den katholischen Universitäten des Mittelalters unterstellt der Geistlichkeit, und nicht genug damit auch von der staatlichen Behörde verlangt er als die erste und wichtigste Pflicht, die Wissenschaften, die sie nun einmal nicht aus der Welt schaffen könne, zu beaufsichtigen, zu regieren, in Ketten zu legen und so zu bändigen. Ich frage: das soll im Sinne eines Kleist geschrieben sein? Das soll auch nur die Tendenzen der Männer wiedergeben, welche wir in der Tischgesellschaft vereinigt sehen? Das soll endlich zielbewußte, systematische Opposition gegen Regierung und Staatskanzler sein? Steig hat, wie bemerkt, diese Erklärung Müllers fortgelassen, und er mußte sie unterdrücken, weil sie eben in den Rahmen einer Darstellung nicht paßt, welche Müller als unabhängigen Mitkämpfer Kleists, als seinen Gesinnungsgenossen, als den unbestochenen und unbestechlichen Gegner Hardenbergs schildert.

Adam Müller und Kleist kämpften Schulter an Schulter — das bedeutet nicht nur, daß sie vor der Öffentlichkeit die gleichen oder annähernd die gleichen Anschauungen vertraten, sondern auch, daß sie in den Kämpfen, die besonders Kleist nicht erspart blieben, in Reih und Glied stritten, einer für den anderen eintretend. Wir wollen untersuchen, wie weit das zutrifft auf die schweren Konflikte, in welche Kleist besonders gegen den allmächtigen Theaterdirektor und gegen die obersten Staatsbeamten verwickelt wurde. Iffland und Hardenberg, so äußert sich Arnim, hängen wie Rad und Wagenschmiere zusammen.

Ich habe oben (S. 113 ff.) bereits den Konflikt Kleist-Iffland berührt, ich habe gezeigt, wie Iffland sich gegen den Dichter in einer ganz unverantwortlichen Weise und gegen alles Herkommen benahm, wie ihm Kleist eine durch die Umstände gerechtfertigte Sottise an den Kopf warf, wie dann bald in den ersten Nummern von Kleists Zeitung ein von Steig nicht mitgeteiltes, schweifwedelndes Huldigungsgedicht auf Iffland erschien. Auf Steigs Darstellung der gegen die Theaterleitung gerichteten Kämpfe Kleists erübrigt es sich hier einzugehen. Geiger[1]) hat bereits den Nachweis erbracht auf Grund authentischen Materials und der Kritik von Steigs Angaben, daß die bei Steig gebotene allgemeine Auffassung des gegen Iffland im Anschluß an die Aufführung der Schweizerfamilie gerichteten Skandals wie die Darstellung im einzelnen unrichtig ist. Am 1. Dezember erging ein Zensurgebot gegen die Abendblätter wie gegen den „Freimütigen", welches, in der rigorisesten Weise gehandhabt, keinem Theaterartikel für die Abendblätter

---

[1]) Ein Berliner Theaterskandal 1810 im Archiv für Theatergeschichte S. 66—75.

das Imprimatur erteilte, und welches sich Kleist vergeblich bemühte aufzuheben oder auch nur zu mildern. Bei diesen Bemühungen, so müssen wir voraussetzen, wurde Kleist, für den es sich um eine Lebensfrage seiner Zeitung handelte, wirksam und tatkräftig von seinen intimsten Freunden und Mitarbeitern unterstützt. In der Tat hat auch wenige Tage nach dem Zensurgebot Arnim und unabhängig von ihm oder wahrscheinlicher mit ihm gemeinsam Adam Müller[1]) eine umfangreiche Eingabe, datiert vom 6. Dezember, an Iffland gerichtet. Man sollte denken, daß dieses Memorandum hauptsächlich im Interesse Kleists abgefaßt, diesem zu Hilfe kommen will und darauf gerichtet ist, die Gegensätze zwischen Kleist und Iffland aus der Welt zu schaffen. Die Darstellung dieses Zwischenfalles bei Steig muß auch unmittelbar den Eindruck hervorrufen, daß Arnims und Müllers Schreiben diese Absicht vor allem verfolgte.

Das Schriftstück selbst ist uns unbekannt, aber wir können seinen Inhalt rekonstruieren aus dem eingehend-sorgfältigen Antwortschreiben Ifflands, welches Arnim im „Gesellschafter" vom Jahre 1818[2]) (Blatt 57 u. 58) der Öffentlichkeit übergeben hat unter dem Titel „Das Unglück eines Theater-Direktors". Bei Steig ist Ifflands Schreiben dem Inhalt nach wiedergegeben. Im Original muß manches an der Veröffentlichung Arnims befremden. Zunächst die Sympathie, das Wohlwollen gegen Iffland, welche der ganze Aufsatz verrät, der doch im Leben der verhängnisvollste Gegner von Arnims Freunde gewesen war. Sodann der Umstand, daß in Ifflands Antwort, die sich strikte an Arnims Fragen hält, Kleist nicht mit einem

---

[1]) In seiner an Arnim gerichteten Antwort, bemerkt Iffland, daß sein Bescheid auch dem Hofrat Müller gilt.

[2]) Bei Steig steht fälschlich 1817. Der Brief ist übrigens noch einmal abgedruckt im „Gesellschafter" vom Jahre 1845; 118. Beilage. An dieser Stelle wird die ganze Affäre von neuem aufgerollt. Iffland ist hier im Recht, heißt es da. Ein Herr v. M. stand an der Spitze einer Partei, welche ergrimmt war, daß Frl. Herbst, nicht eine von jenen Herren Begünstigte, als „Emmeline" erschien; und doch war die, welche man durch den Theaterlärm vorzuschieben hoffte, die offenbar weniger Geeignete.

Worte erwähnt ist. Das könnte sich daraus erklären, daß Iffland, der sich wegen Nichtaufnahme von Dramen Tiecks, Contessas, Roberts, der Frau von Weißenthurn verteidigt, mit Absicht die Stellen in Arnim-Müllers Briefe unbeantwortet läßt, die sich auf ihren Freund Kleist beziehen. Diesen Eindruck bekommt man in der Tat auch durch Steigs Darstellung. Nur daß auch hier Steig einige Worte Arnims unterdrückt, die doch die Affäre in einem andern Licht erscheinen lassen. Arnim hat nämlich, was Steig nicht erwähnt, dem Briefe Ifflands einige einleitende Worte vorausgeschickt. In dieser Einleitung erwähnt er auch mit einigen Worten Kleist. Das ist an sich schon bemerkenswert, denn es ist merkwürdig genug, und ich werde später noch besonders darauf hinweisen (s. S. 219), daß Arnim, wenigstens soweit ich es übersehen kann, niemals wieder auf Kleist zurückkommt und niemals wieder seine Person noch seine Werke bespricht oder beurteilt. Die erwähnte Stelle in der Einleitung hat den folgenden Wortlaut: „Ob Alles beantwortet worden, was mein Brief enthält, weiß ich nicht mehr anzugeben; ich meine aber, daß ich noch Mancherlei, vielleicht auch etwas zu Gunsten Kleists geäußert habe[1]), der uns wahrscheinlich erhalten wäre, wenn das Theater sein Talent nicht zurückgewiesen hätte."

Wenn bei der Veröffentlichung einer Antwort auf ein Schreiben, in dem er die verdammte Pflicht und Schuldigkeit gehabt hätte, mannhaft für die Interessen seines verfolgten und unterdrückten Freundes einzutreten, Arnim nichts weiter zu sagen hat als: ich habe vielleicht auch etwas zu Gunsten Kleists geäußert, so ist dies nach meinem Gefühl nichts weiter als eine Verlegenheitsphrase, und in dieser nichtssagenden Redensart kommt das Schuldbewußtsein eines Mannes zum Ausdruck, der seinen Freund in mißlichster Lage im Stiche gelassen hat. Andere mögen darüber anders denken, aber soviel ist doch unbedingt sicher, daß die In-

[1]) Im Original nicht gesperrt.

timsten Kleists für ihn keinen Finger rührten, daß Steigs Darstellung nicht der Wirklichkeit entspricht, daß Arnim-Müller unmittelbar, nachdem Iffland den schwersten Streich gegen Kleist geführt hatte, mit ihm in Verbindung traten im eigenen oder anderweitigen Interesse, ohne für Kleist in irgendwelcher Form einzutreten.

Wir kommen zu der zweiten und wichtigeren Frage: wie weit haben die Freunde und im besonderen Adam Müller Kleist Gefolgschaft geleistet und Hilfe angedeihen lassen in seinem Kampfe gegen die Regierung, der in seinen Einzelheiten sattsam bekannt ist aus Kleists Briefen an Raumer, an Hardenberg und den König.

Adam Müller war im Frühjahr 1809 nach Berlin gekommen und hatte sofort alle Hebel in Bewegung gesetzt, um hier Terrain zu gewinnen. Über seine Bemühungen unterrichten uns die Angaben Koepkes (s. Nachtr. II) und die Darstellung bei Steig. Soweit es sich um seine Vorträge „über König Friedrich II. und die Natur, Würde und Bestimmung der Preußischen Monarchie" handelt, sowie um seine ausführliche und begründete Eingabe an den Geh. Staatsrat und Oberpräsidenten vom 5. Oktober 1809, betreffend den Plan eines Preußischen Regierungsblattes, sind wir genau unterrichtet durch das Material des Geh. Staatsarchivs. Im übrigen stimmen die Angaben Koepkes ziemlich mit denen Steigs überein. Seine persönlichen Beziehungen zu Hardenberg versuchte Müller zunächst durch die Vermittlung seines Freundes Gentz anzubahnen. Schon im Frühjahr 1810 hatte er Gentz um eine Empfehlung bei Hardenberg ersucht. Im Juni erübrigte sich bereits die Empfehlung, wahrscheinlich waren bereits auf anderem Wege persönliche Beziehungen angeknüpft worden. Das geht hervor aus einem Briefe Müllers an Gentz nach Töplitz vom Juni 1810 (Kgl. Bibliothek), der nach mehrfacher Richtung bemerkenswert ist, und den ich hier wiedergebe, weil er in den gedruckten Briefwechsel nicht aufgenommen ist. Das Schreiben hat folgenden Wortlaut:

„Mamsell Rahel-Levin-Robert, die ich denn doch endlich, trotz mir selbst, kennen und schätzen gelernt habe, wünscht einige Zeilen an Sie, mein liebster Freund: ich verlasse mich also auf den beweglichen und schmieglichen Verstand dieses kleinen Wundertieres ......[1]) sie einst von mir aufgedrängt werden sollte. Gewiß ist, daß nächst mir, niemand Sie besser kennt, als diese Rahel: geistreich ist sie noch heut für tausend andere. Daß ich endlich einmal wieder, seit den höchst unbefriedigenden Zeiten vom 12. April etwas von ihnen zu hören wünsche, können Sie denken. Meinen Brief durch Herrn von Arnim haben Sie hoffentlich erhalten: ich bat Sie womöglich um eine Empfehlung bei Hardenberg; wenn Sie es ungern thun oder Ihrer Verhältnisse wegen nicht wohl können, so ist es jetzt auch eigentlich nicht mehr nothwendig.

Was machen denn heuer die Ge-wit-ter in Töplitz: hier schwelgen die Winde auf eine mir zwar angenehme jedoch verdächtige Weise zwischen Osten und besonders Norden und Nordwesten umher. Mir ist vor einer Reaktion aus der südlichen schmutzigen und müssigen Seite her im bevorstehenden Sommer bange. Das laufende Jahr wäre eines der ruhigsten und schönsten, wenn es in der zweiten Hälfte sich ebenso ruhig und behaglich nach Westen und West-Süd-Westen herumlegen möchte. Es sind kaum 8 Tage im ganzen Frühling gewesen, wo die Luft meinen decidirten Metall-Geschmack an sich gehabt hätte: die von solcher Unschuld unzertrennliche Kälte hat mir recht seyn können. — Unter allen Winden

Der Ihrige Adam Müller.

den 28. Juni 1810.

Der Brief in seinem letzten Absatz zeigt, wie Müller noch im Jahre 1810 von Witterungseinflüssen abhängig ihnen die größte Bedeutung beilegt; wenn Wilbrandt darin eine

[1]) Hier sind, wie Varnhagen bemerkt, 4½ Zeilen herausgeschnitten; Varnhagen vermutet von Alexander v. d. Marwitz.

geistige Störung sieht, so lehrt der Brief, daß diese an Verrücktheit grenzende Mystik und Symbolik noch nicht, wie Wilbrandt behauptet, in Dresden überwunden war. Der naheliegende Gedanke, Müllers Ausführungen im politischen Sinne als versteckte Andeutungen auszulegen, läßt sich nicht durchführen. Der Brief belehrt uns darüber, daß Müller bald nach seiner Ankunft in Berlin die Bekanntschaft mit Hardenberg suchte und auch fand.

Müllers Bemühungen bei Hardenberg hatten Erfolg. Am 31. August 1810 wird ihm der Bescheid, daß die Finanz-Kommission angewiesen sei, ihm ein Wartegeld von 1200 Talern in den gewöhnlichen Raten zu zahlen. Die Tatsache, daß Müller ein Wartegeld erhielt, ist natürlich für die Würdigung seiner Tätigkeit am Oppositionsblatte Kleists, für Müllers Stellung zur Regierungspartei von größtem Belang. Auch Steig erwähnt diese Tatsache und hebt ausdrücklich hervor, daß Hardenberg sich Müllers sicherte, weil er Federn brauchte, die sein Finanzedikt in der Presse verteidigen würden. Und weiter führt Steig an, daß Müller sich ausdrücklich bereit erklärt hatte „die Politik des Kanzlers, w i e  e r  s i e  s i c h  d a c h t e  w e n i g s t e n s[1]), publizistisch zu vertreten. — Deswegen ließ Hardenberg ihm ein Wartegeld von 1200 Talern jährlich auszahlen". Ein wunderbar kühner logischer Kopfsprung! Also weil Hardenberg glaubte, daß Müller über seine (Hardenbergs) Reformen so schreiben würde, wie er, Müller, sie sich dachte, d. h. also nach völlig freiem Ermessen, deshalb bezahlte er ihm auf Staatskosten 1200 Taler! Ich glaubte bisher annehmen zu dürfen, daß der Journalist, welcher von beteiligter Seite Geld empfängt, damit die Pflicht übernimmt, eben nicht nach seinem Sinne, sondern so zu schreiben, wie es seinem Geldgeber erwünscht ist. Man sieht, wohin diese Auffassung Steigs und diese seine tendenziöse Stellungnahme führen muß. Für mich — und ich lasse es dabei ganz unentschieden, für welche Zwecke Müller das Geld

[1]) Im Original (Berliner Kämpfe S. 46) nicht gesperrt.

erhält — liegt die Tatsache vor, daß er im Solde der Regierung, im Solde der staatskanzlerischen Politik stand. Gleichzeitig hatte er seine Kräfte in den Dienst eines Blattes gestellt, dessen Herausgeber die angebotene Unterstützung der Regierung zurückgewiesen hatte, um sein Blatt unabhängig zu erhalten. Auf diesen beiden Posten gab es keinen Mittelweg und so oder so, Müller mußte ehrlos und gewissenlos handeln, entweder gegen den Staatskanzler, der ihn bezahlte, oder gegen Kleist, der ihm vertraute.

Übrigens gibt Müller seine Abhängigkeit vom Staatskanzler in einem gegen Mitte Oktober an Rühle gerichteten Schreiben selbst zu. Da heißt es: „Gleich nach Empfang Deines Schreibens setzte ich mich an die Ausarbeitung eines Briefes über den Zustand von Preußen, der indeß unvollendet geblieben ist, weil ich vom Staatskanzler den Auftrag erhielt die neuen Finanzmaßregeln zu verteidigen." Und auf der nächsten Seite: „Da der Kanzler seine Maßregeln auch im Auslande verteidigt wünscht, so habe ich gleich an die Pallas gedacht und wenn es Dir recht ist, so schlagen wir dort ein kritisches Feldlager auf, was zugleich zur Observation der Österreichischen Verfassung und Kredit- und Steuerangelegenheiten dienen kann."

Nach der Darstellung Steigs hat Müller ständig, mannhaft und konsequent der Regierung und den maßgebenden Kreisen Opposition gemacht. Ich habe wenigstens an einzelnen Beispielen nachweisen können, daß dies durchaus nicht der Fall war, an einem Beispiele zudem, welches beweist, daß er unmöglich die Ansicht Kleists vertrat. Wie schon oben erwähnt, kann ich mir das ganze Verhalten Müllers im Rahmen der Abendblätter nicht anders erklären, als dadurch, daß er sich von vornherein eine selbständige Stellung neben dem Redakteur gewahrt hatte. Wie wäre es sonst möglich gewesen, daß Kleist, der so rücksichtslos mit den Beiträgen seiner Freunde und Mitarbeiter umzugehen pflegte, der kürzte und, wenn ihm daran lag, vollständig umarbeitete, Müller gegenüber völlig zurücktrat und ihn innerhalb seines Blattes frei schalten und walten ließ?

Gewiß, auch Kleist trieb eine feine und freie Opposition, aber der Charakter des Blattes wurde mehr und mehr bestimmt von Müller, und zwar in einer Art und Weise, die für den Fortbestand des Blattes höchst gefährlich wurde und werden mußte. Wie die Verhältnisse nun einmal lagen, mußte jeder Unbefangene schon nach den ersten Nummern erkennen, daß Müller das Blatt dem Untergange entgegenführte. Ich muß mich der Ansicht Koepkes (s. Nachtrag) anschließen, die auch Kayka vertritt, daß Müllers rücksichtslose persönliche Invektiven, sein rückständiger Standpunkt, seine mißliebige und verbohrte Politik, die Schuld an dem Untergange der Abendblätter tragen, weil sie die Zensur zwangen, immer schärfer zuzugreifen. Für das definitive Urteil ist es gleichgültig, daß in Wirklichkeit der erste Vorstoß gegen die Abendblätter nicht von der Staatskanzlei, sondern von dem auswärtigen Ministerium ausging. Es wirft ein eigentümliches Licht auf den Charakter Müllers, wenn er Rühle gegenüber seine Bedenken ausdrückt, daß Kleist, der viel Geld verdient, wieder anfängt, sein sehr großes Publikum umbilden zu wollen. Bedeutet das ein geschicktes Manöver, um einen Vorwurf von sich selbst abzulenken, oder weitgehende Verblendung? Von vornherein hat doch niemand in den Abendblättern das „Umbilden" so energisch betrieben, als Müller, der schon an das Auffassungsvermögen seines politisch unmündigen Lesepublikums viel zu große Anforderungen stellte, und der durch seine Parteinahme rücksichtslos vor den Kopf stieß. Müller hat durch sein ganz unverantwortliches Vorgehen die Abendblätter vernichtet und damit die Existenz seines Freundes Kleist.

Ich muß an dieser Stelle auf eine Persönlichkeit zu sprechen kommen, die von Steig in die Reihe der Gegner Kleists gestellt worden ist, auf Dr Saul Ascher[1]). Nach der Darstellung Steigs gehört er zu den gehässigsten Feinden Kleists, den er noch über das Grab hinaus mit seinen Angriffen verfolgte.

[1]) Der Doktortitel war ihm im Jahre 1810 von der Universität zu Halle verliehen worden.

Wir besitzen eine treffende Charakteristik voller Witz und Satyre, die die ganze Eigenart des Mannes am besten kennzeichnet aus der Feder Heinrich Heines (s. Reisebilder). Die kurze Charakteristik ist gleichzeitig vielleicht das beste, was jemals über den übertriebenen Materialismus geschrieben worden ist. Der Versuch, den Schriftsteller und vermeintlichen Gegner Kleists und seiner Schriften kennen zu lernen, stößt auf große Schwierigkeiten; vieles von seinen Schriften ist kaum noch erreichbar. Immerhin hatte ich Gelegenheit, den größten Teil von seinen Büchern und Schriften einzusehen, so daß ich mir daraus ein Urteil über sein Programm, über die Stellung zu der christlich-deutschen Tischgesellschaft und vor allem über die vermeintliche Gegnerschaft zu Kleist bilden konnte.

Über die selbständige Produktion Aschers kommen wir rasch hinweg. Seine Gedichte sind höchst unbedeutend, seine Epigramme schwächlich ohne jeden Witz und ohne Pointe und Satyre. Sein Programm ist ebenfalls mit wenigen Worten gekennzeichnet. Er ist Materialist vom reinsten Wasser. Alles Phantastische, Exzentrische, Mystische ist ihm verhaßt. Das ist sein Standpunkt nicht bloß in der Politik, sondern vor allem in der Wissenschaft, wo er den Magnetismus, die Verirrungen der Naturphilosophie auf das eifrigste bekämpft. Dazu war Ascher Jude, der den antisemitischen Angriffen heftig, aber auch mit Sachkenntnis entgegentrat. Wenn Steig schreibt, daß man damals in jüdischen Kreisen nicht so sehr empfindlich war, daß nur einzelne um so leidenschaftlicher empfinden mochten, so gehörte zu ihnen eben Ascher, dessen journalistische Tätigkeit hauptsächlich gegen den Antisemitismus gerichtet war. Die Stellungnahme Aschers zu den antisemitischen Bestrebungen der christlich-deutschen Tafelgesellschaft bezeichnet eine Stelle in dem von Ascher herausgegebenen „Falken“, die Steig wiedergibt. Viel ausführlicher hat er sich schon einige Jahre früher ausgesprochen in: Die Germanomanie. Skizze zu einem Zeitgemälde, Berlin 1815. Diese Grundsätze (antisemitische) schreibt er, verbreitete ein unter dem Namen d e u t s c h e c h r i s t l i c h e G e s e l l s c h a f t im nördlichen Deutschland sich gebildeter

Verein, in dem Zeitraum, wo Deutschland dem ganzen Druck des gallischen Despotismus erlag. Er proklamierte seinen Grundsatz in Broschüren und Pamphlets, die er mitunter mit hieroglyphischen Deutungen ausgab[1]), und er scheint innig verwandt und im Einverständnis mit dem sogenannten deutschen Tugendbund gewesen zu sein, über den Herr Schmalz und mehrere Männer von wahrem deutschen Sinn kürzlich so mancherlei zur Sprache gebracht. Diese Absicht wird von mehreren Germanomanen (Zeitgeist des Mittelalters, Pfaffengeist, Feudalrecht) ziemlich klar schon angedeutet. Zum wenigsten verfehlte Herr Adam Müller[2]) nicht, dem Mittelalter eine kräftige Lobrede zu halten und es in Hinsicht seiner Vortrefflichkeit dem unsrigen zum Muster aufzustellen, sowie mehrere Germanomanen, zur Beförderung ächt deutscher Gesinnung, nicht allein die Verbreitung des Katholizismus als den kräftigsten Hebel empfahlen, sondern auch durch den Übergang zu demselben die Aufrichtigkeit ihrer Gesinnung erhärteten."

Viel wichtiger ist für uns die Frage, welche Stellung Ascher zu Kleist eingenommen hat. Hat er ihn wirklich angefeindet in dem Sinne, wie Steig es darstellt? Die Behauptung Steigs, daß die niederträchtigen und empörenden Angriffe im Morgenblatt aus der Feder Aschers stammen, ist widerlegt, bedurfte auch gar nicht der Widerlegung, da der Name des Verfassers schon längst authentisch niedergelegt war (s. S. 126). Weiter findet sich in allen Schriften, Abhandlungen, Büchern, die ich bis auf ganz wenige durchgesehen habe, auch nicht eine Erwähnung Kleists und nicht eine Spur eines Angriffes auf ihn als Menschen und Dichter. Nur in einem Korrespondenzartikel kommt Ascher auf den Selbstmord Kleists zu sprechen. Da ich ihn nirgends wiedergegeben finde, so drucke ich ihn hier wörtlich ab:

---

[1]) Ich erwähne hier nur eine Broschüre der Art, die mir zu Gesicht gekommen. Sie führt den Titel: Der Philister vor, in und nach der Geschichte usw.

[2]) In seinem Werke: Die Elemente der Staatswirtschoft.

Der Aufsatz in den von Heinr. Zschokke herausgegebenen Miscellen für „die neueste Weltkunde“ 1811 pag. 397 trägt die Überschrift: Manigfaltiges aus Berlin. Finanzen. Staatspapiere. Wirkungen des Mysticismus. Selbstmord des Dichter Heinr. v. Kleist. Streit über den thierischen Magnetismus“ und ist unterzeichnet Ar.

Die betreffende Stelle lautet:

„Die politische Excentricitaet, welche im vorigen Jahrzehnd vorzüglich gangbar war, indeß aber ihre Wirksamkeit sehr verlor, hat eine Excentricität in der Denkart und Handlungsweise aufkeimen lassen, welche nicht geringen Einfluß auf die Privatverhältnisse in Deutschland hat.“

„Einen auffallenden Beleg hierzu giebt uns ein vor einigen Tagen vorgefallenes Ereigniß, das die größte Sensation erregte und erregen mußte. Der als Schriftsteller und Dichter bekannte Heinrich von Kleist hat Gelegenheit gefunden, mit der Gattin eines rechtlichen u. geachteten Beamten seit kurzem in einem gewissen Verhältniß zu leben, das ihn auch auf den Entschluß gebracht haben mochte, in einem solchen Verhältnisse mit ihr zu sterben. Die beiden Liebenden machen zusammen eine Spazierfahrt nach der Potsdamer Chaussee, treten auf dem Wege in einem Wirtshause ab, u. lassen sich nach dem nahe daran liegenden Gehölze einige Erfrischungen bringen. Kaum mochten sie selbige zu sich genommen haben, so hört man im Wirtshause zwei Schüsse fallen. Man eilt dem Schalle nach, und findet die angekommenen Fremden im Gehölze todt dahin gestreckt. Ein vom weiblichen Opfer hinterlassener Brief beweiset, daß sie freiwillig diese Welt mit ihrem Freunde verlassen habe. Wenn Sie diesen aus seinen Schriften kennen, werden Sie abzunehmen haben, daß nicht allein er, sondern auch das Weib zu bedauern ist, das Opfer einer mystischen Denkart geworden zu sein, welche sie in den Hallen einer Schule einathmete, die in dem Mystizismus nur die Quelle alles Heils ahnet.

„Es karakterisirt den Geist der Zeit und giebt auch einiges Licht auf die gangbare Denkart gewisser Zirkel unserer Metropole, wenn ich Ihnen diplomatisch hinterbringe, wie der Gatte und endlich der Freund dem Publikum von jenem tragischen Ereignisse Kunde giebt."

Es folgen noch die bekannten Anzeigen in der Voss. Zeitung.

Aus diesem Aufsatz spricht die ganze Denkart Aschers. Ihm, dem nüchternen Mann der Aufklärung bietet der Selbstmord Kleists die erwünschte Gelegenheit, gegen vermeintlichen Mystizismus, politische Exzentrizität loszuziehen, die Person Kleists tritt demgegenüber mehr in den Hintergrund. Das ist die einzige Gelegenheit, bei welcher Ascher Kleists Namen erwähnt! Wenn Steig schreibt, daß von Kleist niemals einer seiner Gegner, am wenigsten Ascher, einer Zeile gewürdigt wurde, so ist das richtig; es ist auch zuzugeben, daß Ascher viel zu tief unter Kleist stand, als daß er sich mit ihm hätte einlassen sollen, aber es ist auf der andern Seite gar nicht einzusehen, wie eine Fehde hätte entstehen können, da Ascher keine Veranlassung geboten hatte.

Kehren wir zurück zu Adam Müller. Wenn er wirklich die Schuld trug an dem rapiden Untergang der Abendblätter, so erweckt es immerhin unsere Sympathie, daß er dabei, wenigstens nach der Darstellung Steigs, ebensoviel verlor wie sein Freund. Steig will uns glauben machen, daß ihm jede Möglichkeit eines Fortkommens in Berlin abgeschnitten war; denn, wie er sagt, Hardenberg vergaß die früheren Kämpfe nicht, er behandelte seine Gegner anders als die treuergebenen Anhänger und hielt an dem Grundsatze fest, keinen seiner politischen Gegner in die Verwaltung hineinzulassen. Unter den Gemaßregelten der Abendblattpartei wird von Steig ausdrücklich Adam Müller angeführt, der nach vergeblichen Versuchen um Anstellung durch den allmächtigen Hardenberg angeblich gezwungen wurde, im Mai 1811 Berlin zu verlassen.

So der Abschluß der vermeintlichen Kämpfe zwischen Müller und Hardenberg im Sommer 1811 in Steigs Darstellung. Wieder ein kühnes Saltomortale über alle Hindernisse und Gegengründe hinweg! Im Text (S. 649 f.) die Darstellung, wie ich sie wiedergegeben; in einer Fußnote der

Hinweis auf eine nicht hier sondern an anderer Stelle (D. Litt. Zeitg. 1901 Nr. 4) von Steig zitierte Korrespondenz, auf die ich bald zurückkomme, und die ohne weiteres die ganze Darstellung widerlegt.

Ich behaupte im Gegensatz zu Steig das Folgende: Als Müller im Mai 1811 Berlin verließ, schied er in voller Freundschaft von Hardenberg. Die persönlichen Beziehungen der beiden waren durch Müllers angebliche Angriffe auf Hardenbergs System nicht beeinflußt worden. Darüber belehrt uns ein Briefwechsel zwischen Gentz und Hardenberg, der sich im Geh. Staatsarchiv findet, der auch Steig bekannt war, und auf den er, wie oben erwähnt, in einer Fußnote hinweist. Steig zieht aus dieser Korrespondenz den Schluß, daß Müller vom Staatskanzler geheimen Auftrag an Gentz hatte, daß Hardenberg auf Gentz' Anfrage Müller Aussicht auf eine Anstellung in Preußen macht und führt das Entgegenkommen Hardenbergs auf seine Absicht zurück, Müller hinzuhalten und für seine Zwecke in Österreich zu gebrauchen. Abgesehen davon, daß diese Angaben Steigs in der Fußnote auch so schon in einem ausgesprochenen Gegensatze stehen zu Steigs Darstellung im Text, nach welcher Müller durch den Gegensatz zu Hardenberg die Existenzmöglichkeit in Berlin genommen war, kann ich auch seinen Folgerungen nicht beistimmen. Für mich beweisen die beiden Briefe folgendes: Müller hat sich vor seiner Abreise sehr freundschaftlich von Hardenberg verabschiedet; er genoß trotz seiner angeblichen Gegnerschaft des Staatskanzlers Vertrauen in dem Maße, daß er ihm sehr vertrauliche geheime Aufträge an Gentz mitgab; ihre Beziehungen waren derart, daß Hardenberg sich wundert, daß er wenige Wochen nach Müllers Abreise noch kein Lebenszeichen von ihm direkt empfangen hat; Hardenberg beabsichtigt nicht, Müller für seine Zwecke in Österreich zu gebrauchen, sondern er erwartet seine Rückkehr nach Berlin und verspricht ihm volle Genugtuung und eine seinen Ansprüchen entsprechende Staatsstellung in Preußen. Das geht zweifellos hervor aus dem folgenden Passus über Müller in Hardenbergs sehr huldvollem Schreiben:

Mr. Müller peut être assuré d'être placé chez nous à son retour a son entière Satisfaction. Il me semble, qu'il ne devrait avoir aucune doute à cet égard, mais je vous avoue, que je suis un peu surpris d'en avoir eu aucun signe de vie de sa part, depuis qu'il nous a quitté!

Berlin le 24 août 1811[1]).

Zu einer Zeit also, in der Kleist sich in größtem Elend, in bitterer Not, in verzweifelter Situation ganz vergebens um die bescheidenste Anstellung bemüht, bieten sich Adam Müller die glänzendsten Chancen in seinem Vaterlande. Adam Müller hat die Berliner Abendblätter zugrunde gerichtet und damit Kleist den Boden für seine Existenz entzogen. Ihm selbst ist daraus kein Schaden erwachsen, er ist nicht, wie Steig es darstellt, durch Hardenbergs energische Anwendung staatlicher Machtmittel in seinem Vaterlande unmöglich geworden; im Gegenteil er ging unbeschadet aus allen Kämpfen hervor, und es wurden ihm Aussichten geboten, wie er sie vorher nie gehabt hat. Damit aber verliert Müllers Persönlichkeit die letzte Spur von Sympathie.

Man kann mir erwidern: Adam Müller boten sich die günstigsten Chancen, aber er ließ sie ungenützt, er konnte es mit seiner Ehre nicht vereinbaren, die Hilfe einer Persönlichkeit in Anspruch zu nehmen, zu der er sich öffentlich in den schroffsten Gegensatz gestellt hatte, deren Handlungen er aufs schärfste kritisiert hatte, er blieb in Wien. Gewiß ist Müller in Wien geblieben, und seine Erfolge zeigen, daß er allen Grund hatte, dem ihm sehr günstigen Boden treu zu bleiben, aber die Hand, die ihm Hardenberg bot, ergriff er, er hat sich in der Folge in den Dienst Hardenbergs gestellt, er hat fortdauernd seine Staatsgelder erhalten und hat seine Beziehungen zu ihm erst mit seinem definitiven Aufenthalt in Leipzig, wahrscheinlich auch nicht freiwillig abgebrochen. Den Beweis hierfür bieten die Akten des Geh. Staatsarchiv.

---

[1]) Rep. 92 Hardenberg K. 14.

Materialien, die sich auf Müller beziehen, Briefe, Gesuche usw. sind im Archiv nicht mehr vorhanden, sie sind mit allen übrigen Versorgungsgesuchen im Staatskanzleramte im Jahre 1849 als erledigt und überflüssig vernichtet worden. Vorhanden ist der Generalvermerk: Versorgungsgesuche im Staatskanzleramte Müller Nr. 21 Müller Adam, Hofrat 1810/15 (Rep. 74 S.). Außerdem finden sich die folgenden Eintragungen über Eingänge von Schreiben und Antworten.

Hauptjournal pro 1810 (Rep. 4 VI pars I)

| Nr. | Praesentatum | Des Exhibiti Ort | Des Exhibiti Datum | Exhibita u. Abs. derselben | Wem die Sache zugeschrieben wurde | Wohin die Sache remittirt oder was verfügt worden | Datum des Decretum | Abgang |
|---|---|---|---|---|---|---|---|---|
| 554a | 28. Aug. | Berlin | 27. 8. | Schrb. des Hofrats Adam Müller um Anstellung | — | Antwort, die h. I. Finanzcommission sey bereits angewiesen, das ihm bewilligte Wartegeld von 1200 Rth. in den gewöhnlichen Raten zu zahlen. | 31. 8. | 31. 8. |
| D 345 | 23. Sept. | Bl. | 22. IX. | Schrb. des Hofrats Müller wegen gewünscht werdender Anstellung | — | — | — | — |

Journal pro 1812 (Rep. 74 Journ. V 5 pars I)

| Fortlauf. Nr. | Hauptjournal Nr. | Betffd. | Akten Rubrik |
|---|---|---|---|
| 118 | 7792 | Müller Hofrath. Vorschuß zur Reise nach Wien betr. Schr. t. Oelssen | — |

In dem Journal von 1815 (Rep. 74 Journ. V 14) finden sich die folgenden Eintragungen:

| Nr. | Praesentatum | Des Exhibiti Ort | Des Exhibiti Datum | Exhibita u. Abs. derselben | Name des Decernenten | Datum, wann die Sache zur Expedition gekommen ist | Wohin die Sache remittirt oder was verfügt worden ist | Datum der Verfügung | Abgang | Rubrum der Akten wozu die Sache registrirt worden | Anmerkungen |
|---|---|---|---|---|---|---|---|---|---|---|---|
| 12 | 20. July | Paris | 28./7. | Adam Müller erinnert an das ihm gegebene Versprechen, ihm das Wartegeld auszuzahlen | D. | — | Vorläufige Antwort | 19./8. | | Adam Müller | — |
| 535 | 23. August | Paris | 20./8. | Adam Müller wegen seines Gehalts | Rotter | — | — | — | | — | — |
| 944 | 25. Sept. | Paris | 12./9. | Adam Müller wegen seiner künftigen Verhältnisse | — | | Ad acta | 18./11. | | (unleserlich) | |

Das Material, das ich aus verschiedenen Jahrgängen hier wiedergebe, ist nur spärlich, aber die kurzen Notizen erscheinen mir doch vielsagend. Die Erwähnung eines Reisevorschusses nach Wien, Müllers Gesuch um Wartegeld, um Auszahlung des Gehalts, sein Gesuch wegen seiner künftigen Verhältnisse — alles das beweist doch soviel, daß Müller von 1810—1815 in dauernder Verbindung mit dem Minister blieb, daß er gewisse Forderungen an ihn hatte, welche auf Leistungen und Dienste schließen lassen. Das „ad acta" bedeutet schließlich die definitive Verabschiedung.

Ich muß nach alledem zu einer anderen Auffassung des Sachverhalts kommen, als sie Steig gibt. Müller verstand es sehr geschickt, sich aus einer Affäre zu ziehen, die seinen intimsten Freund, Heinrich von Kleist, in die schwierigste Lage brachte. Er tat nichts für seinen Freund, obgleich er wie kein anderer die Mittel, die Verbindungen und die Gelegenheit dazu hatte. Verwundert fragen wir uns, wie es kommen konnte, daß Hardenberg, der Müller mit offenen Armen wieder aufnahm, so schroff und abweisend sich gegen die bescheidensten Forderungen Kleists verhielt, daß Hardenberg, der sich jederzeit bei Müller unterrichten konnte, nur ein schonendes Bedauern für den Dichter hatte, der angeblich schon einmal eine Heilanstalt aufsuchen mußte. Von welchem Standpunkt wir die Affäre betrachten, an Adam Müller bleibt vieles hängen, und sie läßt seinen Charakter nicht in günstigem Lichte erscheinen.

Wie ich bereits in der Einleitung zu meinen Betrachtungen hervorgehoben habe, ist das Material über Adam Müller noch nicht gesichtet und ausreichend genug, um ein abschließendes Urteil zu fällen und die Beziehungen zu Kleist nach jeder Richtung klarzustellen, doch halte ich mich für berechtigt, über den Menschen selbst und sein Verhalten gegenüber Kleist das Folgende auszusagen:

Adam Müller hat während seiner Studien- und Lehrjahre mannigfache Schwankungen durchgemacht — Schwankungen im Studium, im Religionsbekenntnis; was schwerer ins Gewicht fällt, ist sein häufiger Gesinnungswechsel auch in späteren Jahren, so sein absprechendes Urteil über die einst so verehrte Königin Luise.

Adam Müllers Charakter zeigt manche Anzeichen, die auf eine Gemütserkrankung hinweisen. Das biographische Material ist zu lückenhaft, als daß der Psychiater aus einem geschlossenen Symptomenkomplex eine bestimmte Erkrankungsform diagnostizieren könnte, doch liegt zweifellos eine neuropsychopathische Disposition vor. Wenn wirklich dem Bericht über den Vorfall auf der Elbbrücke in Dresden etwas Wahres zugrunde liegt, so ist anzunehmen, daß nicht Kleist, sondern Ad. Müller der Attentäter gewesen ist, und daß Müller in einer plötzlichen Wahnvorstellung seinen Freund über die Brustwehr in die Elbe stürzen wollte. Es wäre nicht das erste Beispiel, daß ein Vorgang im Leben Kleists in verkehrter Darstellung der Nachwelt überliefert wurde.

Adam Müllers Verdienst um Kleists Poesie verdient volle Anerkennung. Er hat den Amphitryon mit einer schwärmerischen Vorrede herausgebracht und hat für Kleist als den wahren Dichter der Zukunft auf das eifrigste Propaganda gemacht. Sein Einfluß auf die politische Entwicklung Kleists darf nicht überschätzt werden; Kleist verrät alle Züge des großen Patrioten schon in den Briefen vor seiner Freundschaft mit Müller, und auch seine Verbindung mit Lützow und seine tatkräftige Beteiligung an einem Geheimbunde fällt schon vor die Dresdener Epoche.

Adam Müllers Verhalten in der Dresdener Verlagsaffäre ist verdächtig und läßt seinen Charakter in eigentümlichem Licht erscheinen.

In den Abendblättern Kleists trieb Adam Müller nicht eine zweckmäßige zielbewußte Opposition, sondern er befolgte eine leichtsinnige ganz unerhörte Taktik, die den Ruin des Blattes herbeiführen mußte. Sein Verhalten in den Abendblättern hat Kleist auf das schwerste geschädigt.

Adam Müller ging unbeschadet aus der Abendblätterkatastrophe hervor. Er schied aus Berlin in aller Freundschaft von Hardenberg. Ja mehr als das, nach seiner Abreise hat der Staatskanzler ihm sehr bindende und weitgehende Aussichten geboten und ist in der Tat mit ihm durch Jahre in Verbindung geblieben.

Adam Müller, der über die einflußreichste Verbindung verfügte, ließ Kleist ohne weiteres fallen.

Adam Müller hat an Kleist gewissenlos gehandelt. In der Lebenstragödie Kleist scheint Adam Müller die Intrigantenrolle zuzufallen.

## Schlußwort.

Die Zeit liegt noch nicht weit hinter uns, in welcher man Kleist als eine einsiedlerisch-grüblerische und unverträgliche Natur schilderte, die sich nur schwer der Umgebung anpassen konnte, die keinen Freund sich zu eigen machte oder doch ihn niemals auf die Dauer festhalten konnte.[1]) Unsere Darstellung, so lückenhaft noch immer das Material ist, zeigt doch so viel, daß Kleist ein geselliger, anschlußbedürftiger Mensch war, daß er sich leicht freundschaftlich hingab, jederzeit in einem großen geselligen Kreise lebte, daß er intime Freundschaften, die ihm gewiß nicht zu viel zu bieten imstande waren, bis an sein Lebensende festhielt, ja daß in seinem ganzen Wesen ein aufopfernder Freundschaftskultus und Freundschaftsenthusiasmus liegt, und daß er endlich wie kaum ein zweiter Dichter mit dem Leben zusammenhing, an den Tagesereignissen, an den größeren und kleineren Geschicken seiner Mitmenschen lebhaften Anteil nahm und in der Bedrängnis des Vaterlandes seine Person, sein Handeln und sein dichterisches Schaffen in den Dienst der großen Sache stellte.

---

[1]) So äußert noch Treitschke in seiner Charakteristik Kleists (Preuß. Jahrb. 1858 II 6. anonym): Das gewöhnliche Mittel, über Wert und Bedeutung eines Künstlers ins Klare zu kommen, die Untersuchung seines Verhältnisses zu den Mitstrebenden, wird durch Kleists vereinsamte Stellung von vornherein abgeschnitten.

Selten ist treue Freundschaft schlechter belohnt worden, wie im Falle Kleist. Das habe ich im Laufe der Darstellung an dem Beispiel Pfuels, Dahlmanns, Fouqués nachzuweisen versucht. Und die Freunde, die ihm in der letzten Lebensperiode am nächsten standen, die mit ihm, wie Steig es begreiflich machen will, Schulter an Schulter gekämpft und gleich ihm ins Unglück getrieben worden sind? Die Brentano, Arnim, Müller? Was haben sie für den Menschen Kleist unmittelbar nach seinem Tode getan und erwirkt?

Brentano und Arnim haben sich über Kleist ausgesprochen und über den Eindruck, den die Todesnachricht auf sie hervorrief. Aber im Gegensatz zu Pfuels warmen und tiefempfundenen Worten wie frostig und zurückhaltend! Grenzenlos eitel nannte ihn Brentano, einen Dichter, dem seine persönliche Bizarrerie und all sein Tollfieber und all sein Werk und Unwerk von liebenden Freunden so nachgesehen, und geschont wurde, wie nie einem andern. Man muß solche schmachvollen Worte lesen und sich dabei in den Seelenzustand eines Dichters versetzen, der selbst bei den Nächststehenden und Berufenen so wenig Mitgefühl und Verständnis gefunden hat. Arnim, den Steig zu retten sucht, und der nach ihm so pietätvoll das Andenken des Freundes zu wahren wußte, äußert sich gegen Wilhelm Grimm, in recht gemäßigtem Schmerze, daß ihm Kleist doch leid tut, so wenig Freude ihm seine störrische Eigentümlichkeit gemacht hat. Seine Erzählungen findet er „gewiß sehr brav". Man vergleiche mit diesen kühl abgewogenen Worten den herzlichen Ton bei Kleist wenige Monate vor seinem Tode: „Derjenige, mit dem ich jetzt am liebsten, wenn ich die Wahl hätte, in ein näheres Verhältnis treten möchte, ist der gute sonst nur zu sehr von mir vernachlässigte Achim Arnim." Der Vergleich der beiden Briefstellen spricht mehr als Worte für das Gefühl, das Kleist seinen Freunden entgegenbrachte und für die Art, wie es erwidert wurde. Adam Müller in Wien war der einzige, der wenigstens öffentlich für den Freund einzutreten wußte, gewiß sehr zurückhaltend, so zurückhaltend, daß

Pfuel daran Anstoß nahm, aber immerhin angemessen und würdevoll.

Man kann mit Steig das Stillschweigen der Freunde unmittelbar nach dem Tode darauf zurückführen, daß ihnen die Presse nicht zugänglich war resp. ihnen verschlossen blieb. Dieser Einwand ist nicht stichhaltig. Ebenso wie Fouqué wäre es sicher den anderen auch nicht schwer gefallen, ein Sprachrohr zu finden. Man könnte weiter einwenden, die Zeit war für Kleist nach ihrem Gefühl noch nicht reif, das Verständnis für ihn war noch nicht vorhanden. Abgesehen davon, daß die intimsten Freunde Jahrzehnte bei ihrem Stillschweigen verharrten, wollen wir im folgenden nachweisen, daß Kleist niemals vergessen war, und daß für Kleist sehr bald die Zeit gekommen ist.

Kleists Schaffen fand noch zu seinen Lebzeiten wenigstens unter den Höherstehenden einen größeren Anhang, als man bisher angenommen. Das läßt sich in einzelnen Spuren wenigstens nachweisen. Steig erwähnt die Bemühungen Wilhelm Grimms, dessen Aufsatz in den Heidelberger Jahrbüchern nicht abgedruckt wurde und eine Äußerung von Johannes Falck. Es handelt sich um einen Aufsatz in „Urania", Taschenbuch für Damen auf das Jahr 1812 „über die pantomimischen Darstellungen der Madame Hendel-Schütz", in welchem Falk in einer umfangreichen Fußnote sehr warm für Kleist und sein Schaffen eintritt. Der Aufsatz ist zweifellos noch zu Lebzeiten Kleists geschrieben, wie Steig meint 1811. Es ist aber nicht ausgeschlossen, daß er schon 1810 abgefaßt ist für den Jahrgang 1811. Das Taschenbuch erschien nur 1810 und 1812. Die Ausführungen Falcks über Kleist sollen den Goetheschen Ausspruch illustrieren: „Eine ohnmächtige Generation aber wird durchs Erhabene zerstört, und da man niemandem zumuten kann, sich willig zerstören zu lassen: so haben sie völlig das Recht, das Große und Übergroße, wenn es neben ihnen wirkt, so lange zu leugnen, bis es historisch wird, daß es sodann, aus gehöriger Entfernung, im gedämpften

Glanze, kindlicher anzuschauen seyn mag." Falcks Ausführungen über Kleist gibt Steig wieder, aber nur bruchstückweise. An der Stelle, wo Falck die lieb- und herzlose Art der Zeitgenossen Kleist gegenüber beklagt, schreibt er, wohl in der Reminiszenz an Christ. Kleist: Wäre dem warmen, edeln, liederherzigen, geistvollen Gleim ein Genie wie Kleist in den Weg gelaufen: was meint man wohl, wie er es würde in seinen Armen heraufgejauchzt, hereingejubelt haben! — An die Ausführungen Falcks, die Steig wiedergibt, schließt sich das Folgende an: Mag es seyn, daß er in diesem Produkt, wie in allen seinen übrigen, die Grenzen der Motive überschreitend, zuweilen an das Barocke streift: soll uns denn ein einziger Fehler des trefflichen Mannes, gegen alle übrigen Vorzüge, die er besitzt, blind, und der Mittelmäßigkeit, an der heut zu Tage fast aller öffentliche Weihrauch wie in Pfennigsgaben, verräuchert wird, hold und geneigt machen? Denken wir dafür doch lieber an Schillers Zuruf:

„Daß ihr nicht früh in den Fehler der Mittelmäßigkeit fallet
„Neidet, ihr Künstler doch ja keinen der andern zu früh!"

Wahrlich, es ist wohl eigen, daß eine Nation wie die Deutsche, die jetzt so gern politische Ohnmacht und Blöße mit dem literarischen Ruhm ihrer Klopstocke, Herder, Schiller usw. zudecken möchte, demungeachtet jeden Augenblick vergißt, daß man große Männer am würdigsten in ihren Nachkommen ehrt; und wer sind diese sonst, als junge Männer von Genie, die sich mit Mut und Geschick auf die von ihren Vorfahren betretene Bahn wagen?"

Ich vermute, daß die Anregung für Kleist einzutreten oder wenigstens sich mit ihm zu beschäftigen, gleichermaßen ausging von der Hendel-Schütz wie von Wieland, in dessen Hause Falck ein- und ausging. Aber außer Falck hatte gerade in Weimar Kleist noch andere sehr begeisterte Anhänger. Im Nachtrage (S. 420 ff.) bringe ich einige Briefe von v. Brockes und seiner Braut. Sie interessieren weniger wegen ihres Inhalts, als wegen der Persönlichkeit des Adressaten. Sie sind gerichtet an

Johannes Schulze in Weimar. Dieser bekannte Mitbegründer und langjährige Leiter des preußischen Unterrichtswesens, der wie vor ihm Kleist später unter Altenstein arbeitete, war von 1808—1812 Professor am Gymnasium zu Weimar und unterrichtete im Schillerschen Hause. Nach seiner Promotion in Leipzig hielt er sich einige Zeit im Jahre 1808 in Dresden auf. Während seines Aufenthalts muß er Kleist kennen gelernt haben, wahrscheinlich durch Rühle, mit dem er eng befreundet war. Nur so läßt es sich erklären, daß er schon sehr frühzeitig und zu Lebzeiten von Kleist mit großem Enthusiasmus in Weimar für die Werke Kleists eintrat. Sein Biograph Varrentrapp[1]) erzählt eingehend, wie er sich bei den Teeabenden im Schillerschen Hause für Kleist verwendete und die bekannten Ansichten der Frau v. Schiller über einzelne Werke Kleists zu widerlegen sich bemühte. „Gewiß", so urteilte Joh. Schulze beim Tode Kleists, „ist einer der größten Geister Deutschlands mit ihm untergegangen!" Außer Rühle gehörte übrigens auch Arnim zu den Freunden Schulzes aus dem Kleistkreise. Er verehrte seine Dolores, die ihm „selige Stunden" bereitete und schloß mit ihm eine innige Freundschaft, als der Dichter 1811 sich mehrere Wochen in Weimar aufhielt. Schulze beschränkte seine Wirksamkeit in Wort und Schrift nicht bloß auf die Schule, sondern verkündete auch in Weimar und benachbarten Städten

[1]) Johannes Schulze und das höhere preußische Unterrichtswesen, Leipzig 1889. Es ist für die Kleistforschung bedauerlich, daß nicht Koepke, dem das Material jahrelang vorlag, die Schulze-Biographie geschrieben hat; er würde wohl die Beziehung Schulze-Kleist mit größerer Sorgfalt verfolgt haben. Über das Verhältnis zu Frau v. Schiller und über deren Stellung zu Kleist äußert sich Varrentrapp: An dem Unterricht bei Johannes Schulze nahm auch Ernst Schiller teil seit 1810. Dadurch kam Schulze in nähere Beziehungen zu Charlotte v. Schiller, die in ihren Briefen von ihrer „kurzen Ehe" spricht, wie sie scherzweise ihr Verhältnis zu Schulze und dann diesen selbst bezeichnete. Schulzes romantische Calderon-Schwärmerei teilte sie eben so wenig als Schulzes Entzücken über Käthchen von Heilbronn. Ihr erschien das Kleistsche Drama als „ein wunderbares Gemisch von Sinn und Unsinn", der Kohlhaas war ihr viel lieber. So war viel Anlaß zum Disputieren gegeben „die kurze Ehe dehnte sich dabei wohl einmal zu Stunden aus".

auf der Kanzel mit großer Beredsamkeit und nicht ohne romantischen Anhauch das Wort Gottes. Sein politisches Wirken und seine Predigten hatten Schulze dem Marschall Davoust und seinen Polizeiagenten verdächtig gemacht. Auf seine Predigten bezieht sich das Schreiben der Frau v. Werthern, und seine Wirksamkeit als Kanzelredner gab den Anstoß zu der intimen Freundschaft, die wir nach den Briefen bis in das Jahr 1812 verfolgen können. So wenig wir über die persönlichen Beziehungen Schulzes zu Kleist unterrichtet sind, die Tatsache besteht, daß er der frühesten einer war, der in seinem Kreise offen und sehr energisch für Kleists Genius auftrat.

Wie Schulze so hat sein intimster Freund, der um einige Jahre ältere Franz Passow, welcher die Berufung Schulzes nach Weimar durchgesetzt hatte, schon sehr frühzeitig für Kleist Stellung genommen. Am 7. Juli 1807 schreibt Passow aus Weimar an Hutwalker in Hamburg [1]): „— — Sonst ist von neuen Sachen nicht viel zu rühmen, bis auf Heinrich von Kleists (des Verfassers der Familie Schroffenstein) Amphitruo, ein erhabnes und tiefer Bedeutung volles Kunstwerk. — — N. S. Ich trete jetzt auch mein Amt als Rezensent an der Jen. Litteratur-Zeitung an; zunächst werde ich Königs, Nassers, Ortmanns und Meisters Persius in einer Rezension vornehmen. Hernach Kleists Amphitruo." [2])

Es ergibt sich aus alledem, daß schon in einer frühen Entwicklungsperiode Kleists in dem antikleistischen Weimar ähnlich wie in Dresden Kleist eine Gemeinde für sich hatte, welcher nachweisbar Wieland, Passow, Schulze und Johannes Falck angehörte, und die wahrscheinlich auch, wie erzählt wird, Goethe zur Aufführung des Käthchens gedrängt hat. Eine bisher nicht beachtete Äußerung von Fr. Kind sei im Anschluß hieran

[1]) Aus Franz Passows Leben und Briefe; herausg. von Albrecht Wachler, Breslau 1839.

[2]) Eine mit HaHa gezeichnete, sehr verständige Rezension in der Jen. Allg. Lit. Ztg. ist (nach Zolling) schon am 24. Juni 1807 erschienen. Darnach ist Passows Bemerkung schwer verständlich.

erwähnt, die zwar aus späterer Zeit stammt, die zweifellos aber eine Reminiszenz bedeutet an jene Tage, in welchen Kind mit Kleist verkehrte. Denn im Jahre 1809 lebte auch Kind in Dresden, wenngleich noch nicht als Schriftsteller, sondern als Advokat. Die kurze Erwähnung Kleists findet sich in einem Briefe an Fouqué vom 1. Juli 1824: „— Vielleicht nach des Dichters Tode erkennt man es, daß seine Werke gut gewesen — wie jetzt in Berlin mit Kleists Käthchen der Fall sein soll — aber was hilft es dann dem, der unterm Hügel liegt, und der wohl noch Trefflicheres hätte leisten können, hätte man den Lebenden ermuntert — hätte man ihm nur Gerechtigkeit widerfahren lassen! —"

Auch Solger hat sich mit großem Enthusiasmus über Kleist schon zu seinen Lebzeiten ausgesprochen. Die Stelle des Briefwechsels mit Raumer, die sich auf das Käthchen von Heilbronn bezieht, ist bei Steig (B. K. S. 88) angeführt. Es ist bisher übersehen, daß Solger an der Herausgabe der hinterlassenen Schriften Kleists durch Tieck stark beteiligt ist, und man darf wohl annehmen, daß nur der frühzeitige Tod Solgers (1819) die Veranlassung ist, daß Kleists Schriften zwei Jahre später nur unter Tiecks und nicht unter dem gemeinsamen Namen von Solger und Tieck erschienen. Einige der brieflichen Äußerungen von und an Solger[1]) setze ich deswegen in Ergänzung dessen, was Erich Schmidt davon mitteilt, hierher:

Tieck aus Ziebingen bei Burgsdorf an Solger den 5. Juli 1816 S. 424:

„Sie vergessen doch nicht, Liebster, daß Sie mir über Kleist etwas versprochen haben? 1. den Lebenslauf, wohl von anderer Hand, 2. was mir noch wichtiger ist, etwas von Ihnen selbst, wenn es auch nur Rhapsodien sind, über seine Schriften, seine Art zu dichten, kurz, was Ihnen einfällt, und was Sie wollen bekannt werden lassen; ich weiß daß Sie dann erlauben, es auf meine Art zu bearbeiten, es müßte denn seyn, daß es Ihnen gefiele, etwas Zusammenhängendes, eine Abhandlung selbst auszuarbeiten. — — Können Sie nicht Kleists einzelne Gedichte, die ich noch gar nicht kenne, in Berlin auftreiben?"

[1]) Solgers nachgelassene Schriften und Briefwechsel, herausg. von Tieck und Raumer, Leipzig 1826. Dazu vgl. bei Erich Schmidt IV 283f.

Tieck an Solger d. 2. Januar 1817.

„— — Jetzt, Liebster, muß ich Sie auch an Ihr Versprechen wegen unseres Kleist mahnen; denn es ist nun bald die höchste Zeit, die Sache fertig zu machen. Wenn Sie doch die Güte hätten, auch bei dem G. v. Rühl noch einmal nachzuschauen —."

Solger aus Ziebingen an seine Gattin am 30. März 1817 nach Berlin.

S. 544: — — Tieck las uns beim Thee einen nachgelassenen Anfang einer Tragödie von Heinrich Kleist, betitelt Robert Guiscard, vor. Ich hörte das Fragment mit tiefster Bewunderung und eben so tiefer Trauer um den Verlust des Ganzen und des Dichters, und wir waren einig, daß es, in gleicher Schönheit vollendet, nicht allein Kleist's Meisterstück, sondern eins der größten Werke deutscher Kunst geworden seyn würde. — —"

Solger an Tieck. Berlin, d. 4. Oktober 1817 nach Ziebingen.

S. 557—360. „— — Auch bitte ich Sie, die Vorrede zum Kleist zu beschleunigen. Dazu sollte ich nun freilich mein Scherflein geben, und doch fühle ich mich jetzt nicht recht aufgelegt dazu, und besonders deshalb, weil ich nicht recht weiß, in welcher Form ich es thun soll. Es wird mir schwer, mich hinzusetzen, um ein Urtheil zu elaboriren. Ich gestehe, daß ich .... usw." Von hier an von Tieck in Kleist's Schriften S. LXXIV—LXXVIII mitgetheilt; Solgers Urteil bildet den Schluß von Tiecks Einleitung.

Tieck an Solger. Ziebingen, 22. Oktober 1817. S. 565.

„Für den Beitrag zum Kleist danke ich Ihnen von Herzen; da Ihre Laune nicht vergönnt mehr niederzuschreiben, so sind mir diese Worte auf jeden Fall sehr erwünscht; auch erinnere ich mich noch deutlich unseres Gesprächs, als ich Sie nach Frankfurt begleitete. — Nur bitte ich Sie noch, was ich in Berlin, wie so manches, in der Verwirrung vergaß, mir den Kleistischen Prinzen von Homburg und Hermann recht bald zu senden, um beide noch einmal aufmerksam zu lesen —."

Solger an Tieck. Berlin, am 7. Dezember 1817. S. 583:

Wie weit sind Sie mit dem Kleist? Wissen Sie, daß Huber zuerst Kleist's poetisches Talent erkannt und nicht unwürdig darüber gesprochen hat? Ist es Ihnen gelegen, so citire ich Ihnen die Stelle genauer und ziehe sie für Sie aus." —

Solger an Tieck. Berlin, am 4. Januar 1818. S. 595:

„— — Kleist kommt doch zu Ostern heraus? In den kleineren Gedichten ist viel zu corrigiren. Kann ich meine Abschrift von dem Liede „Zottelbär und Panterthier" auffinden, so lege ich sie Ihnen bei. Vorzüglich wünschte ich am Schluß: „Brüder, nehmt die Büchse doch," die Büchse statt der Keule wieder hergestellt —."

Die angeführten Stellen beweisen uns, wie mangelhaft vorbereitet Tieck für seine Aufgabe war, welches Interesse Solger den Schriften Kleists entgegenbrachte, und wie tatkräftig er sich bei ihrer Herausgabe beteiligte.

Ich habe versucht an einigen Beispielen zu erweisen, daß die Kleist-Gemeinde schon bei Lebzeiten durchaus nicht so klein war, als man es gewöhnlich darstellt (vergl. auch die Äußerungen Collins, Loebers u. a.). Was mir wichtiger erscheint, ist die Tatsache, daß sofort als sie freier schreiben konnte, sich die Presse Kleists und seiner patriotischen Gedichte erinnerte, daß sie nie vergessen waren, daß als Tieck (1816) noch nichts von Kleists Gedichten wußte (s. o.) sie schon lange in der Presse aufgetaucht waren. Gleich nach dem Abzug der Franzosen aus Berlin erschien hier eine patriotische Zeitschrift, in der zuerst Kleistsche Gedichte auftauchten. Die Zeitschrift ist wohl bei Zolling und anderen erwähnt, aber alles, was hierüber gesagt ist bis auf den Titel der Zeitschrift, ist falsch. Der Titel und das wechselvolle Geschick der in freier Folge erschienenen Hefte ergibt sich aus der folgenden Zusammenstellung:

Rußlands Triumph oder das erwachte Deutschland. Erstes Heft, Berlin bei Rudolph Werckmeister 1813.

— — zweites Heft, Berlin 1813.

— — drittes Heft, Deutschl. 1813.

— — viertes Heft, Deutschl. 1813.

— — fünftes Heft, Berlin, bei Friedrich Brauner 1813.

— — sechstes Heft, Berlin, bei Achenwall & Comp.

Jahrgang 1814 unter dem neuen Titel:

Das erwachte Deutschland. Erster Band, 1.—6. Heft, Berlin bei Achenwall & Comp. 1814.

In der Vorrede „An den Leser“ heißt es: Gleich, nachdem die Franzosen Berlin verlassen hatten und am 4. März d. J. das siegreiche russische Truppencorps des Kaiserlich russischen Generals Grafen von Wittgenstein daselbst unter dem lauten Jubel aller Einwohner eingerückt war, erschien, als das erste erfreuliche Zeichen der wiedergewonnenen, lang entbehrten Preßfreiheit, das erste Heft dieses Journals etc.

Die Zeitschrift ist insofern für uns von großem Interesse, als hier zum ersten Male Kleistsche Gedichte im Druck erschienen sind, und zwar nicht, wie es bisher in den Kleistbiographien heißt, ein Gedicht (Germania), sondern mehrere. Schon das dritte Heft[1]) enthält überwiegend Beiträge aus dem Nachlaß von Kleist, so daß wir dieses Heft als ein Kleistheft bezeichnen können. Es findet sich da: Germania an ihre Kinder. Aus dem Nachlaß von Heinrich von Kleist. 2. Kriegslied für die deutschen jungen Jäger. Eine Ahnung von Heinrich von Kleist; aus dessen Nachlasse. 3. Bruchstück aus einem größeren Gedichte von Heinrich v. Kleist (Und mußten selbst noch auf der Hauptstadt Türmen etc.).

Es ist anzunehmen, daß die erste Veröffentlichung der Germania an dieser Stelle aus dem Besitze Pfuels stammte. Ich finde nämlich in einem Verzeichnis der freiwilligen Liebesgaben aus dem Jahre 1813 unter Berlin, den 13. März, folgenden Vermerk: „Der Oberst E. v. Pfuel hat den Druck der Ode: Germania an ihre Kinder, von H. v. Kleist, veranlaßt. Ein solcher Moment von Begeisterung erzeugte im Jahre 1809 diese schöne, bis jetzt noch ungedruckte Ode, darum wird Begeisterung von ihr ausgehen.“

Die hier wiedergegebenen Begleitworte finden sich nicht in „Rußlands Triumph“. Es muß also unbedingt schon vorher im Frühjahr 1813 durch Pfuel eine selbständige Publikation wahrscheinlich in Form eines Flugblattes erfolgt sein mit dem

---

[1]) Jahrgang 1813 (Rußlands Triumph) nicht wie bei Zolling und Schmidt „Deutschland“ 1814.

angegebenen Begleitwort. Von diesem ersten Abdruck habe ich nirgends eine Spur entdecken können. Die Veröffentlichung in „Rußlands Triumph" wird ein, übrigens schlechter Abdruck der Pfuelschen Publikation gewesen sein.

Man sieht, die Gedichte, welche Kleist für eine projektierte Wochenschrift geschrieben hat, die der erste Atemzug der deutschen Freiheit sein sollte, sie tauchten, wenigstens zum Teil, sofort in der Öffentlichkeit auf, als das Vaterland und die Presse von dem lästigsten Druck befreit war. Als Deutschland aufstand aus seiner Schmach, als es bald nach dem Tode Kleists die Ketten abschüttelte, da tauchte auch sofort sein Bild aus der Vergessenheit hervor. Das Volk hatte nie seinen größten Freiheitssänger vergessen und für die Stimmen seiner Freunde war der Boden wohl vorbereitet. Aber sie schwiegen, und ebenso wenig wie für den Freund und Menschen taten sie in den folgenden Jahrzehnten für den Dichter Kleist. Er war für sie völlig verschollen. Adam Müller soll wohl Material für eine Kleistbiographie gesammelt haben[1]), aber nie ist ein Wort von ihm in die Öffentlichkeit gelangt. Dabei lagen die Verhältnisse in Österreich besonders günstig. Denn es ist eine auffallende, bisher nicht berührte Erscheinung, daß die Vorliebe für Kleist auf österreichischem Boden viel rascher sich entwickelte und einen weit größeren Umfang annahm, als in der eigentlichen Heimat Kleists. Nicht bloß die Bühne, sondern auch die Zeitungen haben mehr für Kleist getan und sind lebhafter für ihn eingetreten. Die einzige „Neue freie Presse" in Wien hat mehr und inhaltsreichere Aufsätze in früheren Jahrzehnten über Kleist gebracht, als die gesamte norddeutsche Presse.

Wie Müller so hat Arnim kein Wort in der Folge über Kleist und seine Werke geäußert, und während er ständiger Mitarbeiter des „Gesellschafter" war, dem Herausgeber freundschaftlich nahe stand und hier alle möglichen literarischen Er-

---

[1]) Nach einer brieflichen Angabe seiner Tochter.

scheinungen besprach, ließ er Kleists Werke völlig unbeachtet, und außer der oben erwähnten Verlegenheitsäußerung habe ich nichts über Kleist aus seiner Feder gefunden.

Alle die Freunde, welche Kleist im Leben nahegestanden, haben sich nach seinem Tode unverantwortlich gegen ihn benommen. Pfuel dürfte recht haben mit seiner Äußerung, daß ihnen das Christentum höher stand als die Freundschaft. Sie haben das geistige Erbe des Dichters schlecht verwaltet, und wenn sich sein Bild durch fast ein Jahrhundert verstellt und verzerrt hindurchschleppte, wenn die Nachwelt unschätzbare Werke vermißt, so trifft die größte Schuld diejenigen, welchen Kleist im Leben so vertrauensselig entgegengekommen ist.

## II. Teil.

# Heinrich von Kleists Werke.

Aber es gibt Geister von solcher Bedeutung, daß nur die Unverschämtheit oder die Dummheit, sie zu loben wagt, Namen, die jedes gehorsamste Adjektiv, das sich ihnen mit einem Räucherfaß und einen Fliegenwedel zur Seite stellen wollte, verzehren würden, wie das Feuer den Kranz, wenn jemand die Abgeschmacktheit beginge, ihm einen aufzusetzen. Zu diesen rechne ich Heinrich von Kleist. Ich werde nie zum Frühling sagen: verzeihen Sie, Sie haben dort ein welkes Blatt, oder zum Herbst: nehmen Sie es ja nicht übel, dieser Apfel ist nur zur Hälfte roth.

Aus Hebbels Tagebüchern.

## I. Kapitel.

# Kleists Kämpfe um den „Robert Guiskard“. Kleists Kunstideal.

Während Kleist uns in der ersten Lebensperiode als Offizier und Student imponiert durch sein klares und konsequentes Denken, durch seinen ausgesprochenen Drang nach Wahrheit und Erkenntnis, durch einen Geist, der frei von jedem phantastischem Überschwang hauptsächlich Gefallen findet am Studium der strengen Logik und Mathematik, zeigt er, etwa seit Ende 1800, eine ausgesprochene Störung in seiner gemütlichen, nervösen Verfassung, sein seelisches Gleichgewicht schwankt, seine Stimmung ist im fortwährenden Wechsel, wir erleben heftigste Selbstvorwürfe, tiefe Depression, Todesahnungen und Beängstigungen. In dieser Sturm- und Drangperiode seines Schaffens spielen seine Kämpfe und sein Ringen mit dem Guiskard-Stoffe eine ebenso entscheidende als verhängnisvolle Rolle.

Um diese Zeit schrieb Kleist seinen für uns verlorenen Aufsatz: Geschichte meiner Seele. Der Dichter, der sich scharf zu beobachten pflegte, der ständig über sich nachdachte, hat auch in dieser peinlichsten Periode seines Lebens über sein seelisches Befinden und seine seelischen Bedrängnisse Zeugnis abgelegt, besonders in den Briefen an seine Braut; darüber hinaus muß aber die Geschichte seiner Seele zweifellos Bekenntnisse enthalten, welche auf sein dichterisches Schaffen ein Licht werfen, welche uns einführen in die Werkstatt seiner dramatischen Produktion, denn nicht anders ist es zu verstehen, wenn eine Freundin, fünf Jahre nach des Dichters Tode, über die Arbeit schreibt, daß ohne diese, wenigstens für diejenigen, die Kleist ganz kennen und würdigen wollen, seine ganzen Schriften nur ein Fragment bleiben. Welche Absichten verfolgte Kleist mit seinem Guiskard-Drama, wie kam es, daß der Dichter die schwierigsten Stoffe, die sich ihm aufdrängten gleichsam spielend — und wenigstens gelegentlich in überraschend kurzer Zeit — überwand, an dem Guiskard-Stoffe scheiterte? Alle Versuche, diese Fragen auf literarästhetischem Wege zu beantworten, sind als gescheitert anzusehen, und die altübliche Auffassung, daß Kleist den antiken mit dem modernen Geist neu zu beseelen versuchte, ist endlich definitiv widerlegt [1]). Versuchen wir auf einem anderen Wege diese für das Verständnis Kleists wichtigste Frage zu lösen; denn das Rätsel des Guiskard-Dramas ist auch das Geheimnis von Kleists Künstlertum und wohl auch das Geheimnis seiner tief verschlossenen, äußerlich so exzentrischen Natur.

Ich habe an anderer Stelle [2]) den Nachweis erbracht, daß wir unter den zweifellos stärksten dramatischen Kräften — Schiller, Alfieri, Grillparzer, Hebbel, Kleist, Ludwig — Äußerungen nachweisen können, die auf die Beziehungen zwischen dichterischer Produktion und musikalischem- oder Gehörseindruck hinweisen. Solche Dichter nennen wir dionysische, im Gegensatz zu den apollinischen. Solche Dichter werden durch musikalische Gehörseindrücke in eine nicht näher zu definierende Gemütsverfassung versetzt und erhalten, aus der sich erst ihre dichterische Einbildungs- und Gestaltungskraft und die Gebilde ihrer Phantasie entwickeln. Aber darüber hinaus habe ich den Beweis erbringen können, daß nicht bloß die Poesie des lyrischen und epischen Dichters, dessen musikalische Empfindung Klang und Rhythmus des Verses bedingen, sondern auch die Konzeption und Gestaltung dramatischer Vorgänge geweckt, hervorgerufen und unterhalten wird durch

---

[1]) Wuckadinowic: Neue Kleist-Studien.

[2]) Aus der Werkstatt des dramatischen Genies. München 1906. Die folgende Darstellung ist zum großen Teil dieser Schrift entnommen.

musikalische Empfindungen und Gefühlsaffekte. Wir müssen uns vorstellen, daß die Musik eine viel weitergehende Wirkung auf den mit starker Phantasie begabten dramatischen Dichter ausübt, als auf den phantasiearmen, musikalischen oder nicht musikalischen Durchschnittsmenschen. Bei dem nüchternen Geistesmenschen erregt die Musik vor allem die Gefühlssphäre, und je höher sein musikalisches Verständnis reicht, desto stärker wird sich ihm der innere Gehalt des Musikstückes und seine Tendenz aufdrängen. In dem musikalischen und dabei phantasievollen Zuhörer werden darüber hinaus durch die Musik noch weit entfernte Seelenzustände hervorgerufen, Phantasiebilder, die wohl mit dem Inhalt der Musik zusammenhängen, an die der Komponist aber selbst nicht gedacht hat. Natürlich werden die Phantasiebilder nur dann sich weiter entwickeln, feste Gestalt annehmen und zur dramatischen Konzeption führen können, wenn sie an Erinnerungsbilder anknüpfen resp. solche wachrufen, die im Unterbewußtsein schlummern und auf Erlebnisse, Erfahrungen, Beobachtungen, Ereignisse usw. usw. zurückzuführen sind. Ebenso wie der Dichter den unwillkürlichen passiven Ablauf der Vorstellungen (Phantasie) als unbewußten Vorgang empfindet und schildert, so können auch die Erinnerungsbilder, welche der musikalische Eindruck wachruft, seinem Gedächtnis und Bewußtsein so völlig entschwunden sein, daß sie gleichsam aus dem Nichts entstanden scheinen, und daß der Dichter zu der Ansicht kommt, die Musik sei die produktivste Kunst oder, wie Kleist sich ausdrückt, sie sei die Wurzel aller anderen Künste.

Unter allen Dramatikern, deren Stellung zur Musik wir ergründen können, zeigt Kleist den ausgesprochensten Sinn für Musik und das stärkste musikalische Empfinden. Ich habe schon oben erwähnt (S. 10), daß Kleist verschiedene Instrumente selbständig beherrschte. Wir ersehen aus Andeutungen seiner Briefe, daß er seine Verwandten in gleichem Sinne anregt, daß er ihnen Musikstücke besorgt, daß er für sie transponiert. Im Verkehr mit Mädchen und Frauen fesselt ihn besonders ihr Musikverständnis und ihr musikalischer Sinn. Das gilt für Juliane Kunze, deren vorzüglicher Gesangihn fesselte, das scheint das feste Band zu erklären zwischen Kleist und Ulrike, von der wir wissen, daß sie sich noch an ihrem Lebensende eifrig an dem Musikleben ihrer Vaterstadt beteiligte, das gilt für die ehemalige Sängerin, seine Freundin Hendel-Schütz, schließlich auch für Kleists Beziehung zur Vogel, mit der ihn die „gleiche Stimmung in musikalischen Dingen“ eng und bis in den Tod zusammenhält. In „musikalische Einsicht“ betitelten Epigrammen besingt Kleist die verlockende Gewalt, das erhebende und sinnlich berauschende der Musik, und wir wissen von ihm selbst, daß die produktive Stimmung bei ihm einsetzte mit üppigen Gehörshalluzinationen, die ein ganzes Konzert mit allen Instrumenten darstellten, von der zärtlichen Flöte bis zum rauschenden Kontraviolon. Darüber hinaus haben wir von Kleist musiktheoretische Bekenntnisse, welche zweifellos beweisen, daß er sein Leben lang diesen Fragen seine Aufmerksamkeit zugewandt hat, und daß er alles Allgemeine, was er über die Dichtkunst gedacht hat, auf Töne bezog im Gegensatz zu Goethe, der alle seine Gedanken über die Dichtkunst zu Farbeneindrücken in Beziehung setzte.

In Kleist vereinigt sich also mit der gewaltigen dichterischen und dramatischen Kraft ein selten starkes musikalisches Temperament, und es konnte nicht fehlen, daß diese Kombination, für die sich kaum eine Analogie in der Weltliteratur findet, die Aufmerksamkeit der Forscher auf sich zog. So haben Helene Zimpel [1]) und S. Lublinski[2]) wichtige Beiträge zur Kleistpsychologie geliefert, denen mir nur wenig beizufügen übrig bleibt.

Kleist, der in seinem Guiskard auf die Antike zurückging, empfand, wie Lublinski sich ausdrückt, nicht nur das Appollinische, sondern auch das Dionysische der Antike, d. h. nicht nur

[1]) Kleist der Dionysische. Nord und Süd, Heft 323.

[2]) Eine Kleist-Biographie. Nation XXII, 31.

ihre Architektur und Plastik, sondern auch ihr wirres Chaos und ihre dumpfe grollende Musik. Beides zu einem gemeinsamen Kunstwerke zu vereinigen, und wie die hellenische Tragödie im Sinne Nietzsches aus dem dionysischen Chorliede geboren wurde, so sein modernes Drama aus dem Geist der Musik erstehen zu lassen — das war die große Aufgabe, die sich Kleist gestellt hatte, und die er aufgeben mußte, als er fühlte, daß sie seine Kräfte überstieg. Aber obgleich ihm der volle Wurf nicht gelang, so ist doch, wie Lublinski treffend behauptet, Kleist nicht bloß ein Vorläufer, sondern auch ein Überwinder Richard Wagners, indem er mit seinem Guiskard-Fragment durch die Tat den Beweis erbracht hat, daß ein musikalisches Drama auch im schlichten Dichterwort sehr wohl möglich ist. Die poetisch-musikalischen Intentionen des Guiskard, mag auch der Dichter bei seiner nachträglichen Veröffentlichung manches von seiner ursprünglichen Absicht aufgegeben haben, treten deutlich zutage, und das Fragment läßt das Drama ahnen, das sich auf einer musikalischen Grundempfindung aufbauen sollte. Das Volk im Guiskard, so führt Servaes aus, stellt ein ganzes Orchester dar mit einzelnen individualisierten Stimmen: nämlich die Krieger und der Greis, welche das Volk beschwichtigen. Dann stellen sich in Robert, Abälard, Helena und im Guiskard selbst dem Orchester die menschlichen Stimmen gegenüber, und das alles in kontrastierendem Wechsel und wohlschattiertem Gegensatz zielt durchaus auf eine große Harmonie hin, welche die gesonderten Teile zu verbinden hat. Auch andere Dramen Kleists verraten einen starken musikalischen Gehalt, und das musikalische Temperament, welches in der Penthesilea und in manchen Szenen der Hermannsschlacht zum Ausdruck kommt, erscheint mir viel natürlicher und ungezwungener als im Guiskard, wo der Dichter in bestimmter Tendenz seinem musikalischen Empfinden Gewalt anzutun scheint.

Was wir aus den Resten von Kleists Drama herauslesen, das finden wir bestätigt in seiner Korrespondenz. Kleist, der seiner Schwester mit Bezug auf den Guiskard mitgeteilt hatte, daß er sich mit einer „Entdeckung im Gebiete der Kunst" beschäftige, schreibt ihr aus Genf (5. Oktober 1803), daß er seine Arbeit aufgibt, daß er vor Einem zurücktritt, der noch nicht da ist und sich, ein Jahrtausend im voraus, vor seinem Geiste beugt. Er grollt dem Schicksal, das sich herabläßt „ein so hilfloses Ding, wie der Mensch ist, an der Nase herumzuführen". Und nun sagt er wörtlich: „Die Hölle gab mir meine halben Talente". Kleists Sätze in den Briefen sind stets wörtlich zu nehmen, niemals, wie es oft geschehen ist, im übertragenen Sinn[1]) oder in einer Bedeutung, die wir ihnen im modernen Sprachgebrauch unterlegen[2]). Besonders, wenn wir den Zusatz berücksichtigen: „der Himmel schenkt dem Menschen ein ganzes (Talent) oder gar keins," so liegt es klar auf der Hand, daß Kleist unter seinen halben Talenten sein poetisches und musikalisches verstanden wissen will, und daß er beide gemeinsam zu seiner großen „menschlichen Erfindung" braucht, daß aber beide bei ihm nicht stark genug entwickelt sind, um ihm den heißersehnten Platz in den Sternen zu sichern.

Ein analoges Beispiel zu Kleist und seinem Guiskard-Fragment bietet der geistesverwandte Hebbel mit seinem unvollendeten Moloch. Auch hier ein langjähriges Ringen um eine neue Kunstform, auch hier im Fragment der musikalische Untergrund wahrnehmbar, auch hier endlich die Resignation. Die Analogie ist für uns um so bemerkenswerter, weil Hebbel

---

[1]) Solche Erklärungsversuche, wie die, gewisse Äußerungen während der Würzburger Reise im übertragenen Sinne zu deuten, sind bei Kleist durchaus unzulässig.

[2]) Ein treffender Beweis hierfür ist die ominöse Briefstelle in dem Schreiben an Ulrike vom 1. Mai 1802: „ich besteige das Schreckhorn". Wieviel ist daran herumgedeutelt worden! Zolling und andere haben sich bemüht, den Nachweis zu erbringen, daß man unmöglich in der angegebenen Frist den Berg überwinden könne. Abgesehen davon, daß es zu jener Zeit noch nicht eine alpine Hochtouristik gab und kein Mensch an die Besteigung des Berges dachte, so hat man in jener Zeit auch noch nicht besteigen wie heut im gleichen Sinne gebraucht wie ersteigen. Besteigen bedeutet wörtlich ein Stück hinansteigen; ersteigen die Spitze überwinden.

sich deutlicher als Kleist über seine Absichten äußerte, und weil wir daraus einen Rückschluß ziehen können auf das, was Kleist vorschwebte. Am 10. Mai 1853 schreibt Hebbel an Robert Schumann:

„Vieles hätte ich Ihnen über Poesie und Musik mitzuteilen, gehörte nur nicht leider eine Reihe von Gesprächen oder eine ganze Abhandlung dazu. Ohne Richard Wagner im ganzen oder einzelnen irgend akzeptiren zu können, schwebt doch auch mir, und zwar von meinem ersten Auftreten an, die Möglichkeit einer Verschmelzung von Oper und Drama in ganz speziellen Fällen vor, und meinen Moloch, an dem ich seit zehn Jahren arbeite, habe ich mir immer in bezug auf die Musik gedacht. Aber freilich läßt sich das Wie nicht in Kurzem auseinandersetzen."

Wir wissen, daß Hebbels wie Kleists Bemühungen vergebliche waren, und daß der Moloch wie der Guiskard Fragmente geblieben sind. Woran sind Kleists Bemühungen gescheitert, und hat er für immer die Pläne und Tendenzen seiner Jugend aufgegeben? Nach Lublinski versagte beim Guiskard nicht die dichterische Kunst Kleists, sondern der Fehler steckte von Anfang her im Geistigen, in der starr einseitigen Auffassung seines Schicksalsgedankens. Ich kann diese Auslegung Lublinskis nicht anerkennen, und ich finde in des Dichters Korrespondenz eine andere Erklärung für seinen Mißerfolg. Wenige Monate vor seinem Tode, im August 1811, schreibt Kleist zwei offenbar an dieselbe Adresse gerichtete kurze Briefe, von denen der erste [1]) folgendermaßen anhebt:

„Sobald ich mit dieser Angelegenheit fertig bin, will ich einmal wieder etwas recht Phantastisches vornehmen. Es weht mich zuweilen bei einer Lectüre oder im Theater wie ein Luftzug aus meiner allerfrühesten Jugend an. Das Leben, das vor mir ganz öde liegt,

---

[1]) Ich glaube, daß die Briefe in der Briefsammlung falsch gestellt sind, und daß dem Sinne nach der zweite Brief vor den ersten gehört.

gewinnt mit einem Male eine wunderbare herrliche Aussicht, und es regen sich Kräfte in mir, die ich ganz erstorben glaubte."

Und unmittelbar darauf folgt, wie eine Reminiszenz aus der Geschichte seiner Seele:

„In diesem Falle, (d. h. wenn er sich von dem Drange widerwärtiger und verstimmender Verhältnisse befreien könnte) würde ich die Kunst vielleicht auf ein Jahr oder länger ganz ruhen lassen und mich, außer einigen Wissenschaften, in denen ich noch nachzuholen habe, mit nichts als Musik beschäftigen. Denn ich betrachte diese Kunst als die Wurzel, oder vielmehr, um mich schulgerecht auszudrücken, als die algebraische Formel aller übrigen, und so wie wir schon einen Dichter haben — mit dem ich mich übrigens auf keine Weise zu vergleichen wage —, der alle seine Gedanken über die Kunst, die er übt, auf Farben bezogen hat, so habe ich von meiner frühesten Jugend an, alles Allgemeine, was ich über die Dichtkunst gedacht habe, auf Töne bezogen. Ich glaube, daß im Generalbass die wichtigsten Aufschlüsse über die Dichtkunst enthalten sind."

Es kann wohl keinem Zweifel unterliegen, wie diese Briefstellen zu deuten sind. Der Dichter drückt kurz vor seinem Tode die Absicht aus, auf dramatische Pläne zurückzukommen und Ideen wieder aufzugreifen, die ihn schon früher beschäftigt hatten, und wenn er in der Folge betont, daß er, sobald es angängig ist, die Poesie ruhen lassen und sich zunächst lange Zeit mit nichts als Musik beschäftigen wolle, so ist es klar, daß seine Pläne und Absichten dort wieder anknüpften, wo er mit der Vernichtung des Guiskard geendet hatte. Von neuem also schwebte ihm das musikalische Drama vor. Kleist steht in einem neuen Stadium seiner Entwicklung. Als gereifter Mensch und anerkannter Dichter kommt er auf die Ideen seiner Jugend zurück, er fühlt sich im Vollbesitz seiner dramatischen Kraft, aber er ist sich auch bewußt geworden, daß sein musikalisches Können nicht ausreicht, und er besitzt

Selbstkritik genug, um die Notwendigkeit jahrelanger musikalischer Studien zu erkennen. Wie ein dichterisches Vermächtnis und Testament, so muten uns die zitierten Briefstellen an. Sie zeigen uns den Dichter auf einer Höhe geistiger und ethischer Entwicklung, wie nie zuvor. Die Sturm- und Drangperiode ist unter schweren Kämpfen überwunden. Der Dichter, der sich im Vollbesitz seiner Kraft fühlt, sich mit bestimmten Zukunftsplänen trägt und nicht an sein Ende oder gar an ein willkürliches Ende denkt, schüttelt die Sünden seiner Jugend ab. Wie er die Größe Goethes anerkennt, mit dem er sich einst messen wollte, und dem er sich jetzt willig unterordnet, so ist der titanenhafte Drang, der den Göttern grollte, der Resignation und der Erkenntnis gewichen, daß sein früheres Fiasko nicht dem mangelhaften Talent, sondern dem unzureichenden musikalischen Können zuzuschreiben war.

Die Bedeutung von Kleists Aussprüchen über die Musik ergibt sich aus dem, was wir über seine und anderer hervorragender Dramatiker Produktionsweise wissen. Die dramatische Einbildungskraft, die Konzeption des Dramatikers entspringt einer musikalischen Stimmung. Die Musik ist es, an der sich gewissermaßen die dichterische Phantasie entzündet; die musikalische Stimmung befruchtet die dichterische Phantasie. Darum muß Kleist diese Kunst als die Wurzel aller übrigen betrachten (s. o.).

Die Musik stellt nach Kleist die algebraische Formel der anderen Künste dar. Wir werden erinnert an Pythagoras' Bemühung, die Harmonie aus dem Zahlenverhältnis zu erklären, und an Leibniz' Definition der Musik als exercitium arithmeticae occultum nescientis se numerare animi. Kleist, der neben philosophischen hauptsächlich mathematisch-physikalische Studien betrieb, hat frühzeitig, wie auch diese Briefstelle beweist, über die algebraische Analyse der Sprache, der Poesie und ihr Verhältnis zur Melodie nachgedacht. In einer Äußerung Rühles (s. S. 31) die sicher auf die Anregung Kleists zurückzuführen ist, die Geist von seinem Geiste bedeutet, findet sich eine aufklärende Analogie zu Kleists mysteriöser Äußerung. Rühle vertritt hier die seiner Zeit weit vorgeschrittene Anschauung, daß der Mathematik in der Wissenschaft nicht der gebührende Rang eingeräumt ist und will sie betrachtet wissen als erste und Grundwissenschaft.

Die Ansicht Kleists am Schlusse seiner Ausführungen, daß im Generalbaß die wichtigsten Aufschlüsse über die Dichtkunst enthalten sind, bedeutet, daß das Studium der musikalischen Harmonie dem Dichter eine tiefere Einsicht und ein besseres Verständnis für den Klang und Rhythmus in der Poesie eröffnet, und daß dadurch wiederum die dichterische Phantasie angeregt und befruchtet werde.

Ich resümiere kurz meine Auffassung von der Bedeutung des Guiskard, von den seelischen Störungen Kleists in der Guiskard-Periode, von seinem freiwilligen Verzicht. Das Studium der größten Dramatiker — wenn nicht aller, so doch des überwiegenden Teils — belehrt uns darüber, daß der musikalische Eindruck bei ihnen Phantasiebilder hervorruft, die in folgerechter Verknüpfung sich über den unmittelbaren Eindrucksgehalt der Musik hinaus entwickeln, und daß in diesem Sinne der musikalische Eindruck bei ihnen die dramatische Konzeption bedingt. Den Äußerungen der Dramatiker entnehmen wir, daß ihnen allen diese Erscheinung aufgefallen ist, daß sie aber alle darüber hinweggehen, ohne ihr ein besonderes Gewicht beizulegen. Unter allen Dramatikern zeigt Kleist die ausgesprochenste musikalische Veranlagung, er beschäftigt sich von Jugend auf als ausübender Musiker, er kennt die Gesetze der Musik, äußere Anregungen erwecken bei ihm die üppigsten Gehörserregungen. Kein Wunder, daß er schon frühzeitig über Probleme nachdachte, über die andere Dichter und Dramatiker achtlos hinweggingen. So entstand bei ihm der Plan zu einem musikalischen Drama und die Absicht, den ganzen Guiskard-Stoff auf einer musikalischen Unterlage aufzubauen. Mit der ganzen Wucht seines Temperaments wirft er sich auf die neue Aufgabe, deren weittragende Bedeutung er voll erfaßt. Was er vorher geschaffen, verwirft er als elende Scharteke, und er ist sich des großen Fortschrittes seiner Entwicklung so ganz bewußt, daß er ohne eitle Selbstüberhebung glaubt, Goethe den Kranz von der Stirn reißen zu können. Wieland, selbst auch eine sehr musikalische Natur, war wie kein anderer berufen, die Bedeutung von Kleists Guiskard zu erfassen und äußert sich über ihn in Ausdrücken voller Begeisterung. Kleist resignierte zunächst und trat vor einem zurück, der noch nicht da war, und vor dessen Geiste er sich ein Jahrtausend im voraus beugte. Aber auch das Guiskard-Rudiment läßt uns die Absichten des Dichters erkennen, es bedeutet ein musikalisches Drama, das vom kunsttheoretischen Standpunkt weit das Drama Wagners übertrifft, und das alles erfüllt, was ein Nietzsche, ein Hebbel, ahnten.

Nur von diesem Standpunkt aus können wir Kleists eigene Auffassung von seinen Dramen und seinen dichterischen Leistungen verstehen, und von diesem Standpunkt auch gelangen wir zu der Überzeugung, daß Kleists Äußerungen nichts von Selbstüberhebung an sich tragen. Als ihn die Pläne zu seiner Entdeckung auf dem Gebiete der Kunst, wie er sie nennt, zu beschäftigen beginnen, verwirft er sein im Druck erschienenes Jugenddrama. Er ist sich bewußt, etwas Neues, Überraschendes schaffen zu können, das einen großen Fortschritt bedeutet. Als er dann resigniert hat und auf die alten Stoffe zurückgreift, schickt er an Rühle das Manuskript des zerbrochenen Kruges mit dem Bemerken, daß der Glaube an seine Fähigkeit nur noch der Schatten seines ehemaligen ist, daß er nur das, was er sich vorstellt, schön findet, nicht seine Leistungen, daß er überhaupt nur noch dichtet, weil er etwas anderes nicht versteht. Seine hochfliegenden Pläne hat er aufgegeben, er dichtet, um sein Brot zu verdienen. Aber nicht lange, der alte Drang erwacht wieder, von neuem schwebt ihm sein Jugendideal vor, das er nunmehr unter ganz anderen Voraussetzungen zu erringen beabsichtigt.

Wenn man sich meine Auffassung von der Bedeutung der Guiskard-Periode im Leben Kleists zu eigen macht, so ergibt sich daraus von selbst das Haltlose und Ungereimte der Ansicht, die gerade in den Kämpfen um den Guiskard die Hauptstütze für die Diagnose von Kleists geistiger Erkrankung sieht. Gegenüber der Hypothese von Lombroso, welcher das Genie bald eine Degenerationspsychose aus der Gruppe des moralischen Irreseins nannte, bald geniale und epileptische Anlage verknüpfte und gegenüber der Meinung von Moebius, nach welchem der Keim Krankheit und Talent zugleich enthält, habe ich auf das Unzulängliche ihrer Methode hingewiesen und habe ich gefordert, daß die rein anatomische Untersuchung (d. h. in diesem Falle die Prüfung des Menschen an der Hand des biographischen Materials) sich unterordne der funktionellen Diagnose. Die geistige Gesundheit und die geistige Erkrankung dokumiert sich viel mehr in den Werken des Genies als in seiner Biographie, und die Behauptung einer krankhaft-degenerativen Veranlagung ist ganz haltlos gegenüber einem Dichter, dessen dichterische Entwicklung progressiv das Resultat eines ansteigenden geistigen Wachsens und zunehmender Charakterfestigung ist. Wie steht es in diesem Sinne mit Kleist, welche Entwicklung zeigt sein dichterisches Schaffen, und bedeutet die Guiskard-Periode eine Störung oder einen Fortschritt in der geistigen Entwicklung des Dichters?

Dem Psychologen bietet die größten Rätsel der Knabe Kleist und ebenso der Offizier und Student bis zu der Erkenntnis seiner dichterischen Mission und zur Beendigung seines Erstlingsdramas. Uns imponiert die gewissenhafte Ehrlichkeit, der frühreife Ernst in seinen Briefen, der wohlerzogene, moralisierend-philiströse, altkluge Ton, den er anschlägt, der nichts verrät von einer reichen Dichterphantasie. Wie ein junger Römer philosophiert Kleist über den Lohn der Tugend, über das wahre Glück, das er im Gefühl erhaltener und geretteter Würde sucht. Nichts von Phantasie und dichterischem Schwung, in unerbittlicher Strenge und scharfer Nüchternheit blickt er in die Welt. Und dann plötzlich und ganz unvermittelt die Offenbarung, ja das Wunder: die Schroffensteiner, ein Wunder, weil sonst nie ein Dramatiker in seinem Erstlingswerk so seine dichterische Wesenheit offenbart, so die geniale Veranlagung zu Tage treten läßt. Die eigenartige Entwicklung läßt sich nicht anders erklären, als aus dem Milieu, in dem der Knabe aufwuchs, aus einer Erziehung, welche für die zarten vielseitigen Anlagen einer Künstlernatur die denkbar ungeeignetste war.

Die erste Schaffensperiode zeigt Kleist als originalen, vielseitigen, genialen Dichter, der sich fernhält von allen fremden Einflüssen. Sehr bald genügen ihm seine ersten Versuche nicht, er spricht selbst verächtlich von seinem Jugenddrama, und in einer zweiten Periode der Entwicklung schwebt ihm das Drama der Zukunft vor, das musikalische Drama, das später unabhängig von ihm ein Nietzsche und Hebbel geahnt haben. Nach vergeblichem Ringen resigniert Kleist, seine Versuche, die einen Wieland begeisterten, genügen ihm nicht, er erkennt seine Mittel als unzulänglich und in einer überreichen dritten Schaffensperiode geben seine Studien, seine Kämpfe, seine Liebe und das Vaterland den Stoff zu einer Fülle neuer Werke.

Wenn Kleist am Schlusse seines Lebens zu seinen Jugendidealen zurückgreift, wenn er jetzt zielbewußt und ganz systematisch an seine Aufgabe heranzutreten beabsichtigt, so zeugt das für eine fortschreitende sittliche und geistige Entwicklung, welche auch nur die Vermutung einer krankhaften Geistesveranlagung zu nichte macht. Der unerwartete Tod machte seinen Plänen ein Ende, er raubte uns Kleist vor seiner vierten Schaffensperiode.

## II. Kapitel.

## Michael Kohlhaas und seine Quellen.

Die Darstellung von den Quellen und der Entstehung des Michael Kohlhaas stützt sich auf den Bericht von Tieck, auf die Forschungsergebnisse von Emil Kuh, auf die Quellenstudien von Burkhardt und die zusammenfassende kritische Abhandlung von Pniower und ist darnach in ein festes Schema gebracht worden, das als gesicherter Besitz der Kleistforschung erscheint. Alle Kommentatoren berichten gleichmäßig, daß Kleist den Stoff seinem Freund Pfuel und dessen Anregung verdankt, der, wie Tieck berichtet, aufgefordert auch eine Tragödie zu dichten, Kleist die Geschichte von Kohlhaas erzählt hat. Weiter soll Kleist bei der Bearbeitung des Stoffes verschiedene Quellen benutzt haben. Kuh hat in der Wochenschrift „Stimmen der Zeit" (1861 S. 161) die Quellen der Kleistschen Erzählung am erschöpfendsten untersucht. Nach den Ausführungen Kuhs, der mit einer größeren Arbeit über Kleist beschäftigt, durch die bekannte Stelle in Hoffmanns Serapionsbrüdern zu seinen Forschungen über den Kohlhaas angeregt war, hat Kleist aus drei Quellen geschöpft. Die erste ist: Diplomatische und curieuse Nachlese der Historie von Obersachsen und angrenzenden Ländern, gehalten von Christ. Schöttgen und Georg Christoph Kreysig (Dresden und Leipzig 1731); darin im III. Teil S. 528: Nachricht von Hans Kohlhasen, einem Befehder derer Chur-Sächsischen Lande. Aus Petri Hafftiti geschriebener Märkischen Chronic. Außerdem meint Kuh und weist aus verschiedenen Stellen der Erzählung nach, daß Kleist auch Leutinger und Mencius (Kurtze Erzehlung von Ursprung und Hehrkommen der Chur und fürstlichen Stämmen, Sachsen, Brandenburg usw.; (Wittenberg 1597) benutzt hat. Für diese Ansicht, so schreibt Kuh, spricht einerseits das grübelnde Moment in Kleist, andrerseits sein fast pedantisch strenger Sinn, der durch juristische und mathematische Studien überdies noch mehr ausgebildet wurde.

In bezug auf Mentz gehen die Meinungen auseinander. Kuh glaubt, daß Kleist diese Quelle benutzt hat und führt als Beweis drei entsprechende Stellen bei Mentz und Kleist an. Pniower hat die Arbeit von Kuh nicht eingesehen und nimmt irrtümlich an, daß Kuh die Analogie zwischen Mentz und Kleist darin sucht, daß beide Kohlhaas mit dem Schwerte hinrichten lassen. Erich Schmidt folgt ihm darin und führt Mentz als Quelle für Kleist nicht an. Auch ich glaube, daß zum mindesten die Frage unentschieden ist, da mir die drei von Kuh angeführten korrespondierenden Stellen nicht durchaus überzeugend scheinen.

Abgesehen von dieser kleinen Meinungsverschiedenheit stimmen die Kommentare völlig überein. Und doch ist an dieser Darstellung manches von vornherein unwahrscheinlich. Zunächst ist Pfuel, soweit es sich um Berichte aus seinem Munde handelt, ein sehr unzuverlässiger Zeuge. Das meiste, was aus dieser Quelle stammt, hat sich vor der Kritik nicht behaupten können. Das habe ich bei verschiedenen Gelegenheiten nachgewiesen, und auch in diesem Falle klingt es sehr unwahrscheinlich, daß Pfuel, der niemals literarische Interessen bezeigte, gerade in diesem Falle Anregung und Einfluß auf Kleists Schaffen ausgeübt haben soll. Sodann ist es auffallend, daß immer nur auf die Analogien zwischen Kleists Novellen und den Quellen hingewiesen wird, während ausgesprochene Gegensätze unbeachtet bleiben. Es erscheint mir angebracht, nach diesen Richtungen die verschiedenen Angaben der Kommentare auf ihre Richtigkeit zu prüfen.

Die Selbständigkeit, die Bedeutung und der Wert der Kuhschen Forschungen soll nicht angezweifelt werden. Sicher steht das Verdienst Kuhs, die historischen Quellen mit der Novelle Kleists zum ersten Male verglichen zu haben. Aber die

Pritätori, die wichtigsten Kohlhaas-Quellen nachgewiesen zu haben, gebührt ihm nicht. Ebenso wenig Burkhardt, dessen Darstellung der Quellen zum Kohlhaas wissenschaftlichen Anforderungen nur wenig genügt. Vor allem fehlt seiner Geschichte des historischen Hans Kohlhaas jeder wissenschaftliche Charakter. Hier klafft für die Kleistforschung noch eine weite Lücke, und eine kritischen Anforderungen entsprechende Geschichte von Hans Kohlhaas steht noch aus. Burkhardt beginnt mit den Worten: Es war der erste Oktober des Jahres 1832. Die Abendsonne beleuchtete noch mit einem Blick die freundlich flache Landschaft, als — — —. Die Einleitung befremdet in einer wissenschaftlichen Arbeit, um so mehr als der Beginn der Kohlhaas-Fehde historisch durchaus nicht feststehend ist. Weiter fehlen bei Burkhardt fast alle Angaben der Quellen, so daß eine Kontrole ganz unmöglich ist. Wir lesen, um Beispiele anzuführen, daß der sächsische Scharfrichter verlangt und auch erreicht habe, bei Tische mit den sächsischen Richtern und Reitern obenan zu sitzen. Das ist eine so erstaunliche Angabe, daß die Quellenbelege beigefügt werden mußten, um den Leser sicherzustellen, daß nicht ein Mißverständnis vorliegt. Schließlich, was für das Verständnis der Kleistschen Erzählung wichtiger ist, sind die Quellenangaben über den Michael Kohlhaas mangelhaft; manches Quellenwerk ist wohl in einer Fußnote angegeben, aber im Text überhaupt nicht benutzt. Auf diese Weise ist viel übersehen, manche Verwirrung in die Darstellung hineingetragen worden.

Die Geschichte von Kohlhaas ist auch nach der Veröffentlichung Kleists in Zeitschriften und Tagesblättern immer wieder hervorgeholt und den Lesern erzählt worden. Joseph von Hormayr berichtet sehr ausführlich die Kohlhaas-Geschichte, angeregt durch die Novelle des befreundeten Dichters (s. S. 164 f.) in seinem Archiv für Geographie, Historie, Staats- und Kriegskunst im Jahre 1822. Der Gesellschafter bringt die getreue Erzählung von Hans Kohlhaas im Jahrgang 1825 (182 Blatt) nach der märkischen Chronik des P. Haftitius und fürchtet nicht „daß sie in ihrem einfachen Ton, der für die Wahrheit bürgt, gegen die romantische Sage, zu welcher der geniale Heinrich von Kleist sie umgearbeitet hat, zurücktreten dürfte." Und kaum zwei Jahre später findet sich eine Folge von Artikeln über denselben Stoff in den Berlinischen Nachrichten. Nichts spricht so sehr für die Popularität des Stoffes und für das große Interesse, welche die Kleistsche Novelle im Publikum gefunden hat, als daß auf die ersten Aufsätze in den Zeitungen gewöhnlich Zuschriften, Berichtigungen und Ergänzungen aus dem Leserkreise folgten. Der „Gesellschafter" brachte eine Berichtigung, die sich auf die Person des Rektors Haftiz bezog, und eine ganze Anzahl von Zuschriften hat der erste Aufsatz in den Berlinischen Nachrichten zur Folge[1]). Darunter findet sich manches, was auch heut noch für uns von Interesse ist.

Der Tatbestand ist folgender: Am Donnerstag, dem 29. März 1827, wurde im Berliner Opernhause zum ersten Male das „historisch-vaterländische Trauerspiel in 5 Aufzügen": Hans Kohlhaas von G. A. Freiherr v. Maltitz aufgeführt. Darauf brachten die Berlinischen Nachrichten von Staats- und gelehrten Sachen (Haude- u. Spenersche Zeitung) in drei aufeinanderfolgenden Nummern (Nr. 79 Dienstag, d. 3. April 1827; Nr. 80 Mittwoch, d. 4. April und Nr. 81, Donnerstag, d. 5. April) eine Darstellung der Kohlhaas-Geschichte nach Peter Haftiz von F. F. (Friedrich Förster) unter dem Titel „Hans Kohlhase, Roßkamm und Bürger zu Köln an der Spree" mit der Fußnote in der ersten Nummer: „Bei der günstigen Aufnahme, welche eine dramatische Bearbeitung der Geschichte dieses vaterländischen Helden auf unserer Bühne gefunden hat, glauben wir, daß es unsern Lesern willkommen seyn dürfte, den wahren Hergang der Sache, aus Peter Haftiz ungedruckter Chronik zu erfahren." F. F. Der Aufsatz schließt mit den Worten: „Aber Gott hat ihm vielleicht sein Ende also aufgesetzet". Ich will nicht unterlassen, auf eine persönliche Bemerkung von Förster hinzuweisen. In

[1]) Burkhardt zitiert wohl in einer Fußnote den ersten Aufsatz in den Berlinischen Nachrichten, läßt ihn aber sowie die folgende Serie von Aufsätzen im Text völlig unbenutzt resp. unerwähnt.

der Fortsetzung Nr. 80 heißt es bei Besprechung der Zusammenkunft mit Luther in einer Fußnote: „Früher war ich im Besitz eines Briefes des Dr Luther an Kohlhas und der Antwort desselben. Leider sind mir beide abhanden gekommen, und es würde ein Nachweis darüber sehr erwünscht sein. Aus Kohlhasens Briefe erinnere ich mich nur, daß er darin über seinen eigenen Namen witzelt und dem Doctor schreibt, die Sachsen hätten vermeint, daß der Hase nur im Kohl sitze, nun sollten sie erfahren, daß er im Pfeffer säß.

Zwei Tage später in Nr. 83 derselben Zeitung von Sonnabend, dem 7. April 1827, folgt die erste Besprechung des neuen Trauerspiels von v. Maltitz. In der Besprechung heißt es:

„In unserer Zeitung ist aus der Chronik des alten Schulrectors Haftiz die wahre Geschichte des Kohlhas mitgetheilt worden; Refer. beabsichtigte, seinem Theater-Bericht eben diese Erzählung voranzuschicken, nur nicht mit den eigenen, für manche Leser vielleicht nicht überall verständlichen Worten, des in seinem Stil veralteten Chronikenschreibers, sondern so, wie, auf dem Grund dieser Chronik, unser Herr Oberbibliothekar Wilken sie im historisch-genealogischen Kalender für das Jahr 1820 giebt. Genug, Referent kann sich nun auf diese Erzählung lediglich beziehen und darf über seine Behauptung, daß der Dichter das historische Factum verändert, erweitert und Sachen und Personen von einer ganz anderen Zeit ihm beigemischt hat, keinen weiteren Beweis führen. Herr v. Maltitz konnte sich für sein Verfahren auf eine große Autorität, auf Lessing, berufen, aber Refer. bittet ihn dann, alles was Lessing über diesen Punkt in der Dramaturgie ausführt, noch einmal recht aufmerksam zu lesen; und er wird finden, daß die ganze, der dichterischen und überschminkten Freiheit scheinbar so günstige Ausführung auf dem Satz beruht: „Der Dichter braucht eine Geschichte nicht darum, weil sie geschehen ist, sondern weil sie so geschehen ist, daß er sie schwerlich zu seinem gegenwärtigen Zweck besser erdichten könnte.“ Nun getraute sich Refer. an einem für diese Untersuchung geeigneten Orte, mit guten

Gründen darzuthun, daß ohne die Einmischung von Anna Sydow, ohne ihren im Halbdunkel bleibenden natürlichen, von Kohlhas adoptirten Sohn, ohne die geheimnißvollen Zettel, und überhaupt ohne die mystischen Ingredienzien und geschichtswidrigen Anachronismen, aus der Geschichte des Kohlhas nicht etwa nur ein gutes historisches, sondern auch ein wirksames theatralisches Drama hätte gemacht werden können. Und damit hätte dann Refer. allen Vortheil, den unser Dichter von Lessing ziehen mochte, beseitigt, und die Aussprüche dieses großen kritischen Meisters gerade für sich gewonnen. Allerdings hat der unvergeßliche Heinrich v. Kleist in seiner vortrefflichen Erzählung das Thun und Lassen des Kohlhas auch in eine geheimnißvolle Leitung gehüllt, und namentlich hat den bewußten Zettel der dramatische Dichter wahrscheinlich von ihm geborgt; aber dieser ist viel weiter gegangen, und nicht alles, was dem Novellisten zu Gute kommt, ist dem Dramatiker vergönnt usw. usw."

Die Kritik des Maltitzschen Stückes, die ich soweit wiedergebe, als sie Kleist in die Besprechung hineinzieht, hat für uns kaum mehr als historisches Interesse. Kuh nennt in einer Fußnote den „Hans Kohlhas" von Maltitz ein „possirliches Drama" und schreibt dazu: den Junker, welchen Kleist von der Trencke taufte, finden wir bei Maltitz als Günther von Zaschwitz — historisch getreu! — wieder. Weit interessanter für die Frage, die uns hier beschäftigt, ist das wenige Tage später in der Nr. 86 vom Mittwoch d. 11. April abgedruckte „Eingesandt" von dem Kriegsrath Wohlbrück[1]) unter dem Titel „Über das Geschichtliche von Hans Kohlhas, mit Rücksicht auf das Trauerspiel dieses Namens". Der Aufsatz enthält in seinen wesentlichen Teilen folgendes:

„Was man von Hans Kohlhas weiß, beruht hauptsächlich auf der Erzählung des Peter Hafiiz, ehemaligen Oberaufseher der Schulen zu Berlin und Kölln, in

[1]) Siegmund Wilhelm Wohlbrück, preuß. Kriegsrat, bekannt durch seine Geschichte des ehemaligen Bistums Lebus und des Landes seines Namens und durch die Geschichte der Altmark.

seinem ungedruckten Microchronicon Marchicum. Diese Erzählung ist vor Kurzem in einigen Blättern dieser Zeitung (s. oben) wörtlich und meistens vollständig, jedoch nicht nach einer Handschrift des Haftiz, sondern nach dem in Schöttgens und Kreysigs Nachlese der Historien von Ober-Sachsen, Th. III, befindlichen Auszuge abgedruckt, und in diesem Abdrucke sind einige in der erwähnten Nachlese befindliche Noten, ohne deutliche Auszeichnung, eingeschaltet worden. Auch leidet der besagte Abdruck an mehreren Druck- oder Schreibfehlern, von denen die erheblichsten in folgender Art zu verbessern sind. Nachdem er die Fehler berichtigt, fährt Wohlbrück fort: „Haftiz war ein Zeitgenosse, wenigstens fiel seine Jugend in die Zeit der Kohlhasischen Umtriebe, und seine Erzählung hat alle inneren Zeichen der Glaubwürdigkeit. Inzwischen giebt dieselbe nur von zwei Ereignissen die eigentliche Zeit an, von der Hinrichtung der zwei Schneidergesellen, am 7. Junius 1538, und von Kohlhasens Hinrichtung am 22. März 1540. Ganz zweifelhaft läßt sie es, in welchem Jahre dem Kohlhas seine Pferde in Sachsen angehalten wurden, und in welchem dieser seine Befehdung des Nachbarlandes anfing. Leuthinger, ein späterer Brandenburgischer Geschichtsschreiber, der im Jahre 1612 starb, spricht von dieser Befehdung bei den Jahren 1523 und 1531, aber ohne bei irgend einem einzelnen Ereignisse ein bestimmtes Datum anzugeben. Er ist überhaupt bei seinen Zeitbestimmungen öfters sehr unzuverlässig, und bringt bei dem zuletzt erwähnten Jahre mehrere Facta aus ganz verschiedenen Zeiten, selbst Kohlhasens endliche Bestrafung an."

Nachdem Verfasser wortgetreu ein Schreiben des Kurfürsten von Sachsen an den Landvogt der Niederlausitz vom 3. August 1538 (Destinata litteraria et Fragmenta Lusatica Bd. I, S. 1202f.) wiedergegeben hat, fährt er fort:

„Aus dieser für die Geschichte der Kohlhasischen Händel überhaupt sehr wichtigen und lehrreichen Stelle geht wohl deutlich hervor, daß diese Händel schon einige (aber doch nicht fünfzehn) Jahre vor 1538 ihren Anfang genommen haben müssen, und man möchte daher die bestimmteste Nachricht über diesen Anfang in des Balthasar Mentz, eines ehemaligen Professors zu Wittenberg, Kurtzen Erzehlung vom Ursprung und Hehrkommen der Chur und Fürstlichen Stämmen, Sachsen, Brandenburg, Anhalt und Lauenburg etc. Wittenberg 1597, zu finden glauben, in welchem, mit Seitenzahlen nicht versehenen Buche, Blatt Mv angegeben ist, daß die Kohlhasische Fehde bald nach dem im Jahre 1532 erfolgten Regierungsantritte des Kurfürsten Johann Friedrich von Sachsen ihren Ursprung genommen, und daß namentlich bereits im Jahre 1533 Kohlhas einen Krähmer von Wittenberg, welcher nach Jueterbock zum Jahrmarkte fahren wollte, angehalten und aller seiner mit sich geführten Waaren beraubt habe. Unbemerkt darf jedoch nicht bleiben, daß Mentz an einem andern Orte desselben Buches, Blatt C vi, angiebt, der Kurfürst Joachim I. von Brandenburg habe im Jahre 1533 den Hans Kohlhas hinrichten lassen, wodurch des gedachten Schriftstellers Genauigkeit und Sorgfalt wieder sehr zweifelhaft wird."

Verf. weist dann darauf hin, daß von allem, was zur Geschichte des Hans Kohlhaas gehört, die Gefangennehmung des George Reich durch einige amtliche Schreiben, welche in den erwähnten Destinatis litterariis a. a. O. abgedruckt sind, am genauesten nach ihren Umständen bekannt sind. Der Aufsatz schließt mit einigen Bemerkungen über die in dem von Maltitzschen Trauerspiele vorwaltenden Verstöße gegen die Geschichte, welche nicht schon aus des Haftiz Erzählung hervorgehen und mit einigen sehr lesenswerten Notizen zur Geschichte des Kohlhaas. Wir sehen aus dieser Darstellung, daß Wohlbrück hier schon im Jahre 1827, also lange vor Kuh die Quellen zum Kohlhaas so eingehend und erschöpfend behandelt, allerdings ohne Kleists Novelle auch nur zu erwähnen, wie es von keiner anderen Seite geschehen ist. Wir finden hier Haftiz Microchronicon, Schöttgens und Kreysigs Nachlese, Leutinger und Mentz erwähnt, die nach Kuh Kleist bekannt gewesen sein müssen, und zudem die Destinata litteraria.

Der volle Titel des Buches ist: Destinata Litteraria et Fragmenta Lusatica [1]) d. i. Unternehmungen der Gelehrten, und gesammelte alte auch neue zur Nieder-Lausitzischen Historie und Gelehrsamkeit gehörige Stücke Lübben 1738.

Im XII. Teil des I. Bandes (pag. 1197) findet sich eine Arbeit unter dem Titel: Verdienste des Marggraffthums Nieder-Lausitz gegen Wittenberg durch schleunige Rechts-Hülffe.

Der für die Affäre Kohlhaas sehr wichtige Aufsatz bringt den wortgetreuen Abdruck einer großen Anzahl von Schriftstücken mit Erläuterungen, die sich auf die Verfolgung Kohlhaases beziehen. Dazu gehören: Chur-Fürstl. und des Landvoigts von Sachsen Hans Metschen, auch des Raths zu Wittenberg, requisitions Schreiben an den Landvoigt in Nieder-Lausitz Heinrich Tunckeln, Hrn von Bernitzko. Ferner Schreiben an den Bischoff von Lebuse. Bericht des Bischoff von Lebuse an den Landvoigt Tunckeln (über die „Attrappirung" Kohlhasens, dem der beraubte und gefangene Wittenbergische Kaufmann Reichen abgejagt wurde, ebenso sein Diener, dahingegen er selbst als ein starker Mann in Hose und Jope entrann, in einen nahestehenden Kahn fiel und über die Spree entkam). Ein Schreiben des Bischofs an den Landvoigt und mehrere andere Schreiben, welche sich auf die Verfolgung und Auslieferung Kohlhaases beziehen.

Wichtiger als der Inhalt aller dieser Briefe ist die in der Einleitung und auch in der Brieferläuterung gegebene Darstellung zum Falle Kohlhaas und der Hinweis auf die übrigen chronikalischen Darstellungen und ihre Kritik. Es heißt in der Einleitung: „Welcher gestalt ein Bürger aus Berlin Hans Kohlhase, zur Zeit der Reformation die Kühnheit gehabt, den Chur-F. zu Sachsen Hertzog Johann Friedrichen, und dessen Unterthanen mit Feuer und Raub zu befehden, auch wie er endlich zu D Luthern gekommen, und auf dessen Zureden in

[1]) Burkhardt zitiert in einer Fußnote die Destinata, läßt sie aber im Text völlig unerwähnt.

Gegenwart Philipi Melanchtonis und des Wittenbergischen Theologen Besserung versprochen, auch von Luthero das heilige Abendmahl darauf empfangen, nichts destoweniger aber nachhero sich weiter, auch an seines eigenen Landes-Hrn. Factor vergriffen und selbigen beraubt, darüber endlich zur Hafft gediehen, und Anno 1540, Montags nach Palmarum. (22. III.) zu Berlin mit dem Rade justificiret worden, das alles hat M. Petrus Hafftitius weyl. Rector bey der Schulen zu Berlin, und zu Cöln an der Spree in der Märkischen Chronic welche noch ungedruckt, und nur in MSCT. befindlich ist * weitläufftig beschrieben, woraus die belobten Sächßischen Historici Christian Schöttgen und Georg Christoph Kreysig, einen Extract genommen, und solchen ihrer Diplomatischen Nachlese, von der Ober-Sächßischen Historie P. III num. 5 p. 528. sequ. einverleibet." Dazu findet sich bei * die folgende Fußnote: M. Petrus Hafftitius hat unter denen Märckischen Historicis einen guten Nahmen, und wird von vielen als ein glaubwürdiger Annaliste allegiret; weil er aber ein und anderes dem ansehen nach bedenkliches von seinem eigenen Landes-Herren und denen Brandenburgischen Sachen mit einfließen lassen hat sich bis dato wircklich niemand unterstanden seine Wercke zu publiciren." Es werden seine Werke angeführt und auch die Bemühungen von Gelehrten jener Zeit erwähnt die Werke zu veröffentlichen.

Ich fasse meine Meinung über die Bedeutung der Arbeit in den Destinata litteraria dahin zusammen, daß sie für den historischen Kohlhaas eine außerordentlich wichtige Quellenschrift ist, denn sie bringt zahlreiche Dokumente über einen bestimmten Abschnitt seines Lebens, während die übrigen Quellen subjektiv gefärbte Darstellungen von Chronisten und Historikern sind. Kleist hat zweifellos aus dieser Quelle nicht geschöpft, denn er bringt nichts, was sich auf den Einfall Kohlhaases in die Lausitz, auf seine Gefangennahme usw. bezieht. Kurz, der Inhalt seiner Novelle hat nicht die mindeste Beziehung zu dem hier veröffentlichten Material. Deshalb ist es aber nicht ausgeschlossen, daß er die Arbeit gekannt hat. Da er hier gleich im Eingang der

Arbeit die von ihm zweifellos benutzten Quellenschriften angeführt fand, so wäre es nicht ausgeschlossen, daß er sich über diesen Punkt hier zuerst orientiert hat.

Kehren wir zurück zu der Artikelserie in den Berlinischen Nachrichten. Mit dem besprochenen Aufsatze Wohlbrücks waren — ein Beweis dafür, wie sehr sich das Berliner Publikum für den Kohlhaas interessierte — die eingesandten Beiträge noch nicht erschöpft. Es folgte in Nr. 89 der Zeitung am Dienstag, den 17. April 1827, nicht unterzeichnet „Noch ein Nachtrag zu den Notizen über Kohlhas."

„Die Erzählung der Geschichte des Roßkamms Kohlhase, heißt es da, hat die Aufmerksamkeit des Publikums dergestalt auf sich gezogen, daß es nicht überflüssig seyn dürfte, zu den in diesen Blättern früher gelieferten Auszügen und Aufsätzen, noch dasjenige beyzufügen, was in einer Abschrift der Chronik des Haftitz über die Schicksale der Familie des Kohlhase vorkommt. Es folgt nämlich am Schlusse des in diesen Blättern abgedruckten Auszugs Nachstehendes:

„Seine Wittibe hat hiernach einen Schuster zur Ehe bekommen, welcher in einer hitzigen Krankheit, da man seiner nicht gut hat Acht gehabt, sich hinter seinen Hause in der Spree hat baden wollen und aus Unvermögen ist ertrunken. Ihre Tochter, so sie mit Kohlhasen hat gehabt, hat Frau Hedwig, gebohren aus Königl. Stamm zu Pohlen und Churfürstin zu Brandenburg bei sich in der Kammer gehabt, daß sie ihr Handreichung thun müssen, wann sie Borten gewirket, bis sie endlich eines Bürgers Sohn in Berlin, Wolff Golnau genannt, zur Ehe bekommen, hat's aber nicht gut gemacht, sondern ist endlich vom Mann gelauffen." Hierauf folgen noch einige andere kurze Bemerkungen zur Brandenburgischen Geschichte.

Ich habe dieses letzte Eingesandt wörtlich wiedergegeben, um den auffälligen Unterschied vorzuführen zwischen Kleists Novellen und der Haftizschen Vorlage. Kohlhaasens Hausfrau soll nach anderen Berichten zwei tote Kinder geboren haben. Gleichgiltig, ob eine Tochter die Eltern überlebte, oder ob das Kohlhaasensche Ehepaar keine leiblichen Erben hinterließ, es ist auffallend genug und sonderbarerweise bisher in der Forschung völlig außer acht gelassen, daß Kleist gerade hierin in der Erzählung selbst und besonders in dem chronikalisch gehaltenen Schluß so völlig von seiner Vorlage abweicht. Kleist erzählt, daß Kohlhaas zwei Söhne hinterließ, die der Hinrichtung des Vaters beiwohnen mußten, und daß sie bei dieser Gelegenheit vom Kurfürsten Joachim II. in den Adelstand erhoben wurden. Und er schließt dann seine Novelle mit den Worten: „Vom Kohlhaas aber haben noch im vergangenen Jahrhundert, im Mecklenburgischen, einige frohe und rüstige Nachkommen gelebt."

Ist Kleist bei diesem Abschluß seiner Novelle selbständig verfahren oder schöpfte er aus einer bestimmten, bisher nicht berücksichtigten Quelle? Eine Aufklärung finde ich in einem „Jugenderinnerungen aus Oberschlesien" betitelten Aufsatz von Prof. Dr Herm. Wedding in der Zeitschrift „Oberschlesien" I. Jahrg. 11. Heft Februar 1903 [1]). Der Aufsatz bringt Familienerinnerungen, die sich teils mündlich, teils schriftlich durch Jahrhunderte fortgeerbt haben, und welche erst seit der Mitte des 18. Jahrhunderts auf unzweifelhaften Grundlagen beruhen. Die Vorfahren dieser Familie, die Weddinge, hausten im Norden Berlins an der Stelle, wo sich jetzt die St. Sebastianskirche auf dem Gartenplatz, dem früheren Galgenplatz, erhebt in einer mit Wallgraben umgebenen Burg. Die Familienchronik erzählt, daß sich ein Nachkomme dieser Weddinge am Schauplatz der Hinrichtung von Kohlhaas befunden habe, daß er die beiden Söhne des Mordbrenners in seine Obhut genommen, sie wohl erzogen und dann, da man im Lande selbst ihres Vaters Übeltaten nicht vergessen konnte, weggesandt habe. Der eine gründete eine Familie in Mecklenburg, deren letzte Sprossen im Anfange des 19. Jahrhunderts gestorben sind, während der

---

[1]) Bei Erich Schmidt ungenau zitiert.

zweite nach Böhmen ging und dort seinen Namen umänderte in die Schreibweise Koulhasz; das Geschlecht des letzteren verbreitete sich über Böhmen und das benachbarte Schlesien.

Soweit die Familienchronik, mit welcher die Erzählung Kleists in drei wichtigen und entscheidenden Punkten völlig übereinstimmt. Hier wie bei Kleist wird ganz unabhängig von Haftiz von zwei überlebenden Söhnen des Kohlhaas berichtet. Bei beiden findet sich der Hinweis auf Mecklenburg. Und wenn Kleist scheinbar absichtslos hinzufügt, daß in Mecklenburg im 18. Jahrhundert frohe und rüstige Nachkommen lebten, so bestätigt er damit die Familienüberlieferung, nach welcher mit dem 19. Jahrhundert dieser Zweig der Familie ausstarb. Es ist klar, daß hier keine zufällige Übereinstimmung vorliegen kann, und daß den Dichter außer den vorher berührten wissenschaftlichen Quellen die Familientradition bestimmt und beeinflußt haben muß.

Damit kommen wir zu der Frage zurück, mit welcher wir unsere Untersuchung eingeleitet haben. Hat sich Kleist wirklich durch die Erzählung Pfuels zur Abfassung seiner Novelle bestimmen lassen? Die Behauptung, daß Kleist seinem Freunde Pfuel, der ihm zuerst davon sprach, den Stoff des „Michael Kohlhaas" verdankt, ist seit der Angabe Tiecks anstandslos von allen Forschern aufgenommen worden, ja nach Burkhardt soll Kleist überhaupt nicht einem fixierten Bericht gefolgt sein, sondern sich mit dem begnügt haben, was ihm der Freund von Kohlhaasens Geschichte mündlich erzählte. Nach meiner Darstellung glaube ich demgegenüber behaupten zu können, daß Pfuel nichts mit der Konzeption und der Bearbeitung des Kohlhaas zu tun hat, sondern daß die Anregung Kleist von einem Mitgliede der Familie Wedding erhalten hat, in welcher die Tradition bis heute lebendig geblieben ist. Damit kommen wir auf die weitere Frage: Ist die Möglichkeit vorhanden, daß Kleist mit einem Mitgliede der Familie Wedding in persönliche Beziehungen trat, in welche Zeit fallen diese Beziehungen, und um welches Mitglied der Familie Wedding kann es sich dabei gehandelt haben? Daß Kleist mit einem Mitgliede der Familie Wedding befreundet war und von diesem Anregungen zu seiner Novelle erhielt, ist sicher. Ich stütze mich dabei auf persönliche Informationen, auf die ich unten zurückkomme. Das Familienmitglied, um welches es sich handelt, heißt Johann Friedrich Wedding, der Großvater des in diesem Jahre verstorbenen Geheimen Bergrats Prof. Dr H. Wedding in Berlin, von dem die oben angeführte Arbeit in der Monatsschrift „Oberschlesien" stammt. Über J. F. Wedding bringt aufschlußreiches Material eine Arbeit des letztgenannten Prof. H. Wedding in den Verhandlungen des Vereins zur Förderung des Gewerbefleißes: Johann Friedrich Wedding, ein Beitrag zur Geschichte des Deutschen Eisenhüttenwesens (Kgl. Staatsarchiv in Breslau).

Geboren im Jahre 1759 zu Lenzen in der Priegnitz erhielt dieser Wedding seine Schulbildung in Berlin im Gymnasium zum grauen Kloster und machte dann seine praktische Lehrzeit durch auf den damals zahlreichen kleinen Eisenwerken des flachen Landes zwischen Elbe und Oder, besonders in der Neumark. Im Jahre 1779 trat er in Kgl. Preußischen Staatsdienst als Baukondukteur und baute als solcher den Finow-Kanal. Mit dem Jahre 1784 kam er im Auftrage der Regierung nach Oberschlesien, wo er sich große Verdienste um die Entwicklung des Hüttenwesens erwarb. Hier heiratete er die älteste, und als diese nach kurzer Ehe starb, die zweite Tochter des Kommisionsrats Koulhaascz, des „biederen Koulhaascz", wie er in Oberschlesien genannt wurde[1]), eines um die oberschlesische Industrie hochverdienten Mannes, des letzten männlichen Sprosses aus dem Geschlechte des berühmten Zeitgenossen Luthers. Er hatte damals seinen Wohnsitz in Stahlhammer bei Tarnowitz, kaufte später das Gut Kattowitz, das nach seinem Tode in den Besitz der Familie Wedding gelangte[2]). Durch ein eigenes Geschick war also ein Nachkomme der Weddinge, die einst Kohlhaasens Söhne in

[1]) Georg Hoffmann in Geschichte der Stadt Kattowitz. Kattowitz 1895.

[2]) Ich weise darauf hin, daß das Kgl. Archiv zu Breslau über diesen letzten Kohlhaase viel aufschlußreiches, bisher unbenutztes Material besitzt.

Pflege genommen, etwa 150 Jahre später in die engste Familienbeziehung zu dem letzten Sproß dieser Familie getreten.

Wie ich aus dem Munde des kürzlich verstorbenen Kgl. Baurats Prof. Dr Wedding vernommen habe, hat sein Großvater, eben dieser Johann Friedrich Wedding, durch doppelte Familienbeziehungen interessiert an der Persönlichkeit und dem Geschick Hans Kohlhaases, sich Zeit seines Lebens gegen den in den Berliner Chroniken tendenziös gefälschten Sachverhalt über Leben und Tod Kohlhaases aufgelehnt. Auch hörte ich von ihm, daß in seiner Familie die Tradition zu allen Zeiten treu gewahrt wurde, und daß bei allen Familientagen und anderen Gelegenheiten der Zusammenhang der Weddings und Kohlhaases den beliebtesten Gesprächsstoff abgab. Daß sein Großvater, Johann Friedrich, wirklich mit Kleist zusammengetroffen ist, dafür ist ein Dokument nicht vorhanden. Doch steht es außer Zweifel, daß sich eine Gelegenheit hierzu wiederholt geboten hat, denn Wedding, von der Regierung nach Oberschlesien entsandt, wurde häufig besonders in Angelegenheiten des Finow-Kanals nach Berlin berufen. Kleist begann seine Novelle in Königsberg, vorher in Berlin wird er die Anregung von Wedding erhalten haben. Beide standen damals in Diensten der Regierung, und zu persönlicher Annäherung und Bekanntschaft bot sich reichliche Gelegenheit. Wedding fand in Kleist den lange gesuchten Dichter, der seinen Intentionen entsprechend an die Abfassung der Chronik Kohlhaases heranging.

Auf diese Weise entstand in Königsberg der erste Teil des Michael Kohlhaas, der nach Auffassung und Darstellung immer schon als eine fast vollendete historische Erzählung erschien, und wie wir nunmehr wissen auch tatsächlich eine solche ist. Kleists Novelle steht historisch entschieden über der Haftizschen Chronik. Seine Sympathie gilt von vornherein seinem Helden, den er in seinen Charakter- und moralischen Eigenschaften weit höher stellt als die Chronisten. Das liegt nicht bloß in der Anlage und dem Bau der Novelle, sondern das war das ursprüngliche Motiv, das ihn veranlaßte, auf die Anregung Weddings hin an den Stoff heranzugehen. Als er dann neue Anregungen aus Haftiz und Leutinger und vielleicht auch anderen Quellen erhielt, als er in Dresden seinen patriotischen Haß gegen den sächsischen Hof Ausdruck zu verleihen suchte, da trat der Dichter, welcher seinen Stoff mit seinem eigenen starken Wesen durchsetzt, immer mehr an die Stelle des getreulich berichtenden Chronisten; das Mystisch-Phantastische, wie es Kleist für seine Zwecke brauchte, überwiegt. Am Schluß der Novelle wieder tritt deutlich der Einfluß der Familientradition zutage. Kohlhaas wird nicht auf das Rad gelegt, sondern durch das Schwert hingerichtet, die Erzählung endet wahrheitsgemäß mit dem Hinweis auf die überlebenden Söhne und auf das Schicksal des Mecklenburgischen Zweiges der Familie Kohlhaas.

Es ergibt sich aus meiner Darstellung, daß das Material über den historischen Kohlhaase mancher Berichtigung bedarf. Das bisher unbenutzte dokumentarische Material in den Destinata litteraria et Fragmenta Lusatica ist eine wesentliche Bereicherung gegenüber den entschieden sehr ungenauen und subjektiv gefärbten Berichten der Chronisten. Das gleiche gilt für die Familienchronik, welche uns das Schicksal der Kohlhaaseschen Nachkommen bis an ihr Ende im Anfang des vorigen Jahrhunderts verfolgen läßt. Die Kommentare zu der Novelle Kleists werden nach den Gesichtspunkten geändert werden müssen, die sich aus meinen Ausführungen über die Entstehung und die Anregung zu der Novelle ergeben. Es ist nicht ein Zufall, daß Kleists Erzählung trotz aller Verstöße gegen die historische Wahrheit doch im wesentlichen als echt historischer Stoff gegolten hat und noch zu einer Zeit, in der die Quellen der Erzählung sehr wohl bis ins einzelne bekannt waren. Das liegt nicht bloß an der sinnlichen Deutlichkeit, mit der alle Ereignisse bis ins kleinste Detail verfolgt sind, sondern vor allem auch darin, daß durch die Familienchronik Kleist in der Tat historisch genauer unterrichtet war als die Chronisten.

## III. Kapitel.

## Das Bettelweib von Locarno und seine Quelle.

Wir dürfen uns nicht genügen lassen, einfach zu konstatieren, daß die bisher festgehaltene Überlieferung von dem Einflusse Pfuels auf die Entstehung des „Michael Kohlhaas" unhaltbar ist. Wenn wir die Berichte, die aus des älteren Pfuels Munde stammen, durchgehen, so sehen wir, daß er niemals absichtlich die Unwahrheit gesagt hat, sondern daß sich die Tatsachen bei der Länge der Zeit in seinem Gedächtnis verwischten, mit anderen Worten, daß sie nicht korrekt wiedergegeben sind, aber daß doch etwas Wahres an ihnen ist. Daß bei der Beendigung der Penthesilea Tränen flossen, ist richtig, nur hat sie nicht Kleist sondern Pfuel vergossen, und es floß nicht ein Strom von Tränen, sondern Kleist sah in Pfuels Auge eine Träne. Der Bericht über eine Goethe-Episode, den ich der Vergessenheit entzogen habe[1]), ist in seinem Kern zweifellos richtig, nur alles Beiwerk, die Zeitangabe, die Ortsbeschreibung usw. ist falsch. Wenn Pfuel von einer Neigung Kleists zum gemeinsamen Selbstmord berichtet, so wird sicherlich Kleist zu dieser Angabe die Veranlassung gegeben haben, da er brieflich, und wie ich gezeigt habe auch der Gesellschaft gegenüber sehr freie, damals gewiß verpönte Anschauungen über den Selbstmord und seine Berechtigung äußerte. Und wenn hier Pfuel erzählt von einer literarischen Anregung, die ihm Kleist verdankt, so dürfen wir voraussetzen, daß auch diese Angabe nicht völlig aus der Luft gegriffen ist.

[1]) Sonntagsbeilage der Vossischen Zeitung l. c.

Eine Aufklärung gibt eine Notiz, die ich im Pfuel-Archiv finde. Ich habe schon bemerkt, daß dieses von Pfuels Bruder angelegte Archiv ein sehr gut gesichtetes Material birgt. Hier ist nicht bloß gesammelt, sondern von sachverständiger Hand, bis in alle Einzelheiten streng gesichtet und kritisiert. Jeder, der das Material durchzusehen und die Randglossen zu prüfen Gelegenheit hat, wird sich bald überzeugen, daß die Angaben mit strenger Kritik gemacht und durchaus zuverlässig sind. Von der Hand des einstigen Archivleiters selbst finde ich unter den Papieren die folgende Notiz:

Das Bettelweib von Locarno verdankt seinen Ursprung einem Abenteuer, einer Art Spuckgeschichte, die dem Bruder von Ernst in Gielsdorf bei dem alten Onkel, dem Ritterschaftsdirector von Pfuel passirt war.

Die von durchaus zuverlässiger Seite stammende Angabe wird bestätigt durch äußere Umstände. Das Bettelweib von Locarno wurde von Kleist in den Abendblättern veröffentlicht (11. Oktober 1810) und ist von Kleist höchst wahrscheinlich erst in demselben Jahre abgefaßt worden. Um diese Zeit aber verkehrte Kleist, wie ich bereits erwähnt habe (s. I 1.), viel mit dem in der Notiz erwähnten Bruder Ernsts, Friedrich v. Pfuel. Bei dem Austausch von gemeinsamen Erlebnissen und Jugenderinnerungen mag Kleist das Abenteuer aus der Jugendzeit die Anregung zu der Novelle gegeben haben. Wie das hier angedeutete Abenteuer verlaufen ist — die Novelle läßt die verschiedensten Kombinationen zu — darüber etwas in Erfahrung zu bringen, war mir nicht möglich, da der Zweig der Familie in Gielsdorf nicht mehr existiert. Wie dem auch sei, es ist wichtig für uns zu wissen, daß ein äußerer Vorgang der Erzählung vom Bettelweib zugrunde liegt. Denn gerade hier fehlte uns bisher jede Quellenangabe, während wir sonst immer bei Kleist nachweisen konnten, daß das mystische Beiwerk entweder in dem Stoff selbst nnd dem Quellenmaterial angedeutet liegt, oder daß es ihm ein Mittel ist, um in feinster Ausnutzung ganz bestimmte Tendenzen zu verfolgen.

Kleists Bettelweib ist ein eigenartiges Gemisch eines märchenhaften Stoffes mit konsequent durchgeführter und psychologisch scharf entwickelter Wirklichkeit. Die Novelle läßt ahnen, daß hier ein Märchenstoff dicht zusammenstößt mit einem tatsächlichen Geschehnis. Das hat Steig bereits hervorgehoben, und das kommt in seinen Worten zum Ausdruck, daß hier die Welt des Märchens fast nur benutzt erscheint, um hilfsweise die Wirklichkeit zu motivieren. Was an der Novelle so echt Kleistisch ist, und was Kleist vor allem gereizt haben mag, den Stoff zu bearbeiten, das ist die allmähliche Entwicklung des Wahnsinns, die Schilderung der psychologischen Vorgänge, wie sich zu der Angstpsychose alle möglichen Visionen und Halluzinationen gesellen, und wie der Befallene schließlich im maniakalischen Erregungszustande von eigener Hand in den Flammen zugrunde geht. Ich glaube deshalb annehmen zu dürfen, daß ein entsprechender Vorfall, d. h. der Flammentod eines Geistesgestörten in Gielsdorf die jugendlichen Gemüter in Aufregung versetzt hat, und daß bei der Reminiszenz vor allem das Motiv, wie die Angst die unselige Tat veranlaßte, Kleist zur Bearbeitung gereizt hat. Bei der märchenhaften Umkleidung benutzte er Jung-Stillings Vorlage.

Das Bettelweib von Locarno hat stark anregend gewirkt. Steig bringt Beispiele hierfür (Varnhagen, Hoffmann, W. Grimm). Erich Schmidt verweist auf Grillparzer und Halm. Der gleiche Märchenstoff ist, wie ich ergänzend hinzufügen kann, auch in der Form einer volkstümlichen Ballade bearbeitet worden von Ludwig Halirsch. Seine Ballade führt den gleichen Titel wie Kleists Novelle und findet sich in Gubitz' „Gesellschafter" vom Jahre 1824 (55. Blatt vom 5. April). Der Umstand, daß die Ballade nicht in die Sammlung Halirscher Gedichte aufgenommen ist, rechtfertigt es wohl, wenn ich sie hier der Vergessenheit entziehe:

## Das Bettelweib von Lokarno.

(Volksthümlich.)

Was wimmert draußen vor dem Schloß?
Was jammert durch die Gassen?
„Herr Graf! Herr Graf! thust dick und groß,
Und kannst auf Golde prassen,
So laß ein armes Bettelweib
Nicht hungern bei lebend'gem Leib;
Der Sturm heult in der Runde
Und klappert mir im Munde!"

Doch d'rinn beim reichen Schmause lacht
Der Graf mit seinen Zechern,
Und thät in einer halben Nacht
Sein halbes Gut verbechern;
„Was kümmert uns das Bettelweib
Mit dem verschrumpften Leichenleib;
Wir haben nur Erbarmen,
Was trinkt mit vollen Armen!"

Da schleicht ein alter Knecht hinab
Und öffnet Thor und Riegel,
Und denkt: 's ist um ein ruhig Grab,
Droht oben auch der Prügel!
Er läßt das Bettelweib herein,
Und reicht ihm Brod und reicht ihm Wein,
Und streut ihm Stroh zum Bette
Auf harter Lagerstätte.

Kaum sprach sie ihr „Vergelt's Gott!" aus
Da sprangen alle Thüren,
Der Graf will von dem feisten Schmaus
Die Gäste heimwärts führen;
Und wie sie durch die Hallen zieh'n,
Zieht auch ein langer Seufzer hin:
So stöhnt's zur Geisterstunde
Um Kirchhof in der Runde.

Und lang und bleich erhebt sich's d'rauf
Und schleicht der Schaar entgegen,
Und hebt den dürren Finger auf
Und fluchet ihren Wegen:

„Habt Acht, wie Ihr das Bettelweib
Begrabt mit seinem Leichenleib!"
So ächzt es und sinkt wieder
Tod — auf das Lager nieder.
Und wie ein Sturmwind wirbelt schnell
Die Zecherschaar von hinnen,
Und läßt den Grafen zu der Stell
Bei seiner Buhlschaft d'rinnen;
Den Grafen, der noch roth und reich
Bei seiner Buhlschaft todt und bleich,
Die wie aus kaltem Grabe
Die Hand ausstreckt um Gabe.

Entsetzt ruft er die Diener sein,
Den Leichnam zu begraben,
Den Leichnam, der so schwer als Stein,
Sein Grab im Schloß will haben;
Sie schleppen bis zum Morgenroth
Ihn vor die Stadt mit Müh' und Noth,
Und werfen ihn vom Karren
Und thäten ihn verscharren.

Doch als nun wieder kam die Nacht,
Da kam das Weib auch wieder,
Und legt sich, als wär's ausgemacht,
Im Grafenbette nieder:
„Habt Acht, wie Ihr das Bettelweib
Begrabt mit seinem Leichenleib!"
So raunt's von Stund zu Stunde
Ihm zu mit blassem Munde.

Da springt im höchsten Schreckensdrang
Er jammernd auf vom Bette,
Und hinter ihm rennt bleich und lang
Das Bettelweib zur Wette,
Und streckt die langen Finger aus
Und jagt ihn durch sein ganzes Haus,
Und klappert ohn' Erbarmen
Nach ihm mit dürren Armen!

Jetzt faßt sie ihn — jetzt hält sie ihn —
Er nimmt mit beiden Händen
Die Fackel, im Verzweiflungssinn
Sie schleudernd nach den Wänden;
Da zischt, da leckt, da frißt es schnell,
Und bricht aus allen Fenstern hell,
Und will das Schloß umarmen
Mit tausend Flammen-Armen.

Bald ist's gethan, bald ist's gescheh'n,
Nun praßt und haßt es nimmer;
Hoch auf den Trümmern sieht man steh'n
Das Weib im Mondesschimmer:
Fahr hin, Herr Graf, fahr hin, fahr hin!
Der Graf ruht bei der Bettlerin,
Es wölben sich die Flammen
Zum Feuergrab zusammen!"

Ludwig Halirsch.

Der gemeinsame Titel ist das einzige, was die Ballade mit Kleists Novelle zu tun hat. Ganz abgesehen von dem inneren Werte erinnert bis auf den Flammentod nichts an Kleist weder im Inhalt noch in der Bearbeitung usw. Und der Titel ist weiter um so unberechtigter, als die Ballade überhaupt kein lokales Kolorit aufweist. Daraus den Schluß zu ziehen, daß beide, Kleist wie Halirsch, eine gemeinsame Vorlage mit dem gleichen Titel benutzt hätten, ist gewiß nicht angebracht[1]). Wahrscheinlich wurde die Ballade angeregt durch „die alte Bettelfrau" in Grimms Märchen, wo seit 1822 sich der gedruckte Hinweis auf „das Bettelweib von Locarno" findet.

[1]) Es sei der Kuriosität wegen erwähnt, daß im Jahre 1801 in Leipzig auch eine Novelle von F. Horn herauskam, die den Namen „Guiskardo" trug, deren weichlicher in Sonetten schwelgender Held nicht das mindeste gemein hat mit dem Normannenfürsten oder mit Kleists Drama.

## IV. Kapitel.

# Ergänzungen und Berichtigungen zu den Kommentaren von Kleists Werken.

Ich stelle in den folgenden Abschnitten alles zusammen, was sich auf die Werke von Kleist bezieht, sofern es nicht in früheren Kapiteln bereits erwähnt ist. Dabei lasse ich alles das unberücksichtigt, was in andere Abhandlungen und besonders in die Kommentare der beiden kritischen Kleistausgaben bereits aufgenommen ist. Die Abkürzungen, die ich benutze, sind: Z.=Ausgabe von Zolling; Sch.=Ausgabe von Erich Schmidt u. a.; B. N.=Berlinische Nachrichten (Haude Spenersche Zeitung).

### a) Die Gedichte.

Die Gedichtsammlung bei Sch. ist lückenhaft. Es fehlen vollständig und sind auch in den Anmerkungen unerwähnt geblieben die drei Gedichte, welche Zolling in der Gegenwart veröffentlicht hat (1886 Nr. 26 S. 211—215) unter dem Titel: Drei ungedruckte Gedichte von Heinrich von Kleist. Die Gedichte, um die es sich handelt, sind, wie aus dem Aufsatze Zollings hervorgeht, verspätet in seine Hände gelangt und sind nachträglich nur einem Teil der Z.=Ausgabe beigefügt worden. Die Gedichte haben die Überschrift „An Kaiser Franz während der Friedensunterhandlungen", „Vision (1809)", das dritte ist Fragment, es fehlt der Anfang, voraussichtlich ist es an Erzherzog Karl gerichtet. Die Versuche, die drei Gedichte als nicht kleistisch abzulehnen, sind unberechtigt; äußere Gründe, die ich bald anführe, sprechen zweifellos dafür, daß die Gedichte unter Kleists

Werke aufgenommen werden müssen. Die Bemühungen, den Besitzstand Kleistscher Werke zu vergrößern, werden bei Kleists Gedichten anknüpfen müssen, wie ja in der Tat auch die letzten Jahre einige kleine Errungenschaften auf diesem Gebiete gebracht haben. Vor allem muß die Frage interessieren, wo die patriotischen Lieder aus dem Jahre 1809 geblieben sind. Kleist hatte die Absicht, wie er schreibt, ein ganzes Buch patriotischer Gedichte zu veröffentlichen. Dabei mögen ihm die im gleichen Jahre erschienenen „Lieder österreichischer Wehrmänner“ von Collin vorgeschwebt haben, der, als er den Auftrag erhielt die Kriegslieder zu dichten, sich mit Kleist deswegen in Verbindung gesetzt zu haben scheint.

Die nächste Frage, wie die drei angeführten Gedichte in den Besitz Zollings gelangt sind, beantwortet er selbst dahin, daß er sie soeben (1886) aus dem Nachlasse Dahlmanns erhalten habe. Diese Angabe Zollings ist nicht korrekt. Zolling erhielt die Gedichte nicht direkt von der Familie Dahlmann, sondern er fand sie im Nachlaß W. v. Maltzahns, der sie bereits im Jahre 1876 von H. Dahlmann in Ehrenbreitstein, dem Sohne von Kleists Freunde, erhalten hatte. Auf seine Anfrage hatte ihm H. Dahlmann drei Blätter geschickt, deren zwei Maltzahn genau kopiert und wohl einer größeren Veröffentlichung vorbehalten hatte. Auch in der Form ist alles der Vorlage getreu abgeschrieben. Von diesen drei Blättern enthält das erste auf der Vor- und Rückseite die acht Strophen der „Vision“. Das zweite Blatt hatte Dahlmann für Kleistisch gehalten, weil es mitten unter den anderen Gedichten (Fragment; an Kaiser Franz) auch das bereits von früher bekannte Gedicht Kleists „An den Erzherzog Karl“ enthält. Maltzahn hat genau nach der Vorlage abgeschrieben. Die Vorderseite beginnt mit dem Fragment, dann folgt das Gedicht an den Erzherzog Karl (1. Strophe und erster Vers der zweiten Strophe), die Rückseite enthält den Rest des Gedichtes und dann das Gedicht an Kaiser Franz, halb so breit geschrieben wie bisher, so daß zwei Strophen nebeneinander stehen. Dieses Gedicht hat in der Vorlage nur fünf

Strophen. Eine Strophe, die dritte bei Zolling, steht längs geschrieben auf der oberen Hälfte des Blattes neben dem Erzherzog-Karl-Gedichte. Es hat sehr viel für sich, daß diese seitlich gestellte Strophe in das Kaiser-Franz-Gedicht an die ihm von Zolling zugewiesene Stelle gehört, aber wenn man aufmerksam liest, will es doch nicht recht hineinpassen. Jedenfalls verdient hervorgehoben zu werden, daß diese Placierung der dritten Strophe von Maltzahn-Zolling willkürlich resp. eigenmächtig ist. Im übrigen ist der Abdruck bei Zolling getreu nach der Vorlage. Das dritte Blatt aus Dahlmanns Nachlaß, von dem Maltzahn eine Kopie nicht anfertigte, ist die von mir schon früher (Kleist-Problem) erwähnte spanische Übersetzung, von der Dahlmanns Sohn wohl mit Recht annahm, daß sie von Kleist stammt.

Der nächste Weg, um weitere Kleistschätze zu heben oder doch wenigstens das Gedicht-Fragment zu ergänzen, schien ein erneutes Nachforschen in dem Nachlasse Dahlmanns, der offenbar mit den Geistesschätzen seines Freundes sehr leichtsinnig umgegangen war. Doch da Dahlmanns Sohn auf eine zweite dringliche Anfrage Maltzahns bestimmt angegeben hatte, daß außer den drei Blättern der Nachlaß nichts weiter enthält, erschien mir weiteres Nachforschen aussichtslos. Von der Voraussetzung ausgehend, daß die dem Kaiser und dem Erzherzog gewidmeten Gedichte diesen auch ausgehändigt worden sind, habe ich bei allen maßgebenden Archiven und Bibliotheken in Wien und Prag angefragt. Mit negativem Resultat; es scheint, daß in der großen Verwirrung jener Zeit die Gedichte nicht in die Hände der beteiligten Personen gelangt sind.

Die Gedichtkollektion ist neuerdings bereichert worden um das Rosensonett durch Steig, das wir ohne Zweifel Kleist zuschreiben müssen, wie ich oben (S. 118 f.) ausgeführt habe. Ferner um die kleine Stammbucheintragung, die in dem „Gesellschafter" als Reliquie Kleists zuerst veröffentlicht worden ist, die ich unter dem Titel „Ein vergessenes Gedicht Heinrichs von Kleist" in der Sonntagsbeilage der Vossischen Zeitung

(1906 Nr. 28) von neuem bekannt gegeben habe, und welche lautet:

O halte stets den Glauben
An Menschenwert Dir fest
Will ihn die Zeit Dir rauben,
Dann nimm den letzten Rest
Mit Dir in eine Öde
Und heg ihn dort so spröde,
Als ob, wenn er entweiche,
Von dem, was an uns Leiche,
Der Geist sich selbst entläßt.

Endlich um den Stammbuchvers für Th. Körner, der im Boernerschen Auktionskatalog zuerst auftauchte, und welcher lautet:

Glück auf! Was in der Erde sprießet
Das Gold, das suchst Du auf.
Das, was Dein Herz, o Freund, verschließet
Vergißt Du nicht! Glück auf!
H. v. Kleist
Dreßden, Mai, 1808.

Woher stammt dieses Gedicht? Zweifellos aus dem im Körnermuseum zu Dresden befindlichen Stammbuch des jungen Theodor Körner — aus seiner späteren Zeit existiert ein zweites Stammbuch — über welches Zolling in der „Gegenwart" (Jahrgang 1891 Nr. 39) eingehend berichtet hat. Zolling fällt es auf, daß gerade die hervorragendsten Persönlichkeiten, mit denen Körner in Berührung kam, in diesem Stammbuche fehlen. Es erklärt sich dies dadurch, daß aus dem Stammbuche 11 Blätter gewaltsam herausgerissen sind. Welche? und von wem? ist unbekannt. Eines dieser entwendeten Blätter enthält die oben angeführte Stammbucheintragung Kleists.

Zu der Ode auf den Wiedereinzug des Königs im Winter 1809 bemerkt Z. (I. 11) daß von ihr zwei höchst seltene Einzeldrucke aus den Jahren 1809 und 1810 existieren. Sch. registriert diese Angabe Z.s, nennt sie aber unkontrolierbar. Die Angabe Z.s stützt sich auf folgendes: W. v. Maltzahn besaß in seiner

Sammlung das Gedicht in Originalhandschrift und ferner den höchst seltenen Druck vom Jahre 1810; außerdem behauptet Maltzahn, den ersten fast ganz unbekannten Druck vom Jahre 1809 gekannt zu haben[1]). Ich besitze eine Abschrift des Gedichtes von Maltzahn, auf der sich der Vermerk findet „aus Radowitz". Der Text dieser Abschrift stimmt wörtlich überein mit dem bei Z. und Sch. Nur im folgenden weicht er ab: Die Strophen sind bezeichnet mit § 1 bis 3. Die Überschrift lautet bei Maltzahn:

An den König von Preußen
Zur Feier seines Einzugs in Berlin im Frühjahr 1809
(wenn sie statt gehabt hätte)

Die Interpunktion, bei Z. völlig modernisiert, zeigt bei Sch. vielfach Kleistsche Eigenart, ist aber auch bei ihm nicht konsequent nach Kleistscher Manier durchgeführt.

Sehr erhebliche Abweichungen weisen die verschiedenen Handschriften und Drucke von „Germania an ihre Kinder" auf. Sch. druckt nach einer im Privatbesitz befindlichen von Kleist geschriebenen Vorlage. Auch ich besitze die sorgfältige Kopie einer die Originalhandschrift Kleists aufweisenden Vorlage. Die Vorlage besaß der Präsident von Kleist (Maria von Kleists Sohn) in Berlin. Die Abschrift stammt von der Hand W. von Maltzahns, datiert vom 1. September 1863. Meine Vorlage weist so erhebliche Abweichungen auf von den Drucken bei Z. und Sch. sowie auch von den bei Sch. angegebenen Lesarten, daß ich mich entschließe, das Gedicht in der mir vorliegenden authentischen Fassung hier abzudrucken. Ich bemerke noch, daß sich im Nachlaß Maltzahns auch eine Abschrift des Gedichtes „An die Königin Luise" findet, die wörtlich übereinstimmt mit der von Sch. abgedruckten Vorlage von Adolf v. Kleist. Wir können darnach die folgende Fassung der „Germania" mit demselben Recht als authentisch ansehen, wie die bei Sch. abgedruckte Fassung des Luisen-Gedichtes.

[1]) Aus einem Briefe v. Maltzahns.

## Germania an ihre Kinder.

§ 1.

Die des Brockens Felsregionen,
Die des Elbstroms heitre Aun,
Die der Donau Strand bewohnen,
Die das Oderthal bebaun,
Aus des Rheines Laubensitzen,
Von dem duft'gen Mittelmeer,
Von der Riesenberge Spitzen,
Von der Ost- und Nordsee her —!

Chor.

Horcht! Was für ein Ruf, ihr Brüder,
Hallt, dem Donner gleich, hernieder?
Stehst du auf, Germania?
Ist der Tag der Rache da?

§ 2.

Deutsche, meiner Kinder Reigen,
Die, mit Schmerz und Lust geküßt,
In den Schooß mir kletternd steigen,
Die mein Mutterarm umschließt,
Meines Busens Schutz und Schirmer,
Unbesiegtes Marsenblut,
Enkel der Cohortenstürmer,
Römerüberwinderbrut!

Chor.

Zu den Waffen, zu den Waffen!
Was die Hände blindlings raffen!
Mit der Keule, mit dem Stab,
Schlacht, in dein Gefild hinab!

§ 3.

Wie der Schnee aus Felsenrissen:
Brausend, wie auf Alpenhöhn,
Unter Frühlings heißen Küssen,
Plötzlich auf die Gletscher gehn:
Katarakten stürzen nieder,
Es ersäuft der Wetterhahn,
Donnernd hallt der Himmel wieder,
Fluren sind ein Ocean —:

Chor.
Also schmelzt, voran der Retter,
Rings herab im Freiheitswetter!
Schäumt, ein uferloses Meer,
Über diese Franken her!

§ 4.

Hier der Kaufmann, der den Hügeln
Mit der Fracht entgegenzeucht,
Dort der Denker, der auf Flügeln
Durch das Land der Sterne streicht,
Schweißbedeckt das Volk der Schnitter,
Das die Fluren niedermäht,
Und vom Felsen dort der Ritter,
Der, ihr Cherub, auf ihm steht!

Chor.
Wer in unheilbaren Wunden
Dieser Fremden Hohn empfunden,
Brüder, wer ein deutscher Mann,
Schließe diesem Kampf sich an!

§ 5.

Alles, was ihr Fuß betreten,
Färbt mit ihren Knochen weiß,
Welchen Rab' und Fuchs verschmähten,
Gebet ihn den Fischen preis,
Dämmt den Rhein mit ihren Leichen,
Laßt, gestäuft von ihrem Bein,
Ihn um Pfalz und Trier weichen,
Und ihn dann die Gränze sein!

Chor.
Eine Jagdlust, wie wenn Schützen
Auf der Spur dem Wolfe sitzen!
Schlagt ihn todt! Das Weltgericht
Fragt euch nach den Gründen nicht!

§ 6.

Nicht die Flur ist's, die zertreten
Unter ihren Rossen sinkt,
Nicht der Mondstrahl in den Städten,
Der aus Thür' und Fenstern blinkt,

Nicht das Weib, das mit Gewimmer
Ihrem Todeskuß erliegt,
Und zum Lohn, beim Morgenschimmer,
Auf den Schutt der Vorstadt fliegt:

Chor.
Das Geschehne sei vergessen;
Droben wird ein Richter messen.
Keinem nicht'gen Erdengut
Flammt, an diesem Tag, das Blut!

§ 7.

Rettung von dem Joch der Knechte,
Das, aus Eisenerz geprägt,
Eines Höllensohnes Rechte
Über unsern Nacken legt;
Schutz den Tempeln vor Verheerung,
Unsrer Fürsten heil'gem Blut
Unterwerfung und Verehrung,
Gift und Dolch der Afterbrut!

Chor.
Frei auf deutschen Boden walten,
Laßt uns, nach dem Brauch der Alten,
Seines Seegens selbst uns freun,
Oder unser Grab ihn sein!

Die beiden Legenden nach Hans Sachs sind nach Z. im Jahre 1810 entstanden; er vermutet, daß Kleist das Original durch Achim von Arnim kennen lernte, der es in Prosa in seinem ebenfalls 1810 erschienenen Roman von der Gräfin Dolores aufnahm. Steig kommt in seiner Untersuchung zu demselben Ergebnis und sucht in den Legenden Anzüglichkeiten auf die politischen Verhältnisse. Seine Auffassung macht sich Sch. zu-eigen. Es ist sehr auffallend, daß F. Eichler in seinem „Nachleben des Hans Sachs" (1904) im Gegensatz zu den Kleistforschern behauptet, daß Kleists Legenden nach Hans Sachs aus dem Jahre 1808 oder 1809 (also aus Kleists Dresdener Periode) stammen. Eichler stellt diese Behauptung auf, ohne sie zu begründen und ohne jeden Zusatz.

Mir erscheint die ganze Untersuchung, ob und von welcher Seite Kleist die Anregung zu den Legenden erhielt, sehr überflüssig und zwecklos. Nach den Bemühungen Goethes und Wielands war Sachs sehr aktuell und beim Lesepublikum sehr beliebt [1]); schon aus diesen Gründen könnte Kleist, ebenso wie er seinen Lesern gern Anekdoten bot, die auf eine günstige Aufnahme rechnen konnten, die Legenden nach Hans Sachs gebracht haben. Weiter kann ja ein Mensch auch von selbst die Sonne finden; auch ohne äußere Anregung könnte ja Arnim und unabhängig von ihm Kleist eine Vorliebe für den Meistersinger gefaßt haben. Wenn man aber schon an eine äußere Anregung mit Zolling und Steig denken will, so muß mit besonderem Nachdruck hingewiesen werden auf das Eintreten Adam Müllers für Hans Sachs. Es ist merkwürdig genug, daß nicht bloß die Kleistforschung, sondern auch solche Spezialuntersuchungen wie die von Eichler und Kayka (Kleist und die Romantik) diese Seite im Wirken Adam Müllers vollständig unbeachtet gelassen haben. Die im Winter 1806 zu Dresden gehaltenen Vorträge hat Adam Müller als „Vorlesungen über die deutsche Wissenschaft und Literatur" herausgegeben. Die zehnte Vorlesung ist hauptsächlich Hans Sachs gewidmet, dessen poetische Verdienste er ausführlich würdigt. Er rühmt die kräftige Deutschheit des vaterländischen Meistersängers, seine Rechtlichkeit und Christlichkeit, sein treues Beharren in altväterlicher Zucht und Tugend, seine Gemeinnützigkeit und echte Popularität; er hebt hervor, „daß jeder Tag seines Lebens mit irgend einem großgedachten und tiefempfundenen Werke bezeichnet war, das, aus der unmittelbaren Gegenwart, den Zeitläuften und der nächsten Umgebung entspringend, so-

[1]) Ich erwähne hier, daß F. J. Bertuch „Proben aus des alten teutschen Meistersängers Hans Sachsens Werken, zu Behuf einer neuen Ausgabe derselben ausgestattet, Weimar bei Carl Ludolf Hoffmann 1778, mit einem Kupfer von G. M. Kraus" veröffentlicht hat. Hier findet sich S. 17—18: V Sanct Peter mit dem faulen Bauernknecht. — Anno Domini 1557 am 16. Tag Sept.

gleich wieder ersprießlich zurückfloß in das Herz der gleichgesinnten Mitbürger und der frommen, genügsamen, kunstbeflissenen Nation." Will man an eine äußere Anregung denken, so wird man sie bei Adam Müller suchen müssen. Übrigens hat auch die Hendel-Schütz, mit der ja zweifellos Kleist in Dresden verkehrte, schon vor der Veröffentlichung in den Abendblättern die Sanct-Peter-Legende auf ihrem Programm gehabt. In einer Kritik ihres Leipziger Auftretens rühmt Dyk den Vortrag des Gedichtes „Gott und Bajadere", welchem die Legende Sanct Peter folgte, die sie womöglich noch vollkommener rezitierte.

Alles weist darauf hin, daß die Behauptung Eichlers zu Recht besteht, daß Kleist durch Adam Müller angeregt, unabhängig von Arnim, schon während seines Dresdener Aufenthaltes die Legenden nach Hans Sachs gedichtet hat, die er dann als einen beliebten Lesestoff in die Abendblätter hineinrückte.

### b) Die Familie Schroffenstein.

Die „Familie Schroffenstein", als Erstlingswerk oder doch als erste Veröffentlichung eines neuen Dichters betrachtet, nimmt in der Weltliteratur eine besondere Stellung ein. Kein Erstlingswerk der gesamten Weltliteratur läßt so deutlich die geniale Veranlagung, den denkenden Geist und Charakter, die dramatische Kraft des Verfassers erkennen als Kleists Schroffensteiner; es widerlegt die Theorie, daß das Genie auf der Basis des Talentes sich entwickle, und daß dieses die Durchgangsstation des Genies darstelle. Die geniale Begabung ist so deutlich, daß sie auch den Zeitgenossen sofort auffallen mußte. L. J. Huber schrieb im „Freimütigen" vom 4. März 1803 (Nr. 36) eine begeistert anerkennende Kritik, die Z. wortgetreu wiedergibt. Aber wie schon Koberstein anführt, haben auch andere Stimmen die geniale Bedeutung des Werkes anerkannt, so vor allem die „Zeitung für die elegante Welt", welche am 30. Juli 1803 (Nr. 91 S. 724 f.) die Besprechung aus der Feder eines unbekannten Autors bringt. Z. gibt sie unvollständig wieder, ebenso

Herzog in der neuesten Kleistausgabe; sie hat folgenden Wortlaut:

Unsere Schöne Literatur
hat neuerdings in dem Trauerspiel in fünf Aufzügen:
Die Familie Schroffenstein[1])
ein sehr ausgezeichnetes, geniales Produkt gewonnen. Jede Zeitschrift, die auf die Fortschritte in unserer Poesie hinzudeuten sich bemüht, sollte sich's in der That als Pflicht angelegen seyn lassen, es als eine sehr merkwürdige Erscheinung zu empfehlen, da besonders in der jetzigen Periode so leicht zu befürchten ist, daß ein aufkeimendes Genie dem Drange ungünstiger Umstände, die hauptsächlich aus der Kälte der Zeitgenossen für alles wahrhaft Gute herfließen, unterliegt.

Jeder gebildete Leser dieses Stücks wird das Inkorrekte, Unzusammenhängende, Wilde, und mit einem Worte Jugendliche, das darin herrscht, auf den ersten Blick erkennen, und gerade hierauf stützt sich die schönste Hofnung bei demselben, daß nehmlich der Verfasser erst ein angehender junger Schriftsteller ist. — Eben so wenig aber kann ihm der eigene, selstständige Geist. entgehen, der darin durchgängig herrscht, und der sowol aus den einzelnen Parthien, als aus der kühn gedachten Anlage des Ganzen hervorleuchtet Göthe und Schiller scheinen dem Verf. weniger zu Vorbildern gedient zu haben, als die Quelle der modernen dramatischen Poesie selbst — Shakspeare, an dem sich sein Genie innig erwärmt hat; was außer mehreren Stellen, besonders aus dem Schlusse des Stücks hervorzugehen scheint, der durch die Reflexionen des Wahnsinnigen eine so schneidende Wildheit bekommt, wie sie nur Shakspear allein darzustellen gewagt hat. Meisterhaft und von großer Wirkung ist die Szene in der Höhle.

Vorschriften und Hindeutungen sind übrigens bei einem wahrhaft genialen Schriftsteller überflüssig; sein Weg wird ihm von innen angewiesen, und deshalb mag hier nur noch blos der Wunsch stehen, daß der Verf. sich bald seiner Nazion näher bekannt machen möge.

Die „Neue allgemeine deutsche Bibliothek" (25. Bd. II. St. 6. Heft) 1803 bringt eine eingehende Besprechung, Do unterschrieben; die Besprechung stammt aus der Feder des Hofrats Langer in Wolfenbüttel. Z. bringt nur den Anfang; sie lautet wortgetreu:

Abermal ein Versuchstück aus der Klasse derer, die von einer Seite manch Gutes hoffen, und von der andern viel Schlimmes wieder befürchten lassen! Daß der ungenannte Verfasser ein junger, noch nicht taktfester Mann

[1]) Bern und Zürich bei Gesner 1803.

ist, verräth schon sein Vortrag, als dem man den Mangel vorläufiger Uebung nur zu häufig ansieht. Aus den Ueberladungen, Excentricitäten und übrigen Fehlern in Plan und Darstellung, woran es dem Stücke gleichfalls nicht mangelt, läßt heut zu Tage sich weit unsicherer auf die Mündigkeit eines Autors schliessen; denn seitdem das deutsche Publikum gegen regelrechte Dramen sich so kaltsinnig zeigt, daß selbst unsre besten Köpfe stutzig geworden, und nicht weiter bekümmert, ob auf Kosten der Natur und Kunst? dem neuesten Ungeschmack fröhnen: seit solch einer Umkehr der Dinge geschieht es zu oft nur, daß Schriftsteller, die etwas ungleich Besseres liefern könnten, nicht selten auch wirklich schon geliefert haben, lieber auf den Preis der Nachwelt als den Flitter des Augenblicks Verzicht thun, und somit die Verstimmung noch höher treiben helfen!

Das Stück spielt in entfernter Ritterzeit, und das mitten in rauher Gebirgsgegend; was deßhalb zu bemerken war, weil sonst mancher vom Verf. beliebte Platzwechsel sich gar nicht begreifen ließe. Ein paar verwandte und benachbarte Edelfamilien gerathen, leidiger Erbverträge wegen, in gegenseitiges Mißtrauen, das durch plötzliche Todesfälle, woran, wie am Ende sich zeigt, doch nur der Zufall Schuld war, zu einer Bitterkeit steigt, die endlich in offne Gewaltthätigkeiten ausbricht. Schon im Beginn der Fehde selbst aber trübt manch neues Ereigniß, wiederum bald Spiel des Zufalls, bald bittere Frucht eines unbändig gewordenen Jähzorns, die Aussicht dermaßen, daß nur der schrecklichste Ausgang noch zu erwarten bleibt. Umsonst blitzt durch diesen Sturm hochwogender Leidenschaften dann und wann ein Fünkchen Hoffnung zu friedlicher Uebereinkunft: Alles ist bereits zu verstimmt und verwickelt, um gegen das hereinbrechende Schicksal sich weiter schützen zu können. Dieses nun führt eine der gräßlichsten Katastrophen herbey. Die beyden Hausväter und Lehnsvettern stoßen ihre zwey noch übrigen Kinder mit eigener Hand nieder; jeder das seine; indem nämlich jeder auf das des Feindes zu stoßen glaubt; zu welchem schrecklichen Mißgriff nicht nur die umgetauschte Kleidung der armen Geschöpfe, sondern auch das Nachtdunkel einer Gebirgshöhle schon Anlaß geben konnte. Die beyden Väter in eine und dieselbe Kluft zu bannen, hatte freylich wieder neue Künste gekostet.

Ein Drama, wo außer dem so eben erwähnten Hauptschlage noch ein paar andre Verwundungen und Morde vorgehn, (obgleich die Ansicht des letztern uns sparsam wurde,) müßte trotz aller Kunst dennoch Eindrücke hervorbringen, die nicht erschütternd, sondern empörend wären. Um den Leser oder Zuschauer also mitten unter diesem Tumult der erbittertsten Rachsucht festzuhalten, läuft durch's ganze Stück ein so lebhafter, nicht selten neu genug dargestellter Liebeshandel zwischen dem Sohn des einen Hausvaters und der Tochter des andern: Beydes noch sehr junge Leute, und die uns mithin die ersten Blüthen aufkeimenden Gefühls zum Besten geben. Daß sie, als Verwandte und Nachbarn, geraume Zeit hindurch einander nicht namentlich kennen, fällt allerdings sogleich auf, und wird erst S. 160 begreiflich, wo die Mutter des jungen Menschen erzählt, ihr Sohn sey am kaiserlichen Hofe Edelknabe gewesen, und seit drey Monaten erst wieder zu Hause. Außer diesem Liebhaber, der doch wahrlich schon leidenschaftlich genug zu Werk geht, hat das gute Mädchen noch mit einem andern ihre liebe Noth, der ein Halbbruder des vorigen ist, ihn aufs abentheuerlichste zusetzte, und ehe man sich's versieht, völlig toll wird! Ein schon ältrer Seitenverwandter ist ihr nicht weniger zugethan, giebt aber, sobald er merkt, was für Nebenbuhler ihm im Wege stehen, seine Absichten auf, will durch Vereinigung der beyden jungen Leute den Familienzwist endigen helfen, und wird als Opfer dieses edelmüthigen Versuchs unbarmherziger Weise todtgeschlagen. Zu diesem halben Dutzend in rastloser Bewegung gehaltner Personen, fügen sich noch zwey wackere Hausmütter, die auch nicht müßig sitzen; ein alter blind und kindisch gewordener Großvater, und eine Todtengräberinn mit ihrer dichterischen Tochter; noch andre minder regsame Figuren ungerechnet: so daß für ein doch 16 Bogen füllendes Stück hier auf keine Weise zu wenig gehandelt wird. Bey Hinsicht auf Zeit- und Orts-Einheit muß man freylich ein Auge, oft beyde zudrücken; was indeß die der Handlung betrifft, gebührt dem Ungenannten doch wirklich das nicht kleine Lob, nirgend seinen Hauptzweck aus dem Gesichte verloren zu haben. Auch uns in Athem und Erwartung zu halten verstand er schon, und wenn nicht alle Charaktere gleich gut durchgeführt sind, (die der beyden Väter z. B. als welche bald einander zu stark ähneln, bald wieder zu grell abstechen:) so war dieß eine der Aufgaben, deren Lösung man von keinem Versuchstücke erwarten wird. Selbst der leidige Umstand, daß die Hälfte der hier verbrauchten Farben sein Gemälde tragisch genug gelassen hätte, ist ein Mißgriff, der nur reichen Imaginationen eigen bleibt. Den Dramatikern neuesten Schlags hat er ihn zuverlässig nicht abgesehen; denn diese verstehen höchstens nur aus Wenig noch Wenigeres zu machen.

Bey den Fehlern des Stückes länger zu verweilen, hält Rec. für unnöthig. Sein Verfasser ist offenbar ein so fähiger Kopf, daß er sein Erzeugniß nur nach Jahr und Tag wieder anzusehen braucht, um die es noch entstellenden Verstöße gegen Natur, Geschmack und Schicklichkeit auch ungewarnt wahrzunehmen. Seiner Einbildungskraft kann er unmöglich ein Haar breit den Zügel weiter schießen lassen, ohne ins Ungenießbare zu stürzen. Jeder Schritt also zurück, wird für die Kunst, und für ihn selbst Gewinn seyn; da er dann wohl fühlen wird, daß auch im geregelten Raume sich noch frey genug athmen läßt. Eine mit Shakesspear's Manier schon vertraut gewordene Bekanntschaft blickt überall durch; und da läuft es denn freylich auch nicht ohne Reminiscenzen ab, die bald stärker, bald schwächer sich aufdringen. In der Stelle jedoch:

Die Stämme sind zu nah gepflanzet, sie
Zerschlagen sich die Aeste; — — —

bleibt der einheimische Borg etwas zu sichtbar; denn wer denkt nicht hierbey an den in Lessings Nathan mit denselben Worten ausgedrückten Sinn? Weil von Versen die Rede! Die zehn und elfsylbigen des Ungenannten sind mitunter lebhaft und reintönend genug; aber auch hier bleibt für seine Metrik, besonders des in unsrer Sprache so schwierigen Jambus noch vollauf zu lernen übrig. Nicht selten hebt der Vortrag des Stücks sich bis zum lyrischen; verschmäht aber eben so wenig Verse, wie folgende:

Dem ein Schwarzkünstler Faxen vormacht —

Oder:

Und der mich so infam belogen hat. —

In andern wieder ist ein bejahrter rauher Ritter aus dem Mittelalter doch schon so gewandt, sich, wie folgt, auszudrücken:

Und weil doch Alles sich gewandelt, Menschen
Mit Thieren die Natur gewechselt, wechs'le
Denn auch das Weib die ihrige! — verdränge
Das Kleinod Liebe, das nicht üblich mehr,
Aus ihrem Herzen, um die Folie,
Den Haß, hineinzusetzen! — —

Stellen, die durch ein dem Herzen sehr glücklich abgelauschtes Gefühl sich auszeichnen, giebt es unter den sie umgebenden, als Bombast zerplatzenden Uebertreibungen, in großer Menge. Jene aber wollen in ihrem Zusammenhange genossen seyn, der wieder zu viel Raum kosten würde, und wer verlangt Proben von diesen? Von sinnhaltigen Aeußerungen, wie etwa:

Mienen
Sind schlechte Räthsel, die auf Vieles passen. —

oder:

An eigne Kraft glaubt doch kein Weib; und traut
Stets einer Salbe mehr zu als der Seele! —

ist ein Ueberfluß vorhanden. — Aus dem Hexenversuch der Todtengräberinnen (einem an sich selbst höchst widerlichen Zwischenspiele, das aber unser Nachahmer Shakespeares gar nicht ungeschickt ins Ganze zu verflechten weiß) wollte Rec. sehr gern die hochauffliegende Anfangsstrophe hersetzen; müßte sodann aber, um von den Idiosynkrasien des Verf. einen Begriff zu geben, auch die zweyte, desto ekelhafter ausgemalte, folgen lassen; und dieß kann er sich nicht abgewinnen! Kurz und gut: Versucht der Ungenannte sich wieder am Drama: so wird sein nächstes Stück über die Reputation des Autors entscheiden. Entweder etwas ungleich Besseres; oder es ist um seinen Takt und Geschmack auf immer geschehen!

Do.

Das Stück wurde in Berlin 1824 in der Holbeinschen Bearbeitung aufgeführt. Über die Aufführung und die Aufnahme des Stückes orientieren wir uns in den B. N.

No. 192. Dienstag, den 17. August 1824:

Mittwoch, den 18. August. Im Schauspielhause. Zum Erstenmale: Die Familie von Schroffenstein, Trauerspiel in 5 Abtheil., von H. v. Kleist; frei für die Darstellung bearbeitet von F. von Holbein.

No. 193 wiederholt die Anzeige.

No. 196. Sonnabend, den 21. August. Zum Erstenmale wiederholt.

No. 236. Donnerstag, den 7. Oktober (zum drittenmal gegeben).

Damit war das Stück vom Reportoire abgesetzt und erschien erst im März 1849 wieder auf der Bühne des Schauspielhauses[1]). Nach der letzten Aufführung am 7. Oktober brachten die B. N. eine ausführliche Besprechung. Der Verfasser ist Fr. Schulze, der Kleist, wie er auch in der Besprechung hervorhebt, im Leben nahe gestanden hatte. Die Besprechung in Nr. 243 am Freitag, den 15. Oktober 1824, hat den folgenden Wortlaut:

Die Familie von Schroffenstein, romantisches Gemälde der Vorzeit in fünf Abtheilungen von Heinrich von Kleist, für die Bühne bearbeitet von H. von Holbein. So hat der Bearbeiter das Stück benannt, nicht so der Verfasser selbst. Auf dem Titelblatte des schon im Jahre 1803 im Druck erschienenen Originals heißt es ein Trauerspiel. Es ist erlaubt dies zu rügen, obgleich der Bearbeiter durch den veränderten Schluß den traurigen Ausgang aufgehoben hat. Als wenn die Tragödie nur eine Tragödie wäre, weil sie tragisch schließt. Aber hauptsächlich soll diese Titelveränderung deshalb gerügt werden, um gleich anfangs im Kleinen einen Beweis beizubringen, wie willkührlich der Bearbeiter mit dem Stück umgegangen ist; hat er selbst des Titels nicht geschont, was darf man für den Inhalt

[1]) Als das Stück im Jahre 1849 wieder in das Repertoire des Schauspielhauses aufgenommen wurde, besagte der Theaterzettel: Trauerspiel in 5 Aufzügen von Heinr. v. Kleist, für die hiesige Bühne eingerichtet. Die Einleitung und der erste Chor ist componiert vom K. Kapellmeister Taubert. In Scene gesetzt von Regisseur Stawinsky.

fürchten? Zwar hätte er mit der Abänderung des Titels eben nicht gesündigt, wenn das Werk in seiner Bearbeitung, das was es allerdings ist, ein romantisches Gemälde der Vorzeit (bestimmter wäre das Wort Mittelalter gewesen) geblieben wäre. Aber er hat die Zeichnung, er hat die Composition in ihrem eigensten Zusammenhang, in den zartesten Verbindungslinien und Punkten, er hat auch die Farben und die Gestalten verändert. Was vor vierzig Jahren nach dem Namen eines damaligen Bearbeiters der ersten Schillerschen und anderer dramatischen Productionen, der auch ganze Stücke herausschnitt und dafür seine Lappen hineinflickte, „verplämiken" genannt wurde, das darf mit Fug nach dem Namen des sein Muster bei weitem übertreffenden gegenwärtigen Bearbeiters geistvoller Dichterwerke „verhollbeinen" genannt werden. Macht das Wort die Sache nicht deutlich, so diene darauf zur Antwort, daß die Sache keine Verdeutlichung verdient, doch soll der Wille der Bearbeitung nicht mit der Bearbeitung selbst verdammt werden. Refer. betont vielmehr, daß im allgemeinen unsre deutschen Bühnen auf viel Großes und Gutes Verzicht leisten müßten, wenn sie eine unüberwindliche Scheu vor allen Bearbeitungen hätten. Ja wenn das Publikum aus lauter Kennern des Schönen bestände, und wenn alle nur um Kunstgenuß zu haben, das Theater besuchten. Das Theater ist auch als eine Art Erziehung für die Menge zu betrachten; man muß hier und da nachgeben, und wenn man auch just nicht mit allen Moden und Capricen des Geschmacks capituliren soll (das hieße der Verderbniß die Hand bieten), so ist es doch recht und gut, auf die Verschiedenheit der Fähigkeiten und der Bildungsstufen Rücksicht zu nehmen, und nicht blos der Kunstbeflissenheit derer, denen sie Lebensgeschäft ist, sondern auch dem freundlich und bildsam geneigten Dilettantismus entgegenzukommen und vielleicht belebendere Anerkennung vor dem gebildeten, aber nicht wissenschaftlich strenge urtheilenden, geistige Erholung suchenden Geschäftsmann, als dem Künstler und Gelehrten im eigentlichen Sinne zu erwarten. — Hier ist es, wo der schon vorhandene und selbst von August Wilhelm Schlegel, seinen frühern Protestationen entgegen, als gültig aufgenommene Unterschied zwischen dramatischen und theatralischen Productionen durch die That sich bewähren muß; und wenn man nicht an Kleingkeiten mäkelt, haben wir deren schon treffliche Exemplare durch die Goetheschen Bearbeitungen der Shakspearschen Tragödien Romeo und Julie und König Johann.

Niemals hat aber Refer. die engen Schranken, unter denen er sich über Geisteswerke mittheilen soll, unangenehmer empfunden, als im gegenwärtigen Fall, wo er das erste dramatische Erzeugniß der Dichterkraft eines so eigen organisirten Kopfs, wie Heinrich von Kleist war, anzuzeigen hat. Indeß bedarf es der ausführlichen Würdigung nicht; das Drama ist seit länger als zwanzig Jahren gedruckt und dadurch die Gelegenheit gegeben, jedem der Sinn und Liebe zur Sache, genug besitzt, den originellen Kopf, der später so manches geistreiche Werk erzeugt, in der ersten dramatischen Gestaltung seiner Ideen aufzufassen und dadurch alle spätern zu begreifen. Aber bemerkenswerth ist es um die unverdächtigste Anerkennung der poetischen Kraft, die in dem Frühvollendeten wohnte, daß ein zwar trefflicher, aber ganz anders organisirter, auf ganz anderm Wege, durch klassische und selbst durch französische Muster gebildeter, so recht eigentlicher klarer Kopf, daß der unvergeßliche Huber von der Familie Schroffenstein so lebhaft angeregt wurde, daß er sich beeilte, der litterarischen Welt die Geburt eines neuen Dichters, dessen Name damals ganz unbekannt war, zu verkünden. Refer. erinnert sich genau die kritische Anzeige Huberts in dem ersten Jahrgang des Freimüthigen vom Jahre 1803 mit heftiger Erweckung des Verlangens nach dem Werk und dem Namen des Dichters gelesen zu hoben und bald angenehm überrascht zu sein, daß ein junger von ihm persönlich gekannter Offizier (Heinrich von Kleist war bis zum Jahr 1801 Lieutenant bei der Garde zu Potsdam) der Verfasser sei. Leider war seine Mühe vergebens, den Jahrgang des Freimüthigen vom Jahre 1803 zu erhalten und jene Hubersche Kritik wieder zu lesen. — Genug, der Gegenstand des vorliegenden dramatischen Gedichtes, ein alter Familienhaß, ist von der jugendlichen Phantasie des Dichters in die ganze Eigenthümlichkeit seines nicht durch herkömmliche Kunstregeln geengten, aber auch nicht durch klassische Muster geregelten, und wenn nicht ganz unmittelbar durch die Natur, höchstens durch Shakspeare befruchteten Geistes aufgenommen und gestaltet worden; bewußtlos, dürfte man sagen, ohne damit dem Dichter zu nahe zu treten, denn in der Kunst wird nicht alles mit Bewußtsein ausgerichtet und gerade das unabhängigste Leben wird dem Produkt von der unbewußten Thätigkeit mitgeteilt. Einem Erzeugniß dieser Art kann es dann freilich in dem Angesicht des sogenannten guten Geschmacks an Schlacken und Unschicklichkeiten nicht fehlen; hätte Heinrich von Kleist diesem gefällig sein wollen, so hätte er aufhören müssen zu sein, der, der er war. Leider hat er zu früh aufgehört, um von der eignen Reife seines Geistes sein Urtheil und seine Richtung zum Gediegenen und Bleibenden in der Kunst zu empfangen. Aber seine Dichterkraft im heiligsten Sinn wird nie verkannt, und auch in diesem seinem ersten dramatischen Erzeugniß der Geist erkannt werden, der in der sichtbaren Welt sich eine unsichtbare schuf, und den tiefen Ernst des Lebens und der Weltgeschichte in dem Microcosmus seiner Ideen zu offenbaren wußte. Ueber die mimische Darstellung nur zwei Worte, denn zerstückt wie das Dichtwerk, kann es auch nur Stücke dem mimischen Talente bieten, und an diese Stücke wendeten auch fast alle der mit der Repräsentation beschäftigten Schauspieler nach Vermögen ihr Bestes; doch schien Herr Lemm und Frau v. Holtei von der Ahnung eines höheren Sinnes des Ganzen vor den andern angehaucht zu seyn. Mlle. Brandes gab die Bärbel in der Scene am Kessel höchst lebendig und drollig.

Im Wiener Hofburgtheater kam das Stück unter dem Titel: Die Waffenbrüder, romantisches Gemälde der Vorzeit in fünf Abteilungen, bearbeitet von Holbein vom 13. September 1823 bis 18. Oktober 1836 33 mal zur Aufführung. Josef Schreyvogel[1]) berichtet: „Die zwei neuen Stücke (Die Waffenbrüder und der Empfehlungsbrief) gefielen und bringen starke Einnahmen.“ Als „Familie Schroffenstein“, Schauspiel in 5 Akten, bearbeitet von Laube, erlebte das Stück vom 2. Mai bis 20. Dezember 1855 fünf Aufführungen. Eine spätere Wiederaufnahme in neuer Bearbeitung des letzten Aktes nach der älteren Bühneneinrichtung übte keine sonderliche Zugkraft.

„Die Familie Schroffenstein“ wurde am 12. Februar 1837 im Düsseldorfer Stadttheater zum ersten Male aufgeführt in einer Bearbeitung von Karl Immermann, dem Leiter der Bühne. Bei seiner Bearbeitung hat sich Immermann von folgendem Gedankengang leiten lassen: Diese Tragödie des Argwohns krankt daran, daß nicht, wie etwa im „Othello“ die Leidenschaft vor unseren Augen entsteht, verderbendrohend anwächst, einen edlen Charakter schrecklich umgestaltet und bis zur Verzweiflung treibt, sondern daß die unbehagliche, schwüle Last des Irrtums wie ein Alpdrücken auf allen Gemütern lastet, gleichförmig, vom Anfang bis zum Ende, fünf lange, peinliche Akte hindurch. Von Szene zu Szene schleppen sich Zweifel und Mißtrauen weiter, Mord wird auf Mord gehäuft, die Grausamkeit findet ihr Ziel erst, nachdem alle Opfer aufgebraucht sind. Rupert ist in den ersten Szenen dasselbe blutdürstige Scheusal wie bei der Katastrophe; von Charakterentwicklung findet sich an ihm keine Spur. Immermann war bestrebt, die Handlung des Dramas straffer zusammenzuziehen und von den stets wiederkehrenden monotonen Reflexionen über Schuld und Rache nach Möglichkeit zu befreien. Er bietet treffende Motivierungen, verbessert wiederholt die Verse. Das Nähere über

[1]) Josef Schreyvogels Tagebücher 1810—1823 herausg. von Karl Gloßy, Berlin 1903. Schriften der Gesellschaft für Theatergeschichte.

die Änderungen, das Szenarium usw. bringt Richard Fellner: Geschichte einer deutschen Musterbühne. Karl Immermanns Leitung des Stadttheaters zu Düsseldorf (Stuttgart 1888).

Die Literatur über die Schroffensteiner ist nicht groß, soweit sie sich übersehen läßt. Goedecke sowohl als die Ausgaben lassen im Stich. Auf die eingehende literarästhetische Untersuchung von H. Conrad: Heinrich von Kleists „Familie Ghonorez" Preuß. Jahrb. Bd. 90, Heft 2 habe ich bereits im „Kleist-Problem" hingewiesen. Die erste größere Studie über Kleists Erstlingsdrama, die sich sehr sorgfältig in Bau und Inhalt des Dramas vertieft, ist eine im Jahre 1863 erschienene Arbeit von Dulk im Morgenblatt Nr. 30—32 unter dem Titel „Ein deutsches Ritterschauspiel". Aus dem Inhalt der sehr umfangreichen Arbeit sei hervorgehoben:

Nachdem er auf die wachsende Bedeutung Kleists und die zunehmende Würdigung hingewiesen, kommt der Autor auf den Inhalt des Dramas zu sprechen. Der Vorwurf der „Familie Schroffenstein" ist die umfassendste Frage, die der Mensch tun kann, die Frage nach der Bedeutung des Schicksals im Menschen. Die Frage wird gelöst nicht in einem einzelnen Charakter, sondern gleichmäßig in einem harmonisch abgegrenzten Lebenskreise. Die Handlung entwickelt sich mit innerer Notwendigkeit.

Die Lebensfäden der Menschen verschlingt nicht individuelle Willkür, noch ein unfaßbares Schicksal, sondern ein markantes, allgemeines Prinzip des geselligen Lebens, das Erbrecht in seiner gefährlichen Übertreibung und seinem naheliegenden Mißbrauch.

Das Siegen und Unterliegen dem Schicksal gegenüber, wie es aus dem Innern der Gegner sichtbar hervorgeht, tritt als der ethische Kern der Schroffensteiner hervor.

Ruperts Frau sagt:

„Nie besser ist der Mensch, als wenn er es nicht innig fühlt, wie schlecht er ist."

„Den soll kein Mensch verdammen, der sein Urteil selbst sich spricht."

Indem Kleist mit dem Geiste eines Michel Angelo in die Züge seines Bildes das Widersprechende, Kontrastierende und Überwundene arbeitet, indeß seine mächtige Hand die bestimmende Linie, gebeugt, doch ungebrochen, siegreich festhält — das ist es, wodurch er oft eine Lebenswahrheit und plastische Kraft der Charaktere und Situationen erreicht, welche einzig in unserer Literatur dasteht, welche bei Schiller oft scheiterte an dem übermächtigen Triebe der Idealisierung, bei Goethe an der Weichheit der Gegensätze, bei Lessing an der geringeren poetischen Leidenschaft. — Den Rupert erfüllt „der ungezähmte Trieb", der Urgrund des Bösen, die Herrschsucht.

Zu dem Schluß des Stückes schreibt der Autor:

Kleist wurde beherrscht von dem Gedanken der Kantischen Philosophie, daß das Erkennen aus Ideen nicht nützlich sei, daß wir nie die Dinge, sondern nur ihre Erscheinungen auffassen können, daß Wahrheit nur subjektive Erkenntnis sei, nicht allgemeines Gut. Daraus floß die Idee, von der notwendigen, unabänderlichen Blindheit des Menschen, oder eines ewig dunklen Schicksals, das mit der Einsicht des Menschen spielt. Diese Idee ist das Grundmotiv der Familie Schroffenstein.

Kleist schrieb, indem er in einer Reise nach Paris ein Verhängnis sah: „Mir ist dieses gewaltsame Fortziehen der Verhältnisse zu einer Handlung, mit deren Gedanken man sich bloß zu spielen erlaubt hatte, äußerst merkwürdig." Kleist war tief befangen von der Idee der Unfähigkeit des Menschen, bewußt sein Leben zu leiten, und wollte diese zu einem Drama gestalten. Daraus folgt: das Drama mußte tragisch enden mit einem Untergang durch das blinde Schicksal. Die Schroffensteiner erfüllen diese Aufgabe.

Kleist wollte in Rupert, zumal aber in dem starken und edlen Sylvester den Menschen darstellen, wie er ohne ursprüngliche Schuld, durch das gewaltsame Fortziehen der Verhältnisse dennoch schuldig wird und einem finsteren Schicksale unterliegt, das kein Mensch, auch der beste nicht, zu beherrschen imstande ist. Darum stellte er als Zeugnis des Schicksals die unverdiente Zerstörung des Liebesglückes zweier ursprünglich edlen Menschen als Haupt und Ende seines Dramas hin.

Kleist konnte die richtige Änderung des Endes nicht finden und wollte es nicht.

### c) Der zerbrochene Krug.

Die Angaben bei Z. und Sch. über die Berliner Aufführung bedürfen der Berichtigung und Ergänzung. Das Datum und die Zahl der Aufführungen ersieht man aus den folgenden Anzeigen in den B. N.

Sonnabend, den 3. August 1822:

Königliche Schauspiele.

Sonntag, den 4. August in Charlottenburg. Zum Erstenmale: Der zerbrochene Krug. Lustspiel in 1 Aufzug von Heinrich v. Kleist. Für die Darstellung bearbeitet von F. L. Schmidt. Hierauf: Der Lügner und sein Sohn, Posse in 1 Aufzug. Und: Ein Divertissement.

Nr. 94. Donnerstag, den 8. August. Im Schauspielhause: Der Essighändler, Drama in 3 Abtheilungen. Hierauf zum Erstenmale wiederholt: Der zerbrochene Krug, Lustspiel in 1 Aufzug von Heinrich v. Kleist.

No. 95. Dieselbe Anzeige wiederholt.

No. 96. Mittwoch, den 14. August. Im Schauspielhause: Gleiche Schuld, Lustspiel in 3 Abteilungen. Hierauf: Der zerbrochene Krug .....

No. 97. Dieselbe Anzeige wiederholt.

Die erste Aufführung in Charlottenburg ist von Teichmann nicht erwähnt, daher kommen wohl die ungenauen Angaben in den Kommentaren. Die Aufnahme des Stückes beim Publikum war keine ungünstige. Das beweist die Besprechung, welche die B. N. in der Nr. 99 vom Sonnabend, den 17. August 1822, brachten. Sie hat den folgenden Wortlaut:

Am 14. zum drittenmal: Der zerbrochene Krug, Lustspiel in 1 Aufzug, von Heinrich v. Kleist. Der Anschlagzettel besagt, daß Hr. Schmidt dies Lustspiel für die Darstellung bearbeitet habe. Da Refer. das Original, welches schon im Jahre 1811 hier bei Reimer im Druck erschien, nachdem es vorher Stückweise in der Zeitschrift „Phoebus" abgedruckt worden, nicht gleich bei der Hand hat, so kann er nicht genau angeben, was Hr. Schmidt daran eigentlich bearbeitet, das heißt nicht blos verkürzt, sondern verändert, des theatralischen Zwecks halber manches ab-, manches hinzugenommen, anders gestellt und wo möglich zusammengedrängt haben mag. Wenn mich mein Gedächtniß nicht trügt, so hat Herr Schmidt nur verkürzt und das Wesentlichste der Handlung und ihren Gang beibehalten: woran er auch wohlgethan, denn ein Bearbeiter eines Dichters, und ein solcher im rechten Sinn des Worts war Heinrich von Kleist, muß einige Geistesverwandschaft mit ihm haben, und wenigstens von keinem schlechtern Geist getrieben sein. Gern räumt indeß Refer. ein, daß ein gemischtes Publikum wohlgezogen durch bekannte Meister in Zubereitung der materiellsten Gerichte, ihrer wechselnden Würzen und Reize, für eine einfache, aber in ihrer Einfachheit so tiefe und reiche Gabe, nicht eben gestimmt sein mag, und darum vielleicht gar nicht dazu hätte eingeladen werden sollen; es muß ihm nur wunderlich vorgekommen seyn, wie man ihm statt Ehestandsscenen, Gardinenpredigten, Liebeswuth und Liebesthränen, Schuldenmachen ungerathener Söhne, vorschneller Neigung verliebter Töchter, abenteuerlichen Entführungen, hartherzigen Arretirungen, den Bravaden des guten Herzens und den Triumphen, die es am Ende doch immer über alle Folgen des Leichtsinns und der kalten Welt, die es nicht hat verstehen, die es sogar hat verfolgen wollen, davon trägt — — — — es muß ihm wunderlich vorgekommen seyn, wie man ihm statt so interessanter Begebenheiten eine bloße Gerichtsscene, wo dem komischen Richter selbst, für eine Lust, die ihn einmal angewandelt, die Daumenschrauben angesetzt werden, und er trotz aller Kniffe und Pfiffe am Ende in seiner Blöße dastehn muß, hat vorstellen können. Eine geistreiche Dichtung dieser Art braucht just der mimischen Darstellung nicht, um ihren Werth zu empfehlen; sie kann für sich selbst auf eigne Hand leben; und jeder sinnige Zuschauer wird gefühlt haben, daß freilich Wirrware und Pagenstreiche, Vogelschießen[1]) und dergleichen gefälligere Gaben seyn müssen, daß es aber einem Kopf wie Heinrich v. Kleist unmöglich seyn mußte, solche Stücke zu schreiben. So wird denn die Sache

[1]) Wirrwar und Pagenstreiche, lokale Possen von Aug. v. Kotzebue; Vogelschießen, Lustspiel von Fr. Lindheimer.

recht gut ins Gleichgewicht gebracht. Indeß muß Refer. mit einer Art von Erstaunen gestehen, daß das sonderbare Stück mehr wirkte, als er erwartet hatte, und daß auch die mimische Darstellung nicht ganz mißlungen war. Zur Darstellung des Dorfrichters Adam gehört freilich die originellste komische Kraft, Menschenbeobachtung und Studium, doch manches Einzelne gelang Hrn. Gern; Hr. Richter war im durchgeführtesten Plegma als Schreiber Licht vortrefflich, und auch Madame Dötsch hatte ein paar sehr gelungene Momente, die von Talent zeugen; ihr Naturell für solche Individuen verdient Beachtung; auch war w o h l e i n g e ü b t das Ganze.

Einen Hinweis auf die Berliner Aufführung enthält das „Journal für Literatur, Kunst, Luxus und Mode" in Nr. 135 des Jahres 1824. S. 1080. Hier heißt es über Kleists zerbrochenen Krug:

Durch die Hamburger Bearbeitung und Abkürzung hat dieses Lustspiel unstreitig gewonnen. Indessen wird allen Bühnen, die es, auch in dieser veränderten Gestalt, aufführen wollen, zu rathen seyn, das Stück möglichst rasch zu geben und jedem kleinen Zuge sein Recht durch Hervorheben desselben angedeihen zu lassen. In Berlin scheint dieß nicht gehörig beachtet worden zu seyn.

Im Wiener Hoftheater wurde der zerbrochene Krug unter Laube vom 2. März 1850 bis 5. Januar 1888 43 mal aufgeführt (Adam: La Roche, Martha: Haizinger, Eva: Wildauer), im neuen Hause unter Schlenthner am 11. Januar und 10. April 1889.

Die Frage nach dem Urbild des zerbr. Krug wird in den Kommentaren als definitiv erledigt betrachtet. Ein Stich von Le Veau nach einem Gemälde von Debucourt soll in dem bekannten Wettspiel der Freunde Kleist die Anregung zu seiner Komödie gegeben haben. Im Grunde genommen sind wir in der Frage heut noch nicht weiter als im Jahre 1873, wo in Blumenthals „Deutsche Dichterhalle" (S. 104) die Diskussion durch eine Anfrage aus dem Leserkreis eröffnet wurde. Gottl. Ritter (Zolling) antwortete damals mit einem Hinweis auf Le Veau-Debucourt; Reinh. Köhler (Weimar), dem Blumenthal die Antwort zur Begutachtung zusandte, verwies auf Naglers Künstlerlexikon, wo ein Blatt von Le Prince „la cruche cassée" angeführt ist. So lange dieser nicht bekannt ist, ist es nicht ausgeschlossen, daß dieses Blatt Kleist in der Schweiz bei Zschokke gesehen hat. H. Zolling (H. v. Kleist in der Schweiz S. 36) hält die Frage deshalb für erledigt, weil in Frankreich das Le Prince'sche Blatt nicht aufzutreiben war und unbekannt ist. Richtig ist, daß weder in der Bibliothèque nationale das Blatt vorhanden, noch in den französischen Verzeichnissen Le Prince'scher Werke angeführt sind. Indessen ist dies deswegen noch nicht entscheidend, weil die Werke von Le Prince, der von Geburt Pole war, besser in Polen und Rußland vertreten sind, als in Frankreich. Von diesem Gesichtspunkte aus habe ich meine Anfragen nach kurzer Umschau in deutschen Kupferstichkabinetten von Wien über Lemberg und Krakau nach Petersburg gerichtet. Da ich einen allseitigen definitiven Bescheid bei Abschluß dieses Buches noch nicht habe, so kann ich die Frage augenblicklich wie O. Blumenthal in der Nachschrift zum Briefkastenartikel seiner Zeitschrift nur „bis zu einem gewissen Grade" erledigt ansehen.

d) Penthesilea.

Penthesilea bespricht das Journal des Luxus und der Moden. April 1808. S. 254—260: zusammen mit den übrigen Beiträgen Kleists im Phöbus in einem Aufsatz „Neueste Literatur Teutschlands":

— — — Ich habe zwei Hefte des Phöbus von den Herrn v. Kleist und Müller gelesen, und es hat mich nicht gereut. Ein Prolog gebietet dem Phöbus, in den unendlichen Raum zu wettern, zu lenken, wie sich die Faust ihm stellet, wogegen ein Epilog warnt, Niemand überzupreschen, auch werde die Pferde nicht immer der Hafer stechen. Beide sind von Kleist, der auch in dem mitgeteilten organischen Fragment aus dem Trauerspiel: Penthesilea, zeigt, daß er im Kräftigen bisweilen zu stark greift, und die Franzosen, z. B. mit der erznen Lunge der Drommete, welche bellt, mit der Vernunft, welche keilförmig auf eine rasende Entschließung gesetzt wird (wiewohl sich das noch eher hören läßt) und a. m. an einen andern Phöbus, als den er meint, erinnern könnte. Ungeachtet dessen aber, und obschon Manches mir ungriechisch vorkam, hat Hr. v. Kleist doch auch hiermit seinen ächten Beruf zur Poesie trefflich bekundet, und uns neuerdings zu glänzenden Hoffnungen von ihm berechtigt. Ein wahrhaft dramatischer Genius beseelt ihn, der sich nur hin und wieder noch in Detail-malerei zu sehr gefällt, und ihn leicht an die gefährliche Klippe führen kann, wo die Darstellung ins Epische übergehend, nicht mehr die Wirkung des Dramas tut, dessen Seele die Handlung ist. Vielleicht ist dies das Schlimmste, was dem Dramatiker begegnen kann, weil er darüber gar den Vortheil zu verlieren im Gefahr steht, das außerdem an sich Vortreffliche als solches anerkannt zu sehen. Viel Vortreffliches aber giebt Hr. v. Kleist; er faßt Eigenthümlichkeiten treu auf, und stellt sie, bisweilen mit nicht zu tadelnder Keckheit, treu wieder dar; er weiß das Innere schön zu veräußern, Situationen gut herbeizuführen, den Gang und Wechsel der Neigung und Leidenschaft zu halten und zu nüanciren, den Ton richtig zu treffen, mit Sprache und Vers gewandt umzugehen. Wo er das Anmuthige, Zarte, Liebliche darstellt, im 14. Auftritt z. B. hat er sich als Meister bewiesen, eben so aber auch in der leidenschaftlichen 19. Scene. ———— Der Engel am Grabe des Herrn, von Kleist[1]), zu dem Titelköpfen, Zeichnung nach einem Gemälde des achtungswerthen Künstlers Hartmann; gehört zu den guten Legenden. ————Im 21. Hefte dürfte sich Hrn. v. Kleists Erzählung Die Marquise von O...., vieler theilnehmender Leser erfreuen. Die beiden Tauben, eine Fabel nach Lafontaine, von Kleist, — ich muß gestehen, daß hinter der treuherzigen Einfalt, der schmucklosen Kunst des Originals die teutsche Nachbildung um Vieles zurücksteht. Die Taube nennt sich im Teutschen selbst: die süße Freundin, und wie sie, so trägt auch der Nachbildner fast immer zu stark auf. So z. B. statt des einfachen

> et voilà qu'un nuage
> L'oblige de chercher retraite en quelque lieu,

heißt es im Teutschen:

> Und aus des Horizontes Tiefe
> Steigt mitternächtliches Gewölk empor,
> Gewitterregen häufig niedersendend.
> Ergrimmte Winde brechen los:

um ein Schiff zu zertrümmern? — Behüte, um ein Täubchen unter einen Strauch zu jagen! Dagegen sind bei den Teutschen die Liebenden mit

> Seyd euch die Welt einander selbst, und achtet
> Nicht eines Wunsches werth das Uebrige

viel zu kahl abgefertigt gegen Lafontaines:

---

[1]) Ich füge gleich die Besprechungen der übrigen Beiträge Kleists im Phöbus mit bei. Gleichzeitig sei auf die fortlaufenden Kritiken der einzelnen Phöbushefte im Freimütigen (1808) hingewiesen, von deren borniert gehässigem Inhalt Sch. einige kleine Proben bringt.

Soyez-vous l'un à l'autre un monde toujours beau,
Toujours divers, toujours nouveau;
Tenez-vous lieu de tout, comptez pour rien le reste.

Wir wissen nun, dieser Phöbus bringt uns wirklich Licht und Wärme, wenn er bleibt, der er jetzt ist.

Zur Buchausgabe der Penthesilea (Michaelsmesse 1808) bemerkt dasselbe Journal (Jahrg. 1810 Intell. Blatt No. 2, März); „Die Genialität des Verfassers bewährt sich auch in dieser Arbeit und es ist nur zu wünschen, daß sie sich weniger exentrisch zeigen möchte."

Die Penthesilea hat nicht bloß, wie Sch. angibt, Hugo Wolfs musikalische Produktion zwiefach angeregt. Der vornehmlich als Musikschriftsteller bekannte Bernh. Marx hat als op. I Nr. 3 einen „nach dem Siege Heinrichs v. Kleist" betitelten Chorgesang komponiert, dem der Chor der Jungfrauen aus der Penthesilea (14. Auftritt) als Text untergelegt ist[1]). Das sehr effektvolle Werk ist, wie L. Hirschfeld bemerkt, für das noch nicht bearbeitete und ziemlich materialarme[2]) Thema „Kleist in der Musik" besonders interessant.

Wenn das Werk, in dem Kleists Genius sich am freiesten und glänzendsten entfaltet, sich bisher die Bühne nicht hat erobern können, so liegt darin ein unverzeihlicher Vorwurf, der einzig und allein unser Theater trifft. Ich werde darauf zurückkommen (vgl. S. 415). Unrichtig aber ist es, wenn Z. ebenso wie Sch. nur von erfolglosen Aufführungen berichten. Die zweifache Aufführung in Berlin (1876 und 1895), welcher die rohe Bearbeitung Mosenthals zugrunde gelegt wurde, ist ebensowenig maßgebend, wie der neuerdings unternommene

[1]) Vgl. Leopold Hirschfeld: Der Tondichter Adolf Bernhard Marx im Sammelband der Zeitschriften der internat. Musikgesellschaft IV. Quartal 1908. Leipzig.

[2]) Kleists Dramen wurden früher allenthalben mit einleitender und begleitender Musik aufgeführt. So kommt es, daß das Material zu dem Thema „Kleist in der Musik" durchaus nicht klein ist. Ich habe bei den verschiedenen Dramen die Komponisten, unter denen sich hervorragende Namen, wie Marschner, Taubert befinden, angeführt und glaube damit die Unterlage zu dem beregten Thema gegeben zu haben.

Versuch in Weimar mit einer mangelhaft zugestutzten Penthesilea. Die einzige Aufführung, welche als authentisch gelten kann, ist die auf der Bühne des Münchener Hoftheaters im Sommer 1892, welche einen vollkommenen Erfolg bedeutete. Die lebhafte Bewunderung, mit der ein so rücksichtslos alle Schranken des Herkommens durchbrechendes Stück begrüßt wurde, ist der schlagende Beweis für seine Bühnenwirksamkeit, die beruht in der ihm innewohnenden alle krassen Anschauungen überragenden Macht der Schönheit.

e) Das Käthchen von Heilbronn.

In den kritischen Besprechungen und in der literarästhetischen Würdigung des „Käthchen von Heilbronn" ist bewußt oder unbewußt bis in die neueste Zeit sehr zum Schaden für das Verständnis, die beabsichtigte wissenschaftliche Tendenz in den Vordergrund gestellt und damit das Käthchen mehr oder weniger zu einer Sexualpsychopathin gestempelt worden. Das ist um so auffallender, als kein Dichter so scharf die Grenze zwischen Gesundem und Krankhaftem gezogen hat, als kein Dramatiker so ängstlich wie Kleist die Grenze vermieden hat, wo das geistige Leben aufhört gesund zu sein. In seinem Bestreben, das Seelenleben in allen Höhen und Tiefen zu erfassen, psychische Erscheinungen in ihrer Totalität darzustellen, kann dem Dichter und vor allem dem Dramatiker nicht das Recht abgesprochen werden, seelische Vorgänge zu enthüllen, die nicht mehr normal verlaufen oder die ein ausgesprochen gestörtes Seelenleben erkennen lassen. So finden wir das Krankhafte mit aller Realistik schon bei Sophokles und nicht minder ausgesprochen bei Shakespeare und über Goethe und Schiller bis zu Ibsen. Dabei wird natürlich der Dichter die geistige Affektion lediglich nach künstlerischem Ermessen benutzen und schildern, das wissenschaftliche oder psychiatrische Lehrbuch kann und darf ihm nicht die Richtschnur verleihen; ebensowenig wie er sich um die historische Wahrheit kümmert, wird er sich abhängig machen von schwankenden wissenschaftlichen oder psychiatrischen Lehrsätzen. Der Dramatiker dichtet ebensowenig für ein Parterre von Psychiatern wie Historikern. Die Dramen, welche krankhafte geistige Äußerungen wirklich naturgetreu wiedergeben, sind keineswegs die besten. Im Gegenteil, nur ein schlechtes Stück kann das Psychopathische der Wirklichkeit entsprechend schildern, denn das Psychopathische genau der Natur abgelauscht widerspricht der psychologischen Wahrheit, die das einzige und oberste Gesetz der Dichtkunst ist. Wenn also wirklich, wie man immer betont, Kleist nach den Lehren Schuberts, nach der Lektüre einschlägiger Werke, nach persönlichen Beobachtungen, eine Sensitive, eine Somnambule auf die Bühne gebracht oder dramatisch und bühnenmäßig bis in die geheimsten Vorgänge des Seelenlebens naturgetreu zu gestalten versucht hätte, ich würde darin keinen Vorzug des Dramas erblicken. Aber ebensowenig wie der Prinz von Homburg soll das Käthchen eine Nachtwandlerin oder eine Somnambule sein. Nichts ist verkehrter als der Standpunkt du Prels, welcher mit allem Rüstzeug psychiatrischen Wissens, aber nur mit oberflächlicher Kenntnis des Dramas aus der Heldin eine Somnambule machen will. Käthchen hat nichts Nervöses, nichts krankhaft Somnambulistisches an sich, im Gegenteil, sie ist, wie gleich zu Anfang der Vater von ihr berichtet, „gesund an Leben und Seele, wie die ersten Menschen, die geboren sein mögen". Mit aller Entschiedenheit betont der Dichter, daß Käthchen nicht krank, nicht irgendwie erblich belastet ist, wie wir es immer bei einer Somnambule voraussetzen. Welches die wahre Absicht des Dichters gewesen ist, darüber belehren uns am besten die Ausführungen Böttigers, die aus persönlicher Bekanntschaft herrühren, und die ich unten in extenso wiedergebe, gemeinsam mit der Überlieferung, nach welcher Kleist seiner Braut, die er verlassen, das Bild wahrer mädchenhafter Liebe schildern wollte.

Kleist will die Liebe eines auserwählten, höchststehenden Mädchens von vollkommener körperlicher und geistiger Entwicklung vorführen. Dazu wählt er die im Geheimen erzogene

Tochter des Deutschen Kaisers, des Oberhauptes des heiligen römischen Reiches. Der Kaiser bedeutet nicht, wie man dem Stücke vorgeworfen, den deus ex machina, sondern er ist die notwendige Voraussetzung. Nach dem naiven Glauben des Mittelalters erscheint die Kaisertochter würdig genug, daß ihr der Himmel durch einen Engel einen ebenbürtigen Bräutigam zuführt. Das geschieht zunächst in dem Doppeltraum während der Sylvesternacht. Soweit ist die notwendige Voraussetzung des folgenden Vorganges und damit das eigentliche Gerüst des ganzen Stückes rein märchenhaft. Den korrespondierenden Doppeltraum wissenschaftlich erklären zu wollen, ist ganz unhaltbar, wie ich schon in meinem Kleist-Problem (S. 114) näher ausgeführt habe. Die nächtliche Vision hat auf das Mädchen und nur auf das Mädchen den tiefsten Eindruck hervorgerufen, und bei der ersten Begegnung mit ihrem Ritter zeigt sich ihre willenlose Ergebenheit in einem Maße, wie es nur sonst unter dem Banne einer posthypnotischen Suggestion der Fall ist. Käthchen gleicht äußerlich in der Folge einer Hypnotisierten, aber in Wirklichkeit will sie der Dichter nicht zeigen unter dem beabsichtigten Einflusse eines Hypnotiseurs, sondern unter dem Zwange der himmlischen Liebe, die sich hier wie bei einer Somnambulen äußert in völliger Aufgabe der eigenen Persönlichkeit und in willenloser Hingabe an den Geliebten.

Wir wissen, daß Kleist mit seiner Braut gebrochen hat, als sie seinem durchaus berechtigten Wunsche nicht Folge leistete. Nachdem er acht Tage lang in seinem Zimmer herumgetobt hatte, entwarf er in hastiger Eile, wie berichtet wird in wenigen Wochen, das Stück, in welchem er das Spiegelbild der höchsten und wahren Liebe vorführte. Daß ihre äußere Kennzeichen dem des somnambulen Zustandes gleichen, berechtigt uns nicht, aus Käthchen eine psychopathische, hysterische, mondsüchtige Somnambule zu machen. Sie muß auf der Bühne wirken nicht als die niedliche Naive, sondern als die auserwählte und tatkräftige Heldin, als die hoheitsvolle Kaisertochter. Die Dichtung mag in einzelnen Anklängen an die Lektüre von Schriften erinnern, die die Nachtseiten des Lebens behandeln, und es ist gewiß interessant und wissenswert, sie aufzusuchen, aber die eigentliche Grundlage des Stückes ist märchenhaft, und wenn auch nicht eine bestimmte Volkssage, so hat doch der naive Volksglaube dem Dichter die Anregung und den Stoff geboten. Dem Käthchen gegenüber muß man die Ansprüche der absoluten Kritik daheim lassen, wie schon Treitschke hervorgehoben hat. Das Märchen gehorcht nun einmal nicht den Gesetzen des Dramas. Wer an das zarte Gebilde den ästhetisch-kritischen Maßstab anlegt, wer mit nüchterner Vernunft ihm beizukommen versucht, dem muß es ergehen wie Hebbel (Tageb. III 3323), den die verstandesgemäße Analyse völlig in die Irre führt.

Die Angaben über die Aufnahme des Käthchens bei Z. und Sch. bedürfen einiger Ergänzungen. Vor der Aufführung des Stückes in Dresden (Dezember 1816) wurde es im Isarthor-Theater zu München mit großem Beifall aufgenommen. Das beweist die folgende Korrespondenz im Journal für Literatur, Kunst, Luxus und Mode. Weimar. Junius 1816. S. 391 ff.:

Über die Theater in München heißt es beim Isarthor-Theater u. a.

„Eine liebliche Erscheinung war uns die Aufführung des K ä t h c h e n v o n H e i l b r o n n. Diese anziehende, mystisch-romantische Dichtung des unglücklichen K l e i s t, den das Leben zu schwer gedrückt, kennt sicher jede fühlende Seele. Die eigentümliche Ansicht der Liebe, die sich darin so wahr und kunstlos ausspricht, findet überall offene Gemüter. Käthchens begierdenloses, stillduldendes, anbetendes Herz, das nichts als Liebe fühlt und doch nicht kennt, hier im Contraste mit dem materialen Ritter von Strahl, in dessen Busen nur zuweilen heilige Gefühle aufschlagen, gewährt einen tiefen Blick ins Leben. Die dramatische Behandlung hat eine Originalität, die wohlthätig gegen das Angewöhnte und Erworbene, das wir täglich vor uns bringen sehen, absticht: wenn auch gar Vieles in der Behandlung des Ganzen und der einzelnen Szenen anders zu wünschen wäre. Die Darstellung war von Seiten Käthchens, die so anspruchslos die Hauptperson ist, unübertrefflich. Mad. C a r l gab diese Rolle mit einer so zarten Scheu, einer solchen romantischen Gemüthlichkeit, mit so liebenswürdiger und ahnungsloser Unschuld, daß sie selbst die, welche diese zarte Dichtung recht derb befühlen, hinriß. Hr. C a r l hat als Ritter Graf von Strahl, einige Momente köstlich gegeben, selbst den ganzen Charakter gut aufgefaßt, aber ihn nicht immer fest und klar gehalten. Hr. Wohlbrück, als Waffenschmidt, muß noch mit Achtung genannt werden, alle übrigen aber haben die vortrefflich geordnete Darstellung nur darum nicht verdorben, weil sie zu unbedeutend waren. Hätte man bei dieser Bühne auf mehr intellectuelles und künstlerisches Zusammenwirken zu rechnen, so würden alle Darstellungen vortrefflich seyn, denn das Mechanische ist es wirklich; da muß man der Thätigkeit und Energie des Herrn Carl den lautesten Dank zollen, wenn man auch über Manches anderer Meinung ist. Dieses Schauspiel wurde bereits öfter wiederholt, und füllet das Haus immer so, daß viele Neugierige wieder nach Hause gehen müssen." N. M.

Über die Dresdener Aufführung berichtet Böttiger in einer mit vollem Namen gezeichneten sehr eingehenden Besprechung, die das Werk selbst und die Leistungen der Schauspieler würdigt, in der Abend-Zeitung Nr. 299 von Mittwoch, den 15. Dezember 1819, S. 300 u. 301. Die Auffassung über das Stück erscheint mir, wie oben hervorgehoben, um so bemerkenswerter, als der Autor manche richtige offenbar auf der persönlichen Bekanntschaft mit Kleist fußende Angabe macht.

Den 4. und 5. December. Zum ersten und zweiten Male: Das Käthchen von Heilbronn, romantisches Ritterschauspiel in 5 Akten, mit einem Vorspiel: Das Vehmgericht, nach Heinrich v. Kleist frei bearbeitet von Holbein.

Hier ist der Sitz von dem eben so zarten als unzarten Käthchen von Heilbronn, ruft Klingemann in Kunst und Natur, als er bei den Ruinen der Ritterfeste, der Stralenburg, vorbeikommt. Wir können in Dresden sagen: hier bei uns ist der Geburtsort des bei allen seinen Verirrungen und Unfügsamkeiten doch wahrhaft genialen dramatischen Gedichts, welches zuerst im März 1810 am Theater an der Wien in der Kaiserstadt in seiner ursprünglichen wilden Regellosigkeit aufgeführt wurde, dann aber noch in demselben Jahre in Berlin unter dem doppelten Titel als Käthchen und als Feuerprobe (Berlin, Realschulbuchhandlung, 196 S. in gr. 8) im Druck erschienen ist. Heinrich v. Kleist, durch seine Schicksale und gewaltsamen Tod in sich selbst eine Tragödie darstellend, vollendete das Käthchen von Heilbronn während seines Aufenthaltes in Dresden im Jahre 1808, las hier seine Dichtung im vertrauten Kreise mehrmals vor und ließ in einem von ihm und A. Müller in demselben Jahre hier herausgegebenen, seinem innern Vollgehalte nach viel zu wenig bekannt gewordenen Journal für die Kunst, Phöbus, (im

4.—9. Stücke des ersten, aber nie zum zweiten fortgeschrittenen Jahrgangs) die ersten 3 Akte ganz so, wie sie später im Ganzen erschienen, als Probe abdrucken. Seine vertrauten Freunde sprachen fast alle dem regellosen, nach Goethe's Götz gebildeten Erzeugnis die Bühnenfähigkeit ab. Mehrere Versuche, die damit auf namhaften Theatern gemacht wurden, verunglückten. Da legte Hr. Holbein (seit Kurzem Regisseur des ständigen Theaters in Prag, damals in Hannover) endlich Hand an, machte aus dem ersten Akte ein einleitendes Vorspiel und rückte und schob, hier wegschneidend, dort eigene Fabrik einfügend, in den letzten Akten so viel in und auseinander, daß es nun Bühnengerecht und auf mehreren Theatern mit glänzendem Erfolge aufgeführt wurde. Viel Herrliches ging allerdings verloren, besonders im Zweikampf des Waffenschmidts Theobald mit dem Grafen von Strahl vor dem Kaiser und in der romantischen Verpflechtung mit der bösen Kunigunde. Allein ohne Verkürzung müßte das Stück zwei Abende spielen. Und dieser Bedingung ist auch Göthe's Götz stets erlegen. Nach Holbeins Bearbeitung findet der Kaiser und Waffenschmidt sich in der Herberge an der Landstraße und dadurch wird die Entdeckung, daß Käthchen wirklich die natürliche Tochter des Kaisers sei, ungezwungen herbeigeführt. So sehr wir dies loben, so wenig können wir den pöbelhaften Späßen des Wirts Pech, die ganz auf Rechnung des neuen Bearbeiters kommen, unsern Beifall geben, weil sie nach der neuesten Posse schmecken. Auch zürnen Kleist's Manen mit Recht über die Verwässerung der teilweise sehr schönen Jamben in prosaischem Aufguß.

Dem Dichter hat sich bei der Hervorbringung dieses oft mit flachem Kopfschütteln abgefertigten Stückes alle Tiefe der Gemütswelt aufgeschlossen. Aber er vermochte den Stoff nicht zu bewältigen. Er unterlag in dieser Dichtung wie im Leben der Sinnenwelt. Auch hier verwickelte er sich im letzten Akt ohne Rettung im Szenengewirr, so wie auch sein früheres, noch in Zürich gedichtetes Trauerspiel: Die Familie Schroffenstein, bloß durch den letzten Akt unaufführbar wird (warum macht sich kein Berufener an die Änderung des Schlusses in diesem Trauerspiele von seltener Kraft und Schönheit im Einzelnen?) Bei seinen militärischen Streifzügen durch Schwaben fand Kleist die ganze Legende vom Käthchen als einer Volkssage. Er bewahrte selbst das gedruckte Flugblatt noch auf, das er auf einem Jahrmarkte gekauft hatte. In der Befangenheit und im frommen Wunderglauben des 13. Jahrhunderts wurzelt dieses ächtromantische Blümchen Wunderhold. Käthchen, recht aufgefaßt und gespielt, mußte durchweg in ihrer Einfalt und Demuth einer Figur von Albrecht Dürer's herzigsten Frauenbildern gleichen. Nichts kann im gemeinen Leben unzarter gedacht werden, als ein manntolles Mädchen, die mit Zurücksetzung aller Zucht, ihrem sie herrisch zurückstoßenden Geliebten, ein zweiter Schatten, auf Tritt und Schritt nachfolgt und dem Vater entlaufen, im Stall übernachtet und unter dem Holunderbusche an der Burg des Ritters ihre Ruhestätte findet. Aber die Legende schürzt hier durch Wunder und Engelerscheinungen den Knoten. Die Magie der Wahlverwandtschaft und des Magnetismus, sie waltet schon in dieser alten Volkssage. Da hieran selbst verständige Beurteiler ein Ärgernis nahmen, so möge zur Rechtfertigung eines Stückes, dessen innerer Zauber in ganz anderen Dingen als im Glanze der Diktion und Rhetorik liegt, noch Folgendes hier stehen. Vielleicht findet es dadurch auch noch auf dieser und jener Bühne Gnade, wo es bis jetzt als abgeschmackt zurückgewiesen wurde.

Alles beruht darauf, wie Käthchen verstanden und gespielt wird. Sie ist der Stern in dieser Legende. Sie allein umschwebt der Seraph. Die demütigste Hingebung und willigste Aufopferung, Verleugnen aller äußeren Zucht mit der innigsten Jungfräulichkeit, muß sie mit eigenem Zauber stets zu verschmelzen wissen, um den Zuschauern alles, was sie tut und erfährt, als ein fortdauerndes W u n d e r erscheinen zu lassen. Mit kindlicher Naivität, worauf es so manches andere Käthchen anlegte und auch wohl Beifall erntete, ist es gar nicht getan. In der Meinung des Mittelalters ist das Oberhaupt des h e i l i g e n römischen Reichs, der Deutsche Kaiser, mit einer eigenen Glorie umstrahlt. Er teilt ja mit dem Papst die Herrschaft über die Christenheit. Seine im Verborgenen lebende Tochter ist's also wert, daß selbst ein Engel ihr einen ebenbürtigen Bräutigam zuführe. Daher die Doppelerscheinung am Sylvesterabend, die nur dadurch kindisch wird, daß sie mit dem Bleigießen der albernen Marianne zusammenhängt.

Von dem Augenblicke an, wo dem Käthchen durch Strahl's wirklichen Eintritt in des Pflegevaters Haus das Gesicht in Erfüllung geht, ist sie an diesen, ihr von Gott bestimmten Bräutigam mit dem unauflöslichsten Zauberbande gekettet. Sie muß ihn, wie ein sichtbarer Schutzgeist umschweben, das heißt im bürgerlichen Abstande gegen die Ahnenreihe des Grafen, seine d i e n s t b a r e M a g d werden. Hier aber tritt zugleich ein zweiter Begriff des alten deutschen Sinnes- und Madonnenglaubens ein. Die weibliche Tugend ist Liebe. Diese muß aber durch die härtesten Prüfungen und Demütigungen gehen, ehe sie gekrönet wird. So steht Käthchens inneres Treiben und Wesen nun ganz im Klaren. Sie erblickt in ihrem Geliebten immer den hohen, verehrten Herrn, dem sie ihre unaussprechliche Liebe nur als dienende Magd beweisen kann. Nichts zuckt noch regt sich in ihrer Seele, wenn sie die härtesten Mißhandlungen erfährt. Fortstoßen mit dem Fuße, drohen mit der Peitsche, Vergleichung mit dem Hunde, nichts macht sie irre. In ihrem Innersten flüstert eine Stimme: Es wird noch alles gut werden. Daher anfangs die Erstarrung, dann der Ausbruch des namenlosen Schmerzes, als sie mit dem Vater zum Kloster geht. Käthchens demütige Dienstbarkeit und wie sie bloß an den Blicken ihres hohen Herrn hängt, wird uns sogleich im Vehmgericht offenbar. Es kann keine genügendere Exposition eines Stückes geben, als dieser erste Akt, der ganz willkürlich zum Vorspiel gemacht wurde. Aber ihr Innerstes muß uns nun auch, wie ein offenes Buch aufgeschlagen werden. Das tut die Traumrednerin. Man hat einige Ausdrücke von verliebten Käfern usw. sehr unschicklich gefunden, ohne sich zu erinnern, daß sich doch wirklich so etwas in der Brust des keuschesten Mädchens, die s o liebt, regen kann. Darum ist aber auch dies Aufreizen und Hervorlocken durch das, was wir jetzt magnetischen Schlaf nennen, ein gar sündhaftes Beginnen. Der Dichter läßt den Strahl, bevor er die Träumende ausfragt, Gott um Verzeihung bitten. Das sollten alle Magnetiseurs kniefällig tun. Wohl ihnen, wenn sie, wie Strahl, ausrufen können: „Mein Herz ist rein von Falschheit und von Lüsten!" Die ganze Traumszene ist übrigens so einzig, und neu, daß, recht gespielt, sie allein schon dem Stücke stets Gelingen zusichert. Aber daß hier alles in der Legende, in einer Welt voll Wunder vorgehe, muß dem Zuschauer stets gegenwärtig bleiben. Daher kann die Erscheinung des Engels nach der F e u e r p r o b e, bei der Rettung aus der in Flammen zusammenstürzenden Burg im eigenen Lichtglanz nicht deutlich genug veranschaulicht werden.

Weiß nun die Schauspielerin, die Käthchen darstellt, sich ganz in diese Lage zu versetzen — bloße Phantasie tut's nicht, sie muß die reinste Scham in dies Phantasiegebilde verweben — so ist alles andere nur Einrahmung des Hauptbildes; selbst der Held des Stückes ist nur Werkzeug, er mag sich sträuben wie er will; die verhärtete Giftmischerin Kunigunde ist nur zur Prüfung und Verherrlichung der erst Erniedrigten, dann Erhöhten da; Theobald muß auf Zauberei klagen, sich aber bald dem Willen des Mädchens, in Wehmuth zerschmolzen, fügen; der Kaiser selbst muß erscheinen und Brautwerber, Brautvater werden; der Seraph mit der Palme überschwebt die bis zum letzten Augenblicke demütig gebliebene.

Wir sprechen nur das einstimmige Gefühl aller Zuschauer aus, wenn wir sagen, daß Mad. Schirmer durch das tiefe Eindringen in diese Rolle und ihre selbsterschaffende Gestaltung derselben sich als eine hohe Meisterin in Darstellungen dieser Art auf's neue erprobt, ja uns erst deutlich gezeigt hat, was der Dichter mit diesem Käthchen wollte. Scheint doch die Rolle von Wallensteins hoher Tochter dieser ganz entgegengesetzt. Aber in beiden ist die jungfräulichste Aufopferung, der sicherste Takt in der reinsten Brust der Grundton. Nur sind es die zwei Endpunkte derselben Linie. Beide erfaßt unsere Künstlerin mit gleich fester Hand. Alles, bis auf die kleinste Bewegung, war auch heute in ihrem Spiele wahrhaft durchdacht und mit sich selbst im reinen Einklang. Vom ersten fest auf Strahl gerichteten Aufschlagen des Auges am gesenkten Haupt — sie lebt, wie die Sonnenblume in der Metamorphose, nur in der Hinneigung zu seinem Blicke —, von dem ersten demuthvollen Anklange des „h o h e r H e r r !" bis zur verschämten Entschuldigung ihres Weinens, da sie bräutlich geschmückt, als Kaisertochter dasteht: „es ist in's Aug' mir was gekommen!" (eine Naivität, die, wenn sie nicht aus dem Ganzen, wie ein Tautropfen aus dem Regenbogen, hervorgeht, sicher lächerlich werden muß) und bis zum Hinneigen zum versöhnten Pflegevater in der letzten, alles vollendenden Glanzgruppe, kann jede Geberde und Miene als ein Pinselstrich zum ganzen Bilde angesehen werden. Der Hauptcharakter ist stille, fast wehmüthige Freundlichkeit mit innigster Resignation und Andacht einer, durch ein Wunder geweihten Jungfrau. Durchweg höchst einfache Geberdung. Gesenkte Arme, das Haupt auf der Brust eingesunken. Da, wo sie dem hohen Herrn gegenüber steht, frommes Aufblicken und Anpressen der Hände auf die Brust, gehorsames Niederknieen, wie vor einer Heiligen. Der Ton der Stimme, fast ohne alle muntere Hebung und Senkung, hatte oft etwas Fremdartiges, wie es aus dieser Lage, die man eine fortdauernde Vision nennen möchte, hervorgeht, und doch war er ansprechend, und entbehrte nicht des süßen Wohllautes. Desto ergreifender ihre Geschäftigkeit und fliegende Hast, wie sie, vom rücksichtslosen Diensteifer beflügelt, den Brief bringt, die Kundschaft ausspricht, die Waffen ergreift und bringt, in die Flammen sich stürzt. Wir sagen lieber nichts von der kunstreichen Natürlichkeit, womit sie unter dem Hollunderbusche traumredet, das Köpfchen auf die theure Scherpe geschmiegt, die gefalteten Hände auf die linke Brust gelegt (denn sie ist ja betend entschlummert) und wie sie das „bitte, bitte!" ausspricht, als Strahl das Maal sehen will, und dann die Hände sinken läßt. Dies und wie sie nun erwachend aufspringt und in unaussprechlicher Angst den Richterspruch des hohen Herren anfleht, und endlich, nachdem sie mit ausgebreiteten Armen im Jubelgeschrei „mein!" ausgerufen, plötzlich von vernichtender Demuth zurückgedrängt einwurzelt, muß gesehen werden. Wenn bei der zweiten Vorstellung der Ton des Schlafredens vielleicht etwas zu hell und fließend war, so wurde dagegen der innere Kampf, als am Schlusse des Vehmgerichts Strahl ihr Rückkehr zum Vater gebietet, durch ein, fast eine Minute dauerndes, stummes Spiel, und in der Scene mit dem, in Wehmuth zerschmolzenen Vater am Gnadenbilde vor dem Kloster, das vorbereitende Spiel mit dem Zucken der Hände bis zum Fallenlassen des Strohhutes vor dem Niedersinken auf die Kniee, bei der zweiten Vorstellung noch erschütternder gegeben. Solche Momente lassen sich nicht in Stereotypen setzen. Es sind Bewegungen der Sinnpflanze, die von der leisern oder stärkern Berührung von außen abhängig, nur zu oft von den Mitspielenden erhöht oder niedergedrückt werden.

Käthchens Costüm im bürgerlichen Sonntagsstaat war wie aus einem Bilde von Holbein gestohlen. Der lauteste Beifall der Zuschauer bewies, wie zufrieden alles war. Doch der schönste Lohn war die sympathetische Thräne, die in manchem sonst trockenen Auge erglänzte; war die allgemeine Rührung, die sich am Ende durch ein stürmisches Hervorrufen der mit Recht gefeierten Künstlerin Luft machte. Käthchen ist ohne Widerrede eine der eigenthümlichsten und gelungensten Leistungen unserer Künstlerin.

Aber sie wurde auch sehr brav von Hrn. Helwig als Grafen Strahl und von Herrn Werdy als Waffenschmidt Theobald unterstützt. Trotz aller hier verdreifachten Regisseursorgen bewährte sich Hr. Hellwig für die Rolle des Strahls mit aller Unbefangenheit und Ruhe des gemüthlichen Zuspiels und lösete mit großer Zufriedenheit der Zuschauer die Aufgabe, schroff zu scheinen und weich zu sein. Vorzüglich gelang ihm der Ausdruck des Unwillens, als Käthchen ihm den Brief aufdrängt. Hinter der Donnerwolke muß die Liebesgluth hervorblitzen. Ja er kann die Peitsche krampfhaft ergreifen und braucht sie nicht nach Holbein's Vorgang mit einem Jagdgeräth zu vertauschen. Wenn nur das krampfhafte Zucken beim Anpacken der Peitsche eben so gut gegen sich selbst — wie das im Zorn der Fall ist — als gegen die Zudringliche gerichtet zu sein scheint. Große Decenz und Feinheit bei der Traumscene. Viel Innigkeit im kurzen Selbstgespräch, das die Scene einleitet, erschütternd der Ausruf, nachdem er alles erfahren hat: „nun steh mir bei, mein Gott! denn ich bin doppelt!" Nur im alles enthüllenden Monolog zu Anfang des ersten Aktes möchten die Worte gleich Anfangs: „Nun will ich wie ein Schäfer klagen!" nach einer kurzen Umschau noch viel inniger zu sprechen, die Vision aber: „Ihr Geister meiner Ahnen" u. s w., wieder nach einer Pause, in einem ganz anderen Tone, als das vorhergehende vorzutragen sein. Sein Costüm war besonders im letzten Akte angemessen und prächtig. — Hr. Werdy nahm die Rolle des Waffenschmidts aus Heilbronn, mit einer bürgerlichen Vornehmheit, die auch mit seiner wohlgewählten Tracht ganz im Einklange stand. Mit großer Wahrheit steigerte er seinen Schmerz in der Erzählung vor den Vehmrichtern und hörte die Rechtfertigung des Gegners nur mit wachsendem Entsetzen, nicht mit Grimassen des Zorns, an, wie dies wohl andere spielten. Unbeschreibliches Hinschmelzen in Güte und Wehmuth in der Scene am Heiligenbild vor dem Kloster. Dadurch erst wird auch Käthchens Spiel vollkommen motivirt. Einen solchen Vater muß sie so liebkosen. Den Rheingrafen von Stein gab Hr. Julius mit aller hier nöthigen Derbheit. Sein Spiel gegen Kunigunden im letzten Akt war höchst ergötzlich. Doch fragt sich's, ob der Spott bis zu diesem Hohn auf der Bühne gehen kann. Der poetischen Gerechtigkeit eingedenk, sagen wir unbedenklich ja! Aber um so peinlicher und schwieriger ist die Rolle der bösen Kunigunde. Dem. Schubart hätte laute Anerkennung verdient, daß sie diese undankbare Rolle so kräftig und so ganz gegen ihr Inneres durchführte. Wir glauben nicht, daß sie auf irgend einer Bühne besser gegeben worden ist. Der Triumph über den geretteten Schenkungsbrief, das schadenfrohe Lächeln, als sie nach gegebenem Gift ausruft: „Käthchen, laß Dir's schmecken!" die Miene, womit sie das verächtliche: „Bürgerdirne!" aussprach, waren gewissen Megären in den höhern Ständen wirklich aus dem Spiegel gestohlen.

Das Scenische des Stücks, die Gefechte, die Procession am Ende, die neuen Costüme, alles erhob diese Vorstellung zu einer der erfreulichsten, die wir seit einger Zeit gesehen haben. Alles ging rund und pünktlich. Die Dekoration des Schloßbrandes machte solche Wirkung, daß ihr besonderer Beifall ertönte. Ihre Angabe machte dem Hoftheatermaler, die Darstellung dem Maschinenmeister Ehre. Aber durchaus können wir nicht mit dem Knalleffekt zufrieden sein, womit die brennende Brücke zusammen stürzt. Zum Signal lassen sich noch prasselndere Maschinerieen brauchen. Und das Pulver im dreizehnten Jahrhundert gehört ganz zu den Kartoffeln, wovon Hr. Holbein den Wirth Pech einmal sprechen läßt. Wenn aber nur durch diesen Anachronismus noch etwas Tüchtiges erzielt würde. So aber verhüllt Pulverdampf das sich aus den Trümmern aufrichtende Käthchen und den über ihr schwebenden Engel. Dessen sind in beiden Vorstellungen nicht hundert Zuschauer recht gewahr geworden. Und doch kommt alles in der Fabel des Stücks darauf an, daß hier ein unmittelbares Wunder sichtbar werde. Als in Hannover das Stück zum ersten Male gegeben wurde, blieb da auch Alles dunkel. Die Kritik sprach und erlebte die Freude, (Hannöversche Nachrichten vom Jahr 1817. No. 11 u. No. 40) daß bei einer folgenden Vorstellung die Erscheinung des Cherubs vom höchsten Lichtglanz (das bengalische Feuer gehört hierher eben so gut, als am Schluß des Ganzen) umstrahlt und eine Minute still aushaltend eine wundervolle Wirkung hervorbrachte. Möge unserm Publikum, das eine so gelungene Darstellung noch oft zu sehen Verlangen trägt, dieselbe Freude recht bald zu Theil werden!

Böttiger.

Über die ersten Aufführungen des Stückes in Berlin werden wir unterrichtet durch die folgenden Anzeigen in den B. N.:

No. 93. Dienstag, den 20. April 1824. Mittwoch den 21. April. Im Schauspielhause. Zum Erstenmale: Das Käthchen von Heilbronn, großes Ritter-Schauspiel in 5 Abtheil., nebst einem Vorspiel in 1 Aufzug, genannt: Das heimliche Gericht, von Heinrich v. Kleist, für die Bühne bearbeitet von Hollbein.

No. 94 wiederholt dieselbe Anzeige.

No. 97. Sonnabend, den 24sten. — — — Zum Erstenmale wiederholt.

No. 100. Mittwoch. Donnerstag, den 29. Käthchen — — Die Ouvertüre ist vom Königl. Concertmeister Herrn Bohren.

No. 101. Sonnabend, den 1. Mai. Im Schauspielhause. Auf Begehren: Das Käthchen von Heilbronn.

No. 102. von Donnerstag d. 29. April. Wiederholung.
No. 103 von Sonnabend d. 1. Mai: Wiederholung.

Das Stück hat sich auf dem Repertoire erhalten. In kurzen Zwischenräumen erscheint immer wieder die Anzeige.

No. 107. Donnerstag d. 6. Mai: Im Schauspielhause: das Käthchen etc.

No. 112. Donnerstag d. 13. Mai: Dieselbe Anzeige.

No. 114. Sonnabend d. 15. Mai: Montag d. 17. dieselbe Aufführung.

No. 115. Dieselbe Anzeige etc. etc.

Eine ausführliche Besprechung des Stückes und der Aufführung brachte die Nr. 103 der B. N. am Sonnabend den 1. Mai.

Für ein liebend Herz ist die gemeine
Natur zu eng, und tiefere Bedeutung
Liegt in dem Mährchen meiner Kinderjahre
Als in der Wahrheit die das Leben lehrt —
Die heit're Welt der Wunder ist's allein
Die dem entzückten Herzen Antwort giebt —
Die Fabel ist der Liebe Heimath Welt —
Gern glaubt sie an Götter, weil sie göttlich ist.

Mit diesen goldenen Worten läßt unser unsterblicher Schiller den liebenden Max Piccolomini sein Herz gegen die Gräfin Terzky eröffnen und diese erwidert ihm:

es ist ein holder freundlicher Gedanke
daß über uns, in unermeßnen Höh'n
der Liebe Kranz aus funkelnden Gestirnen
da wir erst wurden, schon geflochten ward.

Besseres glaube ich der kurzen Anzeige (leider nöthigt mich der beschränkte Raum zur Kürze) über das endlich auf unserer Bühne erschienene Drama „Das Käthchen von Heilbronn" von Heinr. v. Kleist, nicht voranschicken zu können; was Max ausspricht und was die Terzky erwidert, spricht auch wesentlich den Hauptgedanken des herrlichen Dramas aus; das Geheimniß der Liebe, die dunkle Tiefe ihres Werdens, und ihre geheime wunderbare Macht, ist in dem Zauber der Dichtung erschlossen. Aber nicht im formlosen Reich karakterloser Luftgestalten, willkührlicher Spiele einer müßigen Einbildung oder boden- und herzloser Schwindeleien einer verödeten Aftermystik führt und foppt uns der Dichter herum; sein Werk ruht auf historischem Grund und Boden, in der Heimath des Menschen, die mit allen ihren zufälligen Zeit- und Raum-Wechseln immer dieselbe bleibt, ja es ruht auf dem Vaterlande des Deutschen, zwar des Deutschen der Vorzeit, aber nur unsern gegenwärtigen Sitten und Bräuchen, nicht der Ewigkeit unserer Gefühle ist es fremd; doch ist es darum ein romantisches, kein sogenanntes bürgerliches Drama; es hat die freie Ferne, nicht die hemmende und meistens peinliche Nähe; denn das eigentliche Romantische liegt unsern gegenwärtigen Sitten und Bräuchen nicht näher als die Griechische und Römische.

(Nachdem der Kritiker kurz den Unterschied zwischen romantischem und antikem Drama berührt, den Inhalt des Stückes im Wesentlichen wiedergegeben, die Holbeinsche Bearbeitung getadelt hat, „die blos eine Verstümmelung, ein Präparat zu Musik und Tanz ist", fährt er im letzten Absatz wörtlich fort:)

Der Dichter Heinrich von Kleist freilich möchte kein Wort aus seinen Werken missen, ihm, der es aus tiefer Begeisterung in Einem Guß hervorgebracht, mußte allerdings jegliche Abkürzung und Veränderung eine Verletzung scheinen: aber darum konnte auch sein Wunsch, noch bei seinen Lebzeiten sein geliebtes Käthchen auf unserer Bühne zu schauen, nicht erfüllt werden. Mit lebhafter Bewegung erinnere ich mich der darüber mit ihm gepflogenen Gespräche, sowie seiner Äußerungen, wie er insbesondere die Darstellung des Käthchens selbst, sich dachte. Und so glaube ich, nicht blos meine Ansicht auszusprechen, sondern auch der Dolmetscher des verewigten Dichters zu sein, wenn ich der Frau v. Holtei dafür danke, daß sie das Käthchen so jungfräulich zart, so kindlich in ihrer ganzen Erscheinung, einfach im Ausdruck des Worts und der Geberden, wie es der Dichter wollte, und der Geist des Dichters es allerdings fordert, dargestellt hat. Die Scene vor dem heimlichen Gericht, die wo sie den Brief bringt und die, wo sie im Schlafe spricht: alle gelungen, und alle, wie die Dichtung aus Einem Guß. (Es folgt die kurze Erwähnung anderer Leistungen: Rebenstein als Graf Stahl.)

Bemerkenswert an der Kritik ist die Reminiscenz des Kritikers — Fr. Schulz schrieb die Theaterbesprechungen in den B. N. — und sein Hinweis auf die persönliche Bekanntschaft mit dem Dichter. Die hier erwähnte erste Darstellerin des Käthchen in Berlin, Frau v. Holtei (Luise v. Holtei, geb. Rogée, geboren in Wien den 1. Dezember 1800; seit dem 8. Lebensjahre in Berlin, 1821 vermählt mit Holtei, gest. Januar 1825) scheint in der Tat die beste Vertreterin der

Rolle gewesen zu sein. Bei Wurzbach heißt es von ihr: „— — als Marianne in Göthes Geschwistern und Käthchen von Heilbronn in dem gleichnamigen Stücke von Kleist war sie unübertroffen" und bei H. Doering [1]): „den schönsten Kranz wand sie sich indeß unstreitig als Käthchen von Heilbronn in dem bekannten Schauspiel des unglücklichen Dichters H. v. Kleist. Sie betrat seitdem die Bühne nicht wieder."

Erich Schmidt spricht in den Anmerkungen zum Prinzen von Homburg die Vermutung aus, daß das in einem Briefe Heines an Boccage am 7. Mai 1834 erwähnte „Manuscript de la tragédie de Kleist", deren Aufführungen nach Verhandlungen mit Dumas im théâtre de la Porte-St.-Martin von Heine betrieben wurde, eine Übersetzung des Homburg gewesen sei. Diese Annahme, an sich schon sehr unwahrscheinlich, trifft nicht zu. Wir wissen aus einer sorgfältigen Untersuchung von Karpeles [2]), daß es sich bei dieser Übersetzung um das Käthchen handelte. Im „Telegraph für Deutschland" (1838 Nr. 159) läßt A. Weill in „ein Besuch bei Alexander Dumas in Frankfurt a. M." diesen erzählen: „Heine kam vor drei Jahren zu mir und brachte mir eine Übersetzung von Kleists „Käthchen von Heilbronn". Ich las sie durch, bewunderte das deutsche, einfach-poetische Märchen, sagte ihm aber, daß das Stück durchaus nicht geeignet sei für eine französische Bühne. Wenn Käthchen von einem Tritt, den man ihr gegeben, spricht, lacht das ganze Publikum. Ebenso wenn Ferdinand sagen würde: „La Limonade est fade comme ton âme." Als ich abreiste, besuchte ich Heine, um ihm Lebewohl zu sagen und fragte ihn, ob ich noch sein Käthchen aufführen lassen sollte. Aber Heine kennt jetzt Frankreich, und er lachte darob." Wo das Manuskript hingekommen ist, läßt sich nicht sagen. Eine französische Übersetzung des Käthchen existiert nicht (s. Bonafous), auch die Übersetzung, von der hier die Rede ist, wird bestimmt nicht, wie Franzos in scharf-

---

[1]) Ersch u. Gruber allg. Encyklopaedie etc. II. 10 S. 104.

[2]) Heine und Kleist, Berliner Börsen-Courier Nr. 301 vom 30. Juni 1901.

sinniger Weise nachzuweisen sich bemüht, von Heine selbst herrühren. Dazu beherrschte Heine nicht genügend die französische Sprache, und wir wissen, wie große Schwierigkeiten ihm die Übersetzung seiner eigenen Schriften bereitete. Karpeles spricht die Vermutung aus, daß August Lewald der Übersetzer war, oder daß Heine einen seiner eigenen Übersetzer, Gérard de Nerval, zu dieser Übertragung angeregt habe.

Das Verhältnis Heines zu Kleist ist bisher in der Kleistforschung völlig unberücksichtigt geblieben. Und doch gibt es kaum einen Dichter und Kritiker, der von früher Jugend bis an sein Ende Kleist so viel Verehrung und ein so tiefes Verständnis entgegenbrachte. So oft er auf diesen „bis zum Todtschießen verkannten Dichter“ zu sprechen kommt, geschieht es in Ausdrücken unbedingter Verehrung ohne die geringste satyrische Anspielung, wie es sonst bei Heine kaum vorkommt. Über das Interesse, mit welchem er die Aufführung des Prinzen von Homburg verfolgte, vgl. S. 315. Eine große Bewunderung empfindet auch Heine für die Erzählungen. Am 14. Dezember 1825 schreibt er aus Hamburg an Moser: „Vor Kurzem habe ich auch den Kohlhaas von Heinrich von Kleist gelesen; bin voller Bewunderung für den Verfasser, kann nicht genug bedauern, daß er sich todt geschossen, kann aber sehr gut begreifen, warum er es gethan.“ Seinen Freund Merckel ermahnt er in einem Briefe aus Norderney vom 25. Juli 1826: „daß er ja Heinrich von Kleists Erzählungen lesen möge“ und schreibt ihm drei Wochen später: „Daß Du Kleist jetzt zu lesen beginnst, freut mich. Er hat in höherem Grade, was Dir bei mir gefällt. Er ist ganz Romantiker, will nur das Romantische geben und giebt dieses durch lauter plastische Gestalten, so daß er wieder äußerlich ganz Plastiker ist.“ In der Vorrede zur „Geschichte der Religion und Philosophie in Deutschland“ beklagt Heine, daß er in seinem Buche nur die Geschichte der sogenannten romantischen Schule geben konnte und die deutschen Dichter ersten Ranges, wie z. B. Kleist, den er einen Riesen nennt, mit Stillschweigen übergehen mußte; er zählt ihn zu den „ausgezeichnetsten Poeten Deutschlands während der Göthe-Periode", zu denen, die seither noch nicht begriffen worden seien. Er erkennt auch in seinem Freunde Friedrich Hebbel an derselben Stelle einen Geistesverwandten Kleists, dessen Tragödien er sehr hoch bewertet, wenn er auch überzeugt ist, daß deren Wert mehr in der Poesie „als in der Handlung und Passion" bestehe. — Bis in seine letzten Jahre hat sich Heine mit der Absicht getragen, eine Charakteristik Kleists zu schreiben, das beweist seine Lektüre und verschiedene Notizen in seinen Briefen, besonders an seinen Verleger; auch in den erst nach seinem Tode erschienenen „Gedanken und Einfällen" äußert er sich über Kleist.

Der Versuch, das Käthchen auf der französischen Bühne einzubürgern, scheiterte. Merkwürdig und bisher nicht erwähnt ist die Tatsache, daß das Käthchen in Kopenhagen schon im Jahre 1818 auf die Bretter kam, also früher als auf den meisten deutschen Bühnen und früher auch als in Berlin. Ich entnehme diese Tatsache einem Bericht aus Kopenhagen unter „Korrespondenz-Nachrichten" November 1818 im Morgenblatt (Nr. 89) vom 14. April 1819. Die Stelle lautet: „Bey der Veranlassung der Geburtags-Feyer der Königin und der Kronprinzessin (28. Okt.) ward auf dem Königlichen Theater gegeben: Das Mädchen von Heilbronn, Drama, bearbeitet nach Kleist von Rosenkilde. Schon der Titel trägt Spuren der „Bearbeitung", denn das „Käthchen" ist in „Mädchen" umgearbeitet worden. Die Bearbeitung im Ganzen machte aber kein Glück, und jetzt hat man es, nach einigen ziemlich stürmischen Auftritten im Parterre, die hauptsächlich dadurch verursacht seyn sollen, daß mehrere, welche das Stück im Original kannten, sich dessen annahmen, und es gegen die pfeifenden Zuschauer vertheidigten, wahrscheinlich für immer hingelegt."

Im Wiedener Theater zu Wien erlebte das Stück bekanntlich die Uraufführung am 17. März 1810. Seitdem hat es sich in Wien fast ständig auf dem Repertoire verschiedener Bühnen behauptet. Schreyvogel in seinen Tagebüchern (l. c.) berichtet von einer Aufführung im Karltheater: „10. Maerz 1817. Nachts. Ich war im Käthchen von Heilbronn, das Carl wieder mit viel Beifall auf die Bühne brachte." Dazu in einer Anmerkung: „Kleists Käthchen von Heilbronn wurde in der Bearbeitung von Carl mit einem Vorspiel zum ersten Male im Theater an der Wien am 3. Maerz 1817 aufgeführt. Im Burgtheater erschien es in einer Bearbeitung Schreyvogels als „Historisches Ritterschauspiel" am 22. November 1821. Im Theater an der Wien gab Carl den Strahl, seine Frau das Käthchen."

Im Burgtheater ist das Stück in der Bearbeitung von Schreyvogel bis zum 13. Dezember 1835 34 mal aufgeführt worden (Käthchen: Frau Anschütz, Walter: Herr Anschütz). Als romantisches Ritterschauspiel in 5 Akten, eingerichtet von Holbein, wurde es in der Zeit vom 9. Oktober 1843 bis 12. Sept. 1847 14 mal gegeben (Käthchen: Frau Anschütz-Koberwein, Walter: Herr Loewe). Wieder als historisches Ritterschauspiel in 5 Akten, eingerichtet von Laube, vom 11. Dezember 1851 bis 14. November 1875 60 mal (Käthchen: Schönhoff; Walter: Jos. Wagner). In Dingelstedts Einrichtung vom 10. Oktober 1876 bis 25. November 1887 21 mal, und im neuen Hause vom 25. November 1890 bis 23. Februar 1902 21 mal (Käthchen: Hohenfels; Walter: Krastel).

Die Zahl der Bearbeitungen des Stückes ist sehr groß. Außer den im Text bereits angeführten erwähne ich im folgenden: Die Bearbeitung von Ed. Devrient (als großes histor. Ritterschauspiel im Druck erschienen in Dresden ohne Jahreszahl); F. Wehl, die offizielle Meininger Inszenierung; Prof. Siegen (darüber eine bemerkenswerte Kritik „Das Käthchen und die Wasserfrau" von Walter Bormann in Deutsche Bühnen-Rundschau I 15. 1891); Demetr. Schautz, Prof. Seidl (Bühnen-Einrichtung des Dessauer Hoftheaters vgl. Dramat. Blätter I 1/2 1905).

Die gewaltsamste und flachste Bearbeitung des Stückes von Holbein hat sofort energischen Widerspruch hervorgerufen.

Eine ausführliche kritische Besprechung brachte G. Seufert im Gesellschafter (1835 Blatt 43, 44, 45, 46, 47). Seine Kritik leitet er mit folgenden zutreffenden Worten ein: Wenn ich im folgenden einige der Vergehungen gegen den Geist dieses eigentümlichen Werkes spezifiziere, so habe ich dabei vorzüglich den praktischen Zweck einer Reinigung; und da mit Gewißheit vorauszusehen ist, daß die deutschen Theater, wenn nicht ein Wunder geschieht, in den nächsten dreißig Jahren nicht von der alten süßen Gewohnheit der Holbeinschen Bearbeitung lassen werden, so beschränke ich mich auf solche Fehler, welche, die schönsten Züge des Originals verwischend, doch auf die leichteste Art, ohne neue Umarbeitung durch bloße einfache Wiedereinschaltung des ursprünglichen Textes, resp. Streichung des neuen, geheilt werden können.

### f) Die Hermannsschlacht.

Das Verdienst, die Hermannsschlacht zuerst auf die Bühne gebracht zu haben, gebührt Feodor Wehl. Über die Aufnahme, die das Werk auf der Bühne fand, über die Stimmung des Publikums, über die Kämpfe, die sich dabei abspielten, erzählt Wehl selbst in seinem Buche: Zeit und Menschen, Altona 1889. Tagebuch-Aufzeichnungen aus den Jahren 1863—84. Ich lasse ihn selbst sprechen:

Am 23. Oktober 1863.

Georg Hick, von der Kölnischen Zeitung zum fünfzigjährigen Gedenkfest der Leipziger Völkerschlacht abgesandt, meldete darin unter dem 19. Oktober folgendes aus Leipzig:

„Im Theater fand gestern Abend die Aufführung der von Fedor Wehl für die Bühne bearbeiteten „Hermannsschlacht" von H. v. Kleist statt."

„Was die Wahl des Stückes betrifft, so ist dieselbe unserer Ansicht nach keine recht passende gewesen. Es lag dieses Kleist'sche Drama dem geistigen Horizonte des sehr gemischten Publikums zu fern, um eine eclatante Wirkung hervorzubringen, abgesehen von den inneren Mängeln des Stückes, unter denen der auffallendste der ist, daß der Held desselben, vom moralischen Standpunkte aus beleuchtet, sich wie ein heimtückischer Schuft benimmt. Sehr bezeichnend erwiderte uns unser Nachbar zur Linken, einer der Ersten, die anno 13 in Leipzig eingedrungen waren, auf die Frage, wie ihm das Stück gefallen: „Na, so so. Der olle Blücher hätte so viele Umstände nicht gemacht, wie der Hermann!“ [es folgen da noch eine Anzahl anderer Stimmen aus dem Publikum]. — — — — Übrigens wurde die „Hermannsschlacht“ mit schöner Ausstattung recht brav gegeben.“

Welcher logische Standpunkt! Welches knabenhafte Beurteilen! Wenn junge Dramatiker in so erbärmlichem Localblattrecensententon über ein Werk wie dieses herfallen, so muß man für die deutsche Bühne alle und jede Hoffnung verlieren. Auch ich kann mir wohl sagen, daß dieses Drama leider nicht angetan ist, unsere volle Sympathie zu erlangen, aber doch nur mit dem Bekenntnis, daß das mehr unsere als des Dichters Schuld ist. Wir sind zu verweichlicht und erschlafft, um diese männliche Herbigkeit ohne Weiteres ertragen zu können.

Hick erklärte es in einem Gespräche mit mir für einen Fehlgriff des Dichters, daß er sich im Charakter Hermanns die Eifersucht in Bezug auf Thusnelda gegen Ventidius habe entgehen lassen. Er wünscht also einen ganz kleinlichen menschlichen Beweggrund, einen Beweggrund nach dem Geschmacke Scribe's für die große Rachethat Hermanns. Wie viel edler und höher steht Kleist doch diesen Leuten gegenüber, die ihm vorwerfen, er habe in seinem Helden einen heimtückischen Schuft geschildert!

Die wegwerfenden Urteile über die „Hermannsschlacht“ thun mir nicht nur weh, weil sie einen meiner Lieblingsdichter mißhandeln, sondern auch, weil sie mir nur allzu deutlich zeigen, wie unreif wir noch in unserem Volksbewußtsein und unseren politischen Ansichten sind. Wie knabenhaft die zu Tage gelegten Moralitätsansichten! Man vergiebt es Hermann nicht, daß er schönredende Zungendrescher und selbst einen edlen Mann dem Tode weiht, um das Vaterland und dessen Freiheit zu retten. Als ob sich solche Thaten immer mit reinen und unbefleckten Händen, ohne Blut, List, ja hier und da sogar ohne ein notwendiges Verbrechen vollführen ließen.

Ebenso kurios äußert sich ein Berichterstatter der Berliner National-Zeitung über die Aufführung in Karlsruhe, indem er schreibt:

„Kleists „Hermannsschlacht“ erschien als Festvorstellung zum 18. Oktober. Das ist eine unglückliche Wahl, denn das erregte Publikum vermochte sich so wenig zu erwärmen, daß nur selten der laute Beifall erschallte. Als Drama besitzt die „Hermannsschlacht“ ohnehin nur den Wert, der in der Charakteristik Hermanns des Cheruskers enthalten ist. Aber auch in dieser Gestalt offenbart Kleist nicht allein den großen schöpfungsfähigen Dichter, sondern auch das zerrissene Gemüth, das ihn treibt, mit einem Realismus, der die Empfindungen in ihre entlegensten Winkel verfolgt, wie einst das eigene Leben, so auch die Gestalten zu unterwühlen, die er uns vor die Seele führt. Armin ist eine Gestalt, die dem Feinde des Vaterlandes gegenüber den Menschen völlig verleugnet: die Laster Roms liebt er, denn sie rechtfertigen seinen mordlustigen Haß; die Tugenden Roms, die er kennt, verabscheut er, denn sie drohen, seine Hassesthat zu lähmen. Das Stück hat zugleich eine wahre und schauervolle Tendenz: Gegen den Feind, der die Existenz des Vaterlandes bedroht, ist jedes, auch das heimtückischste Mittel der Vernichtung erlaubt. Nur eine Zeit, wie die, in welcher Kleist schrieb, kann ein solches Drama verstehen mit all' seinen barbarischen Auswüchsen und an ihm erglühen. Möge dieses Verständniß nie wiederkehren für Deutschland! Von der Bühne herab kann es aber für unsere Zeit keine unglücklichere Festvorstellung geben. Hermann ist wohl verklärt durch die heroengleiche, leuchtende Vaterlandsliebe, die die Mutter seines Hasses ist. Aber er und seine barbarische halbwilde Umgebung sind uns menschlich viel ferner gerückt, als die Feinde, deren Eroberungspolitik in unseren Augen eine civilisatorische Sendung annimmt. Wäre die Schlacht am Teutoburger Walde ein geschichtliches Ereigniß, das mit seinen politischen Nachwirkungen greiflich in die Gegenwart hineinragt, so würde unsere nationale Empfindung sehr leicht Meister über den Zug unserer Einbildungskraft, die uns geistig den Feinden näher rückt. So aber ist das germanische Barbarengeschlecht mit sammt seinem Siege uns fremd und geistig fern, und das nationale Gegengewicht fehlt. Darum ist das Publikum — auch abgesehen von der komischen Seite, welche den suevischen Schopf- und Zopffrisuren, den Bärenfellen, den Urhörnern und anderen schönen Pelz- und Galanteriewaren der Vorzeit leider stets von der Bühne herab innewohnt — gespalten und uneins in seiner Empfindung. Möge der Kunstfreund und der Denker sich an der „Hermannsschlacht" erfreuen; hinreißend auf ein Publikum, das mit naiver Einbildungskraft vor der Bühne steht, wird das Stück nie wirken."

Das ist die echte deutsche Leimsiederei, die auch einen großen Nationalkrieg, einen Krieg, in dem es sich um Sein oder Nichtsein eines ganzen Staates und Volkes handelt, glatt, fein, säuberlich und in schöntuender Menschlichkeit ausgefochten zu sehen wünscht. Man frage Engländer, Franzosen, Spanier, sie werden andere Ansichten entwickeln. Sollen wir Deutsche ewig so phantastisch und sonderbar feinfühlig und befangen in ästhetischen Vorstellungen bleiben?

Als ich 1860 meine Bearbeitung der „Hermannsschlacht" an Eduard Devrient für das Karlsruher Hoftheater einschickte, meldete mir dieser, seine Unlust, das Stück aufzugreifen, zu erläutern, Folgendes: „Verhehlen will ich nicht, daß mir das Gedicht als das schwächste des mir überaus theuren Dichters erscheint, und daß ich auch dafür halte: dieser große nationale Gegenstand müßte, gerade für unsere Zeit, viel größer, historischer, charaktervoller gefaßt werden, wenn er wahrhaft erbaulich wirken sollte."

Was mich betrifft, so meine ich: Die „Hermannsschlacht" größer, historischer, charaktervoller zu fassen, als Kleist das getan, ist unmöglich. Gerade ihre große, historische, charaktervolle Auffassung ist es, die sie uns heute fremd macht. Der Dichter schrieb sie mit der nationalen Wuth und dem nationalen Zorn, die in seinem Kriegsgesange: „Germania an ihre Kinder" sich Ausdruck verschaffen, und welche durch die Unterwerfung und Verachtung seines Vaterlandes wie durch die Mißachtung entstanden sind, die sein König und seine Königin durch Napoleon den Ersten erfahren hatten.

Können solche Dinge aber nicht wiederkehren? Und wenn sie wiederkehren, wird man alsdann Heinrich Kleists „Hermannsschlacht" nicht anders beurteilen lernen?

Vielleicht erlebe ich es noch.

Übrigens hat Eduard Devrient doch diese großartige Schöpfung nach ihrer Aufführung schon etwas anders angesehen. Er schrieb mir nach derselben: „Was Ihre Hand an dem Gedichte getan, ist der Aufführung sehr zu statten gekommen: die Handlung gruppiert sich anschaulich und die einzelnen großen dichterischen Schönheiten, der große politische Geist, der durch den wilden Haß des Autors leuchtet, kommen frei zur Geltung."

Das ergab sich schon bei der bloßen Erinnerungsfeier der Schlacht bei Leipzig vor fünfzig Jahren. Wenn nun gar einmal eine Entscheidungsschlacht dieser Art wiederkehrte und mit ihr die Gefühle und Gesinnungen jener immerdar denkwürdigen Tage, wie dann?

Mich erfrischt und erquickt im Hinblick darauf, was der wackere und warmherzige Moritz Heydrich mir um diese Zeit über das Schauspiel schrieb:

Mit Freuden lese ich in den Blättern, daß viele Bühnen endlich, endlich an die Aufführung dieses wunderbar genialen Werkes gehen. Es ist gewiß das eigentümlichste und merkwürdigste von allen deutschen historischen Dramen — und daß man bisher noch keine Aufführung gemacht hat, das zeugt von der erbärmlichen Gleichgültigkeit und von der unbegreiflichsten Stumpfheit der deutschen Bühnenleiter. Unsere sämtlichen modernen, sogenannten vaterländischen und meist mit Beifall aufgeführten Dramen, auch die besten und nennenswertesten, haben keinen Funken von der heiligen Flamme echtdeutscher Kraft und Begeisterung dieses herrlichen Werkes — ja in der gesamten deutschen dramatischen Literatur finde ich kein Drama, das so ganz im edelsten Wortsinn ein Tendenzstück, und doch so ganz freipoetische Schöpfung, so voll von heilig flammender Vaterlandsliebe durchglüht, so ganz in Shakespeare's Geist als „nationales historisches Drama" gedacht und behandelt würde. In Frankreich gedichtet, würde es längst aufgeführt und ein Liebling der Nation, ein literarisches Banner des Nationalruhms geworden sein — bei uns — modert's in den Bibliotheken, gekannt und geschätzt nur von Wenigen. Dank Ihnen für die Wiedererweckung des unsterblichen Werkes! Möge des edlen Dichters ernst mahnender Schatten seinem Volke, Begeisterung weckend, wieder voranfliegen, wie in den glorreichen Zeiten unserer Väter. Möge es in stumpfsinniger Zeit die Trägen und Schlummernden wecken und die Geister bereit machen zur Tat, wenn sie nahen wird, die Stunde der Prüfung und Gefahr! Möge der deutsche Demosthenes herabdonnern von der Bühne seines Volkes, die wahrlich genug entweiht ist von blasierten Stümpern und Worthelden."

Dresden, 21. Dezember 1860.

Geehrter Herr!

Die „Hermannsschlacht“, welche Sie so trefflich bearbeitet haben, erfüllt mich ganz und gar. Sie müssen wissen, daß ich nächst Shakespeare keinen dramatischen Dichter so verehre wie Kleist. Die Wahrheit und der Humor ist's, die ihn unschätzbar machen, und ich freue mich wie auf ein Fest auf die Darstellung des Hermann. Wenn Sie doch nur herkommen könnten!

Ohne allen Zweifel werden wir einen schönen und nachhaltigen Erfolg haben. Sie wissen sehr gut, wie viel ein Aktschluß wert ist und haben das Ihrige getan. Etwas matt freilich erscheint mir der Schluß des dritten Aktes, und ich bitte Sie um einige Verse. Hermann kann, nachdem Varus Thusnelden ins Zelt abgeführt, noch einen Augenblick zurückbleiben und — erschöpft von der Anstrengung, welche ihm seine Verstellung verursacht, von der Zurückhaltung gegenüber den „Rheinbundfürsten“ — etwa ausrufen: „Kaum halt' ich mich“ — und dann nach einem Stoßseufzer inbrünstig hinzufügen, etwa:

„. . . . . O Wodan, großer Geist,
Laß mich das Werk, das ich begann, vollenden,
Auf daß mein Vaterland usw.
Befreit auf ewig wird aus Feindes Händen!“ —

So etwa. Der sonst so wunderschöne dritte Akt verdient, daß er nicht wirkungslos ausgehe.

Was meinen Sie dazu? Schicken Sie mir aber die Verse gleich, denn am 27. beginnen schon die Proben.

. . . . . Ist denn die „Hermannsschlacht“ im Stadttheater¹) schon gegeben . . . . . Wie wär's, wenn ich den Hermann dort zuerst spielte? usw. usw.

B. Dawison.

Über die erfolgte Aufführung schreibt er:

Dresden, d. 3. Januar 1861.

Ich muß Ihnen doch noch, verehrter Herr und Freund, in Eile über den Erfolg der „Hermannsschlacht“ berichten. Er war ein tüchtiger und durchschlagender und ich wollte, Sie wären hier gewesen. Ariston's Verurtheilung, welche man bereits gestrichen hatte, wurde auf mein entschiedenes Verlangen wieder hergestellt, ebenso bat ich mir die Barden, „die süßen Alten“ wieder aus. Beides wirkte vortrefflich. Das Stück ging musterhaft, das überfüllte Haus horchte atemlos — ich selbst aber wurde 7 Mal gerufen, für Dresden eine Seltenheit. Ich gratuliere!

Die Wiederholung ist für Sonntag, den 6. d. anberaumt. Ich freue mich darauf, denn so manches muß noch besser werden usw. B. Dawison.

---

¹) zu Hamburg.

Ein weiterer Brief von ihm lautet:

Dresden, d. 2. Februar 1861.

Gewiß weiß ich es nicht, mein geehrter Herr und Freund, aber es scheint doch die Wahrheit zu sein, daß die „Hermannsschlacht" nicht gegeben werden darf. Nur wo die „Nat. Ztg." usw. Herrn von Beust nennt, glaube ich richtiger: „Der König" zu lesen. Die 4. Aufführung, die am Sonntag nach der wieder mit Enthusiasmus aufgenommenen dritten bereits auf dem Repertoire stand, ist abgesagt worden und seitdem ist von dem herrlichen Stücke keine Rede mehr. Traurig, sehr traurig, Freund, nicht nur für uns Komödianten, sondern auch für unsere erbärmlichen, deutschen Zustände. Wie recht der arme Kleist hatte, zeigt sich nun wiederum an vorliegendem Falle. Wir gehen möglicherweise einer Zeit entgegen, wo er die schönste Gelegenheit finden könnte, sich zum zweiten Male totzuschießen.

— — — — — „Die Hermannsschlacht"! — Das versteht sich. Ich habe sie vorschlagen lassen[1]). Sie müssen mich ja auch sehen in der mir so ans Herz gewachsenen Rolle! Meine Bedingung wird freilich sein und unerschütterlich bleiben: daß Astolf von einem Manne gespielt wird. Ich mag mir die gewaltige Scene nicht durch Äußerlichkeiten verkümmern lassen. Frl. Kronberg ist ein liebes, talentvolles Mädchen, aber einem „Jungen", und wenn er noch so schöne Waden hätte, vertraut man keine Kinder, keine Dolche und Briefe.

— — — Ihren ersten Aktschluß bin ich begierig zu lesen, aber — ehrlich gesagt, ich bin mit meinem alten (wenn wie bei uns, die an sich sehr schönen 2 Verse des Wolff, wegfallen) sehr zufrieden. Es kommt auf das „Wie" an, glauben Sie mir, und gerade dieser Aktschluß hat elektrisch gezündet usw.

B. Dawison.

Wehl bemerkt hierzu: Ob die „Hermannsschlacht" in jenen Tagen wirklich von König Johann verboten worden ist, weiß ich heute nicht mehr zu sagen; ich erinnere mich nur, daß eine weitere Aufführung vorerst nicht stattfand.

In einem Briefe Fr. Dingelstedts an Wehl aus Weimar, d. 30. Nov. 1858 heißt es:

„Den Kleist-Prolog habe ich keineswegs übersehen, aber ebenso wenig benützt. Dem Romantiker darf auf unserer „klassischen" Bühne nicht gleiche Ehre widerfahren wie ihren Heroen, sonst schreit Alt- und Neu-Weimar Zeter über mein Haupt!"

Bei welcher Gelegenheit der hier erwähnte unbekannte Prolog Wehls geschrieben wurde, ist mir nicht bekannt.

Nach der Aufführung des Stückes in Breslau finde ich in der „Breslauer Zeitung" von 1860 (Nr. 491) das folgende Gedicht:

---

[1]) In Hamburg.

## Heinrich von Kleists Hermannsschlacht auf der Breslauer Bühne.

Wir sah'n den armen Heinrich von der Aue,
Durch Dichters — Weilen's — Ruf der Gruft entsteigen; —
Und die Vergangenheit, die nebelgraue,
Den Deutschen Fluch, den Bruderzwist uns zeigen.

Der Heinrich doch genas, durch Lieb und Treue,
Es wich die Nacht, der Blindheit schwerer Schleier;
Der Haß versöhnt sich in der Thatkraft Reue;
In Licht und Glanz jauchzt auf der Liebe Feier.

Dem armen Heinrich Kleist ward kein Gesunden
Aus tiefer Nacht in seines Daseins Kummer:
Die Liebe, die sein Herz, sein Schmerz gefunden,
Sie theilte frei nur seines Todes Schlummer. —

Italiens Volk — gesegnet sei die Stunde! —
Ein armer Heinrich ist es lang gewesen; —
Dort, wo Salerno liegt, erklingt die Kunde:
Der Freiheit Herzblut trank es zum Genesen!

Auch Deutschland war im Siechthum hingeschlichen,
Ein armer Heinrich war's in bösen Tagen.
Da wurde Licht, die Nacht ist scheu gewichen:
Die Hermannsschlacht der Geister ward geschlagen! —

Heil Dir, o Kunst, in solcher Volkes-Richtung!
Die Hermannsschlacht ist Festspiel für die Bretter!
Die Hermannsschlacht — verjüngt, ist wahr die Dichtung:
Denn Hermann lebt, der deutschen Einheit Retter!

Julius Lasker.

Eine weitere Etappe in der Geschichte der Hermannsschlacht auf der Bühne bedeutet die einsichtigere und schonendere Bearbeitung von Rudolf Genée[1]), welche ein Jahrzehnt nach

[1]) In Buchform erschienen, Berlin, 1871. Die Hermannsschlacht, Drama in fünf Akten von Heinrich v. Kleist. Neue Bearbeitung nebst Einleitung von Rud. Genée. Mit dem Bildnisse Heinrich v. Kleists im Stahlstich. Das

der Wehl'schen erschien und dem Stücke, namentlich unter dem Eindrucke der gewaltigen Ereignisse des Jahres 1870/71 zu großem Erfolge verhalf. Die erste Aufführung brachte das Berliner Schauspielhaus am 9. Januar 1875 nach Genées Bearbeitung. Über die Aufführung und die Bearbeitung schrieb Hans Hopfen in der Neuen freien Presse (27. Januar) ein großes, sehr lesenswertes Feuilleton[1]). „Hier darf man nicht über orthodoxen Rigorismus klagen, der von seinem überlieferten Texte kein Jota opfern will. Hier ist in jedem einzelnen Muster der schlagende Beweis geliefert, daß der Poet in seiner Wesenheit angetastet ist. Statt des sichtbaren Vorganges, welchen Kleist mit unnachahmlicher Kürze in wenigen Strichen vor unsere Sinne zaubert, ein nüchterner alltäglicher Ausdruck, ein „gräßlich", ein „völlig", ein„ verflucht", ein „getötet". Statt des erhabenen farbensatten Bildes ein blasses flaches Wort. Statt der Anschauung die Abstraktion. Statt der Poesie die armselige Prosa." Hopfen vertritt die Ansicht, daß die letzten Werke Kleists einer eigentlichen „Bearbeitung" nicht bedürfen, ja eine solche kaum vertragen. Auch für die Beibehaltung der Bärenzwingerszene tritt er ein und gibt vernünftige Regievorschriften.

Auf einem ganz entgegengesetzten Standpunkte steht Th. Fontane in einer Besprechung der Bearbeitung des Stückes durch Genée und der Aufführung im Schauspielhause (Voss. Ztg. 21. Januar 1875). Er spricht sich anerkennend aus über die Eingriffe des Bearbeiters und fährt dann fort: „Fachleute, die so leicht in Gefahr kommen, das Charaktervolle über das Schönheitsvolle, die geniale Kuriosität über das ästhetisch-Zulässige zu setzen, werden diese Änderungen vielleicht mißbilligen

Beste ist die Einleitung mit einem Gedicht, welches auf Kleists rührende Klage (die tiefste Erniedrigung) in entsprechenden Hexametern antwortet. Ich erwähne hier, daß auch von Rud. Genée eine nirgends angeführte, auch von Goedecke übersehene Gesamtausgabe der Werke Kleists stammt mit biographischer Einleitung (Berlin, bibliogr. Anstalt).

[1]) Aufgenommen in seine gesammelten Aufsätze.

und erklären, ihren Kleist lieber echt „mit Haut und Haar" als in dieser mehr sauberen Zurechtmachung genießen zu wollen; aber die Fälle sind nicht eben selten, wo das Allgemein-Empfinden denn schließlich doch richtiger ist und ernstere Erwägung heischt, als die in ihren Ansprüchen künstlich heraufgeschraubte Forderung Einzelner."

g) Prinz Friedrich von Homburg.

Die schweren und langjährigen Kämpfe, die sich an die Aufführung des „Prinz Friedrich v. Homburg" knüpften, die wechselvollen Schicksale des Stückes auf der Bühne habe ich bereits vor mehreren Jahren im Zusammenhange geschildert[1]). Ich bin in der Lage, meine Ausführungen von damals wesentlich zu ergänzen und dabei manche Irrtümer, die sich bis heut erhalten haben, zu widerlegen. Des verwaisten Stückes hatten sich drei Pflegeväter mit liebevoller Sorgfalt und großer Tatkraft angenommen, die ziemlich gleichzeitig an verschiedenen Stellen für die Aufführung des Stückes kämpften: Tieck in Dresden, Boettiger in Wien, Ludwig Robert in Berlin. Ihre zahlreichen Beiträge in der Presse geben ein deutliches Bild von dem heftigen Widerstande, der der Bühnenaufführung entgegengesetzt wurde.

Tiecks Wirksamkeit für das Stück ist am besten bekannt. Zwei Aufsätze in seinen dramatischen Blättern beziehen sich auf die Dresdener Aufführung, die am 6. Dezember 1821 stattfand. Der erste Aufsatz verfolgt den Zweck, das Publikum über die Tendenz des Stückes aufzuklären und auf die Bühnenvorgänge vorzubereiten, der zweite berichtet in einem Briefe an einen Freund in Berlin über den Verlauf der Aufführung und die Aufnahme von seiten des Publikums. Die beiden Aufsätze erschienen zunächst in der „Dresdener Abendzeitung" (Nr. 288 und 303 vom 1. und 19. Dezember 1821). Der Abdruck in den

[1]) National-Zeitung 1905 Nr. 308 (Freitag, d. 19. Mai): Kleists Schauspiel „Prinz Friedrich von Homburg" auf der Bühne.

dramaturgischen Blättern ist kein vollständiger; in der Abendzeitung heißt es dort, wo der Abdruck schließt, weiter: „Eine treffliche Ouvertüre, sowie bedeutende Musikstücke in den Zwischenakten und am Schluß, von einem genialen jungen Kompositeur, Herrn Marschner[1]), verherrlichen die Darstellung, und alles in allem genommen, so möchte ich fast zweifeln, ob eine andere Bühne dieses Gedicht so korrekt, eingreifend und völlig genügend wird darstellen können. Mit dankendem Erkennen der Verdienste des Herrn von Könneritz (Direktor des Dresdener Hoftheaters), seiner Liberalität, dem genialen Überblick, der gebildeten Einsicht, schließe ich diesen meinen Brief, und füge nur noch die Hoffnung, ja Überzeugung hinzu, daß durch ihn die hiesige Bühne immer mehr gewinnen wird. Wie viel auf andere Darstellungen von einer solchen, durch Anstrengung völlig gelungenen übergehen muß, wird sich bald und deutlich zeigen. Vielleicht nächstens die Fortsetzung des heutigen Thema.“ Mir scheint dieser Schlußpassus besonders den Zweck des Aufsatzes, in Berlin für das Stück Propaganda zu machen, auszudrücken.

Wie Tieck in Berlin, so suchte Boettiger von Dresden aus in Wien für das Stück Stimmung zu machen. Ein Brief Boettigers in der Wiener Zeitschrift (Dezember 1821) veröffentlicht, gibt einen eingehenden Bericht über die Dresdener Aufführung. Die Redaktion der Zeitschrift hatte auch Tiecks Aufsatz aus der Abendzeitung abgedruckt und gibt dazu in einer Fußnote zu Boettigers Aufsatz die folgende Erklärung:

Es ist bemerkenswerth, daß sich neuerdings ein geschätzter Kunstrichter hier zu Gunsten dieses deutschen Meisterwerkes dramatischer Dichtung ausgesprochen hat. Kurz vorher unternahm es auch der zu Dresden lebende Dichter Tieck, das dortige Publikum vor der Darstellung des genannten Schauspiels auf einen richtigen Standpunkt zur Beurtheilung desselben zu erheben und den streitigen Hauptpunkt, der unter uns so vieles zur Verkennung beigetragen hat, und Einigen, die sich gegen Gründe und Berichtigungen eigensinnig

[1]) Marschners Musik zum Prinzen ist als Op. 57 bei Breitkopf u. Härtel erschienen.

auflehnen, noch immer ein Anstoß ist, näher zu beleuchten. Wir hoffen, das Vergnügen unserer Leser zu erhöhen, indem wir dieser interessanten schriftlichen Mittheilung den zweyten, aus der Abendzeitung entlehnten, Aufsatz beyfügen. D. Red.

Boettigers Aufsatz hat den folgenden Wortlaut:

Kleists Homburg — in Wien die Schlacht von Fehrbellin — ist gestern zum ersten Mahl über unsere Bühne gegangen. Alle, die für die seltene Tiefe und Vollendung dieses Meisterwerks Sinn und Überzeugung hatten, daß nur verfliehender Alltagssinn das Dämonische des Stückes zur Plattheit herabziehen und als Fehler belachen können, was Lebensprinzip und Bedingung des Gelingens ist, waren im voraus überzeugt, dieß Stück müsse, so einstudiert und dargestellt, wie wir es von unserm trefflichen Bühnenpersonal zu erwarten berechtigt waren, eine außerordentliche Wirkung hervorbringen. Darum hielt es der unter uns lebende Pflegevater dieses, durch einen tragischen Tod seines eigentlichen Vaters nur zu früh zur Waise gewordenen Dramas, L. Tieck, für gerathen, zwey Tage vor der Aufführung einige Winke über die wahre Tendenz und Dichterverherrlichung des Stückes in unserer vielgelesenen Abendzeitung mitzutheilen. Denn an allerley Geflister und Geschrey fehlte es doch auch hier nicht, obgleich unser Offizierskorps, welches zu den wahrhaft gebildeten gehört, sich früher schon dahin erklärt hatte, man müsse erst sehen, bis zu Ende sehen, und dann das Urtheil abgeben. Unser neuer Direktor, geh. Rath von Könneritz, ließ sich durch keinen Zweifel irren, trug die ganze Gestaltung und Aufführung dem Schauspieler auf, der, da er selbst die Rolle des Prinzen Arthur freywillig übernahm, für das Gelingen desselben das lebendigste Interesse, zugleich aber auch die tiefste Empfänglichkeit für die dichterischen Schönheiten dieser mit der Prosa des Alltagslebens so hart kontrastirenden genialen Schöpfung unter allen seinen Mitschauspielern das volleste Zutrauen hatte, unserm wackern Julius. Er, der einst selbst mit Ehre Militär gewesen und aller Punkte, die hier die zartesten sind, kundig war, erklärte laut, das Stück müsse gelingen, wenn nur bey der Aufführung ein vorurtheilsfreyes Publikum zu gewinnen und die tölpische Plumpheit gleich anfangs einzugreifen verhindert sei. Tieck, der erste Vorleser dramatischer Dichtungen, den jetzt Deutschland hat, las in einem Abendzirkel, den der Direktor in seinem Hause veranstaltete, den damit betheilten Schauspielern und Schauspielerinnen das Stück in seiner vollen Kraft und Herrlichkeit vor. Vier Proben, deren letztere Tieck selbst mit Aufmerksamkeit beywohnte, vollendeten die Einübung. Julius hatte mit seltener Beharrlichkeit alles, die aus jener Zeit wohlbekannten schön kleidsamen Kostums, die Bühnen-Topographie auf welche dabey so viel ankommt, die Stellung bey dem Tagesbefehl, in der Schlacht, im Garten von Fehrbellin usw. meisterhaft geordnet. Marschner, ein talentvoller junger Kompositeur, der einige Zeit in Pesth in Ungarn thätig gewesen ist, hatte die einfallende Kriegsmusik, sowie die Ouverture und Zwischenakte komponirt.

Das Resultat entsprach der Erwartung vollkommen. Nur im ersten Akt, bey der Ertheilung des Tagesbefehls, ließ sich einige Mahl eine Neigung zum Lachen verspüren, die ungünstig war. Aber schon mit dem Monolog, womit der erste Akt schließt, hat Julius den Processſ gewonnen. Man begriff, wartete und erwärmte sich an der innern Gluth. Bald wurde die Begeistrung allgemein. Als die meisterhaft motivirte Zurückkehr zur nüchternen Besonnenheit und durch das herrliche Zuspielen unserer gefühlvollen Natalie (Schirmer), die in der schwierigen Scene im vierten Akt den Kampf zwischen Befangenheit in weiblicher, reicher Hinneigung und heroischem Frauen- und Fürsten-Sinn mit ergreifender Wahrheit und Schönheit spielte, die in sinnlichem Irrwahne herabgestürzte Heldenseele des Prinzen zu ihrem vollen Flügelschlag sich wieder emporhob, da stieg die Begeisterung des Publikums mit jeder neuen Rede; losgefesselter Beyfall, wie er bey unserm sonst so kalten Publikum eine wahre Seltenheit, schallte oft dazwischen; die herrliche Scene zu Anfang des fünften Aktes, wo der große Churfürst, von unserm Helwig mit Kraft und Gemüthlichkeit gestaltet, erst den Kötteritz — den der für dieß Rollenfach einzige Werdy so vortrefflich gab, daß rauschender Beyfall einige Mahl ihn fortzusprechen hinderte — dann den Hohenzoller so herrlich abweist und die unvergleichliche Stelle über Gehorsam gegen Gesetz und Vaterland ausspricht, um welcher willen allein schon das Stück auf keiner deutschen Bühne fehlen dürfte, entzündeten die Flämmchen in der Brust der Anwesenden zu Flammen und als unter Kriegsjubel und Feldmusik der Vorhang niederrauschte, da wurde Julius, der in mehrfachem Sinne siegreiche Held des Tages, Unisono herausgerufen. Der bisnun fälschlich angefochtene Holbohn macht am Schluß, wo der überwältigende Freudentaumel nach solchen Kämpfen bey solcher Überreizung durchaus nur diese Wirkung hervorbringen kann, ein vollendetes Seelengemählde vor unsern Augen. Der hohe Meisterschaft gestaltende Künstler trat mit unerkünstelter Bescheidenheit hervor und dankte bloß als Organ seiner Mitschauspieler, die für ihre Anstrengung wohl eine freudige Anerkennung verdient hätten. Neuer Jubel, neues Bravorufen. So feyerte hier in Dresden ein sächsisches Publikum, der Genialität des Dichters und der Kunst der Schauspieler gleich willig huldigend und sich über alle engherzigen Rücksichten erhebend, ja den Schlußvers: „in Staub mit allen Feinden des Vaterlandes," stürmisch beklatschend, die gewissenhafte Belebung eines Drama, das recht verstanden und zur sinnlichen Beschauung gebracht, trotz einiger befremdenden Wagnisse und Schroffheit im Ausdruck, als barer Gewinn für unsere jetzt so verarmten deutschen Bühnen sehr hochgehalten werden muß, und so errang auch hier begeisternde Dichterkraft einen vollen Sieg über die platte Gemeinheit und krönte einen Dichter, dessen Scheitel im Leben nur Dornenkronen geritzt hatten.

Über das Einzelne des Spiels wird in hiesigen Blättern zur Genüge gesagt werden. Hier nur so viel. Julius mahlte den Moment, wo er durch die Unterredung mit Hohenzollern im Gefängniß auf einmahl von der keckesten Sicherheit in die erschütterndste Überzeugung des tödtenden Ernstes herabgeworfen wird, so ergreifend wahr, daß jeder Zuschauer eben darum, weil die Endpunkte sich überall berühren, seinen Sturz in den Abgrund der Muthlosigkeit zu begreifen anfing; er sprach ferner, als er vor dem Churfürsten kniet, die schmählige Entwürdigung seines Innern durch den rein animalischen Lebenstrieb, in so gewaltiger Hast, in so feurig beschwingter Angst aus, daß man durchaus nur das Mitleid, welches seine, von der Schirmer hier so ergreifend dargestellte Geliebte ihm zollt, theilen, nicht aber Verachtung empfinden konnte und schon hier dachte, was Natalie später zum Churfürsten ausspricht: „Ach, welch ein Heldenherz wird hier zerknickt! Auch griff die Churfürstin, von Madame Werdy würdig dargestellt, sehr brav ein. Denn und das half allerdings auch den Sieg über Jeden hier und den lauschenden Tadel gewinnen, allen Rollen, auch der geringsten, geschah ihr volles Recht. Es war alles bedacht, alles in harmonischem Einklang. So sprach unser wackerer Pauli als Graf von Sparr die so kräftig aufregende Erzählung von Froben's Heldentod mit einer hinreißenden Wahrheit und erhielt, wie billig, rauschenden Beyfall. So wurde Dörfling von unserm durch Körperkraft trefflich unterstützten Baumeister auch untadelhaft gestaltet. Und alles hatte sich in schöner Eintracht bey der Probe das Wort gegeben, gemeinschaftlich das Höchste zu erstreben. Auch ist es wohl zu rühmen, daß bey unserm Bühnenvereine, wo ein glücklicher Zufall vier Künstler zusammenführt, die alle auf verschiedenen Bühnen schon Regisseurs gewesen sind, keine kleinliche Kabale je aufkommen kann, daß jeder dem andern sich völlig unterordnet, daß jeder das Ganze, nicht sich selbst, im Auge hat. Es waren im Stück, wie es gedruckt zu lesen ist, nur drey Verse weggeblieben und alles ungeändert und ungestrichen beybehalten worden und dennoch spielte es nur 2¼ Stunde, wovon zehn Minuten auf die Ouverture kamen. Allein es sind auch im Ganzen nicht 50 Verse bloß deklamirt worden. Diesem in falsche Schmink- und Toilettenkünste ausartenden, alle Wahrheit tödtenden Deklamations-Urtheil, welche durch unsere Tragöden jetzt als Tollwurzel erwachsen, als Pilsenkraut aufgeschossen ist, muß der Hals gebrochen werden, oder wir haben bald gar keine tragischen Bühnen mehr.

Böttiger.

Die Bemühungen in Wien hatten einen zweifelhaften Erfolg. Das Stück wurde zwar, viel früher als in Berlin, aufgeführt, aber sehr bald wieder aus bekannten Gründen abgesetzt. Eine sehr mißgünstige Korrespondenznachricht aus

Wien bringt das Journal f. Lit. K., L. u. Mode 1823 (Nr. 11, S. 911):

Aus Wien: Mit vielem und großem Vergnügen las ich, daß Prinz Homburg bei Ihnen doch auch nicht gefiel; welches hier so durchfiel wie kein Stück seit Jahren. Aber die Angst vor Tieck hielt die Herren Skribler ab, es so in die Welt zu schicken, wie es sich zutrug. Sie gingen so weit, uns alle für dumm zu erklären, die das Stück nicht als höchst poetisch rühmten. ———

Es macht den Eindruck, als ob eine planmäßige Hetze die schlechte Aufnahme des Stückes in Wien verschuldet hätte. Dafür sprechen die folgenden Äußerungen Schreyvogels (l. c.)

3. Oktober 1821: „Kleists Friedrich von Homburg, der heute unter dem Titel: die Schlacht bei Fehrbellin gegeben wurde, ist gänzlich (unter Lachen und Zischen) durchgefallen. Die Gemeinheit herrscht im Theater, wie überall."

4. Oktober: „Heute war die Vorstellung bei fast vollem Hause ruhig und wurde am Schlusse applaudirt."

Anmerkung: Die Wiener Blätter vermeiden es zwar, von der üblen Aufnahme von Kleists Friedrich von Homburg zu sprechen, lassen aber immerhin durchblicken, daß das Stück wenig Beifall gefunden. Costenoble tadelt in seinem Tagebuche (I. 145) das unwürdige Benehmen des Wiener Theaterpublikums.

Das Stück hat in Wien niemals rechte Anerkennung gefunden. Es ist unter dem Titel „Schlacht von Fehrbellin" unter Schreyvogel vom 3. bis 28. Oktober 1821 nur 5 mal, als „Prinz Friedrich von Homburg" unter Laube in dem langen Zeitraum vom 15. Oktober 1860 bis 21. August 1865 nur 9 mal in Szene gegangen, unter Dingelstedt vom 18. bis 22. Oktober 1876: 3 mal; im neuen Hause unter Schlenther vom 1. Dezember 1899 bis 22. Juni 1907: 22 mal. Die Titelrolle kreierte Max Korn, 1860 spielte sie Jos. Wagner, 1876 Sonnenthal, 1899 Kainz; auch heute noch hat der Prinz, wie ein maßgebender Kritiker sich ausdrückte, für das Wiener Publikum etwas Unnahbares.

Die größten Schwierigkeiten hatte offenbar die Aufführung des Stückes in Berlin zu überwinden. Bald nach der Dresdener Aufführung hatte Tieck versucht, in Berlin den Boden vorzubereiten; seine Bemühungen nach dieser Richtung hat dann Ludwig Robert, wie ich zeigen werde, energisch aufgenommen. Das lebhafte Für und Wider spiegelt sich wieder in Heines Berliner Briefen aus dieser Zeit. Schon im Januar 1822, also wenige Wochen nach der Dresdener Aufführung, war das Schicksal des Stückes besiegelt, denn Heine schreibt: „Heinrich v. Kleists „Prinz von Homburg" wird nicht gegeben werden". Einige Zeit später schreibt er im verhaltenen Groll die erbitterten Worte: „Es ist jetzt bestimmt, daß das Kleist'sche Schauspiel: der Prinz von Homburg oder die Schlacht bei Fehrbellin nicht auf unserer Bühne erscheinen wird, und zwar, wie ich höre, weil eine edle Dame glaubt, daß ihr Ahnherr in einer unedlen Gestalt erscheine. Dieses Stück ist noch immer ein Erisapfel in unsern ästhetischen Gesellschaften. Was mich betrifft, so stimme ich dafür, daß es gleichsam vom Genius der Poesie selbst geschrieben ist, und daß es mehr Wert hat, als all' jene Farcen und Spektakelstücke und Houwald'schen Rühreier, die man uns täglich auftischt." Auch in seinem Buch „Le Grand" verteidigt Heine den damals noch wenig bekannten Kleist gegen alle diejenigen, welche den „Prinzen von Homburg" angegriffen hatten, mit den folgenden energischen Worten: „Mögen Berlinische Gardeleutnants immerhin spötteln und es Feigheit nennen, daß der Prinz von Homburg zurückschreckt, wenn er sein offenes Grab erblickt — Heinrich von Kleist hatte dennoch eben so viel Courage, wie seine hochbrüstigen, wohleingeschnürten Collegen, und er hat es leider bewiesen."

Es geht aus Heines Angaben hervor, daß der erste Versuch, der von Tieck im Dezember 1821 ausging, einen negativen Erfolg hatte, daß die Aufführung des Stückes entschieden verweigert wurde. Gegen Ende des Jahres 1822 versuchte von neuem Ludwig Robert das Interesse für das Stück wachzurufen. Am 20. Januar 1822 schreibt Robert an Tieck: „— — so habe ich vorgestern eine Abhandlung über den Pr. v. Homburg dem Morgenblatt geschickt, die achtzehn, eng wie diese, geschriebene Seiten zählt. Das hiesige Theater ist darin tüchtig mitgenommen, und die dummen Ungründe dagegen zu Schanden gemacht; auch der Kabale in Dresden erwähnt das Ganze, aber in dem ?-Artikel, so daß Dresden nicht genannt wird, wohl aber Berlin." — Die hier erwähnte Besprechung gebe ich wortgetreu wieder. Sie ist sehr weitschweifig und enthält für uns nichts besonders Wissenwertes. Aber nur durch die ungekürzte Wiedergabe wird es möglich sein, gewisse falsche Darstellungen und gegen Robert gerichtete Vorwürfe, auf die ich noch zurückkomme, zu widerlegen resp. auf das richtige Maß zurückzuführen. Man muß zugeben, daß dieser umfangreiche, in mehreren Fortsetzungen im Morgenblatt veröffentlichte Aufsatz mit vollem Enthusiasmus für das Drama und seine Aufführung eintritt, und daß gerade die Todesszene in den Mittelpunkt der Besprechung gerückt und alle Einwendungen gegen sie in volkstümlicher Darstellung so erschöpfend als nur möglich widerlegt werden.

? den 1. December 1822.

Sie sind ungehalten über unser letztes Schreiben vom 1. November; Sie machen uns Vorwürfe, daß wir darin nur Tadel aussprachen, und — wie Sie sich ausdrückten — den allerwohlfeilsten, den ganz abstrakten, durch kein Beispiel bestätigten Tadel über den Zustand des heutigen Bühnenwesens. Aber schreiben wir denn nicht aus ? und über das daselbst abstrakt existirende deutsche Normaltheater, um das goldene Wort: exempla sunt odiosa streng zu befolgen? Und bedarf es denn wohl der einzelnen Beispiele, wo Schauspiel und Schauspieler ein einziges, großes, nie abreißendes Beispiel durch stetes Nebenbeyspiel bilden? — So könnten wir, uns vertheidigend, noch mancherlei Fragen aufstellen; allein wir wollen das scheidende Jahr friedlich beschließen, wir wollen nachgeben, und — weil es sich der Mühe verlohnt — von einer Thatsache sprechen: von der Aufführung des Prinzen von Homburg auf unserer deutschen Normalbühne. Zuvor aber bitten wir sowohl Sie, als die ungeneigten Leser des Morgenblatts (die geneigten thuen es wohl von selbst) unser letztes Schreiben vom 1. November als ein Vorwort des heutigen zu betrachten; denn es möchte mit einiger Konsequenz aus demselben zu folgern sein, daß der Prinz von Homburg im Gegensatze jener Stücke, die jetzt der allgemeinen Gunst sich erfreuen, nothwendigerweise von der Allgemeinheit (worunter wir aber nicht das natürlich-gebliebene Publikum verstehen) durchaus verkannt werden muß. Hamburger und Dresdener Zuschriften, und Ludwig Tiek in seiner Vorrede zu Kleists hinterlassenen Schriften haben bereits so ausführlich und gründlich über dieses verkannte Drama gesprochen, daß wir, sowohl Stoff und Behandlung, als auch den Hauptvorwurf, den die unersättlichen Edelmuth-Verspeiser diesem Stücke machen, für bekannt annehmen dürfen. Wir werden also nicht wiederholen, was dort erschöpfend über den Werth und die Mängel dieses Werkes gesagt ist, sondern nur das erzählen, was in unserem Normaltheater vor, während und nach der Aufführung des Prinzen von Homburg vorfiel, und wie sich unsere verehrlichen Kommittenten: die Almanachsdichterin und der Kavallrie-Lieutenant, der geadelte Kaufmann, Eulenböck, und die anderen darüber äußerten; und wir berichten auch dieses nur deshalb, weil es schon 1830 historisch-merkwürdig sein dürfte, was man 1822 von einem dramatischen Werke verlangte, und wie solches Heinrich v. Kleist bereits 1809 der Allgemeinheit nicht verabreichen wollte.

Lange hatte sich die Direktion unserer normal-deutschen Bühne gesträubt, den Prinzen von Homburg zur Darstellung zu bringen. Zwar lockend war es genug, ein neues Stück von einem namhaften Autor zu geben, für das man, da es gedruckt war, kein Honorar zu zahlen brauchte, aber es hatten sich der Stimmen zuviel gegen dasselbe und insbesondere gegen die momentane Todesfurcht des Prinzen erhoben, so daß es den Wenigen, die hierüber anders gesinnt waren, äußerst schwer ward, die Direktion zu einem Versuche zu bewegen. Endlich geschah es, und das Haus war überfüllt, meist von Neugierigen, die sich an dem Fallen des Stückes ergötzen wollten; denn beschlossen hatten dessen leidenschaftliche Gegner (schlagfertige Studenten und junge leicht-empfindliche Militärs, aufgehetzt von einigen unglücklichen dramatischen Versuchern) das Werk eines Heinrich von Kleist — auszulachen? — Ueber dieses Plänchen wurde eben geflüstert, als der alte Maler Eulenböck sich an den geadelten Kaufmann wendete und ihn mit äußerster Höflichkeit bat, ob er nicht die Gnade haben wollte, ihm zu sagen, weßhalb denn eigentlich das Stück ausgelacht werden sollte? „Und das wissen Sie nicht?" fragte Jener, indem er sich vor Lachen ausschütten wollte, „denken Sie nur! das Stück ist ein Heldenstück, und der Held darin, nach dem auch das Stück heißt, der hat Furcht, Furcht vor dem Tode! Ich begreife garnicht, wie ein Held sich vor dem Tode fürchten kann." — Und Sie? fragte Eulenböck trocken. — „Nun ich? Bin ich denn ein Held? Ich bin ja nur ein Mensch," erwiederte verlegen der Kaufmann. Und als hierauf Eulenböck meinte, daß demzufolge ein Held das Gegentheil von einem Menschen sei, fiel ihm die Almanachsdichterin lebhaft in die Rede. „Ein wohlfeiles Witzwort, sagte sie, ist noch lange kein Kunsturtheil, und zum Beweise wiederhole ich Ihre eigenen Worte. Ja! ein Held ist das

Gegentheil von einem Menschen; von einem Menschen nämlich im gewöhnlichen Sinne des Wortes. Ein Held ist ein Ideal! und was das Ideal ist, werden Sie doch wohl wissen, da ja Sie selbst Künstler sind. — Ich gebe Ihnen mein Wort, mein Fräulein, antwortete der Maler, daß ich durchaus nicht weiß, was das Ideal ist; ich habe es noch nie gesehen, soweit ich auch gereist bin. — Auch in Ihrer Phantasie nicht? — Daß ich nicht wüßte. — Nun, dann bedauere ich Sie von ganzem Herzen! — Und ich — gratulire mir dazu; denn das wäre eine wahre Höllenstrafe, wenn mir so zeitlebens das Ideal vor den Augen schwebte, und ich verdammt wäre, es immer wieder und wieder zu kopiren, bis an mein, so Gott will, seliges Ende." — Nun ja, rief höhnisch die Dichterin, wer so gern, wie Sie in die gemeine Wirklichkeit sich vertieft und diese abzukonterfeien liebt! Und doch wird der, entgegnete der Maler, der die Wirklichkeit, und selbst die gemeinhin gemein genannte, nur recht wahr und wirklich darstellt, Kunstwerke liefern, und während die zahllose Schaar der Idealjäger, eben weil sie zu dem Uebermenschlichen aufsteigen will, tief unter die Wirklichkeit hinabfällt, allwo sie uns dann entweder Schuldigkeit, für Edelmuth oder phantasmagorische mit allen möglichen Tugenden gefüllte Schaumgeschöpfe, für Menschen, für Individuen, für Charactere verkauft. Sehen sich denn nicht alle diese Gespenster gleich; und was kostet es sie, als höchstens einen langweiligen Monolog, um für jede Bagatelle und mit der größten Behaglichkeit sich gerade so abschlachten zu lassen, wie unsereines ein Hundert Austern ißt? — Sie werden uns doch nicht das Ideal nehmen wollen? rief der Verskünstler, — Bewahre der Himmel! entgegnete der Maler schmunzelnd, kann es garnicht brauchen. — Unser praktischer Eulenböck, begann hier der Uebersetzer des Aristoteles, drückt sich nur etwas hyperbolisch aus, sonst aber hat er vollkommen recht, denn Aristoteles sagt: Der Dichter solle es nie versäumen, seinen Helden einige — versteht sich kleine — Flecken anzuhängen, und ich setze hinzu, daß uns ja die Natur selbst darauf hinweist, indem auch selbst die Sonne: das Lichtmeer der Schöpfung, nicht ohne Flecken ist. Aber unsere Romantiker studiren den Aristoteles nicht und ignoriren demnach, was Schrecken erregt, und Mitleid und was Kunst ist und Schönheit. — Aber im Aristoteles wäre wirklich das tiefe Geheimniß der Schönheit gelöset? fragte Eulenböck mit ironischer Verwunderung. — Und das wissen Sie nicht? rief der Uebersetzer, und haben doch so manches schöne Werk geliefert! — Blos Meisterwerke, sagte der Maler bescheiden, fremde Meisterwerke. Aber Sie, der Sie ja aus Ihrem Aristoteles ganz genau wissen, wie man die Schönheit künstlich zusammensetzt, warum schreiben Sie denn nicht einmal so eine ganz untadliche Tragödie? — Ist auch schon geschehen, schmunzelte selbstzufrieden der Uebersetzer. —

Während dieser Reden hatte der Kavallerie-Lieutenant und der Redakteur der Kunstzeitung sehr eifrig über die Verwerflichkeit des Kleist'schen Dramas gesprochen und sich gegenseitig in allen Stücken Recht gegeben. Jetzt rief aber der Lieutenant: Nein, da muß ich bitten, da sind Sie ganz falsch unterrichtet! In Berlin wird das Stück bestimmt nicht gegeben; ich habe noch gestern einen Brief von dort bekommen, von einem Vetter von mir, und der schreibt, daß in keinem Falle etwas daraus wird. Sehen Sie mal! In einem militärischen Staate, wie Preußen, ist es erstlich ganz unmöglich, einen Offizier auf das Theater zu bringen, der so wenig point d'honneur im Leibe hat, daß er um sein bischen Leben bettelt, das würde unseren ganzen Stand ridikülisiren und das geht nicht. Zweitens aber ist die ganze Sache nicht wahr; der Prinz von Homburg war ein sehr tapferer Herr und ist dafür berühmt in der Geschichte. Drittens soll eigentlich gar kein Vorfahre von hohen Häusern auf dem Theater erscheinen, am allerwenigsten aber, wenn ihn der Dichter so verächtlich darstellt. Das hieße wahrhaftig wenig Ehrfurcht haben vor den hohen Anverwandten des berühmten Helden, wenn man verlangen wollte, daß sie dergleichen ruhig aus der Loge mitansehen sollten. — Und gerade in Berlin sollte dieß Stück gegeben werden! sagte mit ernstem Ton der Publicist, ein ältlicher Mann, der bisher kein Wort gesprochen, sondern eifrig in Kleist's hinterlassenen Schriften gelesen und viele Stellen mit Bleistift angestrichen hatte. Ja, Herr Lieutenant, fuhr er fort, daß ich ein Preuße bin, wissen Sie; auch daß ich bei schon herangerücktem Alter die Waffen für König und Vaterland ergriff; ich gebe Ihnen überdies mein Wort, daß ich dieses Kreuz nicht beim Gepäcke erworben habe; ich darf mir also wohl ein Urtheil über Muth und militärische Ehre zutrauen, und deßhalb wiederhole ich: Gerade in Berlin sollte der Prinz von Homburg gegeben werden. Denn der erlauchte Held des Stückes ist hier so hoch verherrlicht, wie ihn die Geschichte, die seiner kaum erwähnt, nicht verherrlichen konnte. Gerade, daß ihn der Dichter erst alle Schrecknisse eines gewaltsamen und gewissen Todes und Grab und Verwesung in ihrer ganzen Gräßlichkeit von Angesicht zu Angesicht sehen, und davor zusammenstürzen lässt, erhöht und verstärkt seine spätere Erhebung, seinen Sieg über den ihm wohlbekannten Tod. Wie wenig würde er uns interessieren, wenn er nach hergebrachter Komödiantenweise, vom ersten bis zum fünften Akt das Leben wie Nichts achtete, und jeden Augenblick zu sterben bereit wäre; oder sein Todesurtheil, wie ein französischer Grenadier mit irgend einem prahlerischen Vive! empfinge! Ich kann daher nicht glauben, daß die erlauchten Sprossen des Homburgischen Fürstenhauses, die an dem Berliner Hofe leben, und dort wegen ihres hohen Kunstsinnes mit Recht so sehr gepriesen werden, daß diese jemals von diesem ächt-vaterländischem Stücke unangenehm berührt werden könnten; da es im Gegentheil ihnen gewiß eine hohe Genugthuung ist, ihrer Vorfahren einen so glänzend und von einem so kräftigen Genius verherrlicht zu sehen. — Und doch — begann der Lieutenant etwas weniger sicher als zuvor — doch wird niemals das Stück in Berlin gegeben werden; denn die ...... Vergeben Sie mir, fiel hier der Publicist ein, ich muß Sie unterbrechen, in der Besorgniß, daß Sie etwas nacherzählen mögten, welches ich — aus Ehrfurcht vor einem schönen und erhabenen Gemüthe — nie und nimmermehr glauben werde. Auch bin ich überzeugt, daß man sich beeilen wird, dieses Drama in Berlin darzustellen — und wenn man bis jetzt damit gezögert hat, so geschah dieses aus wahrhaft zarter Rücksicht: man wollte nämlich gerade, weil der Prinz von Homburg ein so ächt-vaterländisches, ja ein so individuell-brandenburgisches Schauspiel ist — weder die Stadt dem Vorwurf einer eitlen Vorliebe, noch das Stück einer zweideutigen Aufnahme aussetzen, sondern man erwartete erst das günstige Urtheil der deutschen Nachbarstämme, um ob der partheyischen Begeisterung gerechtfertigt zu sein, die dieses höchst patriotische Werk nothwendigerweise in Berlin erregen muß. — Das ist doch wohl nur eine Vermuthung, sagte ironisch der Verskünstler. — Und doch, ohne auf ihn zu hören, fuhr Jener also fort: Ich müßte einem treu erprobten Volke allen Vaterlandssinn, sein freudig-sicheres Selbstbewußtsein, seinen edelen Stolz auf eine hochberühmte Fürstenreihe und Dankbarkeit und Liebe und Treue absprechen, wenn ich nicht des Enthusiasmus gewiß wäre, den die Darstellung dieses Dramas in seiner Geburtsstadt erregen muß. Denn gesetzt auch, ich gäbe es zu, daß jenes Publikum, welches schon seit langen Jahren mit allen möglichen Arten von komödiantischem Heldenmuth bewirthet und großgefüttert wurde, keinen Geschmack an dem menschlichen Helden dieses Dramas finden könnte, und sich erst den wahren Kunstsinn anbilden müßte, um das Tief-Tragische in jener schreckenerregenden Todesfurcht zu erfassen — so muß schon allein das Bild des großen Kurfürsten, jeden Preußen, jeden Brandenburger zu begeisterter Anerkennung, zu innerem Herzensjubel entflammen. Es ist die Majestät selbst, die hier — nicht etwa durch überschwängliche Bilder und lyrischen Redefluß uns beschwätzen will, an sie zu glauben, wie solches Brauch ist und Behelf in unseren breiten schwächlichen Dramen — nein! es ist die Majestät selbst, die hier mit strahlender Sicherheit, in erwärmender Milde und mit überzeugender Thatkraft, stets groß und edel und immer menschlich und persönlich uns entgegentritt. Der müßte kein Herz im Busen tragen, oder kein Preuße, kein Deutscher, ja kein Mitglied irgend eines gesellschaftlichen Vereines sein, der nicht die Freude des edelsten Stolzes empfände, wenn der große Kurfürst, trotz aller Nachrichten, trotz aller Tatsachen einer augenscheinlichen Empörung, nie und nimmer an der Treue seiner Brandenburger nur einen Augenblick zweifelt. Gibt es etwas Rührenderes und Erhabeneres, und das so großartig-naiv wäre, als jener Monolog des Fürsten:

Seltsam! Wenn ich der Dey von Tunis wäre,
Schlüg ich, bei so zweideut'gem Vorfall, Lärm;
Die seidne Schnur legt ich auf meinen Tisch
Und vor das Thor, verrammt mit Pallisaden
Führt' ich Kanonen und Haubitzen auf. —
Doch weil's Hans Kottwitz aus der Priegnitz ist,
Der sich mir nah't willkührlich, eigenmächtig;

So will ich mich auf märk'sche Weise fassen:
Von den drei Locken, die man, silberglänzig,
Auf seinem Schädel sieh't, fass' ich die Eine,
Und führ' ihn still, mit seinen zwölf Schwadronen,
Nach Arnstein in sein Hauptquartier zurück.
Wozu die Stadt aus ihrem Schlafe wecken?

Dem Kavallerie-Lieutenant kamen die hellen Thränen in die Augen, als der Publicist jetzt das Buch zuschlug, und also zu sprechen fortfuhr. Und hätte das Stück auch gar keinen Werth, und enthielte es nur diese Szene, so wäre es schon dadurch ein vaterländisches Schauspiel und müsste auf allen Bühnen der preußischen Monarchie gegeben werden; denn diese Eine Rede ist wahrlich ein eben so schönes Monument von dieses Friedrichs Fürstengröße, als dessen bekannte Statue auf der Brücke zu Berlin. Aber auch davon abgesehen, und von der ganzen Erscheinung dieser meisterhaften Charakterzeichnung, so findet sich noch eine andere, in die Augen springende Ursache, welche es den preußischen Bühnen zur Pflicht macht, dieses Drama auf die Szene zu bringen. Es ist die unnachahmliche Erzählung von Frobens Großthat, von seinem Treue-Tod! „O," so beginnt der Dichter:

„O lasst die rührendste Begebenheit,
die je ein Ohr vernommen, mich berichten!"

Und es ist buchstäblich wahr; es ist die rührendste Begebenheit, die man hören kann; die Geschichte bewahrt diese That, als eine der anspruchlosesten des Heroismus; und Froben war ein Brandenburger; und man setzt Preise auf vaterländische Dramen aus, und diese rührende Begebenheit sollte nie von der Bühne herab den Preussen erzählt werden, weil .....?! Die Musik begann, und wir konnten den Schluß dieser emphatischen Rede nicht deutlich vernehmen.

Der erste Akt begann. Dessen erste schwierige Hälfte war vortrefflich in Szene gesetzt; man hatte die möglichste Vorsicht gebraucht, damit die Begebenheit des Nachtwandelns, der Scherz mit dem Lorbeerkranz und das Niederstürzen des Prinzen, als er bei Namen gerufen wird, nicht gegen die gewohnte Konvenienz der Bühne verstoßen sollten; dennoch war man befremdet über solchen Anfang, aber die angestrengte, stille Aufmerksamkeit des Publikums beschämte und unterdrückte das verabredete lächerliche Lachen der unglücklich Verschworenen. Die zweite Hälfte des Aktes voll kriegerischen Lebens genau, und ort- und zeitgemäß dargestellt, erhöhte den Antheil und steigerte die Aufmerksamkeit, der Vorhang fiel unter Beifallsbezeugungen. Demungeachtet wurden nun die ersten Szenen des Nachtwandelns und der Scherz, den sich der Kurfürst bei seinem ersten Erscheinen erlaubt, allgemein als missständig getadelt. Selbst der Publicist konnte sich kein Gehör verschaffen;

denn man wollte seinen Vertheidigungsgrund nicht gelten lassen, und nichts davon hören, daß der Kurfürst nothwendigerweise diese Schuld auf sich laden müsse, theils um mehr in den Konflikt des Stückes zu gerathen, über welchem er sonst isoliert schweben würde, theils um ihn eben dadurch auch menschlich, schuldbewußt und doch edel und doch majestätisch hinzustellen; Hohenzollern, der ihm seine Schuld vorhält, sagte auch: „Ich bin sicher, mein Wort fiel, ein Gewicht, in Deine Brust." Dies aber auszudrücken, und uns an dieser Stelle, ob des früheren Scherzes zu versöhnen, sei Sache des Künstlers, der den Kurfürsten darstellt. Alles lehnte sich, trotz dieser Gründe, gegen das Übertriebene, Unnatürliche, Märchenhafte dieser Szene auf, nur Eulenböck sagte: Ohne diese Phantasterei wäre mir das ganze Gemälde zu niederländisch, oder vielmehr zu märkisch.

Hinreißend wirkte das Schlachtgemälde, mit welchem der zweite Akt beginnt; doch nein! „Gemälde" ist das Wort nicht, es ist die Schlacht selbst, die uns der Dichter nicht etwa darstellt, sondern selbst mit beiwohnen läßt; wir befinden uns auf einem der Flügel, bei der Kavallerie, die fern außer dem Kanonenschusse aufgestellt ist; wir hören und sehen die Schlacht vom ersten Signalschuß, bis zum ganz nahen Musketenfeuer, wir schauen jede Bewegung des Feindes und der Unsern vom Standpunkte des Generalstabes aus, bis endlich die Kavalleriemasse in den schon geschlagenen Feind stürzt. Möchten doch unsere heutigen Dichter und Regisseurs sich hier belehren lassen, wie die wahre Kunst des Dramas, ohne Hilfe des Dekorateurs und des Maschinisten, ohne Tänzer, Komparsen und Pferde, eine Schlacht darstellt. — In der folgenden Szene befinden wir uns nicht mehr in der Schlacht, aber noch immer im Kriege; die Landesmutter auf der Reise, in einem Bauernhause, hört den Bericht der gewonnenen Schlacht und die Schreckensnachricht von dem Tode des Kurfürsten. — Homburg tritt auf; Er hat die Schlacht gewonnen. Er tröstet die Gattin und die Geliebte. Er will beider Sache übernehmen. Er „ein Engel mit dem Flammenschwert an des verwaisten Thrones Stufen stehen". Die Kurfürstin weist sein Gesuch um Nataliens Hand nicht zurück; er ist in seinen Träumen auf dem höchsten Wolkengefühl des Glückes! Dieser Sieges- und Wonnerausch steigert sich sogar bei der Erzählung von des Kurfürsten Rettung und Frobens Opfertod; im Gefühle der Kraft und von Heldenmuth und Sohnesliebe begeistert, ruft er in Beziehung auf den edlen Diener und seinen großen Herrn: Wenn ich zehn Leben hätte, könnte ich sie besser brauchen nicht als so! — In dieser höchst aufgeregten Stimmung, sehen wir ihn, in der unmittelbar darauf folgenden Szene, noch siegestrunken von der eben gewonnenen Schlacht, die errungenen Trophäen zu seines Fürsten Füßen niederlegen. Lohn — und zwar den schönsten — Liebeslohn denkt er für seine Großthat zu empfangen, und so wenig hat er eine Ahnung seiner Schuld, daß er vielmehr auf die Frage des Kurfürsten:

Mithin hast du die Reiterei geführt?
Beinah' mit stolzem Vorwurf antwortet:
Ich? Allerdings! Mußt Du von mir das hören?
— Hier leg' ich den Beweis zu Füßen Dir.
Und hierauf — erwidert der Kurfürst:
Nehmt ihm den Degen ab. Er ist gefangen.

Einen eminenteren Glückswechsel als hier dieses Drama, hat kaum die Tragödie aufzuweisen. Selbst Dörfling der Feldmarschall und der alte eiserne Kottwitz erschrecken und gestehen es, daß sie erschrecken. Der Prinz kann hier kaum bei Sinnen bleiben, und er bleibt es auch nicht. „Helft, Freunde," ruft er „ich bin verrückt," und fragt darauf: Sind denn die Märkischen geschlagen worden? — Schon diese Szene wäre hinlänglich, die spätere Furcht vor der Hinrichtung zu motiviren und zu rechtfertigen. Aber der Dichter thut mehr, er zeigt uns im nächsten Akt den Prinzen im Gefängniß und auch hier noch immer seine Schuld nicht anerkennend, nicht begreifend, und daher so fest, so innig überzeugt von seiner Begnadigung, daß weder das Kriegsgericht, noch das Todesurtheil, noch selbst die vermuthliche Bestätigung desselben ihn in seinem ruhigen Gefühle der Sicherheit stören. Nur dann, als er erfährt, daß seine Liebe mit der Politik in Konflikt gerathen sei, glaubt er ein Opfer der ersteren zu werden, glaubt er an seinen Tod, an seine Hinrichtung! Nun als Hohenzollern ihn diese Halbwahrheit bestätigt, eilt er fort, der von höchster Sonnenhöhe des Glückes hinabgestürzte, schwerverwundete Mensch und sucht Rettung, und sieht auf seinem Wege, wie man sein Grab bereitete. — Stärker kann man nicht motiviren, wenn mehr als Furcht, wenn Angst vor gewaltsamer Hinrichtung, Todesangst in der zerrütteten Seele eines hoch vom Glück begünstigten, lebenskräftigen Heldenjünglings gezeigt, in ihrer völligen Gräßlichkeit, in ihrer armseligsten Nacktheit gezeigt werden soll. Und zeigen wollte uns dieses der Dichter, um nach so schwerem Falle, seinen Helden, doppelt kräftig, doppelt muthig zu erheben; nein! sich selbst erheben zu lassen. — So sehr wir nun von der Weisheit des Dichters und von der bedingten Nothwendigkeit dieser Szene überzeugt waren, so bangte uns doch vor ihrem Erfolg bei dem Publikum, und das umsomehr, da wir der Stelle aus der Vorrede zu Kleist's hinterlassenen Schriften gedachten, wo es also heißt: „Unter so vielen hergebrachten Angewöhnungen der Bühnenwelt ist auch die, daß die Todesfurcht unter keinen Bedingungen in ihrer ganzen Gräßlichkeit in edlen Gemüthern erwachen darf." Aber wir hatten uns — und wie oft begegnet das unseren Theaterdirektoren, wenn sie mit vormundschaftlicher Weisheit und apodiktisch vorausbestimmen, welches Schauspiel ihrer Pupille, nämlich dem Publikum gefallen oder nicht gefallen wird! — Wir hatten uns, sagen wir, hinsichtlich jener besprochenen Szene getäuscht. — Nicht allein, daß sie nicht abstieß, fesselte sie im Gegentheil, bewegte, riß hin. Und gern gestehen wir, daß zu diesem Erfolge die darstellenden Künstler größtentheils mit beigetragen haben. Ganz in die Absicht des Dichters eingehend, war der Prinz, da wo er mit schnell hinströmender und gewaltig aufwogender Rede, um sein Leben bittet, noch immer derselbe hinbrausende Held, der gegen den Willen des Feldherrn, in die Schlacht stürzt; derselbe zu Boden geschmetterte Mensch, der früher außer sich aufschreit: „Helft, Freunde! ich bin von Sinnen!“ — derselbe krankhafte Träumer, der den Lorbeer des Ruhmes und die Myrthe der Liebe schon errungen glaubte und nun in der Todesgruft lebendig begraben erwacht. Er erschreckte das Publikum so sehr, daß dieses sein Richteramt und alle Ehrengesetze, ja die gesamte Ethik in diesem furchtbaren Momente vergaß. Zu diesem wahrhaft tragischen Eindruck das ihrige beizutragen, versäumten auch die Frauen nicht; ein kalter Todesschreck ergriff beide, bei der Zerrüttung, bei der Vernichtung des Sohnes und des Geliebten, der den eigenen Siegerkranz: Lorbeer und Myrthe im Krampf der Todesangst schmählich zerreißt. Natalie starrte vor Entsetzen und da erst, wo ihr der Dichter die thatkräftige Rede in den Mund legt, riß sie sich mit Gewalt aus der drohenden Ohnmacht heraus. Alles dieses wirkte mächtig auf das Publikum ein, es war davon ergriffen, hingerissen. Sowie aber der Vorhang gefallen war, trat auch die Reflexion ein; und Gewohnheit und Herkommen übten sogleich ihr konventionelles Vorrecht aus. Man war mit dem, was eben jetzt so großen Eindruck gemacht hatte, unzufrieden; es erging dieser ächt-tragischen Szene, wie mancher ächt-komischen, über die man aus vollem Herzen lacht, und sich hinterdrein vornehm schämt ob des unvornehmen Lachens; man wollte es dem Dichter nicht verzeihen, eine so furchtbare Wahrheit so hinreißend dargestellt zu haben. Man läugnete sich lieber diese Wahrheit ab, und stellte ihr die herkömmliche theatralische Todesverachtung entgegen und hielt die Behaglichkeit, mit welcher man dergleichen, vom sichern Parterre aus, mit ansieht, für erhabene Erhebung. Wir würden nur das schon Gesagte wiederholen, wenn wir die Gespräche berichten wollten, die jetzt mit großem Eifer um uns herum geführt wurden. Sie waren uns ein Beweis des großen Antheils, den man an dem Drama nahm; denn wir hatten es ja oft erlebt, daß von Stücken, die der Direktion ausnehmend, und eben so dem Publikum gefielen, auch nicht ein Sterbenswörtchen mehr nach der Darstellung gesprochen wurde. Nur einiges, uns merkwürdig scheinende, wollen wir nachtragen. Merkwürdig war es uns, daß während die jüngeren Militärpersonen sich durchaus nicht über die ehrenrührige Todesfurcht des Prinzen beruhigen konnten, ältere Offiziere die Möglichkeit einer solchen Furcht bei ausgezeichneter Tapferkeit gelten ließen und auch wohl durch Beispiele bestätigten, ja Einer dieser würdigen Herren bewies sogar einem von den jüngsten und lautesten Jünglingen, daß es sehr zweierlei sei: Für die Idee des Rechtes gern zu sterben, oder gepeitscht von dem point d'honneur gezwungen in den Tod zu springen. Ein Anderes sei es auch im Gefühle der Ehre thatkräftig auf dem Schlachtfelde zu wirken, und ein Anderes unschuldig verurtheilt nach dem Richtplatz zu gewissem Tode geführt zu werden. — Merkwürdig schien uns sodann der Einwand, den eine ältliche uns unbekannte Dame gegen diese vielbesprochene Todesfurcht machte. Wir können, sagte sie, nicht wieder an den Muth eines Mannes glauben, der sich, wenn auch nur ein einziges Mal feigherzig gezeigt hat; Muth ist die Keuschheit des Mannes. — Dieses „wir können nicht wieder glauben" erwiederte der Publicist, ist gesellschaftliche Konvention (um nicht zu sagen Affektation) und in ihr die Ursache zu finden, weßhalb der männliche Muth zu einem Zerrbilde genannt: point d'honneur und die weibliche Keuschheit zu pruderie wurde. Wir Deutsche haben keine Worte für diese übertünchten Auswüchse der bonne société. Eulenböck machte allem diesem Hin- und Hergerede ein Ende, indem er die Lacher auf seine Seite brachte. Er behauptete, Kleist wäre kein Dichter, wie er sein soll, und könnte daher auch kein Stück schreiben, wie es sein soll. In einem solchen hätte der Prinz sein Todesurtheil nicht nur mit anständiger Standhaftigkeit, sondern mit dem Wonnegefühl naher Seligkeit anhören und einen großen Monolog in italienischen Stanzen halten müssen, worin er bei Musikbegleitung, bewiesen, wie überglücklich er wäre, unverschuldet verurtheilt zu sein, und welch einen Genuß es gewähre, selbst nach gewonnener Schlacht, während es die Andern sich wohl sein lassen, für Fürst und Vaterland auf das Blutgerüst zu steigen. Natalie müsste ihn durchaus zur Flucht bewegen wollen, die Wachen bestechen, die Kleider mit ihm wechseln wollen u. s. w. er aber müßte standhaft bleiben, zum Richtplatz geführt werden, wo dann die bekannte Szene aus dem französischen Deserteur das Stück, wie es sein soll, zu aller Zufriedenheit hätte schließen müssen. Noch erzählte er, welche herrlichen und rührenden Szenen hieraus hervorgegangen wären, theils zwischen Natalien und dem Kurfürsten, theils zwischen diesem und dem Prinzen, und wie heldenmüthig-sentimental der Delinquent hätte Abschied von Hohenzollern et caeteris nehmen können, als der vierte Akt begann. — Die große Lebendigkeit desselben; Natalias weibliche Heldengröße; des Kurfürsten ruhige Besonnenheit, seine majestätische Kraft und Milde; des Prinzen schön vorbereitete und prunklos-natürliche Erhebung und die Freude der Liebenden über des Geliebten Sieg, machten einen tiefen, stillen Eindruck, der nur dann erst in lauten Beifall ausbrach, als Natalie froh begeistert ausrief:

Nimm diesen Kuß! — Und bohrten gleich zwölf Kugeln
Dich jetzt in Staub, nicht halten könnt' ich mich,
Und jauchzt' und weint' und spräche: Du gefällst mir!

Der Vorhang fiel, und man versöhnte sich immer mehr und mehr mit diesem ungewöhnlichen Drama. — Nicht minder wirkte der fünfte Akt, in seinem ächt-militärischen, ächt-brandenburgischen Kolorit; mit der Hauptfigur des großen Fürsten, der hier wie Dörffling sagt: „jedwedem Pfeil gepanzert ist;" mit diesem Feldmarschall und anderen Kriegsobersten, mit dem edlen Hohenzollern und dem kräftigen alten Helden Kottwitz, in welchem der Dichter Blücher geahnet oder vielmehr gezeigt hat, wie es unter den gegebenen Bedingungen, den Preußen nie an einem Blücher gefehlt hat, noch fehlen wird. Alles dieses ward eben so lebendig ergriffen, als es lebendig dargestellt ist. Nur die letzte Szene, die sich an die erste märchenhaft=phantastische anschließt und in dieselbe verliert, erregte von neuem die früheren Angriffe und Vertheidigungen, die wir treu, wenn auch mit unverhohlener Vorliebe für das Stück berichtet haben. Es bleibt uns nichts zu sagen übrig, als daß dieses Drama bereits siebenmal bei gefülltem Hause auf unserer Normalbühne gegeben worden und mit jeder Darstellung sich immer mehr Freunde und Vertheidiger erringt.

Ich habe die Veröffentlichung Roberts über den Prinzen der Vergessenheit entzogen, einmal weil sie uns zeigt, welche Anstrengungen notwendig wurden, welche Vorurteile überwunden werden mußten, um das Stück auf die Bühne zu bringen, dann aber auch, weil sie den Vorwurf widerlegen, daß Robert seine Hand dazu geboten habe, das Stück seines Freundes in einer sinnlosen und pietätlosen Verstümmelung dem Publikum zu bieten. Sch. behauptet, daß Ludwig Robert die sogenannte Feigheit des Helden durch seine eigene Feigheit als Bearbeiter ausgewischt hätte. Wir haben gesehen, daß unter allen den zahlreichen Freunden Kleists Robert der einzige war, der sich auf dem schwierigen Berliner Boden für die Aufnahme des verwaisten Stückes mit allen seinen Kräften verwendete. Das Stück wurde in Berlin zum ersten Male aufgeführt am Sonnabend, dem 26. Juli 1828. Am Tage der ersten Aufführung erschien eine Vorbesprechung in den B. N. (Nr. 173, Sonnabend, den 26. Juli 1828), eine Vorbesprechung nicht der Aufführung selbst, sondern des Stückes, offenbar in der Absicht, das Publikum vorzubereiten, genau so wie es sieben Jahre früher Tieck in Dresden vorbereitet hatte. Diese von Ludwig Robert mit voller Namensunterschrift versehene, sachlich interessante Kritik des Stückes hat folgenden Wortlaut:

Eine Ansicht des Kleistschen Dramas:
Der Prinz von Homburg.

Es ist eine alte Klage, daß überall das Neue Widerspruch erleidet, und Hindernisse zu besiegen hat. Die Thatsache ist wahr, die Klage darob aber nicht gerecht; denn das Neue soll erst dann befugt seyn, das Bestehende abzulösen, wenn es sich auch als ein Gutes bewährt hat, und es kann sich als solches nur bewähren, wenn ihm Widersprüche entgegentreten, durch die es sich selbst und Anderen klar wird, Hindernisse, die es durch inwohnende Kraft besiegt. Dies ist in jeder Wissenschaft, in jeder Kunst der Fall. Es ist also der Ordnung der Dinge durchaus gemäß und für den erfahrenen Beobachter, weder zu bestaunen noch zu beklagen, daß das genannte Kleistsche Drama ehrenwerthe Gegner fand. — Trotz der Aristotelischen Regel nehmlich, daß kein dramatischer Held fleckenlos dargestellt werden durfte, hatte sich doch die neue Zeit daran gewöhnt, den Muth der dramatischen Kriegshelden nie und nimmer wanken zu sehen. Lebens- und Todesverachtung war ihnen so eigen, so unerläßlich und so leicht, wie der Rose Wohlgeruch, der Sonne Licht, dem Vogel Schnelle. — Daß es der höchste Grad der Sittlichkeit ist, wenn uns die Tugend kein Opfer mehr kostet, wird wohl von Niemand bestritten werden; aber Aristoteles schon und in neueren Zeiten Lessing u. a. thun es dar, daß ein Ideal der höchsten Sittlichkeit keinen dramatischen Helden giebt. — Dies hat Kleist empfunden und erwogen, und deßhalb läßt er den Prinzen von Homburg tief in Todesschauer versinken, läßt die Zuschauer vor dem tiefen Fall erschrecken, um ihn dann um so höher und im Strahlenkranze des Muths zu erheben. Erst dadurch wird sein Held wahrhaft dramatisch, d. h. wir können sein inneres Leben mit ihm leben. Der höchste nie wankende Muth aber, die reine Lebens- und Todesverachtung sind entweder durch ihre lichte Reinheit so farblos, daß sie kein Bild geben, so erhaben, daß sie uns in Göttlichkeit entrückt werden, oder — wir denken auch vielleicht: Diesem Todesverächter ist wohl der Tod noch nie in seiner Schreckensgestalt vor die Phantasie getreten, er hat jeden Schauergedanken an Grab und Lebensende leichten Sinnes von sich gewiesen, sich überschrieen und übertäubt. Der Krieger, der, inmitten der Massen, gen den Tod speienden Festungswall anrückt, ist ehrenwerth, Max Piccolomini, der unter dem Huftritt hinstürmender Rosse sein Leben endet, ist bemitleidenswerth-großartig; aber größer und erhabener ist der Prinz von Homburg, der den gewaltsamen unfehlbar-gewissen Tod *der Strafe* erleiden soll, der sein eigenes Grab sieht, und bei diesem Anblick von solchem Grausen erfaßt wird, daß er, der Sieger in der Schlacht um Fürsprache für sein Leben fleht, wahrhaft groß und erhaben ist dieser Held, wenn er nun (nicht exaltirt) sondern mit vollem Bewußtsein sich so muthig erhebt, daß er, damit das ordnende Gesetz walte, sich selbst zum Tode verurtheilt. Die ehrenwerthen Gegner dieses Drama's wollen nicht gern erschrecken bei dem augenblicklichen Fall eines so tapfern Fürsten, aber das Schrecken ist das Wesen des Tragischen, es kann ihnen nicht erspart werden, eben weil es ihnen den hohen edlen Genuß so großartiger Erhebung vorbereiten muß. — So weit ist dieses Stück einer allgemeinen Diskussion unterworfen, und allgemeinverständlich. Das individuell-vaterländische aber, das Preußenthum, das Element zugleich und das Kolorit dieses Meisterwerks, dies kann von einem Fremden nie und nimmer in dem Maaße gefühlt werden, als von einem Landeskinde. Was man auch im Auslande von diesem Drama gesagt haben möge, ein inniges, begeistertes Verständniß ist von Fremden unmöglich. Hier ist kein Heil- und Vivat-Rufen, kein sterotypes National-Lob, wie auf den französischen Bühnen tagtäglich, zu hören. Aber Gesetzlichkeit, unverbrüchliche Treue, Liebe des Heeres zu dem angestammten Fürsten, des Fürsten Festigkeit und Milde, kurz, was Preußen zu Preußen macht, wird uns in diesem herrlichen Gemälde lebendig vorgeführt, und keine vaterländische Hymne giebt es, die sich mit dem einfachen und erhabenen Monolog des großen Churfürsten messen könnte, der also beginnt: „Wenn ich der Dey von Algier wäre". Und so verdient die obere Behörde der Königl. Bühne den Dank des Publikums, daß sie dieses vaterländische Drama (mit Milderung des Exentrischen) zur Darstellung bringt.

Ludwig Robert.

Der Prinz ist im Jahre 1828 in Berlin offenbar ohne tieferen Eindruck, ohne Sang und Klang und fast spurlos vorübergegangen. In den B. N. befinden sich die folgenden Theateranzeigen.

No. 172. Freitag, den 25. Juli 1828. Sonnabend den 26. im Schauspielhause. Zum Erstenmale. Prinz Friedr. v. Homburg, Schausp. in 5 Abth., von H. v. Kleist.

No. 173. Sonnabend, den 26. Juli. Wiederholte Anzeige.

No. 174. Montag, den 28. Juli. Zum Erstenmale wiederholt.

No. 177. Donnerstag, den 31. Juli. (Zum 3ten Mal) — — (Mad. Pann, vom K. K. priv. Theater an der Wien: Prinzessin Natalie, als Gastrolle.)

In welcher Form das Stück in Berlin aufgeführt wurde, und wie der Bearbeiter mit dem Stücke umgegangen ist, darüber belehrt uns eine Besprechung in der „Vossischen Zeitung" vom 4. August 1828, der ich folgendes entnehme: „Mit geschicktem Sinne ist da gekürzt oder geglättet," schreibt der Rezensent (Fr. Wilh. Gubitz), „wo Schroffheiten des hochpoetischen Werkes Anstoß erregten; indes scheint es uns doch schade, daß die erste Szene fehlte, in der Natalie dem Prinzen den Lorbeerkranz zeigt, das Ziel seines jugendlichen

Heldensinnes, und den ominösen Handschuh fallen läßt; mit ihr ist ein Teil des Reizes entschwunden, der sich über dies romantisch-schöne Bild verbreitet. Die später folgende Erzählung des Vorfalls kann unmöglich so interessieren, wie die Szene selbst. Dafür, daß der Bearbeiter die Todesfurcht des Prinzen, bei dem Anblick des offenen, für ihn bestimmten Grabes — eine Furcht, die rein menschlich, aber für den Helden unmännlich erscheint — dahin verändert hat, daß er den Jüngling nur vor dem Tode aus der Hand strafender Gerechtigkeit zurückbeben läßt, verdient er Dank." — Die Hauptrollen des Stückes waren glänzend besetzt und der Darstellung wird alles Lob gespendet. Ebenso wie in Dresden, wurde das Stück auch in Berlin mit einer musikalischen Begleitung aufgeführt. Auf dem Theaterzettel eines späteren Jahres finde ich den Vermerk: Die Ouvertüre, sowie die Musik zu den Zwischenakten und die zur Handlung gehörige Musik ist vom königlichen Kapellmeister Henning.

Die B. N. brachten eine Besprechung des Stückes und der Aufführung in Nr. 183 vom Donnerstag, den 7. August 1828.

„Dies geistreiche Drama ist der Lesewelt schon seit vielen Jahren bekannt, auch ist es auf auswärtigen Bühnen, selbst in Wien, schon vor mehreren Jahren vorgestellt worden; nur gerade die erste vaterländische Bühne, zu dessen weltgeschichtlicher Gründung die ruhmvolle Chat geschah, die der Gegenstand des Schauspiels ist, hat der Vorstellung desselben bisher entbehren müssen. Indeß das Gute kommt nie zu spät und zur Unzeit, ja vielleicht ist gerade jetzt ein so gehaltvolles, durch Poesie und den Stoff doppelt anziehendes Schauspiel zur rechten Zeit gekommen, um im Verein mit den Meisterwerken unserer großen, todten und lebenden Dichter (Shakspeare mitgerechnet, denn der ist in Geist und Wahrheit ein Deutscher) der überhandnehmenden, zur Mode gewordenen Handwerksburschen-Poesie, die überdies nicht einmal die Geburt einer ausschweifenden genialen Kraft, was ihr allein Wert geben könnte, sondern bloße Nachäffung und kahle Abschreiberei des blauen Montags und des Markts ist, entgegen zu wirken. — Nachdem, was Ludwig Tiek schon bei der Herausgabe dieses Schauspiels über dasselbe gesagt und — neuerlich in unserer Zeitung Ludwig Robert, namentlich in Betracht der augenblicklich in dem Helden des Stücks so mächtig erwachenden Liebe zum Leben und Scheu vor dem Tod so trefflich ausgeführt hat, ist jede Anpreisung des herrlichen Dramas und eine Rechtfertigung des eben genannten, viel angefochtenen Punktes überflüssig. Nur das muß Refer. ausdrücklich erwähnen, daß Herr Robert, mit Blick und Takt, der Scene, wo der Prinz der Kurfürstin zu Füßen fällt und um sein Leben bittet, Modificationen und bestimmtere Bezeichnungen des Ausdruckes jener Bitte hinzugefügt hat; es ist nicht der Tod, dem er furchtlos in zwanzig Schlachten entgegenging, es ist der Tod der Strafe, die öffentliche Hinrichtung, die ihn schaudern macht. Hr. Robert hat für diese, den Sinn des Dichters nicht wesentlich verändernde Modification eine große Autorität für sich, denn nicht unähnlich damit ist es, was Goethes Egmont im Kerker bei der Betrachtung der ihn erwartenden Hinrichtung empfindet und ausspricht. Auch die Veränderung im Anfange des Stückes, wo der Scherz des Kurfürsten und des Hofes, indem die Prinzessin Natalie dem schlafenden Prinzen den Lorbeerkranz in die Hände legen soll, nur erzählt wird, ist von Herrn Robert, vielleicht weniger notwendig, aber durch die achtungswerthesten Rücksichten und zarten Schicklichkeitsgründe motivirt. — — — Refer. kommt noch kurz auf die historischen Umstände zu sprechen. Die Aufführung selbst wird sehr gelobt. Die Musik war von Henning. Stavinsky hatte die Regie und spielte den Kurfürsten. „Am Schluß wurden Alle gerufen."

Die „Voss. Zeitung" brachte die Besprechung der ersten Aufführung des „lang ersehnten Schauspiels" am 4. August 1828 (Beilage zu Nr. 180): „Mit geschicktem Sinne ist da gekürzt oder geglättet, wo Schroffheiten des hochpoetischen Werkes Anstoß erregten." Der Ausfall der ersten Szene wird bedauert; hingegen „dafür, daß der Bearbeiter die Todesfurcht des Prinzen, bei dem Anblick des offenen, für ihn bestimmten Grabes — eine Furcht, die rein menschlich, aber für den Helden unmännlich erscheint — dahin verändert hat, daß er den Jüngling nur vor dem Tode aus der Hand strafender Gerechtigkeit zurückbeben läßt, verdient er Dank."

Der Hof wohnte der ersten Aufführung des Prinzen nicht bei. Die Vorstellung wurde im ganzen nur dreimal wiederholt. Schon am 30. Juli schreibt der „Gesellschafter": „Nach Heinrich v. Kleists Schauspiel: „Der Prinz von Hessen-Homburg" wird nun auf der königlichen Bühne Uhlands „Ludwig der Bayer" gegeben. Überhaupt ist die Aufführung des Prinzen, welche in Dresden mit stürmischem Beifall aufgenommen und oft erwähnt wurde, im Theaterleben Berlins auffallend spurlos vorübergegangen. In der Presse finden wir kaum eine Andeutung hierüber, und selbst Teichmann in seinem literarischen Nachlaß, der sonst alle Neuaufführungen gewissenhaft registriert, erwähnt den „Prinz von Homburg“ auf der Bühne des Schauspielhauses mit keinem Worte. Es berührt uns heut eigentümlich, wenn wir bei ihm lesen: Im Jahre 1828 war die bemerkenswerteste Neuigkeit Deinhardtsteins Schauspiel „Hans Sachs“, welches am 13. Februar zur Aufführung kam.

Ich komme auf die Vorwürfe zurück, die gegen Robert wegen seiner Bearbeitung gehäuft worden sind; man hat ihm Pietätlosigkeit und Feigheit vorgeworfen, Vorwürfe, die im Grunde genommen genau so berechtigt sind gegen alle übrigen Bearbeiter, die Kleists Stücke auf die Bühne gebracht haben, gegen Schmidt in Hamburg, gegen Genée usw., von Holbein gar nicht zu reden. Wenn Goethe für Weimar den zerbrochenen Krug annahm, so tat er es sicher im guten Glauben an den Wert der Dichtung. Goethe als Dichter empfand den wahren Respekt vor der Dichtung; jeder schauspielerische Regisseur und Direktor hätte sich leicht bereit gefunden resolut zu streichen, Goethe wollte das Werk unverkürzt in seiner Totalität wirken lassen, einen zerbrochenen Krug, aber ein ganzes, unversehrtes Kunstwerk. Bei einer Länge von nahezu zweitausend Versen — mehr als eine Sophokleische Tragödie — mußte er teilen und in Akte zerlegen, mußte er aus der Not eine Tugend machen. Die Wirkung auf das Publikum ist bekannt. Wenn Schmidt später und bei den anderen Stücken die ersten Bearbeiter sich auf den Standpunkt des Bühnenpraktikers stellten, wer kann ihnen daraus einen Vorwurf machen? Sie haben gestrichen und notgedrungen geändert. Jede Änderung kann natürlich gegenüber einem Kleistschen Kunstwerk nur eine Verschlechterung und Verballhornung sein. Pietätlosigkeit war das ganz gewiß nicht. Es war im Grunde genommen der praktische Standpunkt von Kleists Cheruskerfürsten, der auch ganze Strecken seines Vaterlandes verwüstete, um dieses selbst zu retten. Ludwig Robert aber trifft der

Vorwurf der Feigheit am allerwenigsten. Er hat fast sechs Jahre mutig und energisch für Kleists hinterlassenes Stück gekämpft, er hat versucht das Publikum zu bekehren, und erst als der Widerstand nicht anders zu überwinden war, sich, wie er es nennt, zur „Milderung des Excentrischen" entschlossen. Dem Publikum konnte zunächst Kleists dramatische Poesie nur zugestutzt und mundgerecht vorgesetzt werden — das ist ein Vorwurf. Aber noch viel schwerwiegender ist der Vorwurf, daß das Publikum nicht in die Kleistsche Poesie hineingewachsen ist, daß ein Stück, wie der zerbrochene Krug, um nur ein Beispiel anzuführen, dessen klassischen Wert die Kritik und das Publikum übereinstimmend anerkennen, das vortreffliche dankbare Rollen enthält, wohl bei besonderen Gelegenheiten erscheint, ein Repertoirestück nicht geworden ist. Noch heute gilt, was Dingelstedt vor 30 Jahren schrieb: „Armer Kleist, der Du zeitlebens wenig Chancen gehabt, Dein zerbrochener Krug hat auch nach Deinem Tode nicht viel! Während höchstens Dein Käthchen als im Kurs gestiegen notirt werden darf, bleiben Hermannsschlacht, Prinz von Homburg selten begehrt, Penthesilea flau, Schroffenstein —.

Eine bemerkenswerte Aufführung des Prinzen von Homburg brachte am 25. April 1833 das Düsseldorfer Stadttheater. Immermann hatte, als er die Bühne im Winter 1832 übernahm, eine Reihe von Subskriptionsvorstellungen eingerichtet, oder Mustervorstellungen, wie sie das Publikum, Künstlervorstellungen, wie sie die Schauspieler nannten. Als vierte dieser Vorstellungen stand auf ausdrücklichen Wunsch der Regie, der Schauspieler und des Publikums der Prinz auf dem Repertoire. Die Bearbeitung des Stückes stammte von Immermann selbst, der stark kürzte und strich und in der Todesszene die Worte wegfallen ließ, in welchen der Prinz die Schmach dem Tode vorzieht[1]). Der Aufführung folgte ein von Immermann gedichteter „Epilog im Charakter des Kottwitz", gesprochen vom Schau-

[1]) Über die Einzelheiten siehe Richard Fellner a. a. O.

spieler Reger. Die Aufführung wurde mit größtem Beifall aufgenommen, der sich bis zum Jubel bei offener Szene steigerte. Immermann selbst schreibt über die Aufführung an seinen Bruder Ferdinand:

„Mit dem „Prinzen von Homburg", den ein Epilog, gesprochen im Charakter des Kottwitz folgte, schloß ich die Bühne. Wärst Du doch dabei gewesen! Es war eine ganz allerliebste, geistvoll und abgerundet in sich zusammenhängende Darstellung, wo selbst das Schwierigste, die Mondscheinszene, die Diktierszene, der fünfte Akt, mit einer Leichtigkeit exekutirt wurde, daß ich selbst darüber erstaunte. Groß und gewaltig und doch vollkommen klar ging die Schlacht (zu welcher Professor Hildebrandt die Gruppen gestellt hatte), kurz, ich hätte tausenderlei des Gelungenen zu erzählen, wenn Dir das helfen könnte."

Zum Prinzen bringt Sch. eine eingehende Angabe der Quellenwerke und der neuen Literatur. Nachzutragen ist ein umfangreicher Aufsatz in den Didaskalia vom Jahre 1827 (Nr. 17—23), in welchem unter der Überschrift „Mannheimer Dramaturgie" im Anschluß an die erste Aufführung in Mannheim (Dienstag, den 26. Dezember 1827) nach einer allgemeinen Beurteilung des Stückes, wie ich glaube zum ersten Male, die geschichtlichen Umstände, worauf dieses Schauspiel sich bezieht, nach Carl Curths in „Woltmanns Zeitschrift" vom Jahre 1804 erzählt werden. Der Aufsatz schließt mit einem Hinweis auf Tiecks Erklärungen des Stückes, die über die von Zimmermann in seinen „dramaturg. Blättern für Hamburg" gestellt werden.

### h) Erzählungen.

Die beiden Bände Erzählungen sind von der zeitgenössischen Kritik nur wenig beachtet worden. Mit spärlichen und kurzen Besprechungen geht sie über die Neuerscheinung hinweg.

Im Beiblatt zum Morgenblatt (1810 Nr. 22 S. 86) heißt es unter Übersicht der neuesten Literatur:

Rec. freut sich, diesen Erzählungen des Hrn. v. Kleist ein weit besseres Zeugniß sprechen zu können, als seinem Käthchen von Heilbronn. Besonders anziehend war ihm die erste, Michael Kohlhaas, der Versicherung des Verf. und auch dem Anscheine nach aus einer alten Chronik gezogen. Ein so eigenthümlich geprägter Charakter geht auch nicht aus der Phantasie hervor. Auch die zweyte Novelle, Die Markise von O**, vereinigt mit dem Sonderbaren der Situazion die Kunst lebhafter und schöner Darstellung. Die dritte hat etwas Empörendes und ist auch zu skizzenhaft behandelt.

Das Journal des Luxus und der Moden bespricht den ersten Band gar nicht. Über den zweiten Band bringt es (1812 Februar S. 109—110) unter „neueste schöne Literatur" den folgenden kahlen G—r (Gruber?) unterzeichneten Artikel:

„Nicht ohne ein wehmüthiges Gefühl gedenke ich des Werkes eines unglücklichen, vielleicht nur durch seine nicht gemeinen dichterischen Anlagen zu früh untergegangenen, jungen Mannes, der Erzählungen von Heinrich v. Kleist. (Berl. Realschulbuchhandl. 1811.) von denen der zweite Band vor mir liegt. Die Darstellung ist durchaus lobenswerth, die Phantasie des Erzählers aber hängt am liebsten am Schrecklichen und mystisch Wunderbaren. Gerade den beiden Erzählungen jedoch, die am meisten mit dem Letzteren tingirt sind (das Bettelweib von Locarno und die heil. Cäcilie; Legende), habe ich am wenigsten Geschmack abgewinnen können, und habe lieber bei der Verlobung in St. Domingo und dem Findling verweilt, ungeachtet bei beiden das Schreckliche fast in das Gräßliche übergeht. Die Krone von allen diesen Erzählungen ist der Zweikampf. — Wer aber durch Lectüre lieber erheitert als bloß erschüttert, oder gar in Furcht gesetzt seyn möchte, der muß freilich andere suchen.

III. Teil.

# Heinrich von Kleist und die Frauen.

Ich fühle, daß es mir notwendig ist, bald ein Weib zu haben — — — Wenn ich nur erst ein Weib habe, so werde ich meinem Ziele ganz ruhig und ganz sicher entgegengehen.
Kleist an Wilhelmine, 13. X. 00

## I. Kapitel.

# Kleists Liebesleben.

Wenn wir in den folgenden Blättern an die schwierige Aufgabe herangehen, Kleists Beziehungen zu den Frauen zu prüfen, so lassen wir uns dabei nicht bloß von dem Gesichtspunkt leiten, persönliche Erlebnisse der Vergessenheit zu entziehen, und das gerade nach dieser Richtung sehr lückenhafte Material der Kleistbiographien zu ergänzen, sondern wir wollen vor allem prüfen, wie weit und inwiefern der Dichter von den Frauen beeinflußt worden ist, wie sich sein Liebesleben in seinen Dichtungen widerspiegelt, wie weit Kleists psychisches Verhalten und damit sein Lebensschicksal von den Frauen bestimmt und geleitet worden ist. Will man an die Psychoanalyse einer Persönlichkeit herantreten, bei welcher psychische Schwankungen so stark in die Erscheinung treten wie bei Kleist, so ist es unvermeidlich, sexuelle Themata zu berühren, Thatsachen des normalen und abnormen Sexuallebens zu besprechen; das mag manchem anstößig erscheinen — wir erlauben dem Gynäkologen alles bei der leiblichen Untersuchung, sind aber außerordentlich empfindsam gegen die psychisch-sexuellen Explorationen der Psychologen — was schlimmer ist, man sieht darin eine Herabsetzung, eine Befleckung und Schmähung der Dichterpersönlichkeit. Wer tiefer hineinleuchten will in das Sexualleben, der wird sich damit trösten müssen, daß, pour faire une omelette, il faut casser des œufs. Daß ein solches Verfahren Anstoß erregt, ist unvermeidlich. Auch mein „Kleist-Problem" ist diesem Schicksal nicht entgangen, soweit es sexuelle Fragen berührt hat. Meine Auseinandersetzungen sind auffallender Verständnislosigkeit begegnet, man hat mir Deutungen untergelegt, an die ich selbst nicht im entferntesten gedacht habe, man hat entgegen der von mir oft betonten Sittenreinheit Kleists und seiner lauteren Gesinnung behauptet, ich hätte seine Persönlichkeit in den Schmutz gezogen, und man hat schließlich meine vorsichtige Prüfung von Kleists Sexualtrieb eine „ekle" neuropsychologische Studie getauft. Natürlich, wer sich daran genügen läßt, Nervosität, nervöse Reizbarkeit aus geistiger Überanstrengung zu erklären, wer sich noch nicht zu der Erkenntnis durchgerungen hat, daß alle solche Symptome auf die Intimitäten des psycho-sexuellen Lebens zurückzuführen sind, der wird empfindsame Gemüter verletzende Untersuchungen vermeiden können. Aber die strenge wissenschaftliche Kritik wird von solchen Prüfungen nicht absehen und wird nicht abstehen, die Dinge beim Namen zu nennen. Die Notwendigkeit, die Bedeutung der Frau im Leben Kleists richtiger und vollständiger zu erkennen, als es gegenwärtig der Fall ist, ergibt sich schon daraus, daß mit dem Tode Kleists die Erinnerung an Frauen verknüpft ist. Das ganze Kleist-Problem hängt unmittelbar zusammen mit dem Tode Kleists und damit auch mit einer vertieften Erkenntnis von der Beziehung Kleists zu den Frauen.

---

Wenn wir in den brieflichen Bekenntnissen Kleists seine Gedanken, Wünsche und Phantasien verfolgen, so kommen wir bald darauf, daß sie sich ohne Zwang in zwei Hauptrichtungen gruppieren. Es sind entweder ehrgeizige Wünsche, solche welche die Erhöhung der Persönlichkeit bezwecken, oder Wünsche erotischer Natur. Das ist an sich nichts Auffälliges, denn die unbefriedigten Wünsche, als Triebkräfte der Phantasien bei allen Männern — beim Weibe wird der Ehrgeiz fast ganz vom Liebesstreben aufgezehrt, und es herrschen deshalb fast ausschließlich erotische Wünsche — bewegen sich namentlich in den Entwicklungsjahren in genau denselben Richtungen. Was den brieflichen Bekenntnissen ein so weitgehendes psychologisches

Interesse verleiht, wie kaum ein anderes Dokument aus der ganzen Weltliteratur, ist, daß Kleists Wahrheitsliebe, seine unbeirrte Gefühlswahrheit die durchaus physiologischen Wünsche so klar zum Ausdruck bringt, und daß sein starkes Temperament die Korrektur der unbefriedigenden Wirklichkeit — jede Phantasie ist eine Wunscherfüllung — mit ungewöhnlicher elementarer Kraft vornimmt. Es bedarf hierzu keiner Belege, fast auf jeder Seite seiner Briefe wiederholt Kleist in den mannigfachsten Kombinationen und Variationen seine drei Wünsche „wie ein Mönch seine drei Gelübde", hinter denen sich immer Ehrgeiz und erotische Empfindungen verbergen. Wie Kleist mit verblüffender Offenheit sein Sexualempfinden klarlegt, das spricht nicht bloß für seine Gefühlswahrheit und Gefühlsreinheit, sondern auch für seinen sittlich unverfälschten Sinn, für die Reinheit und Naivität seiner Gedanken.

Das alles auf der Basis eines streng sittlichen Ernstes, gewissenhafter Ehrlichkeit, rücksichtslosester Selbstkritik, unerbittlicher Strenge. Wie viel dabei Naturanlage ist, was Erziehung, können wir nicht entscheiden. Die ganze Entwicklung Kleists zum Dichter ist so abweichend von dem, was wir sonst beobachten, daß wir wohl einer strengen, auf ein bestimmtes Ziel gerichteten Erziehung einen großen Anteil beimessen müssen.

In der geschilderten Anlage Kleists, einerseits dem Ernst seiner Persönlichkeit, der Konsequenz seines Denkens, der Hartnäckigkeit seines Strebens, andrerseits der großen, ungebändigten Heftigkeit seiner Wünsche und Phantasien, liegt der Keim zu den Stürmen und Konflikten, die sein Leben heimsuchten. Bei einer so ernsten und schwerempfindenden Persönlichkeit konnten die tiefsten und nachhaltigsten Gemütserschütterungen nicht ausbleiben, wenn sein ehrgeiziges Streben, wenn seine Erotik keine Befriedigung fand. Dabei ist Ehrgeiz aufzufassen nicht sowohl als die Jagd nach äußerem Erfolge, als das Streben nach einer Vervollkommnung und gewissen dichterischen Zielen. Wir haben gesehen, wie vereitelte Hoffnung und das vergebliche Streben nach bestimmten Kunstidealen sein Wesen in seinen Grundfesten erschütterten und ihn dem Abgrund nahebrachten. Das Guiskard-Fiasko bedeutet den schwersten Schlag, der seinen Ehrgeiz treffen konnte. Wir wollen auf den folgenden Seiten das Liebesleben Kleists verfolgen und untersuchen, wie weit das Leben seine erotischen Wünsche erfüllte; wir werden uns von vornherein sagen müssen, daß Enttäuschungen hier noch mehr als bei den ehrgeizigen Wünschen tragisch wirken müssen. Für das Glück der Liebe ist Kleist jederzeit bereit, allen Ruhm und allen Ehrgeiz aufzugeben (an Wilhelmine 21. Mai 1801).

Kleists vertrauteste Freundin, mit der er von früher Kindheit in achtungsvoller Liebe verbunden bleibt, die er das edelste der Mädchen nennt, ist seine um vier Jahre ältere Schwester, die er in seinem ersten Briefe Ulrique, später Ulrike nennt. In Wirklichkeit war sie auf den französischen Vornamen getauft, den dann Kleist verdeutschte, wie aus der folgenden Eintragung in dem Garnison-Kirchenbuch hervorgeht.

Dem Herrn Joachim Friedrich von Kleist, Hauptmann vom v. Diringshofen'schen Infanterie-Regiment wurde hierselbst von seiner Ehegattin Caroline Louisa geb. von Wulffen am 26. sechsundzwanzigsten April Eintausendsiebenhundertvierundsiebenzig 1774 (früh um 6 Uhr) eine Tochter geboren, welche am 3. Mai dess. J. die Nothtaufe und die Namen

Philippine Ulrique Amalie

erhielt. (An dem Tage der Taufe den 3. Mai Vormittags um 10 Uhr ging die Mutter zur Ewigkeit, an den Frieseln, in einem Alter von 19 Jahren.)

Taufzeugen waren:

1. die Frau Hauptmann v. Manteuffel geb. v. Birkholz,
2. „ Fräulein von Pannwitz,
3. „ Fräulein von Borck,
4. „ Frau Professor Curtsen,
5. der Herr v. Borck, Student.

Was gerade Ulrike unter allen Geschwistern Kleist so nahe brachte, wird wie auch sonst in seinem Verkehr, die gleiche Stimmung in musikalischen Dingen gewesen sein. Daß Ulrike musikalisch war und auch die Musik ausübte, dafür bieten sich zwei Belege. Einmal hat Paul Hoffmann nachgewiesen, daß sie sich gegen ihr Lebensende an dem musikalischen Leben ihrer Vaterstadt beteiligte, und dann findet sich ein kurzer Hinweis bei Kleist (Brief an Karoline von Schlieben 18. Juli 1801) „Sie (Ulrike) ist eine weibliche Heldenseele, die — — — nach dem Takte spielt".

Kleists Auffassung von der Frau, ihrer Stellung und ihrem Beruf gibt sich deutlich zu erkennen schon in den Briefen an seine Schwester aus der Studentenzeit. Das macht gerade die Gefühlsergüsse an seine Schwester für uns so wertvoll. Für ihn ist das Weib immer das schwache Wesen, das durch ihr Geschlecht gebundene und zurückgesetzte. „Kannst Du Dich dem allgemeinen Schicksal Deines Geschlechts entziehen, das nun einmal seiner Natur nach die zweite Stelle in der Reihe der Wesen bekleidet? Nicht einen Zaun, nicht einen elenden Graben kannst Du ohne Hilfe eines Mannes überschreiten. —" „Sei mein starkes Mädchen" apostrophiert er Wilhelmine (20. August 1800) und Ulrike (26. Oktober 1803), wenn er es für nötig hält, daß sie sich über die Schwäche ihres Geschlechts erheben. In dieser Schwäche, in der dadurch bedingten Hingebung liegt für ihn der Reiz des Weibes, dem gegenüber er sich als den Herrn der Schöpfung fühlt. Die Auffassung von der Frau als der schwachen Geschlechtsgenossin, die durch die engen Grenzen, die ihrem Geschlecht gesteckt sind, in äußere Bedrängnis und in schweren Konflikt gerät, spiegelt sich wieder in den Dichtungen Kleists. Seine Alkmene, seine Marquise und in einem gewissen Grade auch die Eva des zerbrochenen Kruges sind vollkommen reine weibliche Charaktere, verwickelt in alle Folgen verletzter Keuschheit und in dem schweren Andrang äußerer Bedrängnis siegreich durch die innere Macht der Unschuld. Das zärtliche, hingebungsvolle und opferbereite Weib ist es, das Kleist anzieht, und solcherart muß die Liebe gewesen sein, die er erstrebte und träumte. Das emanzipierte herrische Weib stößt ihn ab. In jungen Jahren bekämpft er diese Eigenschaften bei seiner älteren Schwester, in welcher Form sie hervortreten mögen, und in seinen letzten Lebensjahren wendet er sich entsetzt und mit allen Zeichen des Abscheues von der befreundeten Hendel-Schütz, als sie, seine Tischnachbarin, allzu aggressiv und unweiblich sich ihm nähert.

Wie Kleist in seinen Novellen die verfänglichsten Probleme in der Beziehung der Geschlechter mit einer unerbittlichen Rücksichtslosigkeit gibt und verfolgt, so dokumentiert er sein eigenes Seelenempfinden in seinen Briefen namentlich aus der Jugendperiode mit der Unbescholtenheit eines Spartaners, mit der Unschuld eines Kindes. Er schreibt von unruhigen Wünschen, die ihn unaufhörlich mahnen, und die befriedigt sein wollen, sie stören ihn in seinen Beschäftigungen, und wenn er etwas leisten soll, so muß sein Sexualdrang befriedigt sein, er muß bald, sehr bald ein Weib haben. Dieses Verlangen nach einem Weibe wird das Leitmotiv in Kleists Leben. Von seiner frühen Leutnantszeit bis in eine bestimmte spätere Lebensperiode wird ständig, wenn auch häufig nur andeutungs- und gerüchtweise, von Liebesverhältnissen Kleists berichtet. Von einer zärtlichen Beziehung aus der Potsdamer Garnisonzeit wissen wir nichts, als was Kleist selbst darüber flüchtig gegen seine Braut erwähnt. In Frankfurt lernt Kleist Wilhelmine von Zenge kennen, und es entwickelt sich zwischen den beiden ein Liebesverhältnis, über dessen Entstehung, Verlauf und unglückliches Ende wir auf das genaueste und jetzt nach der letzten Veröffentlichung aus der Krug'schen Familie[1]) bis in alle Einzelheiten unterrichtet sind. Die schwer empfundene Lücke, welche der Mangel aller Briefe der Braut bedeutete, ist zum großen Teil durch das schöne und ausführliche Schreiben Wilhelmines ausgefüllt, in welchem sie ihrem zweiten Verlobten und späteren Gatten, dem Professor Traugott Krug, die Geschichte ihres Verhältnisses zu Kleist ausführlich berichtet. Das Ver-

[1]) Martha Krug-Genthe: Heinrich v. Kleist und Wilhelmine v. Zenge. Journal of english and germanic Philolog. VI. 03

hältnis begann kurz nachdem Kleist die Universität aufgesucht hatte und kurz nachdem die Familie Zenge nach Frankfurt gekommen war. Wilhelmine war damals 18 Jahre alt. Ihr Vater, August Wilhelm v. Zenge, stammte aus der Grafschaft Hohenstein, war 1737 geboren und hatte seine Dienstzeit in Berlin bei dem damaligen Infanterie-Regiment von Forcade[1]) Nr. 23 durchgemacht, wo er in regelmäßigem Avancement bis zum Obersten befördert wurde. Im September 1795 erhielt er das Kommando des Regiments, und am 5. Februar 1799 wurde er Chef des bisherigen Infanterie-Regiments von Grünberg Nr. 24 in Frankfurt a. O., wo er im Mai desselben Jahres zum Generalmajor avancierte. Da im gleichen Regiment Heinrichs älterer Bruder Leopold als Leutnant diente, so war sehr bald ein geselliger Zusammenhang zwischen den Familien Zenge und Kleist hergestellt. Als Unterlehrer des kleinen Kreises lernbegieriger Mädchen, der sich um ihn sammelt, lernt Kleist zum ersten Male das beglückende Gefühl kennen, anderen von dem Reichtum seines Geistes mitzuteilen und die Widerspiegelung in einem anderen Geiste zu beobachten. Um dieses Gefühl festzuhalten, keimt in ihm der Wunsch, sich dieses Glück dauernd zu sichern durch einen Lebensbund mit dem Mädchen, das durch einen feineren Sinn für schöne Eindrücke zuweilen empfänglich erscheint. Diese ganz kurze Charakteristik und der Vermerk, daß Wilhelmine ihm bisweilen mit Interesse zuhört, obgleich er nicht viel von ihr erfährt, ist alles was Kleist an die vertraute Ulrike über seine geheime Braut berichtet. Dies zu konstatieren erscheint mir wichtig, weil es den Schluß erlaubt, daß Kleist auch in der Folge mit so kurzen, anscheinend nichtssagenden Bemerkungen über Mädchen weitgehende Beziehungen andeutet. Kleist, der sich nach seiner eigenen Schilderung in Gesellschaft ängstlich und beklommen fühlt, findet dem geliebten Mädchen gegenüber nicht das entscheidende Wort und leitet

[1]) Auch unter Heinrichs v. Kleist Taufpaten findet sich ein Oberst v. Forcade.

die Beziehung zu ihr mit dem schwächlichen Notbehelf eines Briefes ein. Wilhelmines anfänglicher Widerstand reizt ihn, Wilhelmine schwankt in ehrlichem Zweifel, und Kleists Gefühl nimmt im gleichen Maße an leidenschaftlicher Färbung zu.

Die ganze Eigenart Kleists leuchtet uns entgegen aus den beiden ersten Briefen an Wilhelmine, in denen er sie noch mit „Sie" anredet, die offenbar in der Briefsammlung der neuen Kleistausgabe falsch angeordnet (Brief 7 und 8 müssen vertauscht werden), und die von dem Herausgeber mit einer auffallenden Verständnislosigkeit kommentiert sind. Der Tatbestand ist offenbar der folgende: Kleist hat zunächst bei dem Vater Zenge um die Erlaubnis gebeten, mit seiner Tochter sprechen, mit ihr spazieren gehen, mit ihr verkehren zu dürfen. Darauf bezieht sich die Bemerkung (Nr. 8), daß sie jetzt, selbst in Gegenwart anderer, sich ihm nähern dürfe. Im näheren Umgang glaubt er beobachtet zu haben, daß sie ihn liebe, und nunmehr hielt er im Briefe Nr. 8 schriftlich um sie an und bittet sie um die drei Worte: ich liebe Dich. Im weiteren Verfolge des Briefes — das ist echt Kleistisch — trägt ihn seine Phantasie fort, schon spielt in seine Phantasie das Liebesidyll hinein, das er später in den verschiedensten Farben ausmalt, und schon auch läßt ihn der Ernst, mit dem er alles anfaßt, an seinen künftigen Beruf denken, und er bittet Wilhelmine um ihre Ansichten und Wünsche. In klaren Zügen tritt uns schon in diesen ersten Briefen der ganze Kleist entgegen, wie er sich in der Folge während der Brautzeit entwickelt. Wilhelmine muß das erlösende Wort gesprochen haben und nun, noch bevor er das vertrauliche Du anwendet, am nächsten Tage schickt er mit einem Begleitschreiben (Nr. 7) den für den Vater bestimmten Brief, seiner Braut ein. Sein rechtlicher Sinn will das Vertrauen, das ihm die Eltern geschenkt haben (indem sie ihm den Vertkehr mit der Tochter gestatteten) nicht mißbrauchen, er sieh darin „einen Betrug" der „würdigen Eltern", und er macht es von ihrer Einwilligung abhängig, ob er seine Braut „mit Recht" lieben darf oder gar nicht. Der Inhalt der

Briefe wird nur verständlich, wenn der Brief Nr. 7 dem anderen nachgestellt wird.

Auf das kurze beglückende Zusammensein folgt eine Trennung von Jahren, eine Trennung, die auf das Verhältnis der beiden nicht ohne Einfluß bleiben konnte. In Frankfurt selbst, wo Kleist seine Braut täglich sah, war es ihm noch Bedürfnis ihr zu schreiben, und nachdem er Frankfurt verlassen, beginnen die schweren, reichen, vollen Ergüsse in Form langer Briefe, die uns den Einblick in den tiefen Schacht einer ganz ungewöhnlichen Menschenseele gestatten. War Kleist ein leidenschaftlicher Liebhaber, verraten seine Briefe ein tiefes Gefühl für seine Braut? Schon Treitschke hat diese Frage verneint, und der Eindruck ist derselbe geblieben, obgleich heut eine umfangreichere Korrespondenz vorliegt. Der sophistisch-doktrinäre Ton in den Briefen mag, wie Krug-Genthe will, dem Geschmack eines Zeitalters entsprechen, dessen Gesellschaft sich an schönen Reden über die Veredelung des Menschengeschlechts und über Selbstveredelung berauschte, und in dem gegenseitige Erziehung und Bildung das Brautpaarideal vorstellte; was wir vermissen ist jede Wärme des Gefühls. Wer wie Kleist mit der dürren Härte eines Doktrinärs langatmige Betrachtungen an seine Braut schreibt und nur bisweilen, gleich als ob er sich besinne, seinem Schreiben einige zärtliche Lichter aufsetzt, wer seiner Braut den Zweck des Weibes mit einer gewissen Erhabenheit aber dabei ohne Schmeichelei der Phantasie auseinandersetzt, wer die Bedeutung einer Gemeinsamkeit in Liebe so ganz unverschleiert darlegt — dem können wir ein wahres zärtliches Gefühl nicht glauben, der empfindet nicht wahre Zuneigung. Kleist liebte in Wilhelmine mit seiner dichterischen Phantasie das Bild, das er sich von ihrer geistigen Vervollkommnung entwarf, mehr das Bild seiner Vorstellungen, als sie selbst in ihrer Person, Wahrheit und Wirklichkeit. Während des persönlichen Zusammenseins mag sein leidenschaftliches Verlangen nach einer Frau ihn in der Täuschung erhalten, während seines Berliner Aufenthaltes mag die Nähe seiner Braut, die häufigen Reisen zu ihr, der intime Zusammenhang mit der Familie durch den Verkehr mit Karl v. Zenge das falsche Gefühl genährt haben; in der Fremde, unter frischen Eindrücken schwand die Illusion, und diese Erkenntnis mag Kleist die Trennung, die so eindruckslos und ohne jede nachhaltige Wirkung vorüberging, erleichtert haben.

In Kleists Bräutigamszeit fällt die oft besprochene und verschieden interpretierte Reise Kleists nach Würzburg — Zweck und Ziel der Reise liegen für uns klar zu Tage. Und wenn auch nicht, wie Erich Schmidt will, ein geheimes, altes Leiden, „das ihn unfähig zur Ehe machte" Kleist zur Konsultation einer ärztlichen Autorität in Würzburg veranlaßte, so doch eine zweifellos sehr unbedeutende angeborene Anomalie, die sein heiliger Ernst, sein strenges Pflichtbewußtsein, unterstützt von starker Einbildungskraft in seiner Tragweite viel bedeutender erscheinen ließ, als sie in Wirklichkeit war. Nichts spricht mehr für Kleists Seelenreinheit, für seine Ehrenhaftigkeit, für den Ernst, mit dem er das Verhältnis zu seiner Braut betrachtete, als gerade die Würzburger Reise, die hohe Bedeutung, welche er ihr beilegt, seine heimlichen ganz unbegründeten Selbstvorwürfe, der Jubel nach seiner Heilung.

Ich sehe mich gezwungen, an dieser Stelle die Frage eingehender zu prüfen, ob Kleists Sexualempfinden ein in den Grenzen des Normalen sich bewegendes war, und ob resp. inwieweit es abweichende Züge darbietet. Es ist ja von vornherein ebenso einfach als verführerisch, das ganze Kleistproblem von diesem Punkte aus zu lösen. An Andeutungen in diesem Sinne hat es auch zu jeder Zeit nicht gefehlt. Früher mußte das legendäre Material dazu herhalten, um Kleists angeblich perverses Sexualempfinden zu begründen. Nach meiner Veröffentlichung des anscheinend an Kleist gerichteten Briefentwurfes seines Freundes Brockes wurden manche Andeutungen darin in diesem Sinne verwertet, und nach der Veröffentlichung des tatsächlich sehr eigenartigen, an Pfuel gerichteten Briefes vom 7. Januar 1805 erhielten die Verdächtigungen neue Nahrung und nahmen eine festere Form an. Nach dem Erscheinen meines Kleist-Problems erhielt ich ein Schreiben eines Literarhistorikers aus dem Lager der Homosexuellen, welcher Kleist für sich in Anspruch nahm und zwar vor der Veröffentlichung des Pfuel-Briefes lediglich auf Grund des Brockesschen Briefentwurfes. Das Schreiben an sich ist interessant genug, einmal als der Notschrei eines von der Gesellschaft Geächteten, und dann weil es die Auffassung jener Kreise über Kleist und die uns beschäftigende Frage wiedergibt. Ich halte es deshalb für angebracht, zunächst den Brief selbst an dieser Stelle wortgetreu (nur mit Weglassung einiger unwesentlicher Punkte) hier wiederzugeben, um dann an der Hand dieses Schreibens das Für und Gegen zu prüfen. Der Brief hat den folgenden Wortlaut:

Sehr geehrter Herr!

Ich bin Literarhistoriker von Beruf und habe mit wirklichem Interesse Ihre Studie über H. von Kleist durchgearbeitet. Aber deswegen habe ich auch ein gewisses Recht, Sie auf eine Beobachtung in Form einer bescheidenen Ausstellung aufmerksam zu machen, die nur einer machen kann, der wie ich das Unglück hat, von Kindesbeinen an homosexuell zu sein. Daß solche Menschen gerade in den geistig höchststehenden Kreisen zu Millionen existieren, kann Ihnen nicht unbekannt sein, obwohl ich selbst erst, seit ich mich einer der jetzt bestehenden Vereinigungen von Homosexuellen angeschlossen habe (um wenigstens dann und wann einmal diese Qual der Lebenslüge ablegen und mich zeigen zu können, wie ich bin) weiß, in welchem riesenhaften Umfange die Homosexualität unter den jetzt lebenden Größen auf allen Gebieten der Wissenschaft und Kunst vertreten ist. Und nur die schmachvolle Tatsache, daß diese unglücklichen Menschen, die wegen ihres Schicksals (NB. unverschuldeten!) und ihrer vielen herrlichen Eigenschaften alle Sympathien verdienen, zum Abschaum der Menschheit gestempelt werden, ist schuld daran, daß eben diese Menschheit über die Ausdehnung dieser „Stiefkinder der Natur" so völlig in Unkenntnis sind. — Also zur Sache: Heinrich v. Kleist war von Kindheit auf homosexuell, so wahr ich Ihnen diese Zeilen schreibe! Das zu wissen, genügt für mich schon ganz allein der Brief Brockes', der zweifellos ebenfalls homosexuell war. Aus den Zeilen 22—30 des Briefes (S. 68) geht ja sonnenklar hervor, daß es sich nicht um Jugendvergehungen in Form von Onanie handelt, sondern um Vergehungen mit andern, natürlich seines Geschlechtes, „da er rechtmäßigerweise eine so mächtige Neigung wie diese nicht befriedigen konnte" [1]). Im übrigen habe ich so ungefähr alles durchgemacht wie Kleist. Mit größtem Liebesbedürfnis ausgestattet, habe ich wie er schließlich das mehr unbestimmte Gefühl, daß mit mir nicht alles in Ordnung sei, gewaltsam durch eine Verlobung töten wollen. Habe mir auch eine Zeitlang eingebildet, daß ich das schöne Mädchen liebte; habe glühende Liebesbriefe geschrieben, die ein Produkt meiner Phantasie waren; bin dann wie er zum Arzt gerannt, habe mich wochenlang von ihm hypnotisch bearbeiten lassen, und schließlich eingesehen, daß mir nicht zu helfen war. Sie werden vielleicht verstehen, daß mich ein bitteres Gefühl überkam, als ich Ihre Bemerkung auf S. 59 las, daß „einem so jungen Menschen gegenüber erfahrungsgemäß die einfache Wortsuggestion usw. dauernden Erfolg hat!" — Jawohl, Herr Doktor, wenn der junge Mann nicht wie Kleist und ich homosexuell ist!! Wenn ich nicht wie Kleist an Selbstmord ende — Gift trage ich seit 7 Jahren auf Schritt und Tritt mit mir herum —, so geschieht das einfach, weil ich kein Genie bin, mich zu zügeln gelernt und meine Befriedigung in angestrengtester Arbeit gefunden habe. Es würde mich zu weit führen, wollte ich Ihnen meine Gründe im einzelnen dartun. Aber verlassen Sie sich, bitte, auf mein Wort: ich kann Zug um Zug, eben weil ich

[1]) Andererseits seine äußern Vorzüge die Verführung reizen mußten (das hätte ja bei Onanie gar keinen Sinn!).

selber homosexuell bin, den unumstößlichen Beweis führen, daß Kleists Leben keine Spur von einem Rätsel zurückläßt, wenn man ihn nimmt als was er war: als einen unglücklichen Homosexuellen, der sein Mißgeschick so tief und schrecklich empfunden hat, wie nur je ein anderer. — Sollten Sie meine Zeilen, die ich, ein Opfer der wahnsinnigen Vorurteile meiner Mitmenschen, natürlich namenlos senden muß, unbeachtet lassen, so kann mich das nicht wundern. So lange es noch „Gelehrte" gibt, die angesichts der unverkürzt herausgegebenen Tagebücher eines Platen oder der Briefe eines Michelangelo usw. usw. die Homosexualität der Verfasser in Frage stellen, ist natürlich alles möglich. Mit aller Hochachtung usw.

Trotz der offensichtlichen Übertreibungen, die wir gewohnt sind in den Dokumenten jener Unglücklichen und Geächteten zu finden, habe ich mich doch entschlossen, den Brief der Öffentlichkeit zu übergeben, um endlich die Frage erschöpfend zu erledigen, die gerade in letzter Zeit akuter geworden ist, denn je, die Frage nach dem Sexualempfinden Kleists. Denn es ist gar kein Zweifel, daß gerade die letzten Publikationen (Pfuel-Briefe) und der Zuschnitt, der der Biographie Kleists neuerdings gegeben worden ist, denen reichen Stoff bietet, die das ganze Rätsel von Kleists Erscheinung von diesem einen Punkte aus lösen zu können glauben.

Die Gründe, welche der Briefschreiber anführt, sind in ihrer Haltlosigkeit sehr rasch erledigt. Aus dem Briefentwurf, der sich in Brockes' Tagebuch findet, bindende Schlüsse zu ziehen, ist an sich nicht berechtigt. Denn wir besitzen gar keinen stichhaltigen Beweis, daß er überhaupt an Heinrich v. Kleist gerichtet ist. Gerade der zitierte Passus [1]) paßt so wenig auf Kleist, von dem kein Mitlebender je behauptet hat, daß er große äußere Vorzüge besitze, daß ich deswegen Zollings Vermutung, der Briefentwurf beziehe sich auf Kleist, entschieden

[1]) Kleist-Problem S. 68 Zeile 22—30.

widersprochen hätte, wenn nicht bei Brockes als Nachtrag, gleichsam als Berichtigung und Erklärung dieser Stelle eine Ausführung sich fände, die für Kleists psychisches Befinden sehr bezeichnend ist, und die ich gleichfalls wiedergegeben habe [1]). Aus dieser Stelle geht hervor, daß Kleist gerade unter der Ungunst seiner „äußeren Hülle" zu leiden hat, daß ihm die Empfindung schmerzlich ist, nichts persönlich Einnehmendes zu besitzen, und daß sein warmes, gefühlvolles, anschlußbedürftiges Herz sich zurückgesetzt fühlt.

Die weitere Parallele zwischen dem Briefschreiber und Kleist, daß beide in derselben Absicht ärztliche Hilfe in Anspruch genommen haben, ist ganz unzutreffend. Der Homosexuelle von heut mag ärztliche Hilfe aufsuchen, zu Kleists Zeiten war die moderne Auffassung wenigstens in Laienkreisen nicht vertreten, daß man es mit einer sexuellen Abnormität zu tun habe; was man heut als Leiden betrachtet, galt damals als Laster und nicht als Objekt ärztlicher Kunst. — Wenn der Briefschreiber als Stütze seiner Diagnose Kleists Liebesleben anführt und sich darauf beruft, daß Kleists Brautstand in jungen Jahren denselben Verlauf genommen hat wie sein eigener, so muß diese Begründung als durchaus stichhaltig anerkannt werden. In der Tat, wenn das Liebesleben Kleists sich so gestaltet hätte, wie es nach den Kleistbiographien den Eindruck macht, wenn wirklich der in jungen Jahren verlobte Dichter, der in seinen Briefen den Eindruck eines kühl-zurückhaltenden Bräutigams macht, plötzlich und unvermittelt seine Verlobung gelöst und dann nicht wieder den Versuch gemacht hätte, einem weiblichen Wesen nahe zu treten, — das ganze Sexualempfinden würde tatsächlich im Sinne des Briefschreibers sehr verdächtig erscheinen müssen. Hamecher [2]), der bisher als erster und einziger „Heinrich von Kleists Liebesleben" in einer kurzen Studie untersucht hat,

[1]) Kleist-Problem, Anhang 4 S. 176.

[2]) Masken, Wochenschrift des Düsseldorfer Schauspielhauses II 23, abgedruckt aus „Der Eigene".

kennt Kleist nur als Bräutigam Wilhelmine v. Zenges, er leugnet Kleists homosexuelle Veranlagung, aber seine Ausführungen können aus dem angeführten Grunde nicht überzeugend wirken. Würden wir Kleist nur als Bräutigam Wilhelminens kennen, ich würde dem Briefschreiber nicht das Recht zu seiner Verdächtigung absprechen, aber wir werden in der Folge sehen, daß Wilhelmine im Grunde genommen nur eine Episode bedeutet im Liebesleben Kleists und, wie es den Anschein hat, nur eine ziemlich nebensächliche, daß sein Herz in Wirklichkeit anderen gehört hat. Der an sich berechtigte Einwand des Briefschreibers fällt also in sich zusammen, wenn wir in der folgenden Untersuchung das Unzulängliche der bisherigen Auffassung und Darstellung von Kleists Liebesleben gezeigt haben werden.

Ich habe bereits an anderer Stelle hervorgehoben, daß Kleist offenbar häufig bei seinen Freunden, die seiner empfindsamen komplizierten Natur wenig Verständnis entgegenbringen konnten, Anstoß erregte, daß es zu gelegentlichen Konflikten, die er selbst am meisten bedauerte, kam, und daß er dann in überströmender Zärtlichkeit Briefe an sie richtete. Unter bestimmten Umständen und in der Nachwirkung gewisser Eindrücke kann dann sein überzärtliches Wesen, seine leidenschaftliche Sehnsucht nach wahrer echter Freundschaft, die nach seinen eigenen Worten die Genüsse der Liebe ersetzen kann, gemischt mit rein ästhetischen Empfindungen bei seinem fortreißenden Temperament sehr bedenklich in das Sexuelle abirren. Andeutungsweise kommt das zum Ausdruck in Briefen an Lohse, Rühle und andere, am ausgesprochensten in dem Gefühlserguß an Pfuel: „Du stelltest das Zeitalter der Griechen in meinem Herzen wieder her;“ heißt es da, „ich hätte bei Dir schlafen können, Du lieber Junge! so umarmte Dich meine ganze Seele. Ich habe Deinen schönen Leib oft, wenn Du in Thun vor meinen Augen in den See stiegst, mit wahrhaft mädchenhaften Gefühlen betrachtet..... Mir ist die ganze Gesetzgebung des Lykurgus, und sein Begriff von der Liebe der Jünglinge, durch die Empfindung, die Du mir geweckt hast, klar geworden. Komm zu mir.... Ich heirate niemals, sei Du die Frau mir, die Kinder und die Enkel." Es kann keinem Zweifel unterliegen, daß mit diesem Dithyrambos die Grenze überschritten ist, wo der Enthusiasmus aufhört und die Liebe zum Freunde beginnt, und diese Auffassung wird nicht widerlegt, wenn Minde-Pouet seinen Kommentar auf den Hinweis beschränkt, daß die spartanische Knabenliebe nur mentorhafte, nicht mädchenhafte Empfindungen zur Voraussetzung hat. Nur wer die Eigenart Kleistscher Briefe berücksichtigt, kann sich mit dieser befremdenden Briefstelle abfinden. Unter dem Eindruck gewisser Erlebnisse, besonders eindrucksvoller Lektüre, unter der Nachwirkung dichterischer Erregungen und Phantasien finden sich vereinzelte Briefstellen und ausführliche Darstellungen in Kleists Briefen, die mit den Tatsachen, mit wirklich Erlebtem und Empfundenem absolut nichts zu tun haben. Der angeführte Brief, der so vollständig von den übrigen Briefen an Pfuel absticht, entspricht ebensowenig der Wahrheit resp. Kleists wahrhaften Empfindungen, als etwa das in dem Brief von der Aarinsel geschilderte Liebesidyll einen tatsächlichen Vorgang wiedergibt. Nicht eine Sexualempfindung erweckt die Erinnerung an die spartanische Gesetzgebung, sondern umgekehrt, der mächtige Eindruck der letzteren ruft die Reminiszenz wach an den badenden Freund und damit eine Summe von Gefühlen im Sinne jenes Problems, das ihn zweifellos mächtig angeregt hat. Der Altmeister Goethe hat mit Bezug auf Zacharias Werner über dichterische Gefühlsergüsse wie den vorliegenden eine Ansicht ausgesprochen, welche die Perversitätenschnüffler zur Richtschnur wählen sollten: „Dichtern, schreibt er an Frau Frommann, sieht man überhaupt wohl nach, wenn sie das Vorrecht, sagen zu können, was sie fühlen, gegen den F r e u n d , gegen die Geliebte vielleicht übermäßig ausüben."

Für die Entscheidung der Frage, welche uns hier vorliegt, ist weder im Falle Kleist noch sonst etwas getan, wenn man einzelne Symptome für die Diagnose herausgreift oder sie widerlegt. Auf diese Weise kommen jene leider so überaus häufigen Perversitätsdiagnosen zustande, bei denen nur die Perversität der Gedankenäußerung überzeugend wirkt. Besonders im Falle Kleist sind unsere Kenntnisse viel zu mangelhaft, als daß wir aus materiellen Gründen eine Diagnose zu stellen imstande wären. Gewiß wäre es mir ein leichtes, gegen Verdächtigungen wie in dem wiedergegebenen Briefe alle möglichen und stichhaltigen Einwendungen aus dem Leben Kleists, aus seinem Verhalten, aus seinen Äußerungen entgegenzuhalten: ich kann sein Liebesleben heranholen, ich kann mich darauf berufen, daß er dichterisch viel mehr beeinflußt wurde von Frauen als von Männern, die auf seine geistige Entwicklung überhaupt sehr wenig gewirkt haben, ich könnte an die Affäre Iffland erinnern usw. usw., aber mit alledem würde nichts erreicht; jede Auseinandersetzung wäre erfolglos, man würde Simulation und beabsichtigte Täuschung ins Feld führen, man würde im besten Falle sagen, daß Kleist wohl nicht homosexuell, aber bisexuell empfand und würde andere Einwände vorbringen. In letzter Reihe ist tatsächlich auch die Entscheidung der Frage nicht Sache des Psychologen und Psychiaters, sondern des Literarästheten. Der Mensch kann täuschen, er kann mit Absicht die Freunde und die Welt irreführen, der Dichter kann den Äußerungen seines Gefühllseben, seiner Phantasie nicht auf die Dauer Zwang antun. Im Sinnen- und Geistesleben besteht ein unmittelbarer Zusammenhang zwischen physiologischem Bestande und physiologischer Leistung. Wenn man diesen einzig berechtigten Standpunkt ins Auge faßt, dann findet man in Kleists Werken, in manchen Gedichten, in vielen Szenen seiner Dramen, eine natürliche, gesunde, normale Sinnlichkeit, dann läßt seine gesamte dichterische Produktion, seine poetische Entwicklung, wie wir sie oben geschildert haben, einen so ausgesprochen heterosexuellen Charakter erkennen, daß es einfach widersinnig ist, dahinter eine sexuell-psychopathische Persönlichkeit zu suchen. Platens krankhafte Veranlagung dokumentiert sich in seinen Werken, nicht bloß in seinem Tagebuch, und wer den Unterschied zwischen normalem und conträrem Sexualempfinden erkennen will, der vergleiche Kleists Agnes, Evchen, die Marquise, Käthchen, Natalie etwa mit Wildes Frauengestalten.

Nach dem Bruch mit Wilhelmine hören wir sehr bald und in rascher Folge von zärtlichen Beziehungen Kleists. Nur gerüchtweise und ganz ohne jede materielle Grundlage. In der neuesten Biographie sind diese Gerüchte überhaupt nicht erwähnt. Für das Verständnis von Kleists Liebesleben liegt ja eine große Schwierigkeit darin, daß wir von dem einen Verhältnis zu Wilhelmine so sehr viel wissen und es bis in alle Phasen der Entwicklung und des Abschlusses verfolgen können, während wir von zahlreichen anderen Beziehungen nur ganz vage und unbestimmte Angaben haben. Dadurch wird die Darstellung verschoben, und wir bekommen einen ganz schiefen Eindruck. Nach der üblichen Auffassung, die natürlich bei dem großen Material, das wir besitzen, das Verlöbnis mit Wilhelmine in den Vordergrund stellt, müßte Wilhelmine **die** Liebe und **die** Braut von Kleist gewesen sein. Und doch belehrt uns das Studium von Kleists Briefen, daß von einer großen Leidenschaft, überhaupt von wahrer Liebe nicht die Rede sei; und doch suchen wir vergebens nach dem Kriterium, das schließlich für die Liebe des Dichters das maßgebende sein muß, wie gibt sich seine Liebe zu Wilhelmine in seinen Schriften und Dichtungen zu erkennen, wie hat Wilhelmine ihn als Dichter gefördert, wo finden wir ihre Spuren. Vergebens werden wir danach suchen, und schon dieser wichtigste Umstand sollte uns überzeugen, daß Wilhelmine im Liebesleben des Dichters keine große Rolle gespielt hat. Andere Liebesidyllen, die sich in entlegener Gegend abspielten und schon deswegen mehr im Geheimen blieben, bei denen eine geringere Sorgfalt und Ordnungsliebe der Braut der Nachwelt weniger Liebesbriefe erhalten hat, und die so uns kaum bemerkbare Spuren hinterlassen haben, können aber Kleists Herz und Sinne in viel höherem Maße gefangen genommen haben, für sein ganzes Leben und für seine dichterische Entwicklung von viel weittragenderer Bedeutung gewesen sein. Wenn wir von diesem Standpunkt Kleists Liebesaffären betrachten, werden wir einige von ihnen zunächst nur als Gerüchte registrieren können, einzelne andere aber werden wir in der Lage sein, an der Hand neuen Materials in ein helleres Licht zu setzen.

Kleists Reise mit Pfuel, die in Paris endete, bedeutete eine Fahrt nach Abenteuern und besonders nach Liebesabenteuern, wie ich schon oben (s. S. 14) aus dem vorhandenen Material gefolgert habe. Auf dem Heimwege von Paris soll er die Bekanntschaft der Günderode gemacht und in Wiesbaden mit der Tochter eines Predigers ein zartes Verhältnis angeknüpft haben. Kein sicheres Zeugnis besitzen wir für diese Gerüchte; wir werden sie aber nicht ohne weiteres von der Hand weisen können, einmal weil solche Gerüchte nicht ganz grundlos zu entstehen pflegen, andererseits weil Kleist in der vorhergehenden und mehr noch in der folgenden Zeit ein großes Liebesbedürfnis an den Tag legt. Die Neigung der noch nicht vierzehnjährigen, sehr frühreifen Tochter Wielands, als Kleist in seinem Hause anfangs 1803 weilte, scheint in dem Herzen des Dichters einen starken Widerhall hervorgerufen zu haben. Das beweisen seine nachmaligen brieflichen Äußerungen an Ulrike, die für den sonst namentlich in Herzensangelegenheiten so verschlossenen Dichter so vielsagend klingen. Im voraufgehenden Jahre, im Frühjahr 1802 muß sich ein auf Kleist sehr nachhaltig wirkendes Liebesereignis während seines Aufenthaltes in der Schweiz abgespielt haben. Von der Aarinsel bei Thun schildert er Ulrike ein zärtliches Liebesidyll, welches auf ein intimes Verhältnis mit dem „Mädeli" schließen ließ. Genauere Nachforschungen haben, wie sich von vornherein annehmen ließ, das irrige dieser Annahme erwiesen. Aber doch scheint alles darauf hinzuweisen, daß hier am Thuner See sich ein Ereignis abspielte, das auf die Sexualsphäre Kleists einen starken und nachhaltigen Eindruck hervorrief. Die Liebesidylle, die er in seinem Briefe schildert, ist ein Produkt seiner Phantasie, aber ein äußerer Anstoß muß vorhanden sein. Daß eine Nachwirkung dichterischer Tätigkeit, wie so häufig bei Kleist vorliegt, scheint ausgeschlossen, für ein greifbares Ereignis spricht die Tatsache, daß nicht bloß bei dieser Briefstelle, sondern auch in der Folge die Berührung oder Schilderung eines das Sexuelle berührenden Themas auffallend häufig die Erinnerung an den Thuner See wachruft. Ich erinnere an das Gedicht: „Der Schrecken im Bade", in das zweifellos Reminiszenzen vom Thuner See hineinspielen und an jene Stelle im „Marionetten-Theater", in der eine zwischen Kleist und Pfuel sich abspielende Szene, die das sexuelle Gebiet streift, an den Thuner See verlegt wird. Ich glaube, der Brief selbst und die angeführten dichterischen Dokumente lassen den Schluß zu, daß sich am Thuner See selbst oder doch in seiner Umgebung, ein Liebesereignis abspielte, das auf Kleists Gemüt einen gewaltigen und nachhaltigen Eindruck hervorrief.

Während die verschiedensten Beziehungen Kleists, die auf ganz unkontrolierbaren Gerüchten oder auf Äußerungen des Dichters, die alle möglichen Deutungen zulassen, beruhen, getreulich von den Biographen vermerkt werden, bleibt das Verhältnis Kleists zu Henriette von Schlieben völlig unberücksichtigt. In Erich Schmidts Kleistskizze ist es mit Schweigen übergangen. Und doch besitzen wir gerade für diesen Herzensbund ein dokumentarisches Beweisstück; eine Bleistift- und Kreidezeichnung Henriettes von der Hand der älteren Schwester trägt die Unterschrift: Henriette von Schlieben, Kleists Braut. Dokumentarisch belegte Tatsachen aus dem Leben Kleists sind selten und spärlich, und wir haben kein Recht, ohne weiteres mit Stillschweigen über diese kurze und vielsagende Behauptung der älteren Schwester hinwegzugehen. Minde-Pouet (Briefkommentar) hilft sich über alle Schwierigkeiten hinweg, indem er den Vermerk als erfunden bezeichnet. Mehr aber noch als dieses glaubhafte Dokument spricht für eine tiefe Herzensneigung wenigstens für den, der lesen kann, die Beobachtung, daß Kleist gern in seinen Briefen bei den Schliebenschen Mädchen verweilt, und daß er jedesmal, wenn er über sie oder an sie schreibt, einen warmen Herzenston anschlägt, und daß dann aus allen seinen Äußerungen eine Tiefe des Gefühls spricht, wie wir sie nie sonst bei ihm treffen. Das innige, herzliche Gemüt Kleists tritt nie so deutlich zutage als in der Erinnerung oder in dem Verkehr mit den Schliebenschen Mädchen. Da ist er viel herzlicher, viel gefühlvoller als in den Briefen an die Zenge. Wüßten wir sonst nichts von einem Verlöbnis Kleists mit Henriette von Schlieben, nach seinen Briefen müßten wir es vermuten. Aber auch Kleists schriftstellerische Arbeiten werden gelegentlich von der Erinnerung an das Schliebensche Haus beeinflußt. Wenige Tage vor seinem letzten Weihnachtsabend schreibt Kleist in den Abendblättern (Nr. 68) einen Aufsatz über eine Weihnachtsausstellung, welche Handarbeiten von Damen gebildeter Familien, ohne daß ihr Name bekannt gegeben wurde, zum Verkauf ausbot. „Es hat etwas Rührendes, das man nicht beschreiben kann, wenn man in diese Zimmer tritt", so beginnt er; ganz ähnlich hat er fast zehn Jahre früher, als er über die erste Bekanntschaft mit den Schliebens berichtet, sie arm, freundlich und gut genannt, „Eigenschaften, die zusammengenommen mit zu dem Rührendsten gehören, das ich kenne". Weiter schildert der Aufsatz, wie in durchwachten Nächten, beim Schein der Lampe die vielen tausend „kleinen niedlichen Hände" sich regen (Reminiszenz an die niedlichsten kleinen Hände, die ihm in Dresden den Lorbeer reichen), und wir erinnern uns unwillkürlich dabei an einen Brief aus dem Sommer 1803, wo er voller Mitgefühl und Teilnahme über die gleiche heimliche Arbeit der Geschwister Schlieben an Ulrike berichtet. Der ganze Aufsatz ist unmittelbar unter dem Eindruck dieser zärtlichen Reminiszenz abgefaßt, und niemals offenbart sich Kleists innig-teilnehmendes Gemüt schöner als in diesem kleinen Prosastücke. Dieselbe Empfindung kommt zum Ausdruck in Steigs Worten: Ich kenne aus Kleists letzten Jahren keine Stelle, die sein Innerstes uns mit gleicher Reinheit zeigte.

Wir müssen nach alledem Minde-Pouets Behauptung, die ältere Schwester hätte unter das Bild Henriettes eine erfundene Behauptung gesetzt, zurückweisen. Es läge ja auch an Minde-Pouet, den Beweis zu erbringen für einen Standpunkt, mit dem er schließlich alles beiseite schaffen kann, was ihm unbequem ist. Aber wenn wir auch von dem Verlöbnis absehen, dessen Tatsache ja an sich gleichgültig ist, so bleibt doch bestehen, daß Kleist kaum einem anderen Mädchen so viel Herzensneigung entgegenbrachte, daß keine so seine edelsten Regungen erweckte, als jenes Mädchen, das er selbst nach der Gestalt, nach den Zügen, nach der Farbe der Augen, der Wangen, der Haare als den Typus eines echten, deutschen Mädchens schildert.

Die nächstliegende Frage, wann und unter welchen Umständen Kleist sich mit Henriette verlobt hat oder verlobt haben könnte, ist bisher ernstlich noch nicht geprüft worden; nur Zolling hat die Frage gestreift, aber seine kurze Notiz enthält viel Unrichtiges, und er kommt über eine ganz unhaltbare Vermutung nicht hinaus.[1]) Da Kleists Pariser Brief, so schreibt er, an die ältere Schwester nicht einmal Grüße an Henriette und auch sonst gar keine Andeutung über ein Verlöbnis enthält, so müßte ein solches erst später stattgefunden haben. Der Vordersatz ist nicht richtig, der Brief an Karoline aus Paris vom 18. Juli 1801 enthält eine liebevolle Erwähnung der jüngeren Schwester und Grüße, sein ganzer Inhalt freilich verrät, daß von einem Verlöbnis nicht die Rede sein kann. Auch bei dem zweiten Besuch in Dresden und im Schliebenschen Hause kann es zu einem solchen nicht gekommen sein, denn das in der Folge an „meine theure Freundin Henriette" gerichtete Schreiben vom 29. Juli 1804 kann nimmermehr an eine Braut gerichtet sein. Zolling folgert, daß nach alledem Kleist, obwohl uns nichts überliefert ist, in der Periode 1808—1809 bei Schliebens verkehrt und sich da mit

[1]) Gegenwart 1883 Nr. 35. Nachträge zu Heinrich v. Kleists Leben II.

dem, auch nach ihrem Porträt zu urteilen, bildschönen Mädchen verlobt habe. Wir wissen nur, so schließt Zolling seine kurzen Betrachtungen, daß er damals der Bräutigam einer Mündel des alten Körner war und stehen also abermals vor einem neuen Rätsel.

Ich glaube, daß sich dieses Rätsel in befriedigender Weise lösen läßt, und daß sich des Rätsels Lösung in einem Briefe aus dem Jahre 1807 findet, der während der französischen Gefangenschaft geschrieben ist. Es ist der zunächst von Tieck veröffentlichte Brief, der in der Briefsammlung die Nummer 93 trägt. In seiner Placierung dieses sehr wertvollen Schreibens, in der Konjunktur über den Briefempfänger, in dem Kommentar zu dem Briefe, läßt der Herausgeber Witz und Wissen, wie es nun einmal eine Briefsammlung und ihre Herausgabe erfordert, vermissen, und es wird zunächst nötig sein das dichte Gebüsch von Fehlern und Irrungen zu entwirren, bevor wir an unser eigentliches Thema herankommen. Zunächst wer ist der Briefempfänger? Während der Herausgeber bei den zahlreichen Kleistbriefen, deren Adressat ihm unbekannt ist, das kleinere Übel wählt, die Frage nach dem Briefempfänger offen zu lassen, richtet er mit einem ganz unbegreiflichen Ungeschick und in völliger Unkenntnis den uns vorliegenden Brief an Marie von Kleist. Mit viel mehr Recht hätte man auf jeden anderen Freund Kleists raten können. Als Grund wird angegeben, daß der Brief zunächst bei Tieck veröffentlicht ist, und daß Marie ihn bei der Herausgabe der Werke Kleists unterstützte. Abgesehen davon, daß auch andere Tieck mit Material versorgten, so ist die Behauptung ganz unrichtig, daß Marie Tiecks Aufforderung Folge leistete. Man lese nur Maries höflich gewundenes Schreiben an Tieck bei Holtei. Hinter allen schönen Worten verbirgt sich eine offene Absage. Marie hat ihre reichen Schätze geheim gehalten; selbst ihr vorsichtig-engherziger Sohn Adolf war freigebiger, er hat vieles vernichtet, aber er hat wenigstens manche Kostbarkeit durch die Vermittlung York v. Wartenbergs der Öffentlichkeit überlassen. In dem Briefe wird der Empfänger mit „Sie" angeredet.

Das ist für Minde-Pouet kein Gegengrund, das vertrautere „Du“ können erst die späteren Jahre gebracht haben. Wohl möglich, aber diese Behauptung nimmt sich gerade bei Minde-Pouet sehr eigenartig aus. Er leugnet an anderer Stelle jede intime Beziehung zwischen Kleist und seiner Kusine. Das „Sie“ Kleists an seine Kusine, bei der er von früher Jugend an verkehrte, und die wie eine zweite Mutter für ihn sorgte, würde nicht befremden; aber wenn in den letzten Lebensjahren (und es könnte nur ein Jahr vor Kleists Tode dieser Umschwung erfolgt sein) das vertraute „Du“ an seine Stelle tritt, so müßte das darauf hinweisen, daß das Verhältnis beider einen sehr viel intimeren Charakter angenommen hat. Es geht nicht an, den Tatsachen Gewalt anzutun, je nachdem man sie gerade für seine Zwecke zu verwenden für gut befindet. Daß der Briefempfänger mit Pfuel bekannt war, daß sich ihm Kleist „innerlich nahe fühlte“, ist doch kein Grund, der gerade für Marie und nur für diese spricht. Spricht sonach nichts für Marie als Briefempfängerin, so vieles gegen sie. Kleist erwähnt in dem Briefe eine Unterredung vor drei Jahren mit dem Briefempfänger, in welcher beide stets auf den Tod als den ewigen Refrain des Lebens zurückkommen, und in welcher dieser das Leben als einen ermüdenden Zustand, eine Fatigue hinstellte. Das paßt sehr schlecht zu Marie, die vor unbedachten Schritten ihrer Freunde zitterte und nach der traurigen Erfahrung mit Schlotheim stets das Schreckgespenst weiterer Todesnachrichten vor Augen hatte (vgl. den Brief Karoline v. Fouqués S. 20). Auch damit kann ich mich nicht einverstanden erklären, daß der Herausgeber den Brief in den Sommer 1807 verlegt. Wenn Kleist auf eine Unterredung anspielt, die drei Jahre zurückliegt, so würde er im Juni nicht schreiben „im Sommer vor drei Jahren“, sondern einfach „vor drei Jahren“; mir erscheint es darnach natürlicher, den Brief bis in den April oder Mai desselben Jahres zurückzudatieren.

Wenn wir die Frage erörtern, wer ernstlich als Briefempfänger in Betracht kommen könnte, so bietet uns zunächst die Einleitung des Briefes eine Handhabe, in welcher Kleist auf alle die voraufgegangenen Bemühungen des Adressaten zu seiner Befreiung hinweist. Freilich auch Marie hat sich ebenso wie Ulrike beim General Clarke in diesem Sinne bemüht, aber doch erst in einer späteren Zeit, wie aus unserer Darstellung (I 4) hervorgeht; die ersten energischen Schritte zur Befreiung gingen von Kleists Freunden aus, besonders von Gleißenberg und Schlotheim. Ich stehe nicht an, mit aller Bestimmtheit den Brief dem Freunde Kleists, H. v. Schlotheim, über den ich oben (S. 21 ff.) einiges biographisches Material beigebracht habe, zuzuschreiben. Die ganze wehmütige, niedergeschlagene Stimmung spricht dafür; sie spricht für Schlotheim, einem offenbar zu psychischen Depressionen geneigten jungen Menschen, der in melancholischer Stimmung einen Selbstmordversuch begangen hat. Kleist gehört zu den sensiblen und leicht suggestiblen Naturen, die in ihren Briefen viel mehr die Stimmung des Empfängers als die eigene erraten lassen. Vor allem denke ich bei diesem Briefe an Schlotheim, weil die oben erwähnte Unterredung über den Tod als den ewigen Refrain des Lebens, auf welche Kleist anspielt, und die Jahre zurückliegt, sich am besten anpaßt der Unterhaltung in jenen Tagen, in welchen Kleist an dem Krankenbette des an den Folgen des Selbstmordversuches darniederliegenden Freundes bei Tage und bei Nacht wachte. Die Reminiszenz Kleists bezieht sich offenbar auf Schlotheim und die Vorgänge, welche ich oben (S. 19 ff.) geschildert habe.

Nachdem ich so die Datierung und die Adresse des Briefes richtig gestellt habe, komme ich zu der uns hier interessierenden Frage, inwieweit der Brief das Verhältnis Kleists zu Henriette von Schlieben beleuchtet. In dem Briefe findet sich eine Stelle, deren Deutung Minde-Pouet völlig ratlos gegenübersteht. Nachdem Kleist seine Freude ausgedrückt hat, daß Ernst v. Pfuel wieder nach Königsberg zurückgegangen ist, das einzige, was ihm in seiner Lage übrig blieb, schreibt er wörtlich weiter: „Doch unersetzlich ist es, daß wir uns nicht, er und B., in Dresden haben sprechen können. Der Augenblick war so gemacht, uns in der schönsten Begeisterung zu umarmen; wenn wir noch zwei Menschenalter lebten, kommt es nicht so wieder." Dazu schreibt Minde-Pouet: Das schwierigste Rätsel gibt B. und der von Kleist charakterisierte Dresdener Aufenthalt auf; Dresden lag doch Jahre zurück, wofern man nicht einen uns unbekannten Dresdener Aufenthalt vor der Übersiedelung nach Königsberg annehmen will." Darauf ist zu erwidern: Daß Kleist vor Königsberg in Dresden sich aufgehalten hat, ist sicher, wie wir unten sehen werden. In Wirklichkeit handelt es sich aber bei der zitierten Briefstelle gar nicht um einen früheren Dresdener Aufenthalt, sondern um eine projektierte Zusammenkunft in Dresden[1]). Die Freunde hatten Königsberg verlassen in der Absicht nach Dresden zu gehen. Vor Berlin hatte sich Pfuel von den drei anderen getrennt, um die Familie Fouqué zu besuchen; Kleist wollte nach Dresden voraus, Pfuel sollte nachkommen. Es kam anders. Kleist wird in Berlin festgehalten und entgeht nur durch einflußreiche Verwendung dem Tode, Pfuel zwingen die Verhältnisse, seinen Weg nicht nach Dresden sondern wieder zurück nach Königsberg zu nehmen. Daß Dresden das Ziel der beiden Freunde war, als sie Königsberg den Rücken kehrten, das beweist nicht bloß unsere Briefstelle, sondern das steht ausdrücklich in dem Brief Ulrikes an Clarke: et il comptait se rendre à Dresde, heißt es da, afin de cultiver paisiblement les lettres et les arts. „Das schwierigste Rätsel" löst sich also ganz von selbst. Was bedeutet es aber weiter, wenn Kleist voller Emphase von dem Dresdener Aufenthalt spricht und das Wiedersehen als den Augenblick bezeichnet, „so gemacht, uns in der schönsten Begeisterung zu umarmen"? Was war es überhaupt, das die Freunde so gewaltsam nach Dresden zog? Pfuel hatte in Dresden seine Liebe: Emma Körner; schon im Dezember 1805 hat Kleist mit Interesse

[1]) Die gleiche Ansicht finde ich nachträglich bei Dombrowski vertreten (Euphor. XIV).

das Geschick seines Freundes verfolgt, der mit dem „Korps, bei welchem er steht, vor die Stadt rückt, in welcher zugleich der Feind und sein Mädchen wohnt“! Für Kleist war der Magnet, der ihn vom hohen Norden nach Dresden zog, Henriette von Schlieben, und der Dritte im Bunde B., mit dem er in Dresden zusammentreffen wollte, war auch damals glücklicher Bräutigam, nämlich Brockes, dessen Liebesverhältnis ich oben besprochen habe, und dessen Braut, wenn nicht in Dresden selbst, so doch in erreichbarer Nähe zu weilen pflegte. Kleist malt sich in der Einsamkeit der Gefangenschaft das Rendezvous mit den Freunden in glücklichster Stimmung aus, und er sieht bei dem Zusammmentreffen in der Stadt, welche sein Liebesglück birgt, den schönsten Augenblick, so schön wie ihn das Leben nicht zum zweiten Male bieten kann.

Das Verhältnis Kleists zu der Schlieben hat nach alledem den folgenden Verlauf genommen. Kleist faßte zu dem Mädchen schon beim ersten Zusammensein, im Frühjahre 1801, eine tiefe Neigung, wie sie sich deutlich offenbart in dem zärtlichen Ton, in dem innigen Gefühl, das immer zum Durchbruch kommt, wenn er über sie oder an sie schreibt. Nach Abschluß seiner Wanderjahre, als er in Berlin eine Anstellung gefunden, richtet Kleist als „immer treuer“ Freund an die „teure Freundin“ in Dresden einen sehr teilnamsvollen und herzlichen Brief und bittet sie um ein paar Zeilen von ihrer Hand. Die Korrespondenz mag der Beginn eines zärtlichen Verhältnisses zwischen beiden gewesen sein, und es läßt sich denken, daß in der Zeit zwischen diesem Briefe (Juli 1804) und der Abreise nach Königsberg ihre Beziehung jene Form annahm, welche die ältere Schwester berechtigte, Kleist als den Bräutigam Henriettes zu bezeichnen. Wie dann Kleist voller Sehnsucht von Königsberg zu seiner Braut eilte, und wie sein Dresdener Aufenthalt vereitelt wurde, das haben wir im vorhergehenden erfahren. Viel unerklärlicher ist es für uns, daß das Verhältnis Kleists zu Henriette abbrach, als er aus der Gefangenschaft nun wirklich nach Dresden kam und dort seinen Aufenthalt nahm. Wir wissen, daß er bald nach seiner Ankunft dem Mündel in Körners Hause seine Neigung zuwandte. Darnach wäre es das natürlichste, anzunehmen, zumal da in der einzig authentischen Quelle, die ich beibringe, der Name der Dresdener Liebe nicht genannt ist, daß das Verhältnis zur Schlieben fortdauerte, und daß es sich Emma Körner gegenüber nur um ein offensichtliches Interesse handelte, welches zu unkontrolierbaren Gerüchten den Anlaß bot. Aber da die Familientradition und manches andere für eine tatsächliche Verlobung spricht, so läßt sich nach dem vorliegenden Material nur annehmen, daß Kleist in Dresden mit Henriette Schlieben aus uns unbekannten Gründen brach, und daß er allmählich seine Neigung einem anderen Mädchen zuwandte.

Es wird berichtet, daß Kleist eine Herzensneigung an das Haus des alten Körner fesselte; sein Mündel Emma Juliane Kunze, die Tochter eines Leipziger Kaufmanns war der Magnet, der Kleist mit Allgewalt anzog. Die Liebesepisode mit Emma Kunze hat über das rein Persönliche hinaus ein literarisches Interesse, weil dem Liebesglück und Liebesschmerz in diesem Falle das Käthchen von Heilbronn Anregung und Entstehung verdankt. Die Angaben, die sich über Kleists Liebe zu Körners Mündel erhalten haben, sind ungenau und nichtssagend und tragen so ausgesprochen den Stempel böswilliger Entstellung, daß schließlich Erich Schmidt diese ganze Episode aus dem Leben Kleists von der „wunderlichen Verlobung", die er „herrisch gelöst", in das Gebiet der Legende verweist und ohne weiteres darüber hinweggeht. Man muß dankbar anerkennen, daß Erich Schmidt nicht wieder die alte unsinnige Darstellung aufnimmt, die seit Bülow sich durch alle Kleistbiographien hindurchzieht. Der Dichter lernte, so schreibt Bülow, in dem Körnerschen Hause ein reiches und liebenswürdiges Mädchen kennen, mit dem ihn bald eine gegenseitige Neigung verbindet. Ihrer Verbindung scheint nichts im Wege zu stehen, aber sie zerschlägt sich an dem bloßen Verlangen Kleists, daß ihm die Geliebte ohne ihres Vormundes oder

Emma Juliane v. Einsiedel, geb. Kunze
(nach dem Ölbilde von Tischbein).

Oheims Vorwissen schreibe. Sie weigert sich, er wiederholt seine Bitte nach drei Tagen, in denen er sie nicht besuchte, darauf nach eben so vielen Wochen und Monaten und löst zuletzt das Verhältnis auf diese Weise völlig. Nichts ist erstaunlicher, als daß diese Darstellung, die so offenkundig bemüht ist, dem Charakterbilde Kleists einen unsinnigen, bizarren Zug beizufügen, sich bis in die neuste Zeit unverändert und unwidersprochen erhalten konnte. Ja selbst Zolling, der wenigstens mit eifrigem Bemühen Bülows mangelhaftes Material ergänzte und neue biographische Angaben über Kleists Braut beibrachte, schildert doch im allgemeinen das Verhältnis so, wie wir es gewohnt sind und fügt seinen Angaben den baren Unsinn bei, daß Kleist nach drei Tagen, drei Wochen und drei Monaten seinen Antrag wiederholt habe. Wenn wir es nur gutheißen können, daß Erich Schmidt sich von dieser albernen Darstellung frei gemacht hat, so müssen wir uns auf der anderen Seite dagegen verwahren, daß nun diese ganze Episode aus dem Leben Kleists gestrichen wird. Denn alles spricht dafür, und wir werden öfters darauf zurückkommen müssen, daß es sich nicht um eine flüchtige Neigung bei Kleist handelte, wie vielleicht in den früheren Fällen, daß Emma Kunze d i e Liebe Kleists bedeutet, daß er über die Enttäuschung, welche sie ihm brachte, niemals hinweggekommen ist. Zweifellos liegt eine wahre und tiefe Herzensneigung Kleists vor, die bestimmend auf seine Zukunft und seinen traurigen Lebensgang einwirkte.

Schon der Umstand, daß das Gerücht von Kleists Verlobung mit solcher Bestimmtheit auftritt, ferner die Tatsache, daß um dieselbe Zeit Kleist von den niedlichsten kleinen Händen, die in Dresden sind, stolz an seine Schwester schreibt, weisen darauf hin, daß tatsächlich bald nach seiner Ankunft in Dresden Kleist einen neuen Liebesbund geschlossen hatte. Die brieflichen Angaben von Mitgliedern der Familie von Einsiedel, die mir vorliegen, bestätigen, daß Juliane Kunze, bevor sie die Frau von Alexander v. Einsiedel wurde, die Braut Kleists war und bestätigen ferner auch, daß sie noch in späteren Zeiten in dem gesellschaftlichen Kreise, der sich um sie auf Schloß Gnandstein sammelte, als das Käthchen-Urbild geneckt wurde. Meine jahrelangen Bemühungen, in diese Episode aus dem Leben Kleists Licht zu bringen, Klarheit zu verschaffen über das Verhältnis selbst und über den Bruch des Verhältnisses, das, wie verschiedene Momente erkennen ließen, bestimmend und einschneidend in das weitere Leben Kleists eingreift, wurden mit Erfolg gekrönt, als ich in einer verschollenen, sehr angesehenen Zeitschrift eine kurze aber authentische Darstellung des Verhältnisses Kleists zu Juliane auffand. Die Zeitschrift, um die es sich handelt, in der sich Beiträge namhafter Autoren finden, und die auch sehr interessantes Quellenmaterial zu E. Th. A. Hoffmann u. a. enthält, heißt: „Der Salon, Mittheilungen aus den Kreisen der Literatur, Kunst und des Lebens. Unter Mitwirkung geachteter Schriftsteller herausgegeben von Sigm. Englaender. III. Theil Wien 1847." Hier findet sich (S. 70) ein Aufsatz: Heinrich von Kleist. Ein Fragment nach den Mitteilungen einer Freundin.

Der kurze Aufsatz, welcher von Lord Byrons Behauptung ausgehend: „um ein Dichter zu werden, muß man entweder unglücklich oder verliebt sein" die Tragik im Leben Kleists nachzuweisen sucht, stammt offenbar von einer Frau, die mit dem Lebensgeschick Kleists auf das genaueste vertraut, ihm im Leben freundschaftlich nahe gestanden hat und hier ihre Reminiszenzen getreulich wiedergibt. Wer diese Freundin Kleists und Verfasserin des Aufsatzes gewesen ist, das läßt sich kaum vermuten; es fehlen uns zur Beantwortung dieser Frage alle Anhaltspunkte. Ob wir ihren Angaben Glauben schenken dürfen? Ihre treuherzig-eindringliche Darstellung, der warme gemütvolle Ton, mit dem sie für den unglücklichen Freund und Dichter eintritt, nimmt unmittelbar für sie ein und trägt den Stempel der Wahrheit an sich. Auch Andreas Streichers Buch ist ja unter ähnlichen Bedingungen ein Quellenwerk zu Schillers Leben geworden. Und wenn wir auch in unserem Falle die Autorin nicht kennen und nicht zu beurteilen wissen, wie weit ihre Persönlichkeit eine gewisse Gewähr leistet, so spricht doch für ihre Wahrheitsliebe der Umstand, daß ein Teil ihrer Angaben kontrolierbar ist und vor der Kritik bestehen kann. Wenige Beispiele werden genügend zeigen, wie weit wir dieser Quelle Treu und Glauben entgegenbringen können.

Ihre Schilderung von Kleists Persönlichkeit stimmt im wesentlichen mit dem Bilde überein, welches wir uns nach Wielands eingehenderer Darstellung davon machen. In dem Aufsatze heißt es:

„Kleists Persönlichkeit, obgleich in ihr etwas Düsteres und Beängstigendes lag, soll doch, besonders für Frauen, höchst anziehend gewesen sein. Für gewöhnlich sprach er wenig und in gedrängter Kürze, doch regte ihn ein Gegenstand dergestalt an, daß er das Bedürfnis fühlte, sich darüber auszusprechen, so riß seine Rede alle Zuhörer mit sich fort — oft geschah es aber, daß er mitten im Redestrom plötzlich abbrach, vor sich hinstarrte, als erblicke er irgend etwas vor sich, und dann in dumpfes Hinbrüten versank, wo dann nichts mehr aus ihm heraus zu bringen war."

Die folgende Notiz schildert einen neuen, bisher unbekannten Vorgang im Leben Kleists, der so durchaus charakteristisch für Kleist ist, daß wir ihn ohne weiteres als echt und wahrheitsgetreu anerkennen müssen. Es heißt gegen den Schluß des Aufsatzes:

„Die Unterdrücker seines Vaterlandes haßte er glühend — aber die Mehrzahl seiner damaligen Landsleute verachtete er und hielt damit nicht hinter dem Berge. Daß, wo von seinem Vaterlande die Rede war, er nichts anderes als das gesammte Deutschland im Sinne hatte, bewies die Antwort, die er dem damaligen, allmächtigen Minister gab, in dessen Händen seine Zukunft lag. — „Sind Sie ein Schlesier?" fragte dieser. „Ich bin ein Deutscher" entgegnete Kleist mit scharfer Betonung."

Die angeführten Stellen aus dem Aufsatze werden beweisen, daß seine Ausführungen im großen und ganzen Glauben verdienen. Wir werden danach auch die besonders liebevolle und eingehende Schilderung von Kleists Dresdener Liebesepisode als authentisch anerkennen müssen. Die Verfasserin äußert sich darüber mit den folgenden Worten:

„Auch nicht ein einziger Lichtblick des Glücks ist ihm im Leben geworden, und eben jene Dichtung, welche noch nach Jahrhunderten die Welt entzücken und rühren wird — sein Käthchen — ist die Frucht des tiefsten Seelenschmerzes, der bittersten Täuschung, und recht eigentlich mit seinem besten Herzblut geschrieben. Kleist war kein Jüngling mehr, als er seine erste tiefe Neigung zu einem Mädchen faßte, welches diese Neigung erwiderte, das heißt nach ihrer Art, oder vielmehr nach Art aller guten, wohlerzogenen Mädchen, die sich einen Mann wünschen, und welche es dankbar erkennen, wenn einer kommt, der es ehrlich mit ihnen meint; daß dieses bei Kleist der Fall sei, sah seine Geliebte sogleich, und sie wünschte gewiß nichts sehnlicher, als daß recht bald der Tag erscheinen möge, wo Kleist sie zum Altar führen könne; aber leider hatte Kleist noch keine sichere Anstellung, und an eine ordentliche Versorgung muß doch ein vernünftiges Mädchen denken, wo von Heirath die Rede ist. Wie Kleist einem so erzprosaischen Geschöpfe gegenüber so lange sich selbst täuschen konnte, indem er glaubte, in ihm das Ideal gefunden zu haben, nach dem sein Herz so lange und vergeblich sich gesehnt — das läßt sich allerdings nur dadurch erklären, daß Kleist eigentlich die Welt nie sah, wie sie wirklich war. Genug, er liebte, und zwar mit der ganzen ungemessenen Kraft und Leidenschaft, deren er fähig war, und daß seine Geliebte durch diese gewaltige Liebe eines Menschen, wie Kleist, nicht erschreckt und beängstigt wurde, beweist am besten, wie wenig sie ihn verstand und eigentlich liebte. Kleist aber sollte das bald erfahren — er mußte nach Berlin, wo er für seine Dichtungen wirken wollte, daß sie auf der königlichen Bühne aufgeführt wurden; auch hatten einige Berliner Freunde ihm Hoffnung gemacht, daß ihm eine seinen Kenntnissen und Fähigkeiten angemessene

Anstellung im Staatsdienste nicht entgehen dürfte, wenn er deshalb nur die rechten Wege einschlüge. Kleist war entschlossen, die Reise anzutreten, stellte aber vorher an seine Geliebte eine Forderung, deren Erfüllung ihm als der höchste Beweis ihres Vertrauens und ihrer Liebe gelten sollte. Aber seine Geliebte bebte vor dieser Forderung zurück. — Kleist bat, beschwor, weinte, drohte — ein entschiedenes Nein war die Antwort seiner Geliebten, und außer sich, rief Kleist endlich: „Du hast es ausgesprochen! wir sind geschieden.“ Vielleicht — ja höchst wahrscheinlich, werden die meisten meiner schönen Leserinnen den armen Kleist unbarmherzig verdammen, daß er von seiner Geliebten verlangte, wovor diese zurückbeben mußte, denn sie werden glauben, es sei etwas gewesen, was kein sittliches Mädchen einem Manne gewähren darf, bevor nicht der Segen der Kirche ihren Bund geheiligt. Aber das zu fordern lag nicht in Kleists Natur, der bei aller freien Ansicht nicht im Stande gewesen wäre, selbst den Zauber zu zerstören, der für ihn in den Gedanken lag: ein unentweihtes Mädchen als Weib heimzuführen. Kleist hatte von seiner Geliebten verlangt, daß ihre Correspondenz vor jedem Dritten, also auch vor den Eltern seiner Geliebten, geheim betrieben werden sollte. Was er seiner Geliebten schrieb, sollte nur für sie allein geschrieben sein, was sie ihm schrieb, sollte nicht erst die Censur der Mama passieren. Geistige, unbedingte Hingebung ihres ganzen Wesens verlangte er von ihr, und darauf wollte das wohlerzogene Mädchen nicht eingehen. Der Bruch zwischen Beiden war also erklärt, und wahrscheinlich reichte das Mädchen später einem Manne ihre Hand, der nicht so excentrische Forderungen an sie gestellt hatte, als der melancholische Poet. — Doch dieser vermochte sich so leicht nicht zufrieden zu geben: Schmerz, Zorn und Scham, daß er sich selber so lange Zeit über den Gegenstand seiner Liebe getäuscht, nahmen ihn arg mit. Um ihre Weigerung zu rechtfertigen, hatte seine Geliebte ihm viel von Tugend, Sitte und kindlicher Pflicht, von Schicklichkeit und Rücksichten, welche ein junges

Mädchen in der Welt zu nehmen habe, vordeklamirt. — Kleist, aufs äußerste erbittert, beschloß ihr das Bild eines Mädchens entgegen zu stellen, das Alles dem Manne ihrer Liebe opferte und dabei doch engelrein bleibt; in fast fieberhafter Aufregung ging er ans Werk, und in wenigen Wochen lag das „Käthchen von Heilbronn“ vollendet da. — Wie traurig es dem armen Kleist auch mit diesem Stücke erging, wie das deutsche Publikum es erst nach des Dichters Tode durch Fr. v. Holbeins Bearbeitung für die Bühne kennen lernte, darüber hat Bülow sich in seinem Lebensabriß Kleists zur Genüge ausgesprochen; nicht unerwähnt darf aber hier bleiben, wie herzlos das gebildete Berlin sich gegen den genialen unglücklichen Dichter bewies, wie die kleinlichsten Kabalen angewendet wurden, um selbst den Versuch, seine Dramen auf die Bühne zu bringen, zu hintertreiben, wie seine Zerstreutheit, seine Art zu reden und sich zu tragen, ausgebeutet wurden, ihn lächerlich zu machen, ihn als einen halb Wahnsinnigen darzustellen, oder gar wie man sich mühte, die schändlichsten Lügen über ihn und eine unglückliche Frau, die endlich allein noch Teil an seinem Leiden nahm, zu verbreiten. —“

Das geschilderte Liebesverhältnis mag im Herbst 1807 seinen Anfang genommen haben. Am 10. Oktober schmückten den Dichter nach eigenem Bericht die zwei niedlichsten kleinen Hände mit dem Lorbeer. In das Frühjahr des folgenden Jahres wird das Zerwürfnis fallen, denn im Juniheft des Phöbus stehen die beiden boshaften offenbar auf Juliane gemünzten Epigramme.

Über die Persönlichkeit von Kleists Braut habe ich nur spärliche Nachrichten zusammentragen können. Sie stand, als sie Kleist kennen lernte, etwa im zweiundzwanzigsten Lebensjahre (Todestag: 30. Juli 1849 im Alter von 62 Jahren 9 Monaten 28 Tagen); sie wird geschildert als nicht besonders schön, aber anziehend durch sehr liebenswürdiges Wesen und sehr munteren Geist. In der Familie wird ein Ölbild von ihr aufbewahrt, das von dem Maler Tischbein stammt, sowie ein Tagebuch, in welchem sie teils Gedichte gesammelt, teils selbstverfaßte eingetragen hat; ihre umfangreiche Korrespondenz hat sie vor ihrem Tode vernichtet. Ihre Ehe mit Alexander von Einsiedel, mit dem sie sich im Herbst 1808 vermählte, war ein Martyrium. Ihr Mann war Epileptiker, der die letzten Jahre in völliger geistiger Umnachtuug verbrachte. Kleist mag auch an diesem Mädchen hauptsächlich die schöne musikalische Veranlagung und Betätigung gefesselt haben. Das Mündel Körners zeigte Talent und Eifer zum Singen, erhielt einen guten Unterricht und entzückte bald das Haus mit ihrem schönen Gesang. Im Anfang 1807 schreibt Frau Körner an Frau von Schiller über Juliane: „Ihr Gesang ist wirklich etwas Vorzügliches; sie ist überhaupt ein liebes Mädchen, das ich wie mein eigenes Kind liebe. Sie ist uns auch in kindlicher Zärtlichkeit zugetan; sie gehört so zum Ganzen!"

Der Schmerz und die Kränkung Kleists wurde noch dadurch gesteigert, daß die einstige Braut unmittelbar nach dem Zerwürfnis mit Kleist einem anderen die Hand reichte. Was sie dazu getrieben hat, einem offenbar sehr unbedeutenden und obendrein kranken Menschen die Hand zu reichen — verletzte Eitelkeit, Trotz, Verzweiflung, wer will das entscheiden? Jedenfalls handelte sie bei der Verlobung mit Al. v. Einsiedel gegen den Willen ihrer Umgebung. Ich lese in einem Briefe der Frau Körner an Theodor (22. Juli 1808): „Der Vater wird Dir geschrieben haben, daß Julie fort ist. Zu einer anderen Zeit würde mir Julies Entbehren schwer zu ertragen sein; aber jetzt vermisse ich sie nicht, weil es mich auch von der langweiligen Gesellschaft des Herrn von Einsiedel befreit... Schönberg... denkt sich Einsiedel als ein höchst interessantes Wesen, weil Julie ihn liebt — und denkt sich, ich sehe nur Prosa, wo doch lauter Poesie."

Es ist von Interesse, die Vorgänge, die sich im Hause Körner abspielten (vergl. Peschel und Wildenow: Th. Körner und die Seinen, Leipzig 1898) näher zu verfolgen. Unmittelbar nach dem Zerwürfnis mit Kleist muß Juliane die Verlobung mit Einsiedel betrieben haben. Das Ehepaar Körner widersetzte sich sehr entschieden. Deshalb verließ das Mädchen schon im Juli das Haus ihrer Pflegeeltern und ging zu ihrer Großmutter nach Weißenfels, die die Einwilligung zur Hochzeit gab. „Du siehst, schrieb die Mutter damals an Theodor, alles geht ihm wie Cäsar; er kam, sah und siegte.“ Während das Ehepaar Körner auch nach der Verlobung noch mit aller Entschiedenheit von dem unbedachten Schritt abrieten, scheint Dora Stock auf der Seite des Bräutigams gestanden zu haben. Aus Karlsbad schickt sie im Juli die Nachricht, daß sie dort von Personen aus Altenburg viel Gutes über Einsiedel gehört habe, so daß der Vater etwas beruhigt an Theodor schreibt: „es geht doch vielleicht noch besser, als wir denken.“ Aber schon einige Zeit später drückt er sich wieder pessimistisch aus und nennt Einsiedel zwar nicht bösartig, aber leer, nachlässig und kleinlich.

Überblicken wir alles, was über den Schritt Julianes dokumentarisch bewiesen ist, so geht daraus folgendes hervor: Trotz, Verzweiflung, Eitelkeit veranlaßten das Mädchen, welchem Kleist sein Herz geschenkt hatte, unmittelbar nach dem Zerwürfnis mit ihm, einem sehr unbedeutenden, kleinlichen und kranken Menschen die Hand zu reichen. Dabei scheint das Ehepaar Körner Partei ergriffen zu haben für Kleist gegen den neuen Bräutigam, während hingegen Dora Stock und vielleicht auch Th. Körner auf Einsiedels Seite standen. Das kam auch zum Ausdruck bei der Hochzeit Julianes, welche am 2. November in Leipzig gefeiert wurde, und an welcher Theodor und Dora Stock teilnahmen, während das Ehepaar Körner ostentatif fernblieb. Die Fama berichtet also anscheinend mit gutem Recht, daß Kleist Grund hatte, Dora Stock zu zürnen. Die Parteinahme für das junge Paar mag die Mißstimmung Theodors gegen Kleist hervorgerufen haben, die nach dessen Tode in dem Briefe des jungen Körner zum Ausdruck kommt.

Das war die letzte Liebe Kleists, von der wir Kenntnis haben, und wie ich glaube annehmen zu dürfen, d i e Lebe

Kleists. Für diese meine Ansicht sprechen die folgenden Tatsachen. Kein zweites weibliches Wesen hat Kleist dichterisch verherrlicht. Nicht als ob ich annehme, daß sein Verhältnis ihm den Stoff zum Käthchen geliefert hat, auch handelte Kleist sicherlich nicht tendenziös, aber in seiner Gestaltung hat er seiner Heldin Züge seiner Braut verliehen. Soweit wir es beurteilen können, hat Kleist niemals einen Bruch so schwer empfunden, als den mit Juliane Kunze. Brentano berichtet darüber nach dem Zeugnis Pfuels; und nur auf dieses Ereignis kann es sich beziehen, wenn Pfuel erzählt „er habe ihn (Kleist) einst acht Tage in Dresden wegen einer in der Liebe gekränkten Eitelkeit wahnsinnig und rasend in seiner Stube gehabt". Eine tiefe Leidenschaft, und nicht gekränkte Eitelkeit verrät dieser Schmerz bei einem Manne, der dereinst das Verlöbnis mit Wilhelmine und wahrscheinlich auch mit anderen so unvermittelt und vielleicht brutal gelöst hatte. Und nur diese letzte Liebe Kleists kann Pfuel im Auge gehabt haben, als er beim Tode Kleists schrieb, daß Kleist das Herz längst gebrochen war, und daß weder seine Freunde noch die Gefährtin in der Todesstunde imstande gewesen wären, ihn über diesen schwersten Verlust hinwegzubringen. Man beachte, daß Pfuel nach Dresden nur noch ganz vorübergehend einmal mit Kleist zusammen war, und daß dieser Hinweis auf ein tragisches Ereignis nur auf diese eine Liebesepisode bezogen werden kann. Den Verlust Julianes und die getäuschte Liebe hat Kleist niemals überwunden, das lehren uns Pfuels Worte, und das bezeugt weiter die Tatsache, daß der so leicht entflammte Kleist, den wir bis zu dieser Periode immer in den Fesseln der Liebe zu sehen gewohnt sind, von dieser Zeit ab keinem weiblichen Wesen mehr als freundschaftliche Gefühle entgegenbrachte. Daß Kleist, wie Pfuel will, am gebrochenen Herzen gestorben ist, dieser Ansicht werden wir nicht beipflichten können; aber bei der Deutung von Kleists Tode werden wir an der Liebesepisode im Körnerschen Hause nicht vorbeigehen können.

Bis in die Dresdener Zeit können wir den Beginn der Freundschaft zu einer Frau verfolgen, mit der Kleist bis an sein Lebensende freundschaftliche und besonders kunstästhetische Interessen verbanden. Ich habe schon im „Kleist-Problem" darauf hingewiesen, daß Kleist die Schauspielerin Henriette Hendel-Schütz nicht erst im letzten Lebensjahre, wie behauptet worden war, sondern schon während seines Dresdener Aufenthaltes, wahrscheinlich im Hause des Archäologen Böttiger, kennen gelernt hat. Später habe ich dann an anderer Stelle den Nachweis versucht, daß die meisten Briefe und Brieffragmente, deren Adressat bisher nicht bekannt war, und die ein besonderes Interesse für uns deshalb haben, weil sie wie keine anderen Briefe Kleists dichterische Bekenntnisse enthalten, eben an die Hendel gerichtet sind. Obgleich wir Tatsachenmaterial nicht besitzen, so läßt uns schon die Korrespondenz erkennen, daß die Hendel eine sehr große Hochschätzung Kleists genoß, und daß sie namentlich durch gemeinsame kunstästhetische Interessen in enger Freundschaft miteinander verbunden waren.

Während der Berliner Periode ist dann die Freundschaft der beiden erneuert und gepflegt worden. In den April des Jahres 1811 fällt ein Vorfall, den Peguilhen in dem Buche Gubitz' „Berühmte Schriftsteller der Deutschen" (Berlin 1854) berichtet. Zunächst, wer war dieser Peguilhen, der uns ja schon deswegen interessiert, weil er in ebenso ungeschickter als unberufener Weise für Kleist und seine Todesgefährtin eintrat. Ich habe oben (S. 148 ff.) den umfangreichen Aufsatz Peguilhens nach einer Abschrift Varnhagens wiedergegeben, den er für die Öffentlichkeit bestimmt hatte, und ebenso eine nicht sehr schmeichelhafte Bemerkung über ihn von Varnhagen. Sonst wissen wir über diesen Mann wenig, der für sein ungeschicktes Vorgehen nach Kleists Tode schwer gestraft wurde, und der immerhin das Verdienst hat, die Sittenreinheit Kleists anerkennend, den Versuch gemacht zu haben, den so einzigartigen Fall Kleist-Vogel psychologisch, wenngleich mit schwachen

Kräften angefaßt zu haben. Die einzige Erwähnung seiner Person finde ich bei Gubitz (Erlebnisse, Berlin 1868), wo es wörtlich heißt: „Es fand sich Gelegenheit, eine Reihe langer Briefe zu kaufen, die Werner in den Jahren 1796—1804, also bis zur Zeit seiner Berufung von Warschau nach Berlin, an seinen Freund, den Justizrat Peguilhen schrieb, an Denselben, der nach eigenwilliger Lebenskürzung des Heinrich von Kleist durch Verteidigung des Selbstmordes schriftstellerische Kämpfe erregte." Während allenthalben bis zu Steig und Minde-Pouet von einem „Kriegsrat" Peguilhen die Rede ist, wird er hier Justizrat genannt. Ich weiß nicht, ob mit Recht. Aber die Tatsache, daß er Jurist war, würde es leicht erklären, warum die Vogel und mit ihr Kleist gerade ihn zum Vollstrecker ihres Willens bestimmt haben. Wir erfahren weiter durch Gubitz, daß Peguilhen von Bialystok aus, wo er wohnte, eifrig mit seinem Freunde Zacharias Werner korrespondierte. Dadurch wieder erklärt sich die nahe Beziehung Peguilhens zur Hendel-Schütz.

Werner war nämlich wie toll hinter der Hendel her [1]). In Stuttgart rissen ihn die herrlichen, wahrhaft künstlerischen pantomimischen Darstellungen der Schauspielerin Hendel mächtig hin und begeisterten ihn zu einem Sonett, welches mit den Versen schließt:

> D'rum bet' ich an in Dir das mächt'ge Leben,
> Das, mit des Willens Klarheit schön verbunden,
> In hoher Form sich kühn darf offenbaren.

Bald darauf trifft er die Hendel in Mannheim und feiert sie in einem wunderlichen Gedichte. Ihr inneres Sein gleicht an Reine dem Schwane; sie habe „des Künstlers ewige Bewahrung, den Kindessinn" behalten, „die Unschuld, die im Kampf wir nur erlangen". Er schickte außerdem an das „Morgenblatt" einen begeisterten Bericht über ihre Kunstdarstellungen mit einem überspannten Gedichte „die neue Pythia" und

---

[1]) Heinrich Duentzer: Zwei Bekehrte. Leipzig 1873.

sehr interessante, warm empfehlende Briefe für die Hendel an Goethe.

Peguilhen wird also wie sein Freund Werner die Hendel genau gekannt haben, und der ganze Aufsatz bei Gubitz, der auf jeder Zeile den Stempel der Unwahrheit trägt, scheint darauf hinauszulaufen, sich selbst vor der Öffentlichkeit als den Schwerenöter aufzuspielen. Unverständlich bleibt es nur, wie Gubitz ein derartiges Elaborat unter seinem Namen veröffentlichen konnte, das ich übrigens im Gegensatz zu den meisten anderen Beiträgen des Buches in keiner Zeitschrift vorher gedruckt finde. Erinnern wir uns, daß Gubitz schon früher in seinen „Erlebnissen", um Iffland zu retten, dem ihm unbekannten Kleist in sehr unschöner und unverantwortlicher Weise die Neigung zum Alkohol angehängt hat, so glaube ich annehmen zu dürfen, daß der ganze geschmacklos-verlogene Aufsatz mehr auf das Konto von Gubitz als das Peguilhens zu setzen ist. Wahrscheinlich liegt dem ganzen Geklatsch nichts weiter zugrunde, als daß bei einer reichen jüdischen Tischgesellschaft — weshalb Steig, der sich über den antijüdischen Beigeschmack der Schilderung aufhält, aus den jüdischen „Mäcen" einen jüdischen „Geldprotzen" macht, ist mir unerfindlich — die Hendel in unpassender Weise aggressiv gegen Kleist vorging, und daß dieser sich unter irgendeinem Vorwande einer peinlichen Situation entzog.

Wir wissen jedenfalls, daß Kleist und die Hendel bei ihrer Abreise aus Berlin in voller Freundschaft auseinandergingen, und daß sie auch nach der Trennung in reger Korrespondenz blieben. Das beweist ein Aufsatz der Hendel in den Abendblättern, und das beweisen auch mehrere fragmentarische Briefe Kleists, die nach meiner Auffassung an die Hendel gerichtet sind. Ich habe die Gründe, die mich hierzu bestimmen, bereits früher auseinandergesetzt (Deutschland, Februar 1907) und wiederhole sie in folgendem:

Unter den Briefen, deren Adressat dem Herausgeber unbekannt ist, befinden sich zwei Brieffragmente (Nr. 174

und Nr. 179) beide vom Juni 1811, und beide ebenso wie die Ergänzungen zum Briefe 103 als nachträgliche Eintragung dem Handexemplare Bülows entnommen. Neben der Eintragung Bülows findet sich von seiner Hand die Bemerkung, daß er die Briefe von Schütz erhalten habe und dazu die Frage: an wen sind die Briefe gerichtet? Die absonderliche Frage — denn was lag näher, als Henriette Schütz unter diesen Umständen als Briefempfängerin zu vermuten — veranlaßte mich zunächst, an alle anderen Freundinnen des Dichters zu denken. Aber zahlreiche Gründe, die ich im Euphorion (Sept. 1904) auseinandergesetzt habe, legten es nahe, worin mir auch der Herausgeber der gesammelten Briefe folgt, Henriette Schütz den Brief (Nr. 103) zuzusprechen. Die absonderliche und irritierende Frage Bülows ist nur so zu verstehen, daß ihm von einem langjährigen Freundschaftsbund Kleists zu der Schauspielerin nichts bekannt war. Wenn aber das erste Brieffragment (103) an Henriette Schütz gerichtet ist, so liegt es doch nunmehr ganz nahe, die beiden anderen kurzen Brieffragmente (174, 179), die aus der gleichen Quelle stammen, derselben Briefempfängerin zuzuschreiben. Bülow hatte die Briefe von Schütz erhalten; Schütz hatte sich, wie aus dem oben erwähnten Briefe Maria von Kleists an Tieck hervorgeht, um die Kleistausgabe große Mühe gegeben; alle äußeren Gründe sprechen dafür, daß Henriette Hendel-Schütz die Briefempfängerin ist. Auf die weitere Begründung will ich weiter unten zurückkommen.

Es bleiben noch vier Briefe übrig, die mit den bespochenen drei gewisse äußere Merkmale gemein haben. Im Gegensatz zu den übrigen Briefen handelt es sich bei allen sieben um Bruchstücke von Briefen, es fehlt bei allen nicht bloß die Adresse, sondern auch die Unterschrift; ferner sind sie alle, bis auf die wenigen Ergänzungen nach dem Handexemplar Bülows von Tieck zuerst veröffentlicht, und schließlich lassen sie ohne weiteres erkennen, daß sie an eine zeitweilig abwesende Freundin gerichtet sind.

Die beiden Brieffragmente aus dem August 1811 (Nr. 185 u. 186 der Sammlung) sind für uns besonders bemerkenswert, weil Kleist hier (vgl. oben) von seinen Plänen für die Zukunft spricht, und weil er hier kunstästhetische Betrachtungen anstellt, die wir sonst in seinen Briefen völlig vermissen. Der sonst so verschlossene Kleist kann sich hier nur eröffnet haben einer Persönlichkeit, bei der er auf ein tiefes Verständnis für seine dramatischen Absichten, auf ein kongeniales Fühlen, auf ein volles Erfassen musiktheoretischer Fragen rechnen konnte. Wer diese Persönlichkeit gewesen sein kann, wird uns ohne weiteres klar, wenn wir diese beiden letzten mit dem ersten Brieffragment aus dem Jahre 1807 vergleichen. (Nr. 103.) Das sind die einzigen Briefe, in denen er einen tieferen Blick gestattet in sein Dichtergemüt; es kann keinem Zweifel unterliegen, daß auch die beiden letzten Bruchstücke von Briefen an die Schauspielerin Henriette Hendel-Schütz gerichtet sind. Ich will kurz darauf hinweisen, daß Kleists Beziehungen zu der genialen Darstellerin bis auf das Jahr 1807 zurückgehen, wo beide bei Böttiger in Dresden dem Studium der Antike oblagen; als die Schauspielerin mit Schütz eine neue Ehe geschlossen und ihr Wanderleben wieder aufgenommen hatte, verkehrte das junge Ehepaar im August 1810 kurze Zeit in Berlin mit Kleist; im Februar 1811 veröffentlichte der Herausgeber der Abendblätter einen langen, offenbar an ihn persönlich gerichteten Brief Henriettes mit einer Reiseschilderung von Wien nach Salzburg und im April desselben Jahres erfolgte die pantomimische Darstellung der Penthesilea durch Henr. Schütz während einer öffentlichen Vorlesung ihres Gatten. Weiter, d. h. aus der Zeit vom April bis August 1811, ist uns nichts bekannt von persönlichen Beziehungen beider, aber die kurze Notiz in einem Briefe des alten Körner: „Kleist habe eigentlich nicht die Vogel, sondern eine andere Frau — a u c h n i c h t d i e H e n d e l — geliebt“, weisen darauf hin, daß diese Beziehungen doch bis zum Tode des Dichters anhielten. Spricht der Inhalt der Briefe für Henriette Schütz? Er setzt, wie bemerkt, eine Person voraus, die mit den ästhetischen Gesetzen der Musik wie der Dichtkunst vertraut war. Und das trifft zweifellos auf die geniale Menschendarstellerin zu, die mit dem Dichter zusammen in Dresden studiert hatte, und deren tiefes Wissen und Verständnis des antiken Dramas bewiesen wird durch ihre von der Akademie anerkannte Abhandlung über die Antigone des Sophokles. Im ganzen ist wenig biographisches Material über die Hendel erhalten, die man sich gewöhnt hat, nach den scharfen sarkastischen Bemerkungen Goethes (an Zelter) etwas geringschätzig zu betrachten, aber die zahlreichen enthusiastischen Berichte bedeutendster Zeitgenossen lassen doch keinen Zweifel, daß sie nicht bloß eine hervorragende Schauspielerin und pantomimische Künstlerin war, sondern auch über ein tiefes Wissen verfügte. Ein musikalisches Verständnis konnte Kleist gewiß aber bei ihr voraussetzen, da sie in ihrer Jugend zunächst zur Sängerin ausgebildet und auch die Bühne zuerst als Opernsängerin betreten hat. Auch aus späteren Jahren findet sich bei dem in seinen Angaben gewissenhaften Wilh. v. Bock [1]) die kurze Bemerkung, daß Goethe im höheren Alter sich an dem Gesange der Hendel-Schütz erfreute. Alles in allem genommen haben wir ein Recht, die beiden fraglichen Brieffragmente der Schauspielerin Henriette Hendel-Schütz zuzuschreiben.

Und die beiden letzten Brieffragmente (Nr. 183 u. 184 der Sammlung) aus derselben Zeit? Die äußeren Kennzeichen sind dieselben wie bei den anderen. Ihr Inhalt entspricht den kurzen Notizen 174 und 179; sie bringen keine dichterischen Geständnisse und kunstästhetischen Betrachtungen; es sind Stimmungsbilder, die einen Einblick gestatten in des Dichters Gemütszustand. Die Äußerung: „Sie helfen sich mit Ihrer Einbildung und rufen sich aus allen vier Weltgegenden, was Ihnen lieb und wert ist, in Ihr Zimmer herbei"

[1]) Goethe in seinem Verhältnis zur Musik. Berlin 1871.

paßt auf keine seiner Bekannten so gut wie auf die Hendel, welche in einem freien Kunst- und Wanderleben die ganze Welt bereiste, und auch der Vermerk am Schlusse, wo Kleist die Hoffnung ausspricht, die Briefempfängerin wiederzusehen, deutet auf die Hendel, welche im Mai mit ihrem Gatten Berlin, gegen Norden zu verlassen hatte, ohne freilich damals zu wissen, daß sie erst in zwei Jahren zurückkehren würde. Das letzte Fragment endlich (Nr. 184) enthält politische Andeutungen. Wenn wir in Betracht ziehen, daß auch der in den Abendblättern veröffentlichte Brief der Frau Professor Schütz — Kleist benutzt übrigens die Gelegenheit, um sich in einer Vorrede öffentlich als ihr Freund zu bekennen — Schilderungen von Truppenzügen und Landesbefestigungen bringt, die offenbar den politischen Intentionen des Dichters Rechnung tragen, so ist der Schluß berechtigt, daß sich der Gedankenaustausch der beiden auch auf dieses Gebiet erstreckte. Ich resümiere dahin, daß die Briefe 163, 174, 179, 183, 184, 185, 186 sämtlich an die Frau Professor Schütz gerichtet waren, die leider in ihrem reich bewegten Wanderleben nur Fragmente der Briefe gerettet hatte.

In dem Briefbande der neuen Kleistausgabe fehlen bei sieben Briefen die Angaben des Adressaten, einer war offenbar falsch adressiert. Nachdem ich oben diesen Irrtum berichtet habe (S. 359 f.), nach dem Dombrowsky (Euphorion 1907) den Brief vom 25. Mai 1809 als an Buol gerichtet, ich die sechs anderen als an die Hendel bestimmt nachgewiesen habe, sind diese Lücken der Briefsammlung ausgefüllt.

Ich muß hier auf einen Einwand zurückkommen, den man gegen meine Deutung nach der Angabe eines alten Zeitungsartikels erheben könnte. In der „Neuen freien Presse" vom Jahre 1867 findet sich ein Aufsatz über die Penthesilea von M. M. (Moritz Mandl[1])), auf den ich später zurückkomme

[1]) Publizist, geb. zu Preßburg, Redaktionsmitglied des „Fremdenblatt". (Das geistige Wien. Wien 1889)

(S. 441). Hier wird in einer Fußnote folgendes erzählt: Man darf eben jetzt noch einer äußerst interessanten Enthüllung bezüglich der Kleistschen Dichtung Penthesilea entgegensehen. Der Dichter hat einen sehr ausführlichen Verteidigungsbrief der Penthesilea an Gentz geschrieben, und vielleicht in dem nächsten Bande der von Prokesch-Osten eben besorgten Veröffentlichung des Nachlasses wird der jedenfalls von Gentz bewahrte Brief zum Vorschein kommen. Man darf demselben mit der größten Spannung entgegensehen; es wird die einzige Kundgebung eines Dichters ersten Ranges sein, welcher über seine ästhetischen Gründe für das poetische Schaffen Rechenschaft gibt. Gentz erklärte das Schreiben für so packend, und bedeutend, daß dessen Erhaltung ganz unbezweifelt, die Veröffentlichung bei der sachlichen Beziehung desselben wohl gewiß ist." Diese Angaben stammen aus der Feder eines Schriftstellers, der, bisher völlig in der Kleistforschung übersehen, eine große Anzahl umfangreicher, zum Teil auf ernsten Forschungen beruhender Arbeiten über Kleist veröffentlicht hat. Seinen Angaben ist durchaus Glauben zu schenken, und es ist demnach zweifellos, daß Kleist mit Gentz, der sich bekanntlich sehr abfällig über die Penthesilea Müller gegenüber äußerte, korrespondiert hat. Der sehr interessante Verteidigungsbrief Kleists muß heut als verloren gelten (s. S. 446).

Ich habe mich an dieser Stelle veranlaßt gesehen, auf den leider verlorenen Brief Kleists, in dem er seine Dichtung gegen die privaten Angriffe Gentz' verteidigt, hinzuweisen, um ausdrücklich hervorzuheben, daß der von mir zuerst veröffentlichte Brief von 1807, der an die Hendel gerichtet ist, damit nichts zu tun hat. Es sind zahlreiche Gründe, die dafür sprechen, welche sich aus dem erhaltenen Brief ganz von selbst ergeben, und die im einzelnen anzuführen hier wohl überflüssig ist.

Ich habe im vorhergehenden die Beziehungen Kleists zum weiblichen Geschlecht bis an das Ende seines Dresdener Aufenthaltes klarzulegen versucht, soweit es nach den vorliegenden Forschungsergebnissen möglich ist. Vieles ist ungewiß, manches in Dunkel gehüllt, als sichergestellt aber können wir das Folgende betrachten:

Indem ich mit Absicht den wissenschaftlich unhaltbaren Ausdruck: normales Liebesleben, vermeide, bin ich nach meinen Ausführungen in der Lage, jedes ausgesprochen perverse Sexualempfinden bei Kleist zu negieren. Die Hauptstütze dieser Beschuldigung, daß Kleist nur einmal verlobt war, und daß diese Verlobung unter eigentümlichen Verhältnissen zurückging, habe ich widerlegt. Im übrigen habe ich klarzulegen versucht, daß wir uns bei der Prüfung der Frage einzig auf die Dichtwerke beziehen müssen, und daß die literarästhetische Betrachtung schon genügt, um die Verdächtigungen nach dieser Richtung aus der Welt zu schaffen.

Weiter habe ich zu beweisen versucht, daß Kleists Verlobung mit Wilhelmine v. Zenge bedeutungslos ist nicht bloß für seine dichterische Entwicklung, sondern auch für Kleists Liebesleben. Sein Brautstand war ein Irrtum, seine Neigung war eine Selbsttäuschung. Die Liebe Kleists fällt in die Dresdener, auch dichterisch zweifellos fruchtbarste Epoche Kleists, die den Höhepunkt seines Schaffens bedeutet. Dabei muß ich es zunächst noch dahingestellt sein lassen, und es ist für uns auch psychologisch gleichgültig, ob sein Herz in rascher Folge der Schlieben und der Kunze gehörte, oder ob das Verhältnis zur Juliane Kunze nur eine Legende ist und alles, was erzählt wird, nur auf die Schlieben sich bezieht.

Das Ende der Dresdener Brautzeit, das Zerwürfnis mit seiner Braut bedeutet den tiefsten Seelenschmerz für Kleist, von dem er sich nach dem Zeugnis seines intimsten Freundes nie wieder erholen konnte. In den folgenden Jahren bis an das Ende Kleists hören wir wohl noch von intimen Freundschaften mit Frauen, aber nichts wird weiter von einer Herzensneigung des Dichters berichtet, und auch die sonst so geschäftigen und bis zu dieser Epoche so überreichen Gerüchte schweigen vollständig. Es steht nach alledem fest, daß der Dichter seit dieser Zeit nicht wieder einem Mädchen sein Herz geschenkt hat.

## II. Kapitel.

# Kleists Tod.

Das einzige Material, das uns für die Erklärung von Kleists Tode zur Verfügung steht, ist die von Peguilhen abgefaßte Denkschrift, die allein uns auch Angaben über die Todesgefährtin bietet. Ich habe diese Denkschrift in wortgetreuer Abschrift und in wesentlich erweiterter Form oben wiedergegeben (S. 148 ff.). Man mag über die Darstellung Peguilhens denken wie man wolle, sie unterscheidet sich vorteilhaft von allem, was sonst darüber geschrieben ist, dadurch, daß sie die Tat Kleists als etwas ganz Exzeptionelles, nie Dagewesenes, Einzigartiges hinstellt, und als sie den Versuch unternimmt, wenngleich mit unzureichenden Mitteln die Tat psychologisch zu erklären. Wer an den Versuch herangeht, dieses völlig geheimnisvolle Ereignis zu ergründen, der muß sich des Außergewöhnlichen bewußt sein, dem man nicht beikommen kann mit den allgemeinen Redensarten von Trübung des freien Willens, von der tückischen Kraft des blinden Zufalls, von den tausend mitwirkenden Übeln und Nöten, die sich bindend, lähmend und dunkel treibend zusammenhäufen, um die helle Lauterkeit des freien Bewußtseins zu trüben. Kleists Selbstmord ist der Abschluß einer Tragödie, wie sie sich auf der Weltenbühne kaum zum zweiten Male abgespielt hat. Man denke eine ungebrochene Kämpfernatur, die eben noch drohend die Faust gegen die mächtige Regierungspartei erhoben hat, ein Dichter, mitten im vollen Schaffen, dessen Genie eben die duftigsten Blüten getrieben hat, ein Denker und Ästhet, den tiefgründige Probleme beschäftigen, die an seine Jugendideen anknüpfen, ein Mensch, der voll seiner Kraft sich seines Wertes bewußt ist! Und dazu eine Todesgefährtin, die nicht eine Delila für ihn gewesen ist, die ihn im Rausch der Liebe bezwungen, die Kraft seines Geistes überlistend. Da spricht nichts für die Illusionen einer unbezwinglichen Liebe, nichts für den Zauber einer süßen Betäubung, die sinnverwirrend die freie Kraft des Bewußtseins gelähmt. Nein, nackt und nüchtern stellt sich das Furchtbare vor uns hin.

Über das Unerklärliche und Unbegreifliche hinweg hilft man sich am leichtesten mit dem Hinweis auf das Pathologische. Kleist soll die Tat in geistiger Umnachtung begangen haben. Als dann die Dokumente des Wahnsinns vor einer wissenschaftlichen Kritik nicht standhielten, suchte man die Tat mit geschickter Kombination zahlreicher äußerer Unglücksfälle zu erklären.

Materielle Not und Geldverlegenheiten sollen Kleist in den Tod getrieben haben. Ich habe gegen diese psychologisch ganz unhaltbare Auffassung polemisiert (Kleist-Problem S. 152), aber mit dem Erfolge, daß seitdem noch mehr wie früher dieses Moment in den Vordergrund der Diskussion gestellt wurde. Nach Erich Schmidt steckte Kleist in heillosen Schulden und war zuletzt jeder einigermaßen sicheren Einnahme beraubt; von anderer Seite glaubte man die Situation besonders geklärt zu haben, als man eine nach dem Tode des Dichters auftauchende Schuldforderung eines Freundes vorlegen konnte, und als man Tiecks Bereitwilligkeit entdeckte, mit dem Erlös von Kleists Schriften dessen Schulden zu decken. Ich will zunächst einmal annehmen, daß diese materielle Notlage des Dichters wirklich bestanden hätte, daß er tatsächlich, wie ein mitleidsvoller Autor annimmt, im Bette gearbeitet hat, um Heizung zu ersparen, und was sonst noch alles vorgebracht wird. Es genügt nicht, darüber sollten sich alle diejenigen klar sein, die durchaus an dem Zusammenhang von Selbstmord und Notlage festhalten, die materielle Notlage nachzuweisen, sondern es bedarf auch des Nachweises, wie die Notlage auf das Gemüt gewirkt hat.

Wie hat Kleist die Geldnot empfunden? darauf kommt es an. Hat sie ihn tatsächlich so niedergedrückt, daß sie Lebensüberdruß und Selbstmord veranlassen konnte? Es gibt Personen, denen der Mangel nichts anhaben kann, die sich eine große Lebensfreudigkeit in den schwersten Lebensbedrängnissen bewahren, und es gibt auf der anderen Seite Krösusse — und jeder Psychiater weiß, daß diese Kategorie nicht zu den Seltenheiten gehört — welche in tiefer Gemütsdepression die ewige Angst nicht loswerden, daß sie nicht genug zum Essen haben. Von Kleist wissen wir, daß er niemals mit Geld umzugehen wußte, daß er schon als Kind fortgab, was er in Händen hatte (Kleist-Problem S. 52), daß er niemals Geld sein eigen nannte, daß er mit einem verblüffenden Freimut Anleihen machte nicht bloß bei seiner Schwester, sondern selbst bei seiner Braut; Kleist sagt von sich selbst, daß das Auskommen eine Kunst ist, zu der er kein Talent habe ebensowenig wie zum Seiltanzen, und die man deshalb von ihm nicht verlangen könne; Kleist war ein Mensch, der Zeit seines Lebens von Anfang bis zu Ende in Geldnot steckte, der sich seine Not niemals besonders anfechten ließ, und der in schwierigster Notlage, seiner Überlegenheit bewußt, betont, daß das Bücherschreiben ihm keine Schwierigkeiten bereitet, und daß er damit jederzeit, was er braucht, verdienen könne. Kurz, Kleist gehört zu jenen Menschen, die die Misere des Lebens nicht anfechten kann, er ist ein echter Prinz aus dem Genieland, der erhaben ist über Geldnot und ganz verständnislos dem Gelderwerb und Geldwert gegenübersteht. Nur psychologischer Unverstand kann behaupten, daß die Notdurft des Lebens ihn in den Tod treiben oder auch nur zum Lebensüberdruß beitragen konnte.

Nachdem mein erster Versuch sich als völlig ergebnislos erwiesen, auf psychologischem Wege die ganze Absurdität nachzuweisen, die in der Behauptung liegt, äußere Not hätte Kleist in den Tod getrieben, habe ich mich bemüht, die Frage zur Entscheidung zu bringen, ob Kleist überhaupt, wie immer und immer wieder behauptet, niemals aber bewiesen wird, so tief in Schulden gesteckt hat. Von vornherein spricht ja dagegen der Umstand, daß er vor seinem Todesgange in seiner letztwilligen Verfügung die eingehendste Anordnung über alle und die kleinsten Außenstände getroffen hat. Wenn eine nachträgliche Forderung von Ehrenberg hervorgeholt wird, so will sie wenig beweisen; Kleist wird die Forderung eines Freundes nicht drückend empfunden haben, dem er während der französischen Gefangenschaft wertvolle Dienste leistete (s. Briefe). Kleist bezog seine Einnahmen in den letzten Monaten hauptsächlich aus dem Verlage von Georg Reimer. Es erschien mir wichtig, das Konto Kleists bei seinem Verlage einzusehen, einmal um etwas genaueres über seine Einnahmen zu erfahren, andrerseits um zu ersehen, ob und wie stark sein Konto belastet war. Ich gebe umstehend eine Abschrift von Kleists Konto[1]) bei Reimer, das ich dem freundlichen Entgegenkommen des gegenwärtigen Verlagsinhabers verdanke.

Das Konto Kleists schloß bei seinem Tode, wie wir sehen, ab mit einem Minus von etwas über 8 Talern. Wie die Briefe Kleists aus dem Juni und Juli beweisen, hatte Reimer demgegenüber noch in Händen das Manuskript des „Prinz von Homburg" und angeboten noch einen zweibändigen Roman. Daß er mindestens bezüglich des Prinzen mit Kleist abgeschlossen und mit ihm Vereinbarungen getroffen hatte, ist sicher, denn sonst hätte er mit dem Tode von Kleist sein Konto abgeschlossen und nicht erst gewartet bis zum Jahre 1821 und bis zur Herausgabe der hinterlassenen Schriften. Wenn wir nun noch in Betracht ziehen, daß Reimer dem Dichter auf alle seine Werke, wie das Konto lehrt, bereitwillig Zahlungen im voraus geleistet hatte, so konnte es auch um die Zeit seines Todes Kleist nicht schwer gefallen sein, sich Geld von ihm zu verschaffen, und von einem eigentlichen Notstand kann nicht gut

[1]) Ich habe die Abschrift vor der Veröffentlichung von W. Münch (Sonntagsbeilage d. Voss. Ztg. 18. VI. 05.) angefertigt. Münchs Aufsatz: „Interessantes aus einem alten Kontobuch" berührt nicht die vorliegende Frage.

## von Kleist

| | | | | | | |
|---|---|---|---|---|---|---|
| 1810 | | zahlte ihm abschlägl. auf das Hono- | | | | |
| April 30 | | rar seiner Erzählungen. . | 30 | — | | |
| July 16 | | — — p. Saldo darauf . . . | 20 | — | | |
| August 16 | | Honorar f. dessen Erzählungen . . | | | 50 | — |
| | | zahlte ihm vorschußweise . . . . . | 22 | 16 | | |
| Septbr. 3 | | — — — . . . | 20 | — | | |
| 23 | 2 | Erzählungen Vel. P. } gratis | | | | |
| | 3 | — ord. P. } gratis | | | | |
| | 2 | Kätchen Vel. P. } gratis | | | | |
| | 3 | — ord. P. } gratis | | | | |
| | | Honorar f. letzteres Buch . . . . . | | | 75 | — |
| Octbr. 6 | | zahlte ihm . . . . . . . . . . . | 32 | 8 | | |
| 22 | | — baar . . . . . . . . . . | 15 | — | | |
| | 1 | Kätchen Vel. P. . . . . . . . . . | 1 | — | | |
| | 1 | — ord. P. . . . . . . | — | 16 | | |
| Decbr. 16 | | zahlte ihm . . . . . . . . . . . | 11 | 12 | | |
| 18 | 1 | Kätchen Vel. P. . . . . . . . . . | 1 | — | | |
| Jan. 14 | | 2 Erzählungen . . . . . . . . | 2 | 12 | | |
| 17 | | zahlte ihm . . . . . . . . . . . | 10 | — | | |
| 30 | | — — p. Saldo Honorars f. d. | | | | |
| | | zerbr. Krug . . . . . . | 20 | — | | |
| | | Honorar dafür . . . . | | | 56 | 12 |
| März 12 | | — — 2 fr. d'or . . . . . . | 11 | 12 | | |
| Febr. 11 | | 2 zerbrochene Krug Drkp. | | | | |
| | | 2 — — Vel. P. | | | | |
| Juny 1 | | 1 — — — . . . . . . | 1 | — | | |
| 6 | | zahlte ihm auf das Honorar vom | | | | |
| | | 2. Band d. Erzähl. . . . . . | 50 | — | | |
| | | accordirt dafür . . . . . . . | — | | 100 | — |
| July 5 | | — ihm ferner . . . . . . . . | 20 | — | | |
| 20 | | — — — . . . . . . . . | 18 | 12 | | |
| 27 | | 1 Kleist Kätchen . . . . . . . . | 1 | — | | |
| | | 1 Kleist Erzählungen 1. . . . . . . | 1 | 16 | | |
| August 3 | | 4 — — 2. ord. } gratis | | | | |
| | | 2 — — Vel. P. } gratis | | | | |
| 1821 | | zahlte als Honorar seiner Schriften | 150 | — | | |
| Sept. 15 | | Honorar dafür . . . . . | | | 200 | — |
| | | an Tieck für die Vorrede . . . . . | 50 | — | | |
| December 3 | | 1 Kleist, Schriften Druckpap. | | | | |
| | | ab zur Saldirung der Rechnung | | | 8 | 20 |
| | | | 490 | 8 | 490 | 8 |

die Rede sein. Steig versucht, die Einnahmen Kleists in der letzten Zeit seines Lebens zu berechnen, um dadurch seine pekuniäre Notlage zu beweisen. Aber alle solche Berechnungen haben nur einen problematischen Wert bei einem Dichter, dessen ganzes Lebenswerk wir gar nicht überblicken können. Zudem ist übersehen worden, daß Kleist eine seiner Novellen, für deren gesammelte Herausgabe er von Reimer Honorar erhielt, die Verlobung, im Freimütigen vorher hatte abdrucken lassen. Es ist wahrscheinlich, daß auch andere Novellen ihm Zeitungshonorare gebracht haben. Es sei nebenher bemerkt, daß Reimer für die hinterlassenen Schriften 200 Taler zahlte, und zwar an Tieck, wie ein Blick auf unser Konto lehrt für die Vorrede 50 Taler; den Rest zahlte er nicht an Tieck, sondern voraussichtlich an Kleists Familie als seine Rechtsnachfolgerin.

Genau so wie mit den vermeintlichen Schulden Kleists liegt es mit den übrigen Motiven, die zur Erklärung von Kleists Tat herangezogen werden: die gleichgültige Haltung der Massen und das schroffe, ablehnende Verhalten der maßgebenden Instanzen erklären in letzter Reihe ebensowenig wie der Unwille und die Verzweiflung über die Not und die Bedrängnis des Vaterlandes. Erich Schmidt hat sehr recht, wenn er darauf hinweist, daß Kleist Zeit seines Lebens eine zähe Widerstandskraft gezeigt hat, und daß es staunenswert ist, mit welcher Energie er der grausamsten Feindseligkeit des Schicksals so lange und zäh getrotzt hat. Unter diesen Umständen spitzt sich aber die schwierige Frage nach den Ursachen und Bedingungen der unheilvollen Tat darauf zu: welche besonderen und eigenartigen Verhältnisse haben so verheerend und lähmend auf die so lange bewährte seltene Schaffenskraft und Energie eingewirkt, daß sie dem Ansturm äußerer Konflikte nicht mehr widerstehen konnten?

Eine Psychologie des Selbstmordes im allgemeinen besitzen wir bis heute nicht; wir lassen uns gemeinhin daran genügen, wenn wir das letzte Motiv kennen, welches die Katastrophe auslöste, den letzten Tropfen, der das schon volle Gefäß überfließen machte. In den meisten Fällen, welche die lokale Chronik uns bietet, in denen verletzte Eitelkeit, Liebessachen, Eifersucht, Geldverluste, oft ganz sinnlose und kindische Beweggründe die Tat herbeiführen, können wir mit Recht die psychopathische Veranlagung, die Depression des Augenblicks als ausreichende Erklärung heranziehen, das sind zumeist Fälle, auf die man schon nach kurzer Zeit mit Achselzucken zurücksehen kann. Aber anders liegt es, wenn, wie in dem Falle Kleist, sich lebendiger Reichtum so plötzlich bankerott erklärt, wenn der vielgerühmte Überschuß des Lebens durch die Tat selbst in Frage gestellt wird, wenn, wie hier, für die Hypothese einer krankhaften Veranlagung, einer angeborenen Disposition auch nicht die Spur einer Handhabe sich bietet. Die ganze Haltlosigkeit der Legende von Kleists Selbstmordtrieb habe ich zu wiederholten Malen nachgewiesen, und sie wird dadurch nicht berechtigter, wenn sie trotz meiner Nachweise immer wieder hervorgeholt wird. Kleist, der ehemalige Offizier, besaß den Mut, jeden Augenblick sein Leben in die Schanze zu schlagen, ja er bekennt, daß das Leben nur dann ein schätzenwertes Eigentum ist, wenn wir auf dem hohen Standpunkt stehen, es jederzeit zu opfern, aber er verachtet den Selbstmord, die Lebensbejahung ist ihm Naturgesetz. Wir ersehen seine Auffassung aus einem Briefe an Wilhelmine vom 21. Juli 1801. Dieses Bekenntnis erscheint mir wichtig genug, es an dieser Stelle wörtlich und ungekürzt anzuführen.

„Ach es ist nichts ekelhafter als diese Furcht vor dem Tode. Das Leben ist das einzige Eigenthum, das nur dann etwas werth ist, wenn wir es nicht achten. Verächtlich ist es, wenn wir es nicht leicht fallen lassen können, und nur der kann es zu großen Zwecken nutzen, der es leicht und freudig wegwerfen könnte. Wer es mit Sorgfalt liebt, moralisch todt ist er schon, denn seine höchste Lebenskraft, nämlich es opfern zu können, modert, indessen er es pflegt. Und doch — o wie unbegreiflich ist der Wille, der über uns waltet! — Dieses räthselhafte Ding, das wir besitzen, wir wissen nicht von wem, das uns fortführt, wir wissen nicht wohin, das unser Eigenthum ist, wir wissen nicht, ob wir darüber schalten dürfen, eine Habe, die nichts werth ist, wenn sie uns etwas werth ist, ein Ding, wie ein Widerspruch, flach und tief, öde und reich, würdig und verächtlich, vieldeutig und unergründlich, ein Ding, das jeder wegwerfen mögte, wie ein unverständliches Buch, sind wir nicht durch ein Naturgesetz gezwungen, es zu lieben? Wir müssen vor der Vernichtung beben, die doch nicht so qualvoll sein kann, als oft das Dasein, und indessen mancher das traurige Geschenk des Lebens beweint, muß er es durch Essen und Trinken ernähren und die Flamme vor dem Erlöschen hüten, die ihn weder erleuchtet noch erwärmt."

Das ist das Glaubensbekenntnis Kleists. Er hat gegen dieses Glaubensbekenntnis gehandelt und gegen das Naturgesetz, welches er bejahte. Fragen wir, wie das gekommen ist, und wie das kommen konnte, so werden wir nicht bloß den äußeren Konflikt nachweisen müssen, wie es schon in richtiger Erkenntnis Steig getan hat, sondern wir werden auch nachweisen müssen, wie überhaupt Kleist in einen solchen Konflikt hineingeraten konnte, welche Wandlungen er durchmachte, und wie sich eine seelische Verfassung ausbildete, die ihn aus einer Zwangslage keinen Ausweg mehr erblicken ließ.

Knüpfen wir mit unserer Darstellung dort an, wo wir im vorigen Kapitel die Betrachtung von Kleists Liebesleben abgebrochen haben. Nachdem Kleist sein Verlöbnis mit Juliane Kunze im Jahre 1808 gelöst hat, hören wir nichts mehr von neuem intimen weiblichen Verkehr Kleists. Nicht bloß, daß uns keine Tatsache, die auf ein neues Verlöbnis hinweist, überliefert ist, auch das Gerücht, welches bis dahin immer neue Liebesaffären des Dichters kolportierte, schweigt völlig, Ich habe schon früher, (Kleist-Problem S. 155) auf diese auffällige Erscheinung hingewiesen, und wie ich nachträglich sehe, haben auch früher andere die Tatsache nicht unbeachtet gelassen.

Max Ring[1]) sagt: „Kleist aber liebte seitdem (nach Emma Kunze) kein irdisches Weib mehr, nur noch die Muse, welche ihm treu blieb und sein Grab mit ihrem unverwelklichen Lorbeer kränzte. In dem Briefe Pfuels (S. 45) finden wir die Erklärung. Kleists Herz war gebrochen, wie er sich ausdrückt, und Kleist hat seitdem völlig der Liebe entsagt. Statt dessen treten in seinen Lebenskreis eine Anzahl Frauen, mit denen ihn eine intime Freundschaft verband, außer der Rahel, der Sander, der Hendel-Schütz und anderen in den letzten Lebenstagen vor allem die Vogel und Maria v. Kleist.

Das Verhältnis Kleists zu seiner Cousine habe ich versucht in ein helleres Licht zu stellen und dabei auf die Rolle hinzuweisen, welche sie neben der Vogel bei dem Zusammenbruch Kleists gespielt hat. Ich bin allgemein gründlich mißverstanden worden, und meine allerdings nur flüchtig gehaltene Darstellung, mit der ich zunächst ja nur beabsichtigte, die Legende von Kleists Wahnsinn zu zerstören, ist in einer Weise gedeutet worden, an die ich selbst nicht im entferntesten gedacht habe. Hier zunächst meine im Kleist-Problem geäußerte Auffassung in den Grundzügen.

Meiner Darstellung ist der Ausspruch des Kleist gewiß nicht wohlgesinnten Peguilhen vorausgeschickt: Kleist dachte viel zu streng, um jemals die Ehre einer Gattin zu verletzen. Sodann habe ich auf die drei kurz vor Kleists Tode an Maria v. Kleist gerichteten Briefe hingewiesen, von denen ich sagte, daß sie für mich der zweifellose Beweis eines sehr innigen Verhältnisses sind, das zwischen den beiden bestanden hat. Über den Charakter dieses Verhältnisses habe ich mich so vorsichtig und so allgemein ausgesprochen, als nur möglich. Ich habe gesagt, daß man das Verhältnis deuten kann, wie man will: als verlangende Leidenschaft oder als den entsagungsvollen Bund zweier sich tief verstehender Menschen. Kein Wort in meiner Darstellung von einer verbrecherischen Leiden-

[1]) Gartenlaube 1865 S. 72. Herzenskämpfe eines deutschen Dichters.

schaft, von einem sündigen Verhältnis usw. Was ich gesagt habe war nur, daß die drei Briefe Dokumente sind, die auf ein inniges Verständnis, auf ein sehr intimes Freundschaftsverhältnis des Dichters und der Frau hinweisen. Für dieses Verhältnis waren die Briefe und nur die Briefe das entscheidende Beweisstück. Nebenher habe ich als einen weiteren Beweis — aber auch ohne den Charakter des Verhältnisses zu berühren — auf die Tatsache der Ehescheidung und auf die für Kleist demütigende Szene im Hause der Frankfurter Verwandten hingewiesen.

Was ist aus diesem sehr einfachen Sachverhalt alles herausgelesen und wie falsch ist er ausgelegt worden. Die nebenher von mir erwähnte Ehescheidung Marias und des Majors Christian v. Kleist ist in den Vordergrund der Diskussion gestellt worden. Man machte die Entscheidung abhängig von dem an sich sehr gleichgültigen Ehescheidungstermin, man glaubte mich widerlegt zu haben, als es gelang herauszufinden, daß die Ehe etwa erst ein Jahr nach Kleists Tode geschieden wurde. Was soll im Grunde genommen damit bewiesen sein, was wissen wir davon, wie weit die ehelichen Störungen zurücklagen, wie lange Zeit das Prozeßverfahren sich hinzog?[1]) Die definitive Scheidung ist ja für die inneren Vorgänge so belanglos, daß ich nicht verstehe, wie man diesem Datum irgendwelche Bedeutung beilegen kann; ebenso wie es schließlich ganz gleichgültig ist, daß der Ehemann als der schuldige Teil erklärt wurde, und daß Maria auch in der Zukunft sich das Vertrauen des Hofes erhalten konnte. Was soll das bedeuten für ihre vor der Öffentlichkeit geheimgehaltene Beziehung zum Dichter? Im übrigen betone ich, daß die Ehescheidung in meiner Deduktion nur ein nebensächliches Argument ist, ebenso wie ich dem Konflikt im Hause der Verwandten [2]), der brieflichen Äußerung

[1]) Der oben besprochene Ehescheidungsprozeß Bernhardi hat sich durch Jahre hingezogen.

[2]) Wenn Kayka und andere einfach von einem Unwillen und Schrecken Ulrikens und der Verwandten sprechen, hervorgerufen durch die Geldforderung

des alten Körner nur wenig Gewicht beilege. Das Entscheidende für mich bleiben immer die drei an Maria gerichteten Briefe vom 9., 10. u. 12. November des Todesjahres. Was ich aus ihnen gefolgert habe, war stets, daß ein sehr inniges Verhältnis zwischen Kleist und seiner Cousine bestanden hat, ein Verhältnis, das ich mit keinem Worte in bestimmtem Sinne zu deuten versucht, das ich an keiner Stelle ein unlauteres genannt habe, dessen Lauterkeit durch neue Dokumente zu beweisen, wie es Minde-Pouet versprochen hat, an sich ganz überflüssig ist. Meine kurzen Andeutungen im „Kleist-Problem" über das Verhältnis Kleists zu Maria, das neue Quellenmaterial, das ich damals beibrachte, sind so irrtümlich aufgefaßt, so durchaus falsch gedeutet worden, daß ich an dieser Stelle eingehender auf die Bedeutung, welche dieses Verhältnis im Leben Kleists gespielt hat, eingehen muß, weniger in der Absicht, den Konflikt, in welchem Kleist sich befand, zu rekonstruieren — ich halte Steigs Erklärung für völlig ausreichend —, als um die Gemütsverfassung Kleists im letzten Abschnitte seines Lebens, welche die Katastrophe allein herbeiführte, richtig zu beurteilen.

Kleist, der sich in jungen Jahren und ohne Aussicht auf eine Existenz verlobt hatte, der ganz offen seiner Braut bekannt hatte, daß es ihm notwendig ist, ein Weib zu nehmen, daß er seinem Ziele nur ruhig und sicher entgegengehen könne, wenn er ein Weib sein eigen nenne, Kleist hatte, nachdem in Dresden seine letzte Hoffnung zu schanden geworden, mit gebrochenem Herzen der Liebe entsagt und glaubte einen Ersatz zu finden in der treu ergebenen und aufopfernden Freundschaft mit einer Frau, bei der er ein tiefes Verständnis

Kleists und sein heruntergekommenes Aussehen, so reicht doch diese Erklärung nicht aus, um die große Erbitterung Kleists zu erklären und die häßliche Beschimpfung der Verwandten, daß er ein ganz nichtsnutziges Glied der menschlichen Gesellschaft und keiner Teilnahme mehr wert sei. Das deutet doch auf sehr schwere Konflikte hin zwischen Kleist und seinen bisher so opferwilligen Angehörigen, die anderweitiger Erklärung bedürfen.

fand oder doch voraussetzte. Ein solcher intimer Freundschaftsbund zwischen Dichter und einer gleichgestimmten Frau ist nichts seltenes, und der Beispiele ließen sich eine ganze Anzahl anführen, aber für die Eigenart des Verhältnisses Kleists zu Maria, wie wir es rekonstruieren können aus den letzten brieflichen Zeugnissen — die übrige Korrespondenz hat Marias Sohn leider vernichtet — finde ich in der ganzen Literaturgeschichte nur eine Analogie. Dieses eine Beispiel, das wir in seinem ganzen Ablauf übersehen können, ist für uns deshalb so wertvoll, weil wir nach ihm uns über die Entstehung, den Verlauf und die Folgen eines solchen ungleichartigen Verhältnisses eine Vorstellung bilden können. Darin liegt eben der Wert des psychologischen und nebenbei auch des psychiatrischen Studiums der Großen im Geistes- und Gemütsleben, daß ihre Gefühlswahrheit, ihre Fähigkeit in Worten das Gefühlsleben klarzulegen, uns einen Einblick gewährt in seelisch verwickelte Prozesse, die wir beim Durchschnittsmenschen zu beobachten und zu verfolgen nicht in der Lage sind.

Ein Verhältnis, das unter entsprechenden Bedingungen sich entwickelte, das auf ähnliche Voraussetzungen sich gründete wie bei Kleist, war das zwischen Lenau und Sophie v. Loewenthal. So absonderlich es klingt, das Leben Lenaus und mehr noch seine literargeschichtliche Auffassung bietet gewisse Analogien zu dem Leben Kleists. Beider Leben beendete eine Katastrophe, und wie bei Kleist der Selbstmord, als Symptom einer geistigen Störung aufgefaßt, die Handhabe bot, um der ganzen Lebensbeschreibung einen pathologischen Zuschnitt zu geben, so ist auch die biographische Forschung Lenaus von dem Axiom beherrscht, daß die Geisteskrankheit, die seinem Leben ein Ziel setzte, in der ersten Anlage des Gehirns gegeben, sich langsam entwickelte, daß alle Erscheinungen in den verschiedensten Entwicklungsphasen, alle seelischen Eigenarten von dieser schleichenden Gehirnaffektion abhingen. Genau so wie bei Kleist steht auch heute noch die literargeschichtliche- und ästhetische Forschung auf dem Standpunkt, daß in Lenaus furchtbarem Ende nur zur Aussprache gelangt, was wortlos, verschwiegen von Anfang an in seinem Leben wirksam war. Ich muß mir vorbehalten, an anderer Stelle diese auf falsche ärztliche Gutachten gestützte Auffassung zu widerlegen, hier sei nur kurz erwähnt, daß Lenau an progressiver Paralyse zugrunde ging, daß wir die Ursache der Krankheit nicht in der Persönlichkeit, nicht in der ersten Anlage suchen, daß sie nicht eine endogene Geisteskrankheit ist, daß für uns die ausschließliche Ursache die geschlechtliche, d. h. syphilitische Infektion abgibt. Wie das Liebesleben Kleist arge Enttäuschungen brachte, so auch Lenau — freilich nach einer ganz anderen Richtung. Die Untreue seiner ersten Geliebten, die ihn in jungen Jahren zum Vater gemacht hatte, bedingt seelische Erschütterungen, die er nie ganz verwunden hat. Als er wenige Jahre später zu Stuttgart eine wahre Liebe zu dem Schilflottchen fühlte, muß er ihr entsagen. „Ich liebe das Mädchen unendlich, aber mein innerstes Wesen ist Trauer und meine Liebe schmerzloses Entsagen" — man hat das schmerzvolle Entsagen Lenaus sehr romantisch und tiefgründig psychologisch zu deuten versucht, mir erscheint es ohne tiefere Deutung als der Schmerzensschrei des Dichters und Arztes, der wohl seine Freunde zu täuschen wußte, der sich selbst aber der Folgen einer oben angedeuteten Infektion klar war, welche ja in der Tat lange Jahre später sein trauriges Ende herbeiführte. Nach solchen entsetzlichen Erfahrungen entsagt Lenau der Liebe und findet Genüge oder glaubt wenigstens zunächst sich voll befriedigt in dem freundschaftlichen Verhältnisse zu einer Frau, das dreizehn Jahre andauern sollte, und das wir heut in allen Einzelheiten zu übersehen imstande sind. Vielfach hat er versucht, sich diesem Verhältnis zu entreißen, aber er kämpfte vergeblich und gerade die Episoden: Karoline Unger und Marie Behrends lassen deutlich erkennen, wie unheilvoll jenes an sich zweifellos lautere Verhältnis mit der klugen, feinsinnigen und vom Hintergrund ihrer bürgerlichen Existenz betrachtet gewiß großangelegten Frau auf das Gemütsleben und die Willenskraft des Dichters wirkte und wirken mußte. Wir können Lenaus Gehirnerkrankung, die seinem Leben im Irrenhause ein Ende setzte, als unglückselige Zufälligkeit uns fortdenken, — unabhängig davon hatte sich allmählich im Verkehr mit Sophie ein Zustand schwerer Angstneurose entwickelt, der auf die eine oder andere Weise zu einer Katastrophe führen mußte.

Das Leben Kleists weist nicht die schweren sexuellen Traumen auf, aber auch ihm brachte das Liebesleben andauernde Enttäuschungen. Er sucht zeitlebens nach der Liebe, wie sie ihm in idealer Vollkommenheit vorschwebt, ein Verlöbnis scheint dem andern zu folgen, und immer wieder sieht er sich in seinen Erwartungen und Hoffnungen getäuscht. Woran das lag? Sicherlich an Kleist selbst. Beurteilen wir den Bräutigam Kleist nach den Briefen an Wilhelmine, so zeigt er wenig Talent zum Liebhaber. Nichts verrät in seinen Briefen das Übermaß des Phantasten, nichts die schwelgerische Üppigkeit des Lyrikers, die dürre Härte seines abstrakten Doktrinarismus muß auf ein Mädchenherz abschreckend wirken. Zeitgeist und Zeitgeschmack sind kein Einwand. Wer Talent hat zum ehelichen Glück und zum Beglücken, der schreibt nicht seiner Braut, sie soll und werde noch einst mit ihm glücklich sein, der malt nicht gleichzeitig das Glück aus, das er von ihr erwartet, und demonstriert ihr nüchtern den Zweck der Ehe, die Bestimmung des Weibes. Mag die Liebe zu Wilhelmine eine Täuschung gewesen sein, mag er in ihr mehr das Bild geliebt haben, das er von ihr abstrahierte, als sie selbst, auch sonst lag in seiner Eigenart Stoff genug zu Konflikten. Kleist jagte einem Ideal nach, das er in vollendeter Größe in Penthesilea und Käthchen gezeichnet hat; wenn er es im Leben gefunden zu haben glaubte, so vergaß er daran, daß seine Braut ein Produkt der bürgerlichen Gesellschaft, ihrer Anschauungen und Grundsätze war. Dazu kam, daß ein ungewöhnliches Geschick ihn auffallend viele unglückliche und geschiedene Ehen sehen resp. an ihnen teilnehmen ließ, und daß ihm dadurch sein Entschluß zur Ehe nur noch schwerer fallen mußte. Die

Lösung des Herzensbundes mit Wilhelmine ging bei Kleist anscheinend spurlos vorüber und ohne tieferen Eindruck, anders zwei andere Liebesaffären, von denen wir wissen. Nichts genaues ist uns berichtet über den Liebesbund Kleists während seiner Potsdamer Dienstzeit, nur das eine, was wir als gesichert annehmen können, weil es sich später entsprechend wiederholte, hat sich erhalten, daß Kleist bis dahin ein lebensfrischer, eleganter Junker und Soldat, jetzt mißvergnügt und tiefsinnig erschien, sein Äußeres vernachlässigte und anfing sich mit philosophischen Fragen zu beschäftigen. Und als sein letztes Verhältnis in Dresden auseinanderging, so tobte er in wahnsinnigem Schmerz, wie uns Pfuel berichtet, und hat diesen Schmerz niemals verwinden können. Kleist, der einst von sich selbst gesagt hatte, daß für ihn ein Weib und die Ehe unbedingt notwendig sei, und der bis dahin dementsprechend sich verhalten hatte, verzichtete auf die Ehe und allmählich schloß er sich in wachsender Intimität einer Frau an, an die ihn schließlich ein Verhältnis band, das in seinen Bedingungen und seinem Charakter an das zwischen Lenau und Sophie gemahnt. Wie auf Lenau mußte ein solch ungleichartiger Bund auch auf ihn unheilvoll wirken. Es erübrigt sich diese Wirkung im Leben, in der Dichtung, in den Handlungen Lenaus eingehender zu verfolgen, wir können auch bei Kleist ohne den Vergleich heranzuziehen klar genug sehen. Kleist schildert selbst mit wenigen treffenden Worten seine psychische Reizbarkeit, seine nervöse Hyperästhesie in der letzten Lebenszeit, wenn er an Marie (10. XI. 1811) schreibt: „meine Seele ist so wund, daß mir, ich möchte fast sagen, wenn ich die Nase aus dem Fenster stecke, das Tageslicht wehe thut, das mir darauf schimmert“ und einige Zeilen später mit Bezug auf seine Reizbarkeit: „nun ist es zwar wahr, es war in den letzten Zeiten, von mancher Seite her, gefährlich, sich mit mir einzulassen“. Wie immer in seinen Dramen Kleist genau die Grenze zieht zwischen dem Gesunden und Kranken, so beeilt er sich auch in dieser Briefstelle besonders hervorzuheben, daß er deswegen nicht krank und geistesgestört ist, „das wird mancher für Krankheit und überspannt halten, nicht aber Du usw." Wir können Kleist trauen, daß sein Zustand kein pathologischer ist, aber seine Psyche befindet sich, wie er selbst fühlt, in einem labilen Gleichgewicht und eine erhöhte Ansprechbarkeit (Hyperästhesie) des Nervensystems verbindet sich mit einer herabgesetzten Stabilität der Psyche. Das ist ein Zustand, wie wir ihn annähernd auch in der Guiskard-Periode des Dichters beobachten konnten. Kleist meidet den Umgang mit Menschen; er schließt sich ab, verbringt einen großen Teil des Tages zu Bett, er vernachlässigt wie nach der Potsdamer Erfahrung sein Äußeres. Seine Geschwister erschraken in Frankfurt vor seinem verwahrlosten Aussehen, und auch in den oben angeführten Reminiszenzen einer Freundin heißt es, daß sich die Berliner über sein Aussehen lustig machten. Ein deutliches Symptom seiner labilen Gemütsverfassung ist ferner seine in den Dokumenten der letzten Lebenstage deutlich hervortretende Neigung zur katholischen Mystik [1]), die sich in seinen letzten Briefen zu ausgesprochener mystischer Raserei steigert. Ich habe mich über den Mystizismus in Kleists Werken eingehender ausgesprochen im Kleist-Problem (S. 125 ff.) und habe hier hervorgehoben, daß im Gegensatz zu den Romantikern, das mystische Beiwerk bei Kleist nur Mittel zum Zweck ist, daß es bei Kleist niemals die klare und unbeirrte Charakteristik stört oder ersetzt, sondern im Gegenteil die Entfaltung des inneren Seelenlebens seiner Helden nur fördert. Daß Kleist nach seiner ganzen religiösen Anschauung und nach seiner Charakteranlage wenig zum Mystizismus neigt, braucht nicht besonders hervorgehoben zu werden bei einem Dichter und Denker, der völlig auf dem Boden exakter Wissenschaft (speziell Mathematik und Logik) steht. Und doch sehen wir in den beiden Lebensphasen, in welchen sich starke seelische Schwankungen bei ihm geltend machen, d. i. während der Guiskard-Periode

---

[1]) Vgl. August Sauer: Kleists Todeslitanei. Prag 1907.

und am Lebensende, wie er zum Katholizismus seine seelische Zuflucht nimmt. Jetzt sehen wir die Beweise seiner Stimmung in der Todeslitanei und in den Abschiedsbriefen, damals in seinen Bekenntnissen, die ausklingen in den Schmerzensschrei: „ach nur einen Tropfen Vergessenheit und mit Wollust würde ich katholisch werden." Kleist nimmt hier keine Sonderstellung ein. Es ist eine psychologisch interessante Erscheinung, die wir bis in unsere Tage verfolgen können, daß gerade die feinsten und revolutionärsten Köpfe von den Stürmen im Meere der Gedanken und Gefühle sich in die Arme des Katholizismus retten. Wie wir aus Kleists Worten herauslesen können (an Wilhelmine 21. V. 1801) ist es der große und überreiche Stimmungsapparat, welcher das phantastisch-dichterische Gemüt und den kontemplativen Geist so leicht niederzwingt und bewältigt.

Sauer bedauert, daß der religiöse Standpunkt Kleists noch nicht zum Gegenstand eingehender Untersuchung gemacht worden ist. Wollen wir in dieser Frage Klarheit gewinnen, so müssen wir die in den beiden erwähnten Lebensphasen auftretende Neigung zur mystischen Schwärmerei als das auffassen, was sie ist, und als was ich sie eben gekennzeichnet habe, als Symptome heftiger seelischer Erschütterungen. Die periodisch auftretende religiöse Schwärmerei würde an sich, auch wenn wir keine weiteren Belege hätten, nach der Analogie zahlreicher moderner Geister den Rückschluß gestatten, daß Kleist ein religiöser Freigeist war, der dem Christentum gegenüber einen durchaus unabhängigen Standpunkt einnahm. Dafür finden wir Belege fast auf jeder Seite seiner Briefe. Seine Auffassung vom Selbstmord, nach welcher der Mensch das Recht hat, frei über sein Leben zu verfügen, seine Notiz an Ulrike, daß dem Menschen etwas heilig sein müsse, daß er aber wie seine Schwester sich frei gemacht habe von den Zeremonien der Religion, seine Bemühungen, die offenbar streng religiös erzogene Wilhelmine zu freieren Anschauungen vorsichtig zu erziehen und unabhängig zu machen von allen kleinlichen religiösen Bedenken und Zeremonien — alles spricht dafür, daß Kleist schon von Jugend an, wohl unter dem Einfluß seines Lehrers Wünsch einen unabhängigen, freigeistigen Standpunkt dem Christentum gegenüber einnahm. Seine Religion und seine ethische Anschauung ist: der Mensch hat die Pflicht, sich schon auf dieser Welt bis zur höchsten Vollendung zu entwickeln, sich um das künftige Leben nicht zu kümmern; er hat die Bestimmung seines irdischen Daseins zu erfüllen (Würzburg 16. IX. 1808); er soll sich über sein Schicksal erheben und sein Schicksal selbst leiten lernen. Die Anschauung seiner Jugendjahre kommt mit besonderer Schärfe und Klarheit zum Ausdruck in den Worten des Prinzen von Homburg:

Eine neue Sonne — sagt man — scheint auch dort,
Und über buntre Felder noch als hier:
Ich glaub's, nur Schade, daß d a s A u g e m o d e r t,
Das diese Herrlichkeit erblicken soll.

Man hat es niemals genug gewürdigt, daß schon Kleists Stellung zum Christentum jede tiefere und innere Gemeinsamkeit mit den Romantikern ausschließt, daß seine freigeistige Auffassung in religiösen Fragen jede Kampfesgemeinschaft mit dem streng orthodoxen Adam Müller gradezu unmöglich erscheinen läßt. Wie Kleist unter den Romantikern überhaupt als ein durchaus klassisches Naturell erscheint, so hat auch Kleists Christentum etwas ausgesprochen Hellenisches.

Fassen wir kurz das zusammen, was ich im vorausgehenden klarzulegen versucht habe. In dem Lebensideal, das sich Kleist in früher Jugend entworfen, spielt das Verlangen nach einer Frau, die Sehnsucht nach Kindern den hervorstechendsten Zug; es ist das Herzensbedürfnis, das in allen möglichen Variationen immer von neuem offen zum Ausdruck kommt; die Sehnsucht nach Ruhm und Anerkennung tritt dagegen ganz erheblich zurück. Kleists Lebensideal, sein höchstes Ziel war vernichtet, als seine große Liebe ihm die schwerste Enttäuschung brachte. Kleist besaß einen ungewöhnlichen Freundschafts-Enthusiasmus, wie er nicht bloß in den Briefen, sondern auch in seinem tatsächlichen Verhalten zu den Freunden zum Ausdruck kommt. Mit diesem maßlosen Enthusiasmus opfert er nach allen Enttäuschungen sein Liebesbedürfnis einer Frau, mit der ihn neben dem Gefühl der Dankbarkeit seit früher Jugend sicherlich ein inniges Verständnis verband. Ob und wieviel Leidenschaft dieses Verhältnis einschloß, das zu erörtern halte ich für überflüssig; es ist für das psychologische Verständnis gleichgültig. Maßgebend für die Beurteilung und die Bewertung dieses Freundschaftsbundes, wie des zwischen Lenau und Sophie ist der Umstand, daß ihm das Gelübde ehelicher Treue (sexuelle Abstinenz) zu Grunde lag. Das lesen wir aus Lenaus Briefen, und ohne diese Voraussetzung sind die letzten Äußerungen Kleists an Marie unverständlich. Nichts empfindet Kleist peinlicher, als daß Marie in dem Anschluß an die Vogel einen Treubruch vermuten könnte.

Zu Marie, welche sicherlich mehr die gebende und leitende war, gesellte sich in der letzten Zeit eine neue Freundin, die empfangende, die Schülerin, die dem stark ausgesprochenen erzieherischen und belehrenden Bedürfnis Kleists entgegenkam. Dieses Freundschaftsverhältnis, in dem Kleist einen Ersatz für die Liebe suchte, war eine große Selbsttäuschung, es konnte auf die Dauer an seinem so ungewöhnlich empfindlichen Nerven- und Seelenleben nicht spurlos vorübergehen und in sehr richtiger Erkenntnis schrieb er an Maria in den letzten Lebenstagen: ja, es ist wahr, ich habe Dich hintergangen, oder *vielmehr ich habe mich selbst hintergangen*. Sein Gemütsleben, das bisher den schwersten Stürmen getrotzt hatte, kam aus dem Gleichgewicht, und als der Ehemann der Vogel mit Forderungen an ihn herantritt, als er sich definitiv für die eine oder die andere Freundin entscheiden mußte, war er dem Gewissenskonflikt nicht mehr gewachsen. Eine so feige, charakterlose Entscheidung, wie in Lenaus Konflikt zwischen Marie Behrends und seiner Freundin Sophie war bei Kleist ausgeschlossen, er verliert den Lebensmut und geht in den Tod.

Was meine Auffassung vom Selbstmord Kleists unterscheidet von der, die Erich Schmidt und auch andere vertreten, das ist, daß von ihnen äußere Umstände: die Erfolglosigkeit des Dichters, die Lebensnot, die Verzweiflung am Vaterland, Familienzwist in den Vordergrund gestellt werden, während nach meiner Auffassung die Vita sexualis den Untergrund bildete jener seelischen Verstimmung, welche die eigentliche Ursache des Todes bedingte. Das ist ein Motiv, das man ungern berührt, aber die Psychologie kann sich an solche Empfindsamkeit nicht kehren. Was beweisen denn solche Schlagworte, wie dichterische Erfolglosigkeit, Lebensnot und ähnliche! Über die Schulden Kleists und seine materiellen Verhältnisse habe ich mich oben ausgesprochen. Und die Erfolglosigkeit? Kleist kannte seinen Wert, das liest man in seinen Briefen, dazu bedurfte es nicht der Äußerung Brentanos, und Kleist wußte wie Adam Müller, daß er ein „Verfechter für die Nachwelt" sei. Nein, Kleists Wunsch war nicht der äußere Erfolg, sondern der Erfolg seiner dichterischen Bestrebungen. Als sein dichterisches Streben versagte in der Guiskard-Periode, da geriet sein Gemütsleben ins Schwanken, und er geriet an den Rand des Abgrundes. Und neben dem ehrgeizigen Wunsche nicht nach dichterischem Gegenwartserfolge, sondern nach dichterischer Erfüllung, beherrschen ihn erotische Wünsche. Als diese erotischen Wünsche nicht in Erfüllung gehen, und er sich in der Folge über sie selbst hinwegzutäuschen versucht, da gerät seine Konstitution ins Schwanken, es wiederholt sich das Bild aus der Guiskard-Periode, und ein unglückseliger Zufallskonflikt stoßt ihn in den Abgrund. Pfuel hat ein richtiges Gefühl, wenn er, wie ich oben gezeigt habe, Kleists Tod mit der Dresdener Liebesaffäre in Verbindung bringt, nur daß Kleist nicht eigentlich am gebrochenen Herzen, d. h. nicht unmittelbar an den Folgen des schweren Seelenschmerzes zugrunde ging, sondern an den Konsequenzen, die das Ereignis für sein ganzes Sexualleben herbeiführte.

Es erübrigt noch mit einigen Worten auf die beiden Frauen zurückzukommen, welche das Geschick Kleists bestimmt haben. Zu Maria v. Kleist habe ich oben (I. 1) einige neue Beiträge geliefert, die zum ersten Male wenigstens flüchtig die Ansichten von Zeitgenossen über sie wiedergeben. Sie stammt aus einer Familie, deren Vater und Sohn uns genauer bekannt sind: Menschen von geistig hervorragenden Eigenschaften, aber von zweifelhaftem Charakter. Sie selbst offenbar eine tüchtige Hausfrau und gute Mutter, dabei die geistreiche Dame der Gesellschaft, die einen großen Kreis um sich versammelt, deren intime Beziehungen bis an den Königlichen Hof reichen, die es versteht, auch nach ihrer Scheidung (nachweisbar bis 1825) sich die Gnade und das Wohlwollen des Königs zu erhalten. Dabei besitzt sie einen ausgesprochen praktischen Sinn, einen scharfen Blick für Menschen und Verhältnisse. Sie gibt dem jungen Pfuel die Direktive für sein Verhalten dem Könige gegenüber (s. S. 19f.), sie greift tatkräftig in die materiellen Verhältnisse des unpraktischen Dichters ein und setzt für ihn und Pfuel die Unterstützung der Königin Luise durch. Auf sie trifft ein Ausdruck zu, den Goethe wiederholt auf Chalotte von Stein anwendet; Maria ist das „Korkwams", das Kleist über Wasser hält. Auf ihren Charakter und ihr Verhältnis zu Kleist wirft ein eigentümliches Licht ein Brief an den König vom 26. XII. 1811, der bisher bruchstücksweise veröffentlicht ist. Minde-Pouet bringt Andeutungen aus diesem langen Briefe, in der Absicht, dadurch meine Folgerungen aus den drei Briefen Kleists an Marie zu widerlegen. Er hat damit weder der Beteiligten noch seinem eigenen psychologischen Scharfblick einen Dienst erwiesen. Denn dieser Brief oder diese brieflichen Andeutungen sind nicht eine Widerlegung, sondern eine Stütze meiner Anschauung; ja wenn dieser Brief allein uns erhalten wäre, und wir nichts von Kleists Briefen wüßten, er müßte ein eigenes Licht werfen auf die Beziehungen der Briefschreiberin zu dem unglücklichen Dichter. Der Brief ist voll von gereizten Ausfällen gegen die Todesgefährtin Kleists; sie nennt sie einen „lebendigen Teufel", spricht Kleist, „dessen ganzem

Sein und ganzer Natur Selbstmord zuwider war", von jeder Schuld frei und wälzt die ganze Schuld auf Henriette, „eine Heldin aus dieser Klasse und von diesem Kaliber", deren „gräßliche Krankheit" sie „den ekelhaftesten Tod voraus sehen ließ". Die Ausfälle gegen die Vogel, das wußte Marie so gut wie wir, und ihre Freundin sind ungerechtfertigt, und die Andeutungen von einer gräßlichen Krankheit sind unsinnig (s. u.). Man vergleiche damit die Äußerungen von Kleists Freunden, die gewiß alle auf die Vogel erbittert waren; auch nicht einer sieht bei dem unheilvollen Schritte in der Vogel die treibende Kraft, keiner spricht von ihr in gleich gehässigen Ausdrücken, und jeder einzelne schreibt ihr bei der Katastrophe nur eine Statistenrolle zu. Ich glaube, daß jeder Einsichtige aus Marias Andeutungen die gekränkte Liebe herauslesen muß, die Eifersucht, die ja Kleist selbst schonen wollte, die Neigung, das Bild ihres Ideals für sich selber zu reinigen und so alle Schuld auf die Rivalin zu schieben. Ohne diese Erklärung würde der Brief ein sehr eigentümliches Licht auf den Charakter der Briefschreiberin werfen, selbst zugegeben, daß sie dabei die Tendenz verfolgt, vor dem Könige Kleist nach Möglichkeit zu reinigen. Der Brief würde dann nur den befremdenden Eindruck verstärken, den Marias Brief an Tieck hervorrufen muß, ein Brief, der mit vielen schönen Redensarten einen nichtssagenden Bescheid gibt. In keinem Falle ist Maria von dem Vorwurf freizusprechen, sehr leichtsinnig mit dem Geschick des Mannes umgegangen zu sein, den sie den Teilnehmer an allen ihren Freuden, an allen ihren Leiden genannt hat. Nach der Äußerung an den König war ihr bekannt, daß Kleists lebensfroher Natur jede Selbstmordabsicht vor den Ereignissen, die mit seinem Tode zusammenhingen, fern lag. Wenn Kleist wie wir aus seinen ersten Briefen ersehen, sie selbst ernsthaft auffordert, mit ihm in den Tod zu gehen, wenn er ihr dann mitteilt, daß er eine andere Todesgefährtin gefunden, und wenn er ihr dann erneut seine Absicht mitteilt, obgleich sie ihn schriftlich davon abzubringen versucht hat, dann bleibt es ganz unverständlich, daß sie still blieb, daß sie nicht seine Familie, seine Freunde, den Ehemann Vogel von seiner Absicht benachrichtigte, dann ist es ein ewiger Vorwurf, daß Kleists Tod den Nächstbeteiligten und aller Welt überraschend kommen konnte. Daß der Charakter der Frau, welcher Kleist sein ganzes Leben lang in Verehrung und Liebe treu blieb, ein schlechter gewesen ist, können wir nicht annehmen, dann bleibt aber für Marias Brief an den König nur die Erklärung, daß aus ihm neben gekränkter Liebe und Eifersucht, das geängstigte Gewissen und das Schuldbewußtsein spricht.

Das Bild, das wir uns bisher von der Gattin des Rendanten Vogel allein nach dem Berichte Peguilhens bilden konnten, wird bestätigt durch die Charakterschilderung des französischen Offiziers, die ich oben (S. 148) wiedergegeben habe. Sicherlich ein Gewinn und eine Genugtuung, wenn wir die, mit welcher Kleist gemeinsam aus dem Dasein schied, schöner und würdiger auch im Vergleich mit den großen Zügen seiner Seele uns vorstellen dürfen. Was Peguilhen von ihr über eine unheilbare Krankheit berichtet, und was in dem zitierten Schreiben Marias den schroffsten Ausdruck findet, ist ein Unsinn, den wir ins Reich der Fabel verweisen müssen. Selbst zugegeben, daß sich bei der Sektion ein versteckter Krebs bei ihr gefunden hat, so ist die Annahme, daß dieser wirklich bei Lebzeiten diagnostiziert worden ist, entschieden von der Hand zu weisen. Einen Arzt gar, der der Patientin die Diagnose ins Gesicht sagt und ihr einen qualvollen Tod in Aussicht stellt, gibt es nicht. Die ganze Darstellung beweist nur, wie eifrig bald nach dem Tode die Legendenbildung bei der Hand war. Was ich zugeben will, ist, daß die junge kränkelnde Frau von der Vorstellung gequält und verfolgt wurde, daß ihre Beschwerden mit einem Krebsleiden in Zusammenhang stehen. Das mag die Unterlage gebildet haben für das Gerücht, die Vogel sei in den Tod gegangen, weil der Arzt bei ihr das unheilbare Leiden konstatiert habe. Die krankhaft hypochondrische

Vorstellung der Frau, die auch nach einem Worte Adam Müllers zu schließen, eine Hysterica war, wird die Ursache zu einer Gemütsdepression gewesen sein, die sie geneigt machte, freudig und opferbereit auf den unglückseligen Vorschlag Kleists einzugehen, der seinem und ihrem Leben am Ufer des Wannsees ein Ziel setzte.

## III. Kapitel.

# Am Grabe Kleists.

Über die Vorgänge nach dem Tode Kleists und der Vogel sind wir unterrichtet durch einen von Bülow in seinem „Heinrich von Kleists Leben und Briefe" veröffentlichten „Bericht des Wirts zu Stimmung über Heinrich von Kleists und Henriettens Tod". Die Vorgänge von der Ankunft Kleists und seiner Begleiterin im Wirtshaus bis zu seinem Tode werden eingehend geschildert, und ebenso die Bestattung der beiden Leichen. Man wird bei der Lektüre des Berichtes, welcher 37 Jahre nach den Ereignissen alle Einzelheiten bis auf die genossenen Mengen Wein, Rum, Kaffee usw. getreulich angibt, den Verdacht nicht los, daß er phantastisch zugestutzt und stark ausgeschmückt ist. Es erschien mir schon deshalb von Wert, nach früheren und unparteiischen Berichten über die Vorgänge zu suchen — zumal sich doch von vornherein annehmen läßt, daß die Verehrung für den Dichter, welche in der Wallfahrt und der Pflege seines Grabes zum Ausdruck kommt, früher einsetzte, als aus den üblichen Angaben, wie sie Minde-Pouet in einem Aufsatz der „Voss. Zeitung" zusammenstellte, hervorgeht.

Die Verehrung für das Kleistgrab und die Wallfahrt zu dem Grabe, sicherlich schon vorher stark ausgesprochen, findet, soweit ich es verfolgen konnte, ihren Ausdruck in der Presse mit dem Jahre 1840. Im Januar des Jahres 1841 findet sich die erste Erwähnung des Grabes und die erste Darstellung der Vorgänge unmittelbar nach Kleists Tode in einem Aufsatze, betitelt „Heinrich von Kleist" von J. Larcko, im „Gesellschafter", 2. Blatt. Der umfangreiche Aufsatz steht an der

Spitze des Blattes. Über den Autor weiß ich nichts weiter anzugeben, als daß er in der Presse der 40er Jahre mit vielen Gedichten, novellistischen und kritischen Beiträgen häufig vertreten ist. Offenbar ein früher und begeisterter Verehrer Kleists, hat er das Grab aufgesucht und mühselig gefunden, aber — ein Zeichen, daß die Wallfahrt zum Grabe schon damals üblich war — im Wirtshaus auch andere Verehrer des Dichters getroffen. Seine tatsächlichen Informationen hat er sich bei einem alten Manne geholt, der an den Vorgängen bei Kleists Tode persönlich teilgenommen. „Im Gasthof zu Friedrich-Wilhelmsbrück", so berichtet Larcko, „wurde ein Pistolenschuß gehört und wieder einer. Der alte Wirt hat sich die baumwollene Nachtmütze aus der Stirn gerückt und zum Fenster hinausgeschaut, hat aber nichts gesehen als die Spatzen auf der Landstraße. Wie es aber dunkel wurde, da haben sie Zwei ins Gasthaus gebracht, blutig — todt — — —." Und weiter berichtet er, daß der Wirt aus Potsdam Leute kommen ließ vom Gericht „und alles aufs Papier schreiben und ließ zwei Gräber machen und die beiden ohne Sang, ohne Leichenhemd, ohne Leichenred' hineinwerfen". — „Nicht begraben, eingescharrt haben sie sie, die warmen Herzen in die kalte Erde und haben ihnen keinen Hügel gemacht und keine Blumen darauf gepflanzt und dahinter kein Kreuz gesteckt. Wenn sie einen Schatz verscharren, stecken sie ihn in eine Truhe." „Hinausgegangen zu ihm ist aber keiner, der ihn besucht hätte, und kein Grabhügel ist ihm gemacht, allein haben sie ihn gelassen im Leben wie im Tode — einen Selbstmörder etc." Die Beschaffenheit der Gräber, zu denen ihn der kleine Sohn des Alten führte, schildert Larcko mit folgenden Worten: „Da zeigte sein kleines Händchen auf zwei ganz niedergetretene Erdaufwürfe, die sahen grad' aus, wie zwei große Maulwurfshügel und ein kleiner dünner Stamm stand zwischen beiden. Das sei eine junge Eiche gewesen, sagte der Junge, die hätte der Förster drüben im Walde gepflanzt den Beiden zu Ehren. Die Leute aber hätten's kleine Dingelchen abgebrochen —. —"

Die wenigen schlichten Worte Larckos wirken überzeugender, als der etwas weitschweifige Bericht des persönlich beteiligten Wirtes. Es scheint, daß der Aufsatz Larckos den Bann gebrochen, daß er wie der Prinz im Märchen das Grab aus jahrzehntelanger Ruhe geweckt und der Erinnerung der Menschheit wiedergegeben hat. Die Pflege der Grabstätte setzt sofort ein, und ganz unvermittelt kommt in der Presse plötzlich die Verehrung des Dichters zum Ausdruck. Im nächsten Jahre bringt der „Berliner Figaro" (herausgegeben von L. W. Krause) in der Nr. 95 vom 16. April unter dem Titel „Den Wallfahrern zu Kleists Grabe" nicht weniger als sechs längere Gedichte. Als Verfasser sind angegeben L. Larcko und L. K.; am Schlusse zeichnet noch O. M. Edinger. Die Verse sind nicht bedeutend, und ich sehe davon ab, sie alle hier wiederzugeben. Nur die Gedichte, welche von der liebevollen Pflege der Gräber handeln, seien hier angeführt.

Aber sieh! Da kamen Zweie,
Wanderten den rauhen Weg,
Bahnten sich durch das Gestrüppe
Dorthin, wo er ruht, 'nen Steg.

Nahmen Hacke dreist und Schippe
In die treue deutsche Hand,
Hielten betend erst das Auge
Zu dem Himmel hingewandt.

Stachen dann vom schönsten Moose
Das nur grünet weit und breit
Legten's liebend auf die Hügel,
Deren Formen sie erneut.

Haben dann die beiden Namen
In die Eiche eingeprägt,
Daß die Stelle Jeder finde,
Dem ein Herz im Busen schlägt.

Der Schluß der Gedichtfolge, der darauf hinzuweisen scheint, daß schon damals die Frage nach einem Monument erörtert wurde, lautet:

O Ihr Reichen, kommt nun! setzet
Ihm ein prachtvoll Monument,
Schlechter ist's, wie jener Herzen
Treugefühlte Wehmuthsspend'.

Wird das Kreuz von Holz auch wanken
Und die Hügel bald vergeh'n,
Wird in jedem schönen Herzen
Doch das Bild noch lange steh'n:

Jene zweie an dem Hügel,
Mit der Schippe in der Hand,
Die *das* thaten, was vergessen
Undankbar das deutsche Land.

In demselben Jahre brachte auch „Der Gesellschafter" 1842, 30. Blatt ein kleines, stimmungsvolles Gedicht, welches ich hier wiedergebe:

Kleist's Grab.

Was zeigst du traurig mit der Hand
Im Kienen-Wald zurück —
Nach jenem Hügel dort im Sand,
Bei Friedrich-Wilhelms-Brück?

Kein Denkmal ziert den öden Ort,
Kein Blümchen nickt herab,
Doch schauerlich erklingt das Wort:
Du stehst an Kleisten's Grab.

Und eine Wehmuthsthräne fließt
Und netzt des Dichters Grab,
Das ihn, und die er liebt', umschließt,
Das Beiden Ruhe gab.

Und diese Thräne, still geweint,
Sey Euer Monument —
Euch hat die Liebe hier vereint
Und Schmerz, den Niemand kennt.

Potsdam. Gr. v. B.

Es dauerte noch zwanzig Jahre, bis der bekannte und inhaltsreiche Aufsatz von Hermann Grimm in der Vossischen Zeitung (1862 Nr. 46) für eine würdigere Ausstattung von

Kleists Grab tatkräftig eintrat und sie auch durchsetzte. Unter den Artikeln, die sich vorher mit Kleists Grab beschäftigt hatten, ist einer für uns besonders bemerkenswert, der im Anfange der fünfziger Jahren in einer Berliner Illustrierten Zeitung erschien, und der die Eindrücke zweier Wallfahrer zu Kleists Grab wiedergibt, von denen der eine kürzlich verstorben, der andere noch zu den Lebenden zählt. Den Aufsatz selbst habe ich nicht auftreiben können — beide Beteiligten hatten den genauen Titel des Blattes nicht in der Erinnerung — aber der Verfasser, Herr Dr Carl Bolle, hat mir wiederholt von seinem in dem Aufsatze geschilderten Besuche erzählt. Der Kammerherr des Prinzen, der die beiden Besucher an das Grab führte, wußte zu berichten, daß Kleist nicht mehr an der ursprünglichen Stelle ruht, sondern daß das Grab in früheren Jahren verlegt worden ist; vermutlich haben Sandverwehungen dazu genötigt. In der Begleitung von Dr C. Bolle befand sich der junge Paul Meyerheim, der bekannte Professor und Mitglied des Senats der Akademie der Künste, der eine Skizze von Kleists Grab und seiner Umgebung anfertigte, die dem erwähnten Aufsatz Bolles beigefügt war. Durch das freundliche Entgegenkommen von Prof. Meyerheim bin ich in der Lage, in einer Reproduktion der erhaltenen Skizze den Anblick wiederzugeben, den das verfallene, einsame Grab im Anfange der fünfziger Jahre bot.

Die neuere Geschichte von Kleists Grab ist bekannt, ebenso die Namen der Männer und Vereinigungen, die sich darum bemüht haben. Nur einige wenige Pressestimmen seien angeführt. Grimms Aufsatz fand eine verschiedene Aufnahme. Die „Zeitung für Norddeutsche" (1862 Nr. 4021) druckt im wesentlichen den Aufsatz aus der Vossischen Zeitung ab und fordert die Leser zur Beteiligung an der Sammlung auf. Hingegen polemisiert die „Süddeutsche Zeitung" (1862 Nr. 123) gegen die Mitteilungen in der Vossischen Zeitung über den Zustand des Grabes und behauptet, daß etwa seit einem Jahre der unwürdige Zustand des Grabes nicht mehr bestehe, und daß der Prinz Friedrich Karl sehr gut dafür gesorgt habe. — Mit der Sorge um das Grab tritt auch bald die Frage nach einem Denkmal für Kleist in der Presse auf. In einem am Todestage, den 21. XI. 1868, veröffentlichten Aufsatz der Neuen Freien Presse heißt es bei einer Besprechung von Kobersteins Würdigung des Dichters in der eben erschienenen IV. Auflage seiner Literaturgeschichte: In Berlin ist ein ganzer Markt von Denkmälern für preußische Feldherren errichtet — der größte Dichter Preußens aber wird einer gleichen Ehre nicht gewürdigt.

---

Wir stehen am Grabe Kleists und überblicken in wehmutsvoller Erinnerung sein Lebensgeschick, das am treffendsten gekennzeichnet ist durch Hebbels Worte:

An Kraft sind wenige ihm zu vergleichen,
An unerhörtem Unglück, glaub' ich, keiner.

Die Tragödie Kleists ist nicht beendet mit seinem Tode, der bald ein Jahrhundert hinter uns liegt. Wieviel ist gesündigt worden gegen den Menschen, wie arg ist sein Genie noch nach dem Tode mißhandelt worden! Ein beträchtlicher Teil seines Lebenswerkes muß als verloren gelten. Ganz abgesehen von dem, was nur angedeutet, nur vermutet werden kann, so fehlt uns von den reichen Gaben, die dokumentarisch belegt sind: „Die Geschichte meiner Seele", Gedanken und Fragmente, patriotische Gedichte, die einen ganzen Band füllen sollten, ein umfangreicher Roman in zwei Bänden und noch manches andere. Die nächsten Freunde sind unverzeihlich mit Kleists geistigem Erbe umgegangen. Und die Bühnenwerke Kleists haben, wenigstens in der Originalfassung, nur unter schweren Kämpfen teilweise und ganz allmählich die Bühne sich erobern können. Deutschland ist ein Shakespeare erstanden, den es achtlos hat zugrunde gehen lassen, ein Dichter von genialer Gestaltungskraft, wie das folgende Jahrhundert seinesgleichen nicht wieder gesehen hat. Es scheint, daß Kleists Wort in Erfüllung gehen soll, nach dem erst ein Jahrtausend später uns den Dichter bringen wird, welcher sein Kunstideal verwirklicht. Je mehr wir die ganze Größe dieses nicht ersten aber genialsten Dramatikers erfaßt haben, je mehr sich sein Lebensbild, wenngleich vorläufig nur schattenhaft, aus dem dichten Gestrüpp entstellender Legenden, falscher Auffassungen, tendenziöser Entstellungen abzuheben beginnt, desto größer erscheinen uns die Sünden und Vergehungen nicht verflossener Jahrzehnte, sondern gerade unserer Zeit. Frühere Zeiten handelten aus Unverstand und Kurzsichtigkeit, aber wer kann es heut verantworten, wenn Kleists Werken zum Teil noch die Stätte verschlossen ist, von der sie allein eine volle Wirkung ausüben können, die Bühne? Noch sind die Bühnenwerke Kleists zum großen Teil vom deutschen Repertoire ausgeschlossen. Das mag man hingehen lassen, soweit es sich um die Schroffensteiner handelt, über die der Dichter selbst verächtlich urteilte; das mag man noch begreifen beim Amphitryon, der trotz seiner vollendeten dramatischen Technik immer nur einer ausgewählten Gemeinde und ersten Bühnen vorenthalten bleibt —, aber wie läßt sich die Sünde unserer Zeit und unseres Theaters entschuldigen, das der Mitwelt immer noch die Penthesilea vorenthält, nachdem nunmehr die verstiegendsten pathologischen Deutungen und das klassizistische Vorurteil verstummt sind gegen dieses inkommensurable, einsame Werk. Kleist selbst, das ist die billige Entschuldigung, soll sich gegen die Aufführung und die Aufführungsmöglichkeit ausgesprochen haben. Das ist ebensowenig im Geleitbrief zum ersten Phöbusheft an Goethe noch sonstwo geschehen. Kleist wußte wohl, daß zu seiner Zeit die Bühne „weder vor noch hinter dem Vorhang" so beschaffen war, um eine Aufführung zu ermöglichen, aber aus Kleists Worten spricht immerdar die Zuversicht, daß Schauspieler wie Publikum dereinst seiner Penthesilea gerecht werden, und daß sie festen Fuß fassen werde auf der Bühne. Was alles Kleists Zeitgenossen an dem Menschen und die folgenden Jahrzehnte an dem Dichter gesündigt haben mögen, es reicht nicht heran an den Indifferentismus unserer Zeit, die Bühnenschwierigkeiten technischer Natur kaum noch kennt, die mit seltener Experimentierlust an die sonderlichsten dramatischen Produkte herangeht und an das Lampenlicht zerrt, was der Dichter selbst nur für das unsichtbare Theater geschrieben, und die doch achtlos vorübergeht an dem rauschenden Schwung eines Dramas, in das der genialste dramatische Dichter sein innerstes Wesen hineingelegt hat, den ganzen Schmerz zugleich und den Glanz seiner Seele. Das deutsche Volk kann verzichten auf einen in Marmor gehauenen Kleist, gleichgültig, ob er unter den Linden aufgestellt wird oder auf dem Harz, von wo herab der Dichter mit einer Stimme von Erz den Deutschen seine Lieder absingen wollte, aber das deutsche Volk müßte es als eine nationale Schmach empfinden, wenn der hundertste Todestag anbrechen sollte, ohne daß das Drama Kleists, seine Amazonenkönigin, Besitzstand des Theaters und der Allgemeinheit geworden wäre.

## IV. Teil.

# Nachträge.

## I. Neues Material zu Ludwig von Brockes.

a) Ein Brief Brockes' an Kleist (vgl. S. 73).

Kam die Aufforderung zur Erfüllung eines Versprechens, das ich seit 10 Monaten unerfüllt lassen konnte, wirklich von Ihnen selbst, auf Ihre eigene Veranlassung; so beweist sie mehr für Sie, als Ihr gutes immer zärtliches anspruchloses Herz vielleicht ahndet. Tausend andere würden im Gefühl des beleidigten Stolzes über ein so langes Stillschweigen es für Erniedrigung gehalten haben, den Vergessenen an sein Versprechen zu erinnern, da er von selbst dessen sich nicht zu erinnern schien, oder wenigstens ihr Andenken für erloschen halten; und so vielleicht, ohne große Bemühung den Überrest ihrer eigenen Empfindungen für den Strafbaren noch zu bewahren, allmählig eine Vereinigung ganz zu Grunde gehen lassen, die schon Jahre zählte und auf unserer beider Laufbahn doch manche Blume entstehen ließ. Allein Sie, der Sie selbst so wahr und innig fühlen, was ungeheuchelte und ungekünstelte Freundschaft ist, wußten auch mich richtig zu beurteilen und dafür sage ich Ihnen den wärmsten Dank. Sie wußten es wohl, daß ich nicht imstande sein könnte, weder Sie noch die mannigfaltigen Beweise Ihrer Anhänglichkeit für mich, noch die Tage und Stunden zu vergessen, die wir zusammen verlebt haben, und daß also andere Ursachen, als eine solche, die Sie beleidigen und mich beschimpfen würde, mein Schweigen veranlaßt haben mußten. Keine Vorwürfe, keine Klagen, nur eine zeitliche Bitte setzen Sie ihm entgegen und verraten auch nicht durch den leisesten Wink, daß Sie alle die Ansprüche fühlten, die Sie zu einem ganz anderen Betragen von meiner

Seite berechtigen. Wirklich ich glaube wirklich noch nie so wahr geliebt worden zu sein, aber gewiß ist auch meine Dankbarkeit ebenso wahr, und oft werfe ich mir vor, daß ich sie damals, als wir noch beisammen waren, wohl noch deutlicher manchmal hätte zu erkennen geben können. Und doch waren Sie immer mit mir zufrieden, immer gleich sanft, immer gleich gefällig und nachgebend gegen meine Eigenheiten, meine Launen, obgleich Sie nicht einmal die Ursache daran einsehen konnten. Ich wußte und sehe es täglich, daß ich den ersten Platz in Ihrem Herzen hatte, aber weit entfernt ein Gleiches von mir zu verlangen, erfüllte Sie jeder, auch der kleinste Beweis meiner Zufriedenheit mit der lebhaftesten Freude, und Sie verlangten für die liebevollen Bemühungen zu meinem Vergnügen keinen Dank, als den, daß ich nur froh war. Unverdorbene Seele, Zögling der lebenden Natur, wie wenige sind, die Dir gleichen!

Nicht wahr, Sie gedenken meiner jetzt oft, wenn Sie alle die bekannten Gegenden wieder betreten, wo wir mit einander die blühende Natur in ihren tausendfachen Scenen der sanften Freude genossen. Der grünende Wald, die flötende Nachtigall, der aufgehende Mond, die schweigende Nacht, der Abend, wenn er sich im stillen Flusse spiegelt, oder der strahlende Mittag, alles wird Sie an Ihren abwesenden Freund und an die Vorzeit erinnern. Möchte Ihnen doch mein Verlust ganz ersetzt sein, ich wüßte Sie so gern recht glücklich, und ich weiß, daß Sie das ohne Freundschaft, wie Sie sie für mich empfanden, nicht sein können; das sagte mir so oft Ihr heiterer Blick, wann wir uns trafen, das sagten mir Ihre Tränen, als wir schieden.

### b) Briefe von Brockes und seiner Braut an Joh. Schulze in Weimar.

Mittwoch Abend den 3ten des Octs: 1810 in Großneuhof.

Eine fromme Christin, die sich mit kindlich verlangendem Gemüth sehnt, die Jüngerin des neuen Meisters zu werden, fragt hiermit, vor banger Erwartung an: ob der 14te Oct: an welchem einmal Menschenherzen bluteten und brachen, noch dazu bestimmt bleibt, das ihrige zu heben und zu begeistern, durch die sanften Lehren der Liebe und des Glaubens, denen es so lange schon zugethan war, voll Hoffnung und Zuversicht.

Ein freundliches Ja wird lieblich durch mein Inneres tönen, wie die Gesänge des Seraphim, die mein geistiges Ohr so oft vernahm, in den Stunden der Weihe und der Einsamkeit, in denen der Mensch, hier schon so gern verklärt sich dünkt, an der Seite derjenigen, die er fand und liebte, in denen er gleich bey dem ersten Blick, einen theueren Verwandten ahndete und erkannte. — Sagen Sie mir, Lieber! ob ich hoffen darf, den wohlverdienten Lohn zu ernten für meine Verschwiegenheit, ob ich darauf rechnen kann, an heiliger Stätte die Stimme meines Propheten zu vernehmen, die, nicht, wie die des Predigers in der Wüste, verhallen, sondern an ein offenes empfängliches Herz anschlagen soll, um niemals wieder zu verklingen.

Lassen Sie den Funken der Hoffnung, den Sie selbst so liebreich in mir entzündeten, nicht wieder verlöschen und kommen Sie zu der neuen Freundin, die Sie aufnehmen wird, wie der Heiland aufgenommen ward, von den Schwestern des tot geglaubten Freundes! —

Caecilie Werthern.

Brockes an Joh. Schulze in Weimar; Caecilie von Werthern an denselben.

Groß Neuhof, 4 Februar 1812.

Beynahe zu spät erfahre ich, daß eine Gelegenheit nach Weimar geht. Ich kann Ihnen, lieber Freund, also nur mit zwei Worten sagen, daß wir glücklich hierher zurückgekommen sind, und unsre Freundin, erfreut über unsere Wiederkehr und über unsere Berichte von Weimar, uns empfing. Sie sind gegen uns Reisende und Fremdlinge so freundlich gewesen, daß ich es Ihnen niemals vergessen kann, aber mehr will ich Ihnen darüber nicht sagen, weil Worte zwischen uns hoffentlich über so etwas nicht mehr nöthig sind. — Wir erwarten mit Ungeduld die Erfüllung Ihres Versprechens, Sie bey uns zu sehen.

Haben Sie Ihrem Grimm über Lorenzo und Consorten schon Luft gemacht? Ich bin wahrhaft krank seit jenem Höllenabende, von dem ich Himmelslust erwartet hatte und wohl Allen, in deren Gemüth so etwas nicht eingreift! — Ich wollte Sie bitten uns mitzuteilen, was Ihnen Ihr Unmuth eingegeben hat, obgleich es vielleicht besser wäre, wenn man so etwas durchaus vergessen könnte. Aber dann müßte man sich selbst untreu werden — Mutter und Tochter senden Ihnen die freundlichsten Grüße — Sagen Sie den Antonischen, wenn Sie sie sehen, daß wir mit herzlicher Liebe Ihrer gedenken. — Gute Nacht für heute — Es gehe Ihnen wohl, auf mehr als eine Art, und wie es Ihnen am eigensten zusagt. — Waren Sie gestern wieder an dem Ort der Qual, unter den Klauen dieses Lorenzo, so bedaure ich Sie, aber ich bitte Sie doch, wenn Sie erst seine lästerlichen Orakelsprüche vollständig haben, sie mir mitzuteilen, denn es geht mir damit, wie Kindern mit Gespenster- und Räubergeschichten. Es schaudert einem die Haut, aber man giebt sie doch her, und wo wäre ein Abgrund, in den die Faustische Unersättlichkeit nicht hinunter dringen müßte. So ist der Mensch, aber ich wollte, er wäre anders. — Sie aber, lieber Freund, mögen in allen Hauptsachen bleiben, wie Sie sind und vor allen Dingen Freund ihrer Freunde und

des Ihrigen

Brockes.

Auch ich muß Ihnen danken, guter Schulze, denn Sie haben meinem Freund einen fröhlichen Abend in Ihrer gastlichen Wohnung bereitet. — Er kam recht heiter zurück und so nur konnte ich mich entschädigt fühlen, daß ich so lange ihn hatte entbehren müssen — lange? höre ich Sie sagen — ja wohl lange — ach, lieber Schulze, wer ihn kennt und liebt, wie ich, der kann auch nicht mehr leben ohne ihn. — Kommen Sie ja noch einmal zu uns, denn Sie sind uns recht werth, die Zukunft legt ja so einen weiten Raum zwischen uns.[1]) — Ein herzliches Wort der Freundin — und zum Abschied ein eben so freundliches von mir an Sie

C.

Gr. Neuh. d. 18 Februar 12.

Ich schicke die Botenfrau zu Ihnen, lieber Freund, um nach Ihrem Wohlseyn zu fragen, und vielleicht ein Paar Zeilen von Ihnen mitzubringen. Es geht uns hier leidlich, aber nicht viel mehr, denn unsere Freundin ist nicht ganz wohl, und auch ich habe mich mit einer Art von Flußfieber geplagt, welches doch meistens vorüber ist. Die trüben Tage und die ewigen Stürme haben ihren Antheil daran. — Ottobald und Henning waren einige Tage bey uns, was uns sehr wohl gethan hat, da beyde, jeder in seiner Art, bedeutend und angenehm sind. —

Wann werden Sie uns einmal wieder besuchen? — Ist die Zeit Ihrer Abreise nach Hanau bestimmt? — Wie sind Sie mit Jacob und seinen Söhnen zufrieden gewesen? — Erzählen Sie mir etwas davon und sonst von dem, was Sie treiben.

Können Sie mir jetzt das Büchelchen: über Deutsche Art und Kunst mittheilen? — Ich habe jetzt Jacobi: von den göttlichen Dingen und ihrer Offenbarung, das will aber studirt seyn, nicht blos gelesen, so klar und schön auch die Sprache ist. —

Wir grüßen Sie alle aufs freundlichste und hoffen, daß Sie diesmal einige Augenblicke haben, um auch uns einen schriftlichen Gruß herüberzusenden. — Es gehe Ihnen wohl, und nichts hemme Ihren Eifer für Wahrheit, Schönheit und Recht

Der Ihrige

Brockes.

---

[1]) Bezieht sich auf die bevorstehende Abreise Schulzes von Weimar nach Danzig.

## 2. Rudolf Köpke über Adam Müller und die Abendblätter.

Manuskript (vgl. S. 182).

Wenn Kleist seinem Blatte keinen entschiedenen Charakter zu geben vermochte, so gewann es dennoch, ohne daß er es bemerkte, vielleicht wider seinen Willen eine immer deutlicher hervortretende Färbung, die mit der Zeit die Existenz desselben gefährden mußte. Es waren die Beiträge Adam Müllers, die aus dem Tageblatt, das der Unterhaltung und dem gemeinen Nutzen gewidmet sein sollte, eine Oppositionszeitung gegen die Regierung Hardenbergs zu machen drohte, und das wollte Kleist gewiß nicht. Auch A. Müller, ein geborener Berliner, war nach manchen Kreuz- und Querzügen, auf denen er sich nach Art der Schlegel und angeregt von Gentz als wandernder Staats- und Literaturphilosoph in öffentlichen Vorlesungen vor einem gemischten Publikum hatte vernehmen lassen, nach seiner Vaterstadt wieder zurückgekehrt. Freilich ganz anders als er gegangen, denn er war bereits katholisch geworden, hatte seine Philosophie des Gegensatzes aufgestellt und erschien bereits als gewandter und scheinbar begeisterter Sprecher der Restauration. Außer seinen verschiedenen Vorlesungen waren soeben auch seine Elemente der Staatskunst erschienen, die Tadel und Zustimmung in gleich einseitiger Weise hervorriefen. Im Kampfe politischer Parteien hoffte Müller damals nach einer oder der anderen Seite hin in Berlin eine einflußreiche Stellung in raschem Anlaufe gewinnen zu können. Um sich wieder möglich zu machen, hatte er schon zu Anfang des Jahres 1810 Reden über Friedrich II. und die Natur und Bestimmung der Preußischen Monarchie im Akademiegebäude öffentlich gehalten, nachdem er sich früher darauf berufen hatte, vom Großkanzler Beyme sei ihm das Versprechen gegeben worden, diese Vorlesungen, die auch Frauen herbeiziehen sollten, in dem für die neue Universität bestimmten Heinrichschen Palais halten zu dürfen. Da damals die Einrichtung der Universität zu Berlin in vollem

Gange war und viele auch unberufene Geister in Bewegung setzte, so scheint auch seine stille Hoffnung gewesen zu sein, sich derselben in irgendeiner Weise anzuschließen. Dies freilich mißlang, aber ihm fehlte es darum nicht an anderen ehrgeizigen und sonderbaren Entwürfen. Er berief sich auf Altensteins und Stägemanns Freundschaft, ja auf ihr Versprechen, ihn zum Staatsrat zu machen, d. h. in einem Ministerium anzustellen, was nun freilich nach der alten Beamtenüberlieferung unmöglich war, da er nur acht Tage Referendar gewesen war und den unteren Dienst für seine Kraft und Ansprüche viel zu hemmend gefunden hatte. Eine andere Stelle hatte er für sich bei der herabgekommenen Universität Frankfurt ausfindig gemacht, deren Kanzler er werden wollte, um sie aus dem Grunde nach seinen Ansichten zu reformieren. Doch man kannte ihn zu gut, um auf solche anmaßliche Vorschläge einzugehen, man sah in ihm einen talentvollen und blendenden Phrasenmacher. Der Oberpräsident Sack, Altenstein, Hardenberg sprachen sich mündlich und amtlich gegen ihn aus, und schließlich ward ihm der Bescheid, in dem preußischen Staat finde sich für ihn überhaupt keine Stelle, er werde gut tun, sich anderweitig danach umzusehen. Zunächst fand er es noch geraten, in Berlin zu bleiben und an dem von seinem Freunde Kleist begründeten Tagesblatt teilzunehmen. Kleists Verbindung mit Müller schrieb sich aus dem Jahre 1806 her aus Dresden und war für diesen und seine schwankenden Seelezustände gewiß kein Gewinn. Als Charakter unzuverlässig und trotz aller hohen Worte doch offenbar innerlich ohne feste Überzeugung und festen Halt, ehrgeizig oder vielmehr eitel und dünkelhaft, um jeden Preis bemüht, eine politische Rolle zu spielen, ohne allzu große Mühe und Arbeit damit zu übernehmen, vieler Genüsse und des Glanzes bedürftig, war er dennoch kein gemeines Talent, doch eines von jenen beweglichen, schwer zu fassenden, welche die wunderlichsten Gegensätze in sich schließen und denen vieles, aber nicht viel gegeben ist.

Nicht ohne Beobachtung für manche tieferen Gebrechen der Zeit, ja nicht ohne Tiefsinn mitunter, war er doch wieder oberflächlich, phantastisch, voll Einbildung und Einbildungen, und im Besitze keiner geringen dialektischen Gewandheit, die ihm behilflich war, aus Wahrem und Irrtümlichem, Verstandenem und Halbverstandenem ein scheinbares, ja blendendes Ganze zusammenzusetzen. Trefflich kam ihm dabei sein formales Geschick, glänzend zu schreiben und auch zu sprechen, zustatten, er überredete andere wie er sich selbst überredete, und konnte minder dialektisch Geschulte leicht blenden und mit sich fortreißen, da er rednerisch die Schwächen durch Phantasie und einen halb dichterischen Anhauch zu decken wußte. Kleists und Müllers Verhältnis zueinander scheint auch, psychologisch betrachtet, ein ganz eigentümliches gewesen zu sein. Müllers Bewunderung von Kleists dichterischem Talente war ohne Zweifel eine durchaus aufrichtige, er verteidigte ihn lebhaft gegen die harten Vorwürfe von Gentz, den er ebenfalls als sein Vorbild bewunderte, und mit dem er sich nur schweren Herzens im Widerspruch sah. Er erkannte Kleists eigentümliche, von der älteren Klassizität wie von der jüngeren Romantik sich gleich unterscheidende Richtung, und namentlich in seiner dialektisch scharfen Behandlung der Gegensätze scheint er eine seinen philosophischen Ansichten verwandte Grundrichtung erkannt, ihn selbst für einen verwandten Geist gehalten zu haben. Gewiß war dies nur sehr bedingterweise der Fall; es war richtig, insofern in beiden die Fähigkeit dialektischer Schärfe mit mystischer Neigung sich verband, sofern beide im Leben ruhelos untersuchten, aber doch wie sehr verschieden sie waren, zeigt der weitere Verlauf und das Ende ihres Lebens, Müller beschloß es als österreichischer Diplomat und Epikureer und Kleist mit einem Pistolenschuß, jener war ein Mann der Rede, dieser der Tat, jener schmiegte sich, dieser zerbrach. Dennoch hatten Müllers Talente, seine Kunst, von der er soviel sprach, Kleists Seele gefangen genommen; offenbar fühlte er sich dieser dialektischen Kraft, dieser mystischen Richtung in Verstand und Phantasie gleich sehr unterworfen. Auch auf ihn hatten Müllers Staatstheorien einen großen Eindruck gemacht, obgleich er sonst ein Bekenner der nationalen Wiedergeburt war; er hoffte, wie er an Fouqué schrieb, Müllers Elemente der Staatskunst würden langsam, aber nachhaltig wirken, wie die Wurzeln der Pflanzen auch das harte Gestein zersprengen. Durch diesen Verkehr fühlte er sich geistig angeregt, eingenommen, als er Müllers Umgang entbehren mußte, schien ihm die Welt verödet, und dennoch scheint er zu andern Zeiten nur widerstrebend sich diesem Gefühl hingegeben zu haben, es ergriff ihn die Vorstellung, Müller sei sein Feind, den er hassen müsse, es wird erzählt, auf der Dresdener Elbbrücke habe er einmal den Versuch gemacht, ihn in den Fluß hinabzustoßen. Es scheint darauf zu deuten, nur mit Widerstreben habe er diese geistige Gefangennehmung getragen. Und nicht unrichtig hätte ihn seine Ahnung geleitet, denn im bürgerlichen Verkehr mußte Kleist, wenn er im Bunde mit Müller war, überall den Kürzern ziehen, denn jener war leidenschaftlich, schroff, ohne Kenntnis der Tagesmenschen, unvorsichtig und einseitig, stets bereit, jeden Gedanken, der ihn beherrschte, zur Tat zu machen, und kräftig genug, um als Mann für sein Wort einzutreten; Müller war vorsichtig, kannte Menschen und Verhältnisse, suchte sie weltklug für seine Absichten zu nutzen, wußte zu diplomatisieren und war durchaus nicht geneigt, sogleich für das Wort die Tat einzusetzen. Wo zwei Charakter dieser Art zusammenkamen, mußte jener von diesem abhängig werden. Dies zeigte sich auch bei den Abendblättern. Kleist wollte sich in seiner unbefangenen Weise darin aussprechen, aber Müller machte sie zu seinem Werkzeug, Kleist wollte unterhalten, belehren, erheben in nationalem Sinne, Müller Politik treiben im Sinne einer Partei, die die Gesichte nur in der Vergangenheit, aber nicht in der Gegenwart anerkannte. Als Bundesgenosse der Restaurationspartei machte er den literarischen Verfechter der alten Grundberechtigten gegen die Reformen

Hardenbergs, und so gewannen Kleists unschuldige Abendblätter allmählich den Charakter eines Oppositionsblattes. Eine der bedeutenden Maßregeln, welche das Land und besonders die Stadt beschäftigten, war die neubegründete Universität, die am 15. Oktober eröffnet werden sollte. Schon in der zweiten Nummer des Blattes erschien Müller mit einem längeren Aufsatze unter dem Zeichen B.: „Freimüthige Gedanken bei Gelegenheit der neu errichteten Universität in Berlin", in dem er auch seine Stimme über ein Institut abgab, an dem er gern teilgehabt hätte. Vieles, was er sagte, war nur allzuwahr und sehr beherzigenswert. Er fand es recht und billig, daß die hier dargestellte Welt der Wissenschaft ihre eigene, von den Dienststufen der Staatsbeamten unabhängige Rangordnung erhalte, er forderte, wie auch Schleiermacher getan, Zensurfreiheit, damit sie das große und wahrhaft geistige Vorrecht, ihre Überzeugung offen auszusprechen, der Gelehrtenwelt ihren alten Wert wiedergebe, den sie verloren hat durch eine hyperkritische, aller wahren Wissenschaft abgekehrte Richtung, die zur Zersplitterung der Kräfte, zu einer reinen Negation, zum leeren Kosmopolitismus geführt hat, sie ist dem vaterländischen Boden untreu geworden, hat sich in leerem Eroberungsgelüst alle Reiche der Welt vom Teufel aufbinden lassen, hat ins Blaue hinein für leere Humanität und Philanthropie erzogen und ist darüber wertloser Almosenempfänger des Staats geworden. Darum haben die alten Universitäten auch nur wieder Virtuosen der Gelehrsamkeit, keine Staatsmänner erzogen, deren man gerade jetzt so notwendig bedarf. So weit war, was er über die Übelstände der Vergangenheit sagte, nur allzu wahr, doch sehr bedenklich waren die Heilmittel, die er vorschlug. Früher hatte diese Meinung zu wissenschaftlicher Verflüchtigung ihr natürliches Gegengewicht, d. h. damals, als der christliche Glaube noch in seiner Glorie bestand und Bologna, Paris und Prag noch blühten, jetzt ist das anders, man muß daher den Wissenschaften in anderer Weise Blut und Leben zurückgeben, der Staat muß ihnen ein gemeinsames, bestimmtes, praktisches Ziel vorhalten. Was hieß das anders, als Zweck und Mittel der Wissenschaften nach andern Rücksichten bestimmen, sie von Staats wegen bevormunden, ihnen die Freiheit nehmen, da sie doch frei machen sollten? In dem Augenblicke, wo auch die Wissenschaft sich und dem Staat zur Wiedergeburt helfen sollte, stellte Müller die katholischen Universitäten als Muster auf! Die zahlreichen Gutachten, die amtlich und außeramtlich in dieser Frage abgegeben worden waren, vertraten fast alle denkbaren Meinungen, darauf war niemand sonst verfallen, vielmehr wetteiferten sie in dem Gedanken, die Formen des wissenschaftlichen Lebens möglichst von allen Fesseln zu bebefreien. Unumwunden sprach er seine Ansichten gleich darauf in einem Artikel über die wissenschaftlichen Deputationen, die damals bei einzelnen Abteilungen der Ministerien errichtet worden waren, um die wissenschaftliche Richtung mit der Verwaltung des Staates zu verbinden, dahin aus, das erste Problem des gegenwärtigen Staatsmannes sei, die Wissenschaften zu bändigen, d. h. „da er sie braucht und sie sich nicht mehr unterdrücken lassen, sie zu regieren!" Von allgemeinen Andeutungen, die freilich verständlich genug waren, und sachlichen Bemerkungen ging er darauf in einem direkten Artikel über Christian Jakob Kraus zu einer offenen Kritik der Personen über. Kraus war als Lehrer der praktischen Philosophie und Staatswissenschaften zu Königsberg der eifrige Vertreter Adam Smiths gewesen und durch Lehre und Schrift hatte er für Entlastung des Grundeigentums, freien Besitz und Entwicklung der Kräfte gegen das alte Vorrecht gestritten und eine eigene Schule um sich gebildet, die sein Ansehen festgestellt hatte. Auf der entgegengesetzten Seite stand Müller, die negative Seite seiner staatswissenschaftlichen Ansichten war die Bekämpfung des Smithschen Systems, der jetzt herrschenden unheilvollen Anglomanie, wie er es zu bezeichnen pflegte. Jetzt warf er die Frage auf, woher es gekommen, daß Kraus zu einem solchen Ansehen gelangt sei, ein zwar wohlgeordneter, aber langsamer und völlig unfruchtbarer Kopf, dessen Talent das mechanische Rubrizieren des von andern, hier von Smith Produzierten gewesen sei. Die Tyrannei seines Buchstabens bedrohe die Gesetzgebung des Vaterlandes mit Unheil, namentlich mit einem Zwiespalt der Gerichtshöfe und Verwaltung, eine Ansicht, die wohl jugendlichen Köpfen, aber nicht der Gesetzgebung eines bejahrten Staats anstehe. Über Kraus ließ sich ungestraft sprechen, denn er war 1806 gestorben, aber er hatte zahlreiche und einflußreiche Schüler hinterlassen, die gerade damals der Regierung nahe standen, zu ihnen gehörten Auerswald, Schön; Hardenbergs Reformen selbst waren in diesem Sinne. Was und wen Müller meinte, hatte er deutlich genug gesagt, er ergriff offen Partei gegen die damalige politische Reform, gegen den Führer selbst. Es war der Gedanke des alten gebundenen Staats, des Privilegiums der unmittelbaren Einheit von Regierung und Gericht, den er vertrat. Dieser offene Angriff erregte schon mehr Aufmerksamkeit; zuerst erhoben sich die verletzten Freunde von Kraus zur Verteidigung ihres Meisters, und das kleine Abendblatt ward der Tummelplatz eines merkwürdigen Kampfes. Ein ungenannter Freund von Kraus antwortete schon am 28. Oktober, sein unsterblicher Ruhm sei gewesen, die Selbständigkeit des Landmanns und Arbeiters und so den Staat auf der Grundlage der Freiheit und Gerechtigkeit herzustellen, das sei besser als die höchste Genialität, die zur Verteidigung der Gräuel der Vorwelt gemißbraucht werde, die durch übelgerichtete Fruchtbarkeit und Sucht nach Neuheit Eintracht und Heil des Vaterlandes im gefährlichsten Augenblick bedrohe. Am 27. Oktober bewies ein anderer, er sei kein langsamer und unfruchtbarer Kopf gewesen, aber freilich habe er die absoluten Prinzipien der Obskuranten und Barbarei in entschiedener Weise angreifen müssen. Dagegen ergriff A. v. Arnim für Müller gegen Kraus Partei, dessen Charakteristik er durchaus richtig fand mit dem Bemerken, schon seit Friedrich sei die Dienstaufhebung durch ganz andere Männer vorbereitet worden und Kraus' Ruhm ein nicht einmal historisch begründeter. So schwankte der Kampf hin und her, als am 22. November ein Mann das Wort ergriff, der sich als einen vieljährigen Freund von Kraus einführte; mit Witz und Schärfe bestritt er alle Behauptungen Müllers; er verspottete dessen Rednergießkanne, aus der er die honoratiores mit eau de mille fleurs bespritze, er bezeichnete ihn einen blutjungen Merlin und Geisterzitierer und sagte: „Wer über Adam Smith oder Adam Müller das Studieren der lehrreichen Zeit vergißt, für den sei Krauses Posthuma nicht gedruckt.“ Darauf antwortete Müller als Pr. am 24. November in einem Schlußwort, er werde fortfahren auf eine Staatswirtschaft zu dringen, welche „die Hieroglyphen unserer alten Continental-Einrichtungen der leichtsinnigen und in gewissen natürlichen Grundsätzen schwärmenden Jugend wieder verständlich und ehrwürdig machen sollten.“ Das Erscheinen des letzten Verteidigers von Kraus bewies, daß der Kampf schon die Aufmerksamkeit der Staatsbehörden erregt habe, denn dieser, den Kleist in einer Anmerkung als einen höchst achtungswerten Staatsmann aus Königsberg bezeichnete, war offenbar kein anderer, als Kraus' Nachfolger in Königsberg, der damals als Staatsrat in die technische Deputation des Ministeriums des Innern berufene Hoffmann, der zugleich die Staatswissenschaften in Berlin vertreten sollte, eine ebenso bedeutende Autorität in seinem Fache als eifriger Anhänger der Reform und Hardenbergs. Sicherlich war es ein halboffizielles Wort, das er gesprochen hatte, der unzeitige und widerstrebende Kritiker sollte durch die Entschiedenheit des Tones und die Stellung seines leicht zu erratenden Gegners zum Schweigen gebracht werden. Freilich, bei Müller war das keine leichte Sache. Merkwürdig genug spielte Kleist, der Herausgeber des Blattes, bei diesem für die Parteien jener Zeit und ihre Stimmungen sehr charakteristischen Streite, der auf seinem Boden ausgefochten wurde, eine stumme Rolle. Nur einmal nahm er in jener Anmerkung entschuldigend über die Länge dieser Erörterungen das Wort mit dem Zusatze, daß er über die Frage, ob es zweckmäßig sei oder nicht, die Smithschen Grundsätze der preußischen Staatsverwaltung einzuverleiben, seine Partei genommen habe, doch erfährt man nicht, welche die seine sei. Als er in den Jahren 1804 und 1805 in Königsberg bei der Domänenkammer arbeitete, konnte es ihm nicht an Gelegenheit gefehlt haben, wenn auch nicht Kraus persönlich, doch seine Grundsätze, seine Lehrtätigkeit und Einwirkung kennen zu lernen; man sollte meinen, auf manche der von Müller aufgeworfenen Fragen hätte gerade er am besten aus Erfahrung antworten müssen. Ein Freund der Smithschen und Krausschen Theorie, war er gewiß nicht, wenn schon er in der Praxis ebenso gewiß nichts anderes als sie wollte, nämlich freie Entwicklung; war er je ein Anhänger von Kraus gewesen, so hatte er gewiß sich schon damals von ihm abgewandt, als er voll Überdruß an wissenschaftlichen Forschungen Kant verließ. Gerade das Rubrizieren, das Abwägen und Haarspalten der Wissenschaft, das sorgliche Messen und Abdingen war ihm zuwider geworden, jener Überwitz, das nüchterne Zählen und Rechnen, während er eine Wiedergeburt aus der Fülle der alten Naturkraft, aus dem Ganzen, aus der Begeisterung heraus wollte. Schwerlich war er ein grundsätzlicher Gegner jener Schule, aber den leidenschaftlichen Dichter ärgerte an sich schon die nüchterne Weisheit der Staatsverwalter, die selbst in den schwersten Augenblicken die von ihm so hoch gehaltene Kraft der Herzen mit unverhohlenem Mißtrauen ansahen. Dieser Sinn für das Unmittelbare fand bei weitem mehr Befriedigung in Müllers Staatsansichten, von denen er noch 1811 an Fouqué schrieb, er hoffe ihren Sieg langsam und sicher, wie die Pflanze das harte Gestein sprenge. Daß er, obgleich er bei diesem Streite nur Zuschauer, eine unangenehme Verantwortlichkeit tragen solle, hatte sich inzwischen schon gezeigt; er war nicht mehr Herr seiner Zeitung. Auch war er selbst schon durch eine andere Verantwortung in bedenkliche Erörterungen mit der Zensur und der höchsten Staatsbehörde verwickelt worden. Um die kümmerlichen Polizeirapporte etwas schmackhafter zu machen, hatte er eine andere Abteilung Miszellen hinzugefügt, die unschuldige Nachrichten aus der Kunst-, Industrie- und Handelswelt brachte, einigemal aber auch aus fremden Tagesblättern einige politische Notizen einschwärzte. So unverfänglich auch diese waren, so lief doch einiges über den Spanischen Krieg mit unter, den man mit der lebhaftesten Teilnahme verfolgte, und unter dem 3. November wagte sich sogar die Nachricht hervor, ein französisches Armeekorps habe an der portugiesischen Grenze einen ansehnlichen Verlust erlitten, und der Herzog von Abrantes sei infolgedessen in Ungnade gefallen. Das war zuviel, der Minister des Auswärtigen, Graf v. d. Goltz, unter dessen Zensur der politische Teil der Presse wesentlich stand, trug dem Zensor Geheimen Regierungsrat Himly auf, für die Beseitigung ähnlicher anstößiger Artikel zu sorgen, und dieser wandte sich deshalb an den Polizeipräsidenten als den nächsten Aufseher der Unterhaltungsblätter. Die Zurechtweisung war kaum erfolgt, als durch einen neuen Artikel Adam Müllers die ohnehin schon mißtrauischen Behörden zu einem entscheidenden Schritt gegen Kleist veranlaßt wurden. Am 15. und 16. November brachte er einige politische Fragmente und einen Aufsatz vom Nationalkredit, der einen offenen Angriff auf die Verwaltung Hardenbergs enthielt. Dort hieß es: „Privilegien und Rechte einzelner Menschen werden mit höchster Gewissenhaftigkeit geschont, während man die Rechte ganzer Stände und Corporationen mit Flüchtigkeit bei Seite wirft. Die Satzungen der Privaten werden gerade so heilig gehalten, als die Satzungen und die Institutionen des Staats gering geachtet." Darauf folgte ein Angriff auf die Smithschen Freiheitsansichten, die nur zur Zeit des tiefsten Verfalls der Nationalität hätten Glück machen können Der zweite Aufsatz führte aus, die Gesetzgebung eines Staats könne nie die Sache „des einzelnen guten Kopfes" sein, sondern nur der Beratung mit den am meisten interessierten Ständen, er vermisse namentlich eine tüchtige Finanz und Polizei, wahren Kredit könnten Schuldverschreibungen nur insofern haben, als man die Versprechungen und Einrichtungen der Vorfahren aufrechterhalte. Er schloß mit den Worten: „Keine Verschlagenheit irgend eines noch so genialischen Administrators kann ein Surrogat erfinden für den Credit, der durch Treue gegen die Verfassung erworben und aufrecht erhalten wird." Auf wen konnte das gehen als auf Hardenberg? Untreue gegen die alte Landesverfassung, politische Falschheit und Mangel an Einsicht wurden ihm hier in einem Atem vorgeworfen. Eine dreifache Anklage, die mit einer für die damalige Zeit unerhörten Dreistigkeit ausgesprochen wurde. Die üblen Folgen konnten nicht ausbleiben, nur trafen sie nicht Müller, sondern Kleist; unmöglich aber konnte sich die Staatsregierung, deren Lage der feudalen Partei gegenüber ohnehin schon unbequem genug war, in einer Zeit strenger Zensur auf diese Weise offen Opposition machen lassen.

---

## 3. Kleist-Collectaneum.

Eine Kleist-Bibliographie, ein Verzeichnis der Kleist-Literatur steht noch aus. Die Angaben bei Goedecke sind lückenhaft, und auch in den neueren Kleist-Arbeiten findet man nur eine unvollkommene Übersicht der Arbeiten über Kleist. Auf manche vergessene Arbeit und auch auf manche Kleistausgabe habe ich im Text dieses Buches und in meinem Kleist-Problem hingewiesen. Im folgenden stelle ich eine Anzahl Arbeiten und ältere Artikel in Zeitungen und periodischen Zeitschriften etwa bis in die 70er Jahre zusammen, aber nur soweit sie nicht bei anderen Autoren benutzt und von ihnen oder von mir bereits zitiert sind. Meine Übersicht kann natürlich keinen Anspruch auf Vollständigkeit erheben.

1. Der Zuschauer, Jahrg. 1835 S. 48. Biographische Notiz.

2. Mainzer Unterhaltungsblätter 1841 Nr. 191. Der Artikel greift in scharfen und sarkastischen Worten A. Soltwedel an, der nach einer Aufführung auf der Hamburger Bühne den Homburg für ewige Zeiten im Theaterrepertoire gestrichen sehen wollte: „Kleist mit seinen veralteten Tendenzen, sagte er, paßt nicht auf die Bühne der Gegenwart. Das Verständnis Göthes hat ihn vollkommen aufgehoben. Das Käthchen von Heilbronn wird durch den Götz von Berlichingen, seitdem man zum kritischen Bewußtsein über dieses Stück gekommen, vollkommen kassiert. Der Subordinationsbegriff des Prinzen von Homburg ist in den Freiheitsideen eines Egmont untergegangen. Warum die alten Subordinationsideen nun wieder erneuern? [1])

3. Wiener Sonntagsblätter III. Jahrg. 1844 S. 890. Aufsatz über Kleist von Dr L. A. Frankl.

4. Ergänzungsblätter November 1846. Auszug aus Bülows Buch.

5. Blätter für literarische Unterhaltuug 1848 Nr. 337. Ausführliche Besprechung von Bülows Buch.

6. Aus einer Berliner Zeitung (genauer Titel unbekannt; gedruckt in der Deckerschen Hofbuchdruckerei) 30. März 1849. Feuilleton im Anschluß an die erste Aufführung der „Familie Schroffenstein" im Schauspielhaus. Ein interessanter, geistreicher, aber schwer verständlicher Aufsatz. Mit Bezug auf Tieck heißt es am Schluß: Ob „dieses Schauspiel" jenes Nachtgesicht bedeute oder die„ Familie Schroffenstein"; ob unter dem „Dichter, der das Theater kennt" obige Pförtnerin gemeint ist, in der Mönchskutte oder die sündengraue Routine, und ob es überhaupt gut gethan ist, die Leiche des armen Dichters mit der goldenen, seinem geweihten Sarge entrissenen

---

[1]) Solche einfältigen Außerungen über Kleist und seine Werke sind in der Presse verhältnismäßig selten. Es ist aber auffallend, daß die Erwiderung auf solche Angriffe gegen Kleist stets nur von Süddeutschland und hauptsächlich von Österreich ausging.

Friedens- und Märtyrerpalme über die Bretter zu peitschen, wollen wir in einem besonderen Artikel unbeschadet der Verehrung prüfen, die dem verdienstvollen Dichtergreis gebührt.

7. Beilage zur Donau-Zeitung 1855 Nr. 52. Heinrich von Kleist. Eine eingehende Besprechung der „Familie von Schroffenstein" im Anschluß an die erste Aufführung in Laubes Bearbeitung in der Burg von L. J. Semlitsch. Besonders gelobt Frl. Seebach als Agnes.

8. Monatsschrift für Theater und Musik, Mai 1855. Großer Aufsatz über „H. von Kleists Prinz von Homburg". Eine literatur-historische Würdigung von Michael Klapp. Am Schluß heißt es: Wie sollen wir es erklären, daß ein Mann, der so mark- und krafterfülltes Leben in seinen Werken niedergelegt, ein Mann, dessen Blick ins menschliche Herz so wenig der Naturwahrheit entbehrte, am Ende zu solchen Resultaten einer krankhaft verpesteten Lebensanschauung kommen konnte, die ihn in einer Zeit, die mit ihren Kämpfen um die Freiheit der Nation viel Anregendes für seinen Geist geben konnte, frevlerisch in das Getriebe der göttlichen Weltordnung eingreifen ließ?

9. Neuigkeiten. Brünn 1856. Biographischer Abriß unter „historischer Erinnerungskalender".

10. Gartenlaube 1858. Leben und Streben eines deutschen Dichters von Max Ring. Der Aufsatz enthält nichts Bemerkenswertes und Neues trotz der Fußnote: Wir finden uns zu der Bemerkung veranlaßt, daß obige Darstellung auf authentischen Überlieferungen beruht, von denen einige hier zum ersten Male mitgeteilt werden.

11. National-Zeitung, Berlin 1860 Nr. 249. „Dichterbriefe", zwei große Feuilletons im Anschluß an die Veröffentlichung der Ulrike-Briefe.

12. Preußische Zeitung 1860 Nr. 305. Feuilleton über denselben Gegenstand.

13. Theater-Zeitung 1860 Nr. 13. Aufsatz über Kleists Briefwechsel.

14. Das Vaterland, Wien 1860 Nr. 59. „Ein Urteil über Heinrich v. Kleist aus dem Jahre 1808." Bringt die Ansicht Henr. v. Knebels über den zerbrochenen Krug und Kohlhaas.

15. Linzer Wochen-Bulletin 1860 Nr. 45. Aufsatz: „Ein Freundschaftsdienst". Über den Tod Kleists.

16. Wiener Zeitung 1860 Nr. 237. „Kleists Prinz Friedr. v. Homburg" von B. Ausführlicher, mit großer Sachkenntnis geschriebener Aufsatz über den Homburg im Anschluß an seine Wiederaufführung im Burgtheater. Polemik gegen Jul. Schmidt.

17. Recensionen und Mitteiluugen über Theater und Musik 6. Dezbr. 1860. „Heinrich von Kleist. Ein Lebensbild von Adolf Zeising in Fortsetzungen."

18. Didaskalia 1860 Nr. 119. Aufsatz: „H. v. Kleists letzte Stunden". Referat nach Zeisings Aufsatz.

19. Fremdenblatt 1861 Nr. 276. Abdruck des Aufsatzes von Max Ring in der Voss. Zeitung vom Jahre 1861.

20. Über Land und Meer 1861 Nr. 48. „Heinrich v. Kleist."

21. Wissenschaftliche Beilage der Leipziger Zeitung 1862 Nr. 17, 18, 19, 20. Umfangreiche Arbeit, geschrieben den 2. April 1861 von G. Haebler unter dem Titel: Heinrich von Kleist. Ein Protest. Den Charakter des Aufsatzes verrät der Untertitel und das Motto:

> Was ist ein Dichter ohne jene tiefe Harmonie,
> Welche dem berauschten Hörer, dessen Ohr und Sinn sie füllt,
> Eines reingestimmten Busens innerste Musik enthüllt.
>
> Platen.

Nachdem sich der Verfasser gegen den Vorwurf der Impietät verwahrt hat, geht er an eine ausführliche Besprechung und Kritik jedes einzelnen der großen Werke Kleists, wobei er gelegentlich das Leben des Dichters berührt. Das Resultat seiner weitschweifigen Erörterungen faßt H. am Schlusse in den folgenden Worten zusammen: „Heinrich v. Kleist, als Mensch tadelnswert, aber gewiß noch mehr zu beklagen, ist als dramatischer Dichter, obwohl keineswegs Göthe und Schiller ebenbürtig, doch eine reiche Kraft, die aber, und zwar mehr durch innere Verstimmung und verwirrendes Lob, als durch Ungunst der Umstände und Schuld der Nation oder Einzelner, in mannigfachen Härten und Unklarheiten befangen blieb, bis sie jammervoll unterging. Von seinen dramatischen Werken hat einen unbedingten Wert für die Nation „der zerbrochene Krug"; einen hohen Wert für einen engeren Kreis der Gebildeten haben „Amphitryon" wegen seiner heiteren Schönheit, „die Hermannsschlacht" wegen vieler Züge von herber Erhabenheit, „Penthesilea" als geniale Studie. Ein blos psychologisches Interesse haben „die Schroffensteiner"; als Experimente, mehr äußerlich angeregt, als aus innerer Notwendigkeit der Dichterseele hervorgegangen, sind von geringstem Werte „Käthchen von Heilbronn" und „der Prinz von Homburg". Von diesen dreien könnte gleichwohl das zweite für die deutsche Bühne wertvoll werden, nur freilich durch ein gewaltsames Verfahren, während eine Aufführung der „Schroffensteiner" fast unmöglich sein würde, Aufführungen des „Prinzen von Homburg" nicht für wünschenswert gelten können."

22. Donau-Zeitung 1862 Nr. 163 und 164. „Heinrich von Kleists politische Schriften und andere Nachträge zu seinen Werken." Sehr guter und sachlicher Aufsatz im Anschluß an Köpkes Buch. Der Aufsatz ist insofern bemerkenswert, als er, soweit ich es übersehen kann, den einzigen Widerspruch und eine höhnische Kritik des Aufsatzes von Haebler bringt, den er mit Weißers „öffentlicher Seligsprechung" im Morgenblatt auf eine Stufe stellt. Der Aufsatz, unsigniert, ist von Emil Kuh (vgl. Kuhs Brief an Köpke vom 1. August 1869 in Mitteilungen aus dem Literaturarchiv in Berlin. Neue Folge I 1909).

23. Österreichische Zeitung 1862 Nr. 22. Aus dem Nachlaß Heinrichs von Kleist. Abdruck aus Köpke.

24. Europa 1862 Nr. 1. Hinweis auf Köpkes Buch.

25. Süddeutsche Zeitung 1862 Nr. 39. Heinrich von Kleist als Politiker. Großes Feuilleton mit Fortsetzung im Anschluß an Köpke, weist auf den Zusammenhang des Dichters mit der Zeitgeschichte hin.

26. Süddeutsche Zeitung 1862 Nr. 300. Hinweis auf Wilbrandt.

27. Zeitung für Norddeutsche 1862 Nr. 4021. „Grabstätte Heinrichs von Kleist." Im wesentlichen Abdruck von H. Grimms Aufsatz in der Vossischen Zeitung und Aufforderung zur Beteiligung an der Sammlung.

28. Süddeutsche Zeitung 1862 Nr. 123. Widerspricht dem Aufsatze Grimms in der Vossischen Zeitung und der Behauptung über den Zustand des Grabes. Seit etwa einem Jahre sei der unwürdige Zustand beseitigt, und Prinz Friedrich Karl habe sehr gut für das Grab gesorgt.

29. Preußische Jahrbücher IX 1. Januar 1862. Der bisher unbeachtete Aufsatz ist insofern beachtenswert, als hier die Ausführungen Steigs (B. K. p. 463 f.) über die Benutzung von Arndts „Geist der Zeit" durch Kleist vorweggenommen sind.

S. 119 heißt es bei einer Besprechung des Köpkeschen Buches über Kleist:

„— —, Kleist's (politische) Aufsätze blieben in seiner Mappe, aber noch heut treten sie nicht zu spät als ein redendes Zeugniß für den Geist jener Tage, als ein ehrendes Denkmal für das Talent und die Gesinnung des Schriftstellers an's Licht."

„— — Ueber den Katechismus der Deutschen — — Und dennoch, war Kl. in diesen Aufsätzen nicht durchaus Original. An wen erinnert es uns doch, wenn er in dem achten, von der Erziehung der Deutschen handelnden Capitel entwickelt, daß der Verstand der Deutschen durch einige scharfsinnige Lehrer einen Ueberwitz bekommen habe und daß es gelte, die alte geheimnißvolle Kraft der Herzen wiederzuerwecken? An wen sonst, als an denselben Schriftsteller, dessen Worte die Einleitung zu einem folgenden, in der Form eines Aufrufes gehaltenen kurzen Aufsatz bilden? Die Worte sind nach der Abschrift, in welcher all' diese Stücke Herrn Köpke vorlagen, durch das Citat „G. v. J. S. 13" bezeichnet, und der Herausgeber bekennt, daß er dies Citat nicht zu deuten im Stande sei. Irren wir nicht, so tragen diese Aufrufe in ihrer ganzen Form die Spuren der Einwirkung von Arndt's prophetischen Mahnungen an die deutsche Nation. Gewiß aber ist es, daß Kleist die Schriften Arndt's gelesen hatte. Denn kurz, — nur zwei Buchstaben sind in dem obigen Citat verschrieben oder verlesen: die angeführte Stelle findet sich fast genau und buchstäblich auf der dreizehnten Seite des „Geistes der Zeit"."

30. Europa 1863 Nr. 14. „Heinrich v. Kleist."

31. Illustrierte Zeitung 1863 Nr. 1028. „Heinrich von Kleist." Besprechung des Buches von Köhler.

32. Donau-Zeitung 1863 Nr. 66. Kurzer Hinweis auf Wilbrandts Biographie.

33. Bayerische Zeitung 1863 Morgenblatt Nr. 51. Hinweis auf Köhler.

34. Deutsche allgemeine Zeitung 1863 Beilage zu Nr. 101. Besprechung von Wilbrandts Biographie.

35. Neue freie Presse 1863 Nr. 194. Besprechung von Wilbrandts Biographie. Feuilleton von Emil Kuh. Der Verfasser erwähnt eine Unterhaltung mit Fr. v. Raumer im vorhergehenden Jahre über die geheimnisvolle Reise Kleists. Bei dieser Gelegenheit erzählte ihm Raumer die Äußerung Hardenbergs über einen Aufenthalt Kleists in der Irrenanstalt.

36. Österreichische Wochenschrift für Wissenschaft, Kunst und öffentliches Leben 1863 I 719. Hieronym. Lorm: Heinrich v. Kleist und seine Kritiker. Der Aufsatz gehört zu dem Besten, was zur Charakteristik Kleists und seines dichterischen Schaffens geschrieben worden ist. Lorm polemisiert hauptsächlich gegen die Tendenz der Literarhistoriker, Kleist in die romantische Schule einzureihen. Er betont am Schluß, daß „die Kritik dieses Dichters von seiner Biographie nicht zu trennen ist, und lockend genug ist es, die gegenseitig sich bedingenden Faktoren der Einigkeit in seiner ganzen Erscheinung zu bedenken und zu beschreiben. Kleist gehörte nicht zu denjenigen, die wie die Rahel sagt, kein Schicksal haben, sondern denen nur etwas geschieht".

37. Blätter für literarische Unterhaltung 1863 Nr. 15 S. 282. „Zur Textreinigung der Werke Kleists“ von H. M(oeggert).

38. Zarnckes Zentralblatt 1863 S. 667. Über Wilbrandts Biographie.

39. Zarnckes Zentralblatt 1864 S. 41. Über Jul. Schmidts Kleist-Ausgabe.

40. Zarnckes Zentralblatt 1864 S. 729. Kritik von Burkhardts historischem Kohlhaas.

41. Blätter für literarische Unterhaltung 1864 S. 681. Kritik von Wilbrandts Biographie.

42. Kölnische Zeitung 1864 Nr. 180. „Kleists Katechismus der Deutschen.“ Feuilleton über Köpke, Hinweis und teilweiser Abdruck aus Schillmann.

43. Neue freie Presse 1864 Nr. 114. Zur Kleist-Literatur. Besprechung der Burkhardtschen Schrift von Dr R.

44. Gartenlaube 1865 Nr. 5. Herzenskämpfe eines deutschen Dichters von Max Ring.

45. Neue freie Presse 1867 Nr. 895. „Heinrich von Kleists Leben und Werke.“ Feuilleton von M. M. (Moritz Mandl). Ein sehr guter Aufsatz zur Psychologie Kleists; widerlegt manches bei Jul. Schmidt und Wilbrandt.

46. Neue freie Presse 1867 Nr. 1021. „Penthesilea“, Feuilleton von M. M. mit einer Fortsetzung. In diesem Jahre sollte das Stück in der Burg aufgeführt werden, mußte aber „wiederum“ zurückgestellt werden. Der Aufsatz ist ein Beitrag zu den Quellen der Penthesilea. M. tritt für die Aufführbarkeit des Stückes ein, das er sich in zwei Akte zerlegt denkt. Hier findet sich auch der im Text (S. 381 f.) erwähnte Hinweis auf den zu erwartenden Brief Kleists an Gentz.

47. Neue freie Presse 1868 Nr. 1340. „Von einem germanischen Shakespeare“ von M. M. Besprechung der Hermannsschlacht und des Prinzen von Homburg. „Wir haben uns vor dem Grabe eines deutschen Dramatikers, dessen Leben und Ende eine herzzerreißende Tragödie war, mit

feierlichem Ernste zu fragen, ob mit ihm nicht der germanische Shakspeare gelebt und mit ihm zu Grabe gegangen, auf dem wir das fortblühende Märchen bewahren sollten.

48. Fremden-Blatt I Beilage 1868 Oktober. Ein vergessenes Dichtergrab. Zur Erinnerung an den 10. Oktober 1776 von Rob. Weiße.

49. Neue freie Presse 1868 21. November. Zum Gedenktag des Todes. Kurze Notiz mit Hinweis auf Kobersteins Würdigung Kleists in der IV. Auflage der deutschen Literaturgeschichte.

50. Sonntagsblatt 1869 Nr. 23—26. „Heinrich von Kleist."

51. Tagespresse (Wien) 1870 Nr. 105. Feuilleton: „Zur Geschichte deutscher Dramatiker." Anlehnung an Treitschke und Hinweis auf die eben erschienene Biographie von Friedrich Chr. Dahlmann (I. Bd. Leipzig 1870).

52. Deutsche Dichterhalle 1873. Blumenthal über P. Lindaus Veröffentlichung.

„Über Heinrich von Kleists letzte Lebenstage bringen die jüngsten Nummern der „Gegenwart" einige sehr interessante Artikel von Paul Lindau. Aus bisher unveröffentlichten Aktenstücken wird hier über das düstere Ende des genialen Dramatikers manche aufklärungsreiche Erörterung dargeboten. Und da Lindau das krause Material mit Geschmack und Geschicklichkeit geordnet, auch manche feinfühlende Bemerkung hinzugefügt hat, so ist hier der literaturgeschichtlichen Quellenforschung ein entschiedener Dienst geleistet. Nur hätte Lindau unseres Erachtens manche von den ihm vorliegenden Schriftstücken lieber zurückbehalten sollen — vor allem einen Brief von Kleist, worin sich dieser in den kindisch überschwänglichsten Interjektionen ergeht, und durch welchen nach Lindaus eigenem Geständnis mehr der Seelenarzt als der Kritiker herausgefordert wird. Man sollte doch nie vergessen, daß solche Schriftstücke von Hause aus nicht für die Öffentlichkeit geschrieben waren: Einen Dichter aber den öffentlichen Blicken in einer Situation bloßzustellen, in welcher er sich ganz unbelauscht glaubte und daher arglos einer tollen Augenblickslaune hingab, das scheint uns allezeit pietätlos und unrühmlich."

53. Neue freie Presse 1875 (27. Januar). Kleists Hermannsschlacht auf der Bühne von Hans Hopfen. S. Text (S. 308).

54. Fremden-Blatt (Wien) den 10. Oktober 1876. Feuilleton: Heinrich von Kleist zu seinem hundertsten Geburtstag. Unterschrift fehlt. Ein sehr bemerkenswerter, gut geschriebener Aufsatz.

55. Fremden-Blatt (Wien) den 3. April 1880. Heinrich v. Kleists Fiasko an der Weimarer Hofbühne von M. Mandl. Anlehnung an Siegens Schrift. Reminiszenz an das gleiche Schicksal von Grillparzers Lustspiel „Weh dem, der lügt".

56. Beilage zur allgemeinen Zeitung 1882 Nr. 293. Heinrich v. Kleist und Friedrich Hebbel, gelegentlich des 105. Geburtstages des ersteren. Anlehnung an beider Biographie in der allgemeinen deutschen Biographie von Bamberg.

57. Jahreszeiten II 37. Eine Kritik, die sehr eingehend Stellung nimmt gegen R. Gottschall (deutsche Nationalliteratur in der 1. Hälfte des 19. Jahrhunderts) und seine Auffassung Kleists. Polemisiert gegen Gottschalls kleinliche Auffassung des Selbstmords, weiter gegen L. Tieck, der in seiner Ausgabe Penthesilea nicht aufgenommen hat, schließlich gegen Gottschalls Auffassung der Todesfurchtszene im Prinzen von Homburg.

58. Die ersten, allerdings nur mangelhaften und unrichtigen biographischen Daten nach Kleists Tode in einem lexikographischen Werke finde ich bei Friedr. Raßmann: Deutscher Nekrolog oder gedrängte Übersicht der verstorbenen deutschen Dichter usw. Nordhausen 1818.

## V. Nachweis der benutzten Archive.

Ich gebe im folgenden eine gedrängte Übersicht über die Archive, an welche ich mich mit der Bitte um Auskunft über wichtige Fragen im Leben Kleists gewendet habe. Alle die Instanzen, welche ich anging in Fragen, die nicht direkt mit meiner Arbeit im Zusammenhange stehen, übergehe ich an dieser Stelle. Sowohl bei den Verwaltungen öffentlicher Archive, als bei Privatleuten und solchen, welche literarische Nachlässe verwalten, habe ich im allgemeinen das liebenswürdigste Entgegenkommen und tatkräftige Unterstützung gefunden. Ich benutze diese Gelegenheit, um allen, die mich bei meiner Arbeit unterstützt haben, meinen tiefgefühlten Dank auszusprechen.

### A. Öffentliche Archive und Sammlungen.

a) in Deutschland:

1. Kriegsministerium. Geheime Kriegskanzlei, Berlin.
2. Kriegsarchiv des großen Generalstabes, Berlin.
3. Geheime Kriegskanzlei, Berlin.
4. Königliches Hausarchiv, Charlottenburg.
5. Geheimes Staatsarchiv, Berlin.
6. Handschriftenabteilung der Königlichen Bibliothek, Berlin.
7. Generalintendantur der Königlichen Schauspiele, Berlin.

Das in meinem Buche benutzte Material stammt nur aus 1. 5. 6.

b) in Österreich:

1. Kaiserliches und Königliches Haus-, Hof- und Staats-Archiv, Wien.

2. Kaiserliches und Königliches Kriegsarchiv, Wien.
3. Bibliotheca Albertina archiduacalis, Wien.
4. Allgemeines Archiv des K. K. Ministeriums des Innern, Wien.
5. K. K. Hofbibliothek, Wien.
6. Kaiserliche und Königliche General-Intendanz der K. K. Hoftheater, Wien.
7. Landesarchiv des Königreiches Böhmen, Prag.
8. Bibliothek und Archiv des Museums des Königreiches Böhmen, Prag.
9. Archiv der K. K. Polizeidirektion, Prag.
10. Städtische Registratur, Prag.
11. Statthalterei-Archiv, Prag.

c) in Frankreich:

1. Archives de Pontarlier (Doubs), enthält die Akten über Mirabeau und andere Gefangene auf Fort Joux.
2. Archives départementales et communales à Besançon.
3. Ministère de la guerre (service intérieur) à Paris.

### B. Private Archive und persönliche Anfragen.

Archiv der Familie v. Kleist auf Gebersdorf bei Dahme.

Über E. v. Pfuel usw. Archiv der Familie v. Pfuel in Jahnsfelde bei Müncheberg. Außerdem Korrespondenz mit dem inzwischen verstorbenen Sohne Ernst v. Pfuels in Weimar, der seine nachgelassenen Papiere besaß.

Über Rühle von Lilienstern. Anfragen bei Herrn v. Schleinitz in London und bei Bürgermeister v. Lilienstern in Rendsburg.

Über v. Schlotheim. Anfragen bei Familienmitgliedern in Auleben (Sangerhausen) und Berlin.

Über v. Marwitz. Familienarchiv in Friedersdorf.

Über Zschokke. Anfrage bei dem Enkel Heinrich v. Zschokkes in Aarau. Der Sohn Heinrichs († 1889) hat selbst Material zu Kleist in der Schweiz gesammelt, das aber verloren ist.

Über Brockes. Das im Text angegebene Material befindet sich in Händen der Nachkommen in Waren (Mecklenburg).

Anfrage in Coblentz bei Pasewalk, wo das früher Eickstedtsche Gut in Händen der Familie v. Bülow sich befindet. Anfrage bei Familie v. Werthern in Großneuhausen, Sachsen-Weimar, wo Brockes' Braut bis 1836 lebte (ihre Papiere wurden 1848 verbrannt). Anfrage bei der Familie v. Koschitzky. (Ein großes Material von Brockes-Briefen mit häufiger Erwähnung Kleists befindet sich in Genf.)

Über Julie Kuntze. Anfrage bei einer Nichte in Dresden und im Archiv der Familie v. Einsiedel in Gnandstein.

Über Gentz. Briefe von oder an Kleist waren bei Herrn v. Prokesch-Osten, der den Gentzschen Nachlaß besaß, wie der Sohn mitteilt, nicht vorhanden. Auch im Hausarchiv des Fürsten Metternich zu Plaß finden sich nicht Briefe Kleists an Gentz. Wo überhaupt der größte Teil der Privatkorrespondenz von v. Gentz hingekommen, wissen auch seine Erben nicht anzugeben.

Über Franz Anton Kolowrat-Liebsteinsky. Familienarchiv in Reichenau (Rychnow).

# Register.

Kolibri 360 GmbH
Ferdinand-Jühlke-Straße 7
99095 Erfurt, Deutschland
produktsicherheit@kolibri360.de